KB131903

꿈의 분자 RNA

꿈의 분자 RNA

1판 1쇄 발행 2023. 10. 16.
1판 2쇄 발행 2023. 11. 10.

지은이 김우재

발행인 고세규
편집 이승환 디자인 조명이 마케팅 정희윤 홍보 강원모
발행처 김영사

등록 1979년 5월 17일 (제406-2003-036호)
주소 경기도 파주시 문발로 197(문발동) 우편번호 10881
전화 마케팅부 031)955-3100, 편집부 031)955-3200 | 팩스 031)955-3111

값은 뒤표지에 있습니다.
ISBN 978-89-349-5506-1 93470

홈페이지 www.gimmyoung.com   블로그 blog.naver.com/gybook
인스타그램 instagram.com/gimmyoung   이메일 bestbook@gimmyoung.com

좋은 독자가 좋은 책을 만듭니다.
김영사는 독자 여러분의 의견에 항상 귀 기울이고 있습니다.

꿈의 분자
RNA

— 김우재

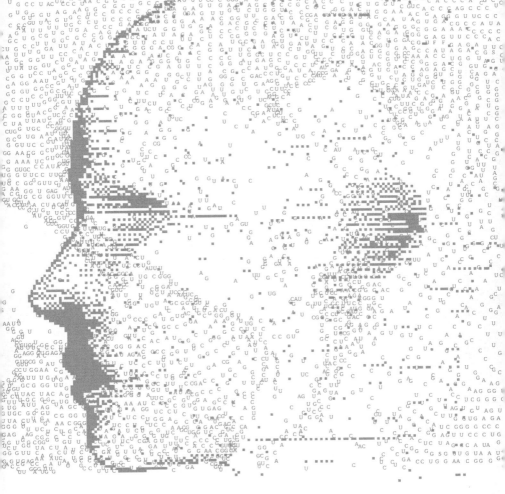

김영사

일러두기

본문의 내용과 밀접한 관련이 있어 함께 읽으면 좋은 주석은 각주로,
문헌의 서지사항이나 URL 주소 등 출처만 있는 주석은 후주로 처리했다.

이름이 기억되지 못한 모든 과학자들에게

RNA를 한글 자판으로 입력하면 '꿈'이 된다. 우연치고는 재미있는 우연이다. 잠이 들어야만 꿀 수 있는 꿈처럼, RNA도 생물학자들이 잠시 잠에 취했을 때 꿈처럼 나타난 분자다. 게다가 RNA는 DNA처럼 후손에 전달되지 않고 잠시 존재하다 사라진다. 마치 잠에서 깨면 잊어버리는 꿈처럼, RNA는 생명 안에 그렇게 존재한다. 분명히 존재하지만 누구도 또렷하게 기억하지 못하는 분자. 생물학의 역사에서 RNA는 그런 지위를 차지하고 있다.

역사에 관심이 있는 과학자는 과학사학자보다 운이 좋은 사람이다. 과학의 현장을 상상하고 들여다보는 시간을 아낄 수 있기 때문이다. 그리고 그 생생한 현장을 기자처럼 전달할 수 있다는 장점도 있다. 역사학은 전문적인 분야지만, 과학자가 자신의 학문이 지나온 여정에 관심을 갖는 일에 심술을 부릴 역사학자는 없을 것이다. 특히 과학자가 상아탑에서 나오지 않고 자신의 성공만 추구하는 이 시대에, 성공한 과학자는 아니지만 RNA라는 분자를 직접 연구했고 그 역사를 탐구한 저술을 내놓는 과학자가 있다면, 역사학자는 오히려 고마워해야 할 것이다.

현대 생물학의 주류인 분자생물학계에는 진화생물학계와는 다르게 뛰어난 작가가 없다. 나는 리처드 도킨스, 스티븐 제이 굴드, 에드워드 O. 윌슨 같은 주류 진화생물학자가 쓴 책을 도서관에서 읽으며 과학자의 꿈을 키웠다. 비록 몸은 분자생물학 실험실에서 온갖 화학물질에 오염되며 실험과학자로 성장하고 있었지만, 진화생물학과 동물행동학은 오래전부터 꿈꿔온 나의 로망이었다. 진화생물학자가 되고 싶어하던 분자생물학자의 콤플렉스로 이 책을 읽어도 좋다.

분자생물학 실험실에서 많이 좌절했고 절망했으며, 우울증에 시달리고도 실험을 하고 책을 읽었다. 눈에 보이지 않는 분자로 실험하는 일은 생각보다 높은 수준의 기예와 끈기를 요구했고, 천성이 게으른 나에게 그 길은 도무지 희망이 보이지 않았다. 박사학위 과정 초반에는 진지하게 그만둘 생각을 하기도 했다. 도킨스와 굴드를 동경하며 생물학자의 길을 걸었던 내게 삭막한 실험실은 지옥과도 같았다. 그리고 바로 그때 분자생물학의 역사를 만났다. 그리고 생물학의 철학과 역사를 함께 공부할 동료들도 만났다. 그렇게 아무도 가라 하지 않았고 보상도 없는 공부가 시작됐다. 진화생물학의 숨은 역사를 파헤쳤고, 100년도 더 된 멘델의 논문을 읽으며 그의 생각을 역추적하기도 했다. 분자생물학의 역사에 숨은 생리학의 전통을 발견했고, 화학사가 생물학사에 깊은 족적을 남겼다는 것을 깨달았다. 매주 대구와 부산을 오가며 공부했다. 아무도 내 공부를 칭찬해주지 않았다. 대부분의 동료들은 박사학위 과정을 졸업하기도 빠듯한 시간에 왜 그런 쓸데없는 공부를 하느냐 빈정거렸고, 연구실의 어느 누구도 내 공부를 이해하지 못했다. 한없이 쌓여가는 실험실 한편 내 서재의 책들을 보며, 교수도 동료도 그저 괴상한 취미를 가진 학생이라 생각했을 것이다.

　그 시절의 나는 숨겨진 과학의 역사를 여행하고 있었다. 세포를 발견한 학자들의 이야기와, 그들이 과학자이자 철학자였던 당대의 문호들과 토론하고 논쟁하던 이야기를 읽으며 흥분했다. 분자생물학 초창기 과학자들의 낭만과 혁명적인 아이디어에 놀라 잠을 설쳤다. 화학과 생리학의 역사는, 우리가 생각하는 것처럼 뚜렷하게 구분되지 않았다. 화학자들이 생리학자였고, 생리학자가 화학자였다. 그들은 이미 수백 년 전부터 학제간 연구를 했고, 융합적이었으며, 통섭에 이르러 있었다. 그런 역사를, 아무도 나에게 가르쳐주지 않았다. 교과서에 실려 있는 것은 그저 무미건조한 사실의 나열일 뿐이었다. 그와 같은 과학에 대한 통념은 실험실에서 연구를 진행하며 한 번 깨졌고, 과학의 역사를 여행하며 다시 한번 깨졌다. 과학의 불모지 한국에서, 나와 같은 궤적을 지닌 학자를 본 적이 없다. 한국에서는 과학자인 척하는 과학철학자가 텔레비전에 나오고, 과학자이면서 연예인의 본성을 가진 이들이 연기를 한다. 자신의 학문이 지나온 역사와 자신의 작업에 숨겨진 철학을 밀도 있는 글로 쓰는 학자를 나는 본 적이 없다. 다들 외국의 논의를 적당히 수입해오거나 자신의 연구도 아닌 유명한 과학자의 연구를 쉽게 설명하고 있을 뿐이다.

　그래서 생각했다. 내가 현장에서 경험한 연구를 바탕으로 하는 글을 쓰자고. 그 연구를 다루면서 과학사를 엮고, 그 안에 숨 쉬고 있는 철학적 의미와 그 연구가 지니는 사회적 의미를 다루어보자 결심했다. 그렇게 이 글이 시작됐다. RNA는 내가 박사학위 과정 내내 연구한 주제였다. 나는 RNA에서 단백질이 만들어지는 번역 과정이 세포 내에서 어떻게 조절되는지를 연구했다. 그 과정에 미르miR라 불리는 마이크로 RNAmicroRNA가 관련된다는 사실이 내가 박사학위 과정을 시작하던 2002년 정도에 유명세를 타기 시작했다. 연구 주제를 바꿀 수는 없었지만, 김빛내리 교수의 연구를 주목하고 있었고, 언젠가는 저 혁명적인 발견에 대한 이야기를 하고 싶다고 생각했다. 박사학위가 생기자 글을 연재할 공간이 생겼고, 그래서 주저 없이 이 책의 바탕이 된 연재를 시작했다. 별다른 망설임은 없었다. 발표된 글은 별로 없었지만, 인터넷을 통한 글쓰기 연습은 이미 충분했고, 공부도 되어 있었다. 필요한 것은 집중할 시간과 꾸준함이었다.

이 책은 크게 두 부분으로 나뉜다. 원래 쓰기로 했던 미르, 즉 마이크로 RNA에 대한 장들과, RNA라는 분자를 주인공으로 과학의 역사와 철학을 기술한 장들이다. 1부에서 3부 정도가 처음 '미르 이야기'를 기획했을 때 예상했던 장들이다. 샌프란시스코에서의 삶은 단조로웠고, 그래서 꽤 많은 글을 집중해 쓸 수 있었다. 블로그와 트위터를 시작했고 많은 논쟁에 뛰어들었으며, 조금씩 이름이 알려지기 시작했다. 미르를 다루는 책이지만, 인문학과 사회과학에 관한 이야기가 많이 스며 있는 것은 그 때문이다. 샌프란시스코에서 초파리 유전학자로 살면서, 나는 그제야 사회에 관심을 갖게 됐다. 노무현 대통령의 탄핵이 있었고, 광우병 파동이 있었으며, 대통령의 죽음을 겪었다. 한국은 부패한 두 대통령에 의해 유린당했고, 과학도 무너지기 시작했다. 굴드처럼 삶에 대한 내 태도도 급진적으로 변해갔다. 이 책에는 바로 그렇게 변해가던 과학자의 태도가 그대로 담겨 있다. 마지막 장의 마지막 문장을 나는 "과학은 권위를 거부하며, 과학자는 권위에 저항한다"고 썼다. 그 문장의 의미가, 과학자로 살아가던 내 삶의 태도가 된 것이 그 즈음이다. 나는 자본주의가 가장 활발하던 그 도시에서 어느새 아나키스트가 되어 있었다.

이 책은 15년 전에 쓴 글들을 모은 것이다. 과학은 정말 빠르게 변한다. 나는 RNA라는 분자를 연구하는 분야에서 조금 멀어졌고, 그 후에 이 분야를 전혀 공부하지 않았다. 물론 몇 가지 새로운 과학적 사실들과 부정된 연구들을 업데이트했지만, 다행히 이 책에 담긴 글들은 그런 수정 작업 없이도 읽을 수 있다. 이 책에서 주장하는 RNA 분자에 관한 핵심적인 요소들은 여전히 참이다. 이제 유전체 편집의 시대가 도래해서 누구나 크리스퍼CRISPR를 이야기하고 있지만, 이는 유행을 타는 현대 과학의 특징 때문에 어쩔 수 없는 일이다. 내가 글을 시작하던 당시에는 미르가 제일 유명한 분자였고, 크리스퍼가 유전체를 편집하기 위해서도 짧은 RNA 분자인 sgRNA(10장에서 자세히 설명한다)가 필요하다. 그러니 이 책은, 가장 최신의 과학을 이해하는 데도 길잡이가 된다.

과학 지식을 거머리처럼 흡수하기만 하는 것은 과학자의 태도와는 거리가 멀다. 과학자는 자신의 연구를 중심으로 지식을 재편하는 사람들이다. 과학자가 모든 논문을 읽을 수도 없고, 그 모든 논문이 도움이 되지도 않는다. 나는 독자들이 바로 그 과학자들의 훈련 방식을 배울 수 있도록 이 책을 설계했다. 물론 흥미로운 역사적 관점과 철학적 사유는 덤이다. 이는 한국에서 연구하는 생물학자 누구에게서도 들을 수 없는 나만의 독특한 서술법이다. 나는 이 책을 쓰면서 과학자가 대중을 무시하지 않으면서도 그들의 수준을 높이는 방식의 서술을 고민했다. 이 책은 그런 고민의 결과물이기도 하다. 이 책은 분명 어렵다. 하지만 논문과 같은 수준의 참고문헌과 주석을 달았으니, 그 주석과 참고문헌을 통해 독자는 자유롭게 과학의 세계로 여행을 떠날 수 있다. 적어도 이 책은, 그런 여행에 모티브를 제공한다.

이 책은 짝이 있다. 2018년에 출간된 내 책《플라이룸》이다.《플라이룸》은 내가 박사후연구원으로 공부하던 2008년부터 교수로 연구하고 있는 현재까지의 이야기를 다룬다. 나는 그 책에서 초파리 유전학의 과거와 미래, 현재를 이 책과 비슷한 방식으로 서술해나갔다.《플라이룸》은 유전학에 대한 이야기다. 미셸 모랑주는《분자생물학: 실험과 사유의 역사》에서 분자생물학을 유전학과 생화학의 융합으로 표현했다. 나는 그 도식에 완전히 동의하지는 않는다. 분자생물학의 뼈대가 된 생리학을 모랑주는 다루지 않았기 때문이다. 그래서 이 책에는 생리학에 대한 이야기가 많다. 바꿔 말하면, 이 책은 모랑주의 책이 다루지 않았던 생리학의 전통을 개괄할 수 있는 짝이 된다.

생리학과 생화학의 전통은 이 책이 대부분 개괄하고 있지만 유전학은 그렇지 않다. 이 책에서 다루는 유전학은 왓슨과 크릭의 DNA 이중나선과 연관된, DNA라는 물질 자체에 대한 유전학이다. 고전 유전학의 전통은 초파리를 빼놓고는 이야기할 수조차 없다. 그래서 《플라이룸》은 이 책과 모랑주의 책과 더불어 좋은 짝이 되는 책이다. 물론 진화생물학에 대해서라면 에른스트 마이어의《이것이 생물학이다》를 짝으로 추천할 수 있지만, 진화생물학에 대한 교양서가 너무 많아 독자들이 나보다 더 전문가일지 모른다. 나는 진화생물학 교양서를 읽지 않은 지 10년이 넘었다.

외국 작가들의 서문에는 고마운 사람들의 이름이 잔뜩 등장하곤 하는데, 이 책을 완성하기 위해 내게 도움을 준 사람은 별로 없다. 쉽게 말하자면, 이 책을 쓰던 당시의 내게 이런 글을 쓰라고 응원한 사람이 단 한 사람도 없었다는 뜻이다. 가끔 연재 글에 댓글을 다는 사람을 빼고는 아무도 관심을 갖지 않았다. 몇몇 출판인들이 내 글을 훔쳐보고 있었다는 것을 몇 년이 지난 후에야 알게 됐다. 그만큼 이 글은 외롭게 썼다. 그래도 누군가에게 고마워해야 한다면 나는 두 사람을 꼽겠다. 한 사람은 지금은 소식도 주고받지 않는 과학철학자 이상하 박사다. 그는 독일에서 과학철학으로 박사학위를 마치고, 한국에서 시간강사로 떠돌다 결국 대학에 자리를 잡지 못했다. 그는 독특한 사람이다. 인터넷 공간에서 만난 그는 내가 박사학위 과정을 밟는 동안 내내 나의 과학철학/과학사 스승이 되어주었다. 이 책에 등장하는 주요 개념은 대부분 그에게서 배운 것이다. 내가 미국으로 건너온 후에는 소식이 끊겼고, 2015년 귀국했을 때 경기도 인근에서 잠시 만난 뒤로는 별 대화가 없었지만, 내 철학적 관점에 독특함이 녹아 있다면 그것은 전부 이상하 박사 덕분이다. 그는 나의 철학 스승이다. 긴 생물학 박사학위 과정의 도중에 나는 그에게서 나만 인정하는 과학학 박사학위를 받았다.

다른 한 사람은 아내 이건애다. 아내도 독특한 사람이다. 미국에서 자란 사람이 긴 산발머리에 수염도 깎지 않고 슬리퍼와 반바지 차림이었던, 미래도 없는 과학자와 결혼을 결심한 것도 웃긴 일인데, 이후에 부족한 남편 때문에 삶의 터전을 캐나다로 옮겨야 했다.

그리고 지금 이 시간에도 글을 쓴다며 닷새나 집을 비운 남편 대신 아이를 돌보며 동네 아이들에게 피아노를 가르치고 있다. 가끔 다투고 부딪히지만, 나는 아내의 철학을 존경한다. 그는 나보다 훨씬 급진적이며, 삶에 대해서만큼은 나보다 훨씬 훌륭한 태도를 갖고 있다. 우리 둘 사이에는 딸이 생겼다. 늦은 나이에 생긴 딸아이는 급진적인 생물학자의 삶의 목표가 됐다. 도킨스가 뭐라고 지껄이건, 세상에서 가장 중요한 것은 내 딸이다. 나는 거들먹거리며 평범함 사람들의 태도를 비웃는 지식인의 오만함을 증오한다. 아마도 도킨스가 나에게 미운 털이 박힌 것은 바로 그런 삶의 태도 때문일 것이다.

이 책의 초고가 완성되기 직전, 나는 페이스북에 이렇게 썼다.

박사학위가 편리했던 점 중 하나는 박사 타이틀이 생기자마자 인터넷 신문에서 내 연재를 받아주겠다고 선뜻 손을 내밀었기 때문이다. 그렇게 생애 최초의 장편 논픽션 연재 글로 문단에 데뷔했다. 그런 것도 등단으로 인정해준다면, 과학창의재단의 〈사이언스 타임스〉에 쓰기 시작한 '미르 이야기'는 내 첫 작품이다.

글을 대충 정리해보니 95편으로 이루어져 있다. 각 편은 평균 8000자의 글이다. 그러니 대략 80만 자로 이루어진 책이 되는 셈이다. 글을 편집하면서 도대체 이런 방대하고 밀도 있는 글을 어떻게 매주 써냈는지 놀라고 있다. 2008년의 봄부터 아마도 2010년 여름까지, 거의 매주 글을 썼다. 대충 세보니 참고문헌만 천 편이 훌쩍 넘는 것 같다. 물론 그 참고문헌을 모두 정독했다고는 말 못하겠지만.

낭만의 도시라는 샌프란시스코에 있었지만, 차도 없었고 돈도 없었고 싱글이었다. 나에겐 오직 초파리뿐이었으니 낮에는 실험하고 밤에는 글을 썼다. 지금 다시 그렇게 살라면 못한다. 고백하지만, 낮 실험이 끝나고 밥 한 끼로 식사를 때웠고, 독한 술을 한잔 마시고 한두 시간을 자고 다시 실험실에 나와 글을 썼다. 아마 건강도 많이 상했을 것이다.

글 한 편에 8만 원인가를 받았다. 보통 8000자, A4 용지로 빽빽하게 대여섯 장을 써주었고, 한 달에 30만 원도 되지 않는 돈을 받았던 것 같다. 그때는 글 값이 얼마인지 몰랐다. 아마 다시는 그 가격에 글을 써주는 일은 없을 것이다. 그때는 세상을 몰랐다.

미르 이야기만으로 꽤 두꺼운 책 세 권이 나오는 것 같다. 글을 손질하면서 내가 쓴 인터넷의 글들을 참고문헌으로 달고 있는데, 그런 글들도 미르 이야기만큼의 분량이 된다. 이미 또 그 절반 정도 되는 분량으로 책 한 권을 써 보냈으니, 죽을 때까지 이제 책은 딱 한 권만 더 쓸까 생각 중이다. '과학의 새로운 실험, 타운랩' 같은 제목으로. 그나저나 흘끔 오래된 폴더를 살피니 책 제목으로만 10개의 폴더가 있다. 돈도 안 되는 일을 참 열심히 하며 살았다. 이젠 안 그럴 거다.

위의 글을 쓰던 순간의 나는 교수라는 직업에 대한 환멸과 불안정한 과학자의 직업 사이에서 갈등하고 있었다. 현대의 과학은 내가 역사에서 마주하고 찾아낸 그 모습은 아니다. 연구자로서의 정체성을 의심하던 시기에 이 책을 완성하기 위해 소중한 시간을 할애했던 이유는 나 자신을 돌아보고 새로운 미래를 그려보기 위해서였다. 당시의 나는 과학이 모두의 삶에 스며드는 일을 하고 싶다는 생각으로 가득했다. 그리고 그게 가능해 보였다. 그리고 타운랩이라는 그 작은 아이디어는 지금의 내게도 여전히 가능해 보이는, 과학의 작은 희망이다. 이 책은 그 길에 조금이라도 도움이 될 수 있었으면 하는 마음으로 완성한 작품이다.

그동안 세계는 코로나19로 큰 고통을 겪었고, mRNA 백신 개발은 인류가 최악의 전염병에서 조금이라도 빠르게 벗어날 수 있는 길을 마련했다. 미중 갈등으로 세계가 시끄러운 2023년 9월의 어느 날, 나는 안중근 의사가 이토 히로부미를 저격했던 하얼빈의 한 대학에서 이 글을 쓰고 있다. 출판사의 부탁으로 원래 기획했던 책의 상당 부분을 덜어냈다. 철학적이고 사회적인 맥락의 글 대부분을 덜어내고, 꼭 필요한 과학사적 맥락을 제외하면 대부분을 RNA에 대한 이야기로 채웠다.

하얼빈에 온 이후로 대중적 글쓰기에 대한 열정이 사라졌고, 한 달에 한 번 쓰는 칼럼을 제외하면 글쓰기에 들이는 시간도 모두 줄였다. 연구에 집중하는 시간이 즐겁다. 이 책을 출간하기 위해 다시 오래된 글들을 살펴보니, 당분간은 글을 쓰지 않아도 되겠다는 확신이 생겼다. 이미 충분히 많이 썼다. 내가 반드시 써야만 하는 글은 대부분 이미 인터넷에 남겨두었다. 이제 연구에 집중해도 사회에 크게 미안한 마음이 들지 않는다. 꿀벌을 유전학적으로 연구하기 위한 생각들로 머리가 항상 바쁘다. 그리고 그 일이 즐겁다. 당분간 즐거운 일만 하고 살아도 될 것이다. 하지만 사회에 대한 끈은 놓지 않겠다. 그런 마음을 이 책에 담는다.

2023년 9월
하얼빈공업대학교 연구실에서
김우재

차례

RNA, 인류의 구원자

2부 핵산의 시대

3부 숨겨진 분자

다시 만난 세계

혁명의 분자

RNA, 인류의 구원자

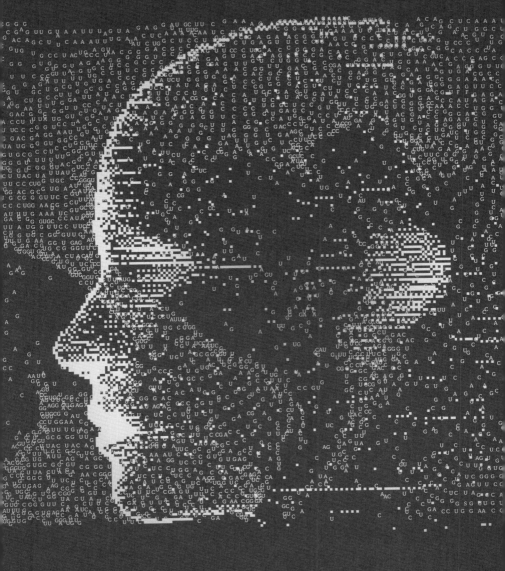

01

mRNA 백신과 보통 과학자

"그는 헝가리에서 도축업자의 딸로 태어나 자랐다. 어린 시절 그는 단 한 번도 과학자를 본 적이 없었지만 과학자가 되기로 결심했다. 동료들이 '커티'라 부르는 커털린 커리코는 이제 코로나19 백신을 개발한 영웅 중 한 명이 되었다."[1]

– UN 여성위원회의 트윗

영웅과 악마, 과학자의 두 모습

세상이 과학자에 주목하는 경우는 드물다. 그리고 가끔 온 언론이 과학자를 주목할 때의 방식도 천편일률적이다. 과학자는 영웅이거나 악마가 된다. 할리우드 영화계가 지난 수십 년 동안 만들어놓은 '미친 과학자'의 이미지는 갈수록 살아남기 어려워지는 논문 무한경쟁의 생태계 속에서 생존을 위해 발버둥치는 과학자의 현실과 거리가 멀다. 아이러니는 영화와 현실의 괴리가 아니라, 현실이 영화를 따라가는 우스꽝스러움 속에서 발생한다. 논문 한 편을 출판하기 위해 동료들과 치열한 경쟁을 벌이는 현재의 과학 생태계 속에서, 과학자들은 점점 이기적이고 정치적인 동물로 진화하고 있다. 공유와 협력이라는 과학계의 전통적인 규범은 더는 지켜야 할 도덕적 준칙이 아니다. 논문과 연구비를 놓고 경쟁 상대를 누르기 위해 수단과 방법을 가리지 않는 현재의 과학 생태계는 역설적으로 할리우드 영화가 그려놓은 이기적이고 욕망에 사로잡힌 과학자를 만들어내고 있다. 논문을 빌미로 대학원생을 착취하는 과학자, 승진을 위해 데이터를 조작하는 과학자, 연구비를 위해 정치인들에게 향응을 제공하는 과학자, 이런 과학자들에 대한 뉴스는 이제 식상할 정도로 일상이 되었다. 할리우드의 미친 과학자는 전쟁과 핵무기에 대한 공포가 만들어낸 예술가들의 상상이었지만, 이기적인 욕망을 위해 과학 자체를 파괴하는 과학자의 도덕적 해이는 우리에게 닥친 현실이다.

그 반대편에서, 과학자는 영웅이 된다. 노벨상 수상자가 발표되는 매년 10월이면 우리는 딱 일주일간 언론의 집중 조명을 받는 반짝 영웅들을 만난다. 1년만 지나면 누가 노벨상을 받았는지조차 기억하는 사람이 없지만, 영웅 서사와 자극적인 이야기를 선호하는 언론은 예전부터 그랬듯 과학 영웅을 만드는 데 주저함이 없다. 코로나19로 세계가 혼란에 빠졌을 때, 언론은 다시 과학 영웅을 찾아나섰다. 미국의 앤서니 파우치 박사는 도널드 트럼프 대통령과 대비되며 순식간에 미국의 과학 영웅이 되었고, 한국에서도 정은경 청장이 잠시 그런 대접을 받았다. 그리고 화이자와 모더나의 mRNA 백신을 개발한 커털린 커리코 박사의 성공 스토리 또한 영웅 서사로 기록되고 있다. 그는 분명히 노벨상을 수상하게 될 것이다. 하지만 헝가리 이민자, 도축업자의 딸, 펜실베이니아대학교에서의 푸대접, 계속되는 연구 실패 끝의 성공 등 드라마 같은 그의 서사는 언론이 과학자를 대중에게 소개하는 오래된 전형을 그대로 반복하고 있다. 하지만 커털린 커리코의 mRNA 백신 개발 이야기 속에는 언론이 주목하지 않는, 과학 생태계의 현실과 과학이 발전하는 예측 불가능한 과정에 대한 교훈이 숨어 있다. 영화 같지 않아서 주목받지 못하는 그 이야기들이야말로, 과학과 사회를 진정으로 고민하는 이들에게 필요한 기록일 것이다.

면역계의 진화와 mRNA 백신

커리코의 연구는 2005년 〈이뮤니티Immunity〉에 발표한 논문으로 주목받기 시작했다.[2] 당시 그에게 공동 연구를 제안했던 드루 와이스먼이 이 논문의 교신저자다. 논문의 제목은 〈톨라이크 수용체에 의한 RNA 인식 저해: 뉴클레오사이드 수정의 영향과 RNA의 진화적 기원〉이다. 2023년 7월 현재 1873회 인용된 이 논문의 초록은 아래와 같다.

DNA와 RNA는 Toll-like 수용체를 통해 포유류의 선천 면역계를 자극한다. 하지만 메틸화된 CpG motif를 지닌 DNA는 면역계를 자극하지 않는다. 자연계에 보이는 특별히 선택된 RNA 분자들의 핵산 또한 메틸화되어 있거나 혹은 인위적으로 메틸화시킬 수 있는데, 이들이 면역계를 어떻게 자극하는지는 아직 알려져 있지 않다. 우리는 RNA가 인간의 Toll-like 수용체인 TLR3, TLR7, TLR8을 통해 면역계에 신호를 보낸다는 사실을 알아냈다. 하지만 핵산을 m5C, m6A, m5U, s2U 형태로 수정하거나, 유사우리딘pseudouridine으로 변형시킬 경우, 면역 반응이 사라짐을 확인했다. 이처럼 변형된 RNA 분자에 노출된 수지상세포는 변형되지 않은 RNA에 노출된 세포들보다 현격히 적은 양의 사이토카인을 분출했고, 활성화 상태를 나타내는 표지도 줄어들었다. 수지상세포와 TLR을 발현하는 세포들은 세균이나 미토콘드리아 RNA에 의해 활성화되는 것으로 보이는데, 변형된 핵산을 다수 함유하고 있는 포유류의 전체 RNA에 의해서는 활성화되지 않는다. 우리의 결론은 이와 같은 핵산의 변형이 수지상세포를 자극하는 신호를 억제한다는 것이다. 변형되지 않은 핵산을 인지하고 활성화되는 선천 면역계는, 선택적으로 세균이나 괴사한 세포를 인지하기 위해 그런 기제를 지닌 것으로 보인다.[3]

커리코와 와이스먼의 이 논문은 현재 우리가 사용하는 전령 RNA messenger RNA(mRNA) 백신의 작동 원리 중 가장 중요한 핵심 단서를 처음으로 보여주었다. 즉 mRNA를 백신으로 사용하기 어려웠던 장애물 중 하나는 바로 우리의 선천 면역계가 세포 외부에 존재하는 RNA에 반응해 활성화된다는 사실이었는데, 커리코와 와이스먼은 면역계에 이런 반응이 나타나는 이유가 세포 외부에 존재하는 이물질인 세균의 RNA와 괴사된 세포에서 흘러나온 미토콘드리아 등의 RNA를 인지해 제거하기 위한 진화의 결과임을 발견한 것이다. 나아가, 만약 RNA를 특별한 방법으로 변형시킨다면, 수지상세포에 존재하는 면역 수용체가 이를 인지하지 못해 면역 반응도 일어나지 않음을 보여주었다. 현재 우리 몸에 주사하는 모든 mRNA 백신은 커리코와 와이스먼이 발견한 RNA 변형 방법을 사용한다.

2005년은 커리코 박사의 연구 경력에서 기념비적인 해였다. 이 논문의 출판으로 여러 연구자들에게 드디어 인정받게 되었고, mRNA를 백신과 치료제로 사용하려던 그의 연구가 꽃을 피울 수 있었다. 하지만 커리코가 박사학위 과정을 시작한 해가 1978년임을 생각해보면, 그의 연구가 과학계에서 인정을 받기까지 27년이 걸린 셈이다. 이 27년이라는 세월 동안 그는 미국으로 이민을 떠났고, 세 대학을 전전하며 무려 7년의 박사후연구원 시절을 보냈다. 겨우 조교수 자리를 얻은 펜실베이니아대학교에서는 불과 6년 만에 교수직을 박탈당하고 연구원으로 연구를 지속해야 했다. 그의 연구가 출판되고 회사를 설립한 이후 2009년 펜실베이니아대학교는 그에게 다시 교수직을 주었지만 그마저도 겸임교수였다. 커리코는 더는 대학에서 연구하지 않는다. 그는 망가진 대학 시스템을 떠나 바이온테크BioNTech라는 회사에서 연구를 계속하고 있다.

커리코가 노벨상을 받게 되리라는 것을 그 누구도 의심하지 않는다. 하지만 연구의 질과 가능성보다 논문 실적과 연구비 수주를 더 중요하게 생각하는 현재의 대학 시스템은, 바로 그 노벨상을 수상할 연구를 버렸다. 현대 사회를 사는 과학자 모두가 잘 알고 있지만, 혁신하려 하지 않는 과학 생태계의 딜레마는 커리코의 이야기에서 다시 재현되고 있다.

물벼룩과 생존 투쟁

"(물벼룩이) 낮은 온도에서 생존하지 못하는 이유를 지방산의 물질대사 과정으로 조금이나마 설명할 수 있을지도 모른다."

– 커털린 커리코가 처음으로 저자로 참여한 논문 중 한 구절[4]

물벼룩의 생존에 관한 연구

커털린 커리코의 연구 경력을 구글스칼라에서 찾아보았다.[5] 그가 처음으로 국제 공인 학술지에 논문을 실은 것은 1981년의 일이다. 커리코 박사가 와이스먼 교수와 함께 〈이뮤니티〉에 논문을 발표한 2005년까지, 거의 23년 동안 커리코는 생체분자, 특히 RNA와 같은 핵산을 변형시켜 세포 내부로 침투시키는 일에 매진했다. 그가 이런 종류의 연구에 관심을 갖게 된 계기는 알 수 없지만, 입문한 분야에서 결코 벗어나지 않고 꾸준히 한 길만을 걸었다는 것은 분명하다. 커리코 박사는 한 우물만 판 과학자다.

그의 이름이 처음 등장하는 논문은 〈[1-14C] 방사성동위원소로 표지된 아세테이트를 온도 변화에 따라 두 종류 물벼룩의 지방산에 편입시키기)[6]인데, 하천에 사는 흔한 물벼룩의 지방산 생성이 온도에 따라 어떻게 변화하는지를 관찰한 내용이다. 이 논문은 물벼룩과 검물벼룩이라는 두 종류의 서로 다른 수생 플랑크톤이 낮은 온도에서 생존율에 차이가 난다는 이전의 연구 결과에서 아이디어를 얻어 시작되었다. 즉 어떤 종류의 물벼룩속은 10도 이하의 물에서도 번식을 잘하는데, 다른 물벼룩속은 그렇게 낮은 온도에서는 생존하지 못한다는 것이다. 아마도 각각의 물벼룩이 만드는 지방산의 종류에서 그 차이가 비롯되지 않았을까 하는 가설을 증명하는 것이 이 논문 내용의 전부다.

두 종류의 물벼룩을 섭씨 5도와 25도에서 키우고, 방사성탄소로 표지된 아세테이트를 배양액에 넣으면, 해당 온도에서 자라는 동안 새로 만들어진 지방산은 방사성탄소로 표지된다. 연구진은 검물벼룩과 달리 물벼룩이 낮은 온도에서는 특정한 종류의 지방산을 생성하지 못한다는 사실을 알아냈고, 아마도 이 지방산 생성의 결핍이

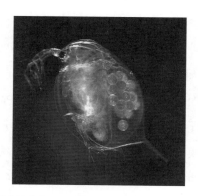

그림 1 커리코의 첫 논문에 등장하는 물벼룩. (출처: https://epician.tistory.com/125.)

해당 물벼룩이 낮은 온도에서 생존하지 못하는 이유 중 하나일 것
이라고 결론내렸다.

떠오르는 별은 없었다

이 논문은 1981년 〈리피즈Lipids〉라는 학술지에 출판되었다.
2020년 이 학술지의 영향력지수Impact Factor(IF)는 1.880이다. 즉
〈리피즈〉에 실린 이 논문이 1년에 평균 1.8회 인용된다는 뜻이다.[7]
이 논문은 1981년 이후 이 글을 쓰는 2021년까지 51회 인용되었
으니, 1년에 약 1.275회 인용된 셈이다. 학술지의 영향력지수가 해
당 논문의 질을 보장하는 것은 아니지만,* 굳이 따진다면 이 논문은
〈리피즈〉의 영향력지수를 훼손하는 논문에 해당될 것이다. 그리고
논문의 내용 또한 한 분야의 판도를 바꾸는 수준이 아니다. 물벼룩
의 지방산 종류와 온도에 따른 생존 능력이 누군가에겐 중요한 연
구 주제일 수 있지만, 대부분의 과학자와 대중에게 이 논문은 큰 의
미가 없을 것이다. 게다가 커리코는 이 논문의 주저자도 아니다.
　흔히 과학계에서 잘나가는 학자를 '떠오르는 별rising star'이라고
부른다. 아주 젊은 시절부터 훌륭한 논문을 내고, 엄청난 연구비를
받는 과학자들을 총칭하는 말인데, 이들은 선진국에서 태어나 최고
의 명문대학을 졸업하고 노벨상 수상자 급의 아주 유명한 과학자
밑에서 연구한 경우가 대부분이다. 지난 20세기에 이런 스타 과학

*　　〈동아사이언스〉 연재 '김우재의 보통 과학자'에 쓴 글들을 참고하라.

자들을 가장 많이 배출한 나라는 미국이었다. '떠오르는 별'이라는 말이 처음 영어로 등장한 것도 그런 역사적 맥락 때문일 것이다. 하지만 커털린 커리코의 논문을 찾아본 사람이라면, 그의 경력이 이런 스타 과학자들과는 아예 다르다는 것을 한눈에 알 수 있다.

조금 과장을 섞어 표현한다면, 2004년과 2005년 와이스먼 박사 연구팀과 논문을 출판하기 직전까지, 그는 그저 그런 과학자에 불과했다. 펜실베이니아대학교가 그에게서 교수 타이틀을 빼앗아갈 수밖에 없었던 이유가 짐작되기도 한다. 펜실베이니아대학교에서 연구를 시작한 1989년 이후 2000년대 초반까지 그는 이렇다 할 논문을 쓰지 못했기 때문이다. 그 10여 년의 기간 동안 그는 꽤 많은 논문을 출판했지만, 다른 학자의 논문을 지원해서 논문의 중간 저자가 된 경우가 대부분이고, 그가 직접 제1저자나 교신저자로 논문을 출판한 경우는 많지 않았다. 즉 그의 연구 경력 초창기는 실패의 연속이었다. 그는 열심히 연구했지만, 결과는 그다지 만족스럽지 못했다. 특히 무한 경쟁과 부익부 빈익빈이 심해지는 과학 생태계에서, 커리코의 이런 부진은 앞으로의 경력에도 크게 부담이 될 것이 분명했다.

35년의 실험실 생활: 생존을 위한 투쟁

대부분의 노벨상은 논문의 인용지수를 기초적인 지표로 삼아 선정된다. 즉 해당 과학자의 논문이 얼마나 많이 인용되었으며, 그 논문과 연구 주제가 해당 분야에 얼마나 큰 영향을 미쳤는지가 중요한 변수가 된다는 뜻이다. 그리고 대부분의 경우, 노벨상을 받는 과학자들은 이미 수십 년 전부터 그런 연구를 완성하고 수상을 기다린다. 즉 대부분의 노벨상 수상자들은 '떠오르는 별'로 젊은 시절부터 화려하게 데뷔했고, 주목을 받으며 과학자의 삶을 살아온 과학계의 상류층이다. 하지만 커리코는 이런 노벨상 수상자들과는 아주 다른 길을 걸어왔다. 박사학위를 취득하면서 출판한 논문은 형편없었고, 이후 한 길을 걸으며 핵산의 변형과 생체 반응의 관계를 연구했지만, 연구 결과도 신통치 않았다. 과학자로 발을 내디딘 지 23년이 지나서야 겨우 노벨상을 탈 만한 연구 결과를 출판했지만, 이 논문의 교신저자는 커리코가 아니라 와이스먼 교수였다. 커리코에겐 연구비가 없었고, 따라서 논문의 교신저자가 될 수 없었기 때문이다.

그렇다고 해서 2005년 논문이 출판된 이후, 그의 삶이 달라진 것도 아니다. 여전히 연구비는 없었고, 대학은 그의 교수직을 복권시켜주지 않았다. 그는 여전히 와이스먼 교수 실험실의 연구원 자격으로 직접 실험을 수행했다. 화이자와 함께 mRNA 백신을 개발하게 되는 바이온테크로 옮기는 2013년까지, 커리코의 이름은 이때부터 계속해서 논문의 제1저자로 등장한다. 즉 그는 박사학위를 시작한 1978년부터 2013년까지 무려 35년 동안 실험실을 단 한순간도 떠나지 않았던 것이다. 화려한 노벨상 수상자들과 확연히 대비되는 그의 이런 경력을 뚝심이라고 부르는 것은 지나친 미화일지 모른다. 어쩌면 그는 과학계를 진작 떠나야 했을지 모른다. 연구에서 두각을 나타내지 못하는 연구자가 학계를 떠나는 일은 흔하다. 하지만 그는 그러지 않았다. 보통 과학자 커리코에게 실험실은 연구의 희열을 느끼는 공간이자, 이민자의 삶을 이끌어갈 생존 수단이었을 것이다. 그가 펜실베이니아대학교의 경고에도 불구하고 학교를 떠나지 않고 남았던 이유도, 보통 과학자로서의 삶을 대입하면 설명할 수 있다. 커리코 박사에게 연구는 명예를 위한 것이 아니라 생존을 위한 처절한 몸부림이었다.

실패의 이름으로

"대학에서 과학 연구를 경험해보지 못한 이들에게 커리코가 처했던 상황을 설명하는 것은 정말 어려운 일이다. 그가 평생 추구해온 모든 것이 단지 연구비가 없다는 이유로 날아갈 위기에 처해 있었다. 하지만 그는 발전기 같은 사람이었다. 언젠가 커리코가 〈네이처〉와 〈사이언스〉의 논문 여러 편을 랩미팅에 복사해 와 너무나 행복하게 그 발견들에 대해 설명하던 모습을 기억한다. 심지어 그의 연구 분야도 아니었지만, 그는 그 연구들의 아름다움에 감탄하며 행복해했다. 그의 연구 열정은 실험실 모두에게 전염되었다."[8]

- 데이비드 스케일스(커리코의 동료)

과학자의 현실은 영화가 아니다

코로나19 팬데믹으로 mRNA는 이제 일상어가 되어버렸다. mRNA라는 약어를 풀면 messenger ribonucleic acid, 즉 '전령 리보핵산(전령 RNA)'이 되는데, 여기서 '전령'이란 유전체의 정보를 단백질로 전달한다는 의미이다. 생명체를 구성하는 단백질 아미노산 서열의 정보는 모두 DNA로 이루어진 유전체에 코딩되어 있다. 하지만 DNA는 아데닌adenine(A), 구아닌guanine(G), 티민thymine(T), 시토신cytosine(C)이라는 네 종류의 염기서열에 정보를 저장하고, 단백질은 그 정보를 20여 종류의 아미노산 서열로 변환해야 한다. mRNA는 '번역'이라는 과정을 통해 DNA의 염기서열 정보를 단백질의 아미노산 서열로 변환시켜주는 일을 수행한다. 그 역할이 마치 중요한 정보를 전달하는 전령과 같기 때문에, mRNA라는 이름이 붙은 것이다.

과학자로서 커리코의 모든 관심사는 바로 이 mRNA에 집중되어 있었다. 실제로 물벼룩의 지질에 대한 제2저자 연구 이후, 커리코가 저자로 참여한 대부분의 논문은 RNA의 변형과 세포 내 반응이라는 주제로 집약된다. RNA가 세포 내의 면역 반응을 어떻게 유도하는지를 밝혀낸 2005년 논문은, mRNA를 질병 치료에 사용할 수 있다고 굳게 믿었던 커리코의 연구가 수십 년 만에 결실을 거둔 성과였다. 하지만 현실은 영화와 다르다. 극적으로 와이스먼 교수를 만나 혁신적인 논문을 출판했지만, 커리코의 삶이 예전보다 나아지지는 않았다. 펜실베이니아대학교는 여전히 커리코를 지원하지 않았고, 이 논문을 읽고 그들에게 투자하겠다는 투자자도 나타나지 않았다.

mRNA를 질병 치료에 이용할 수 있다는 확신을 갖게 된 커리코와 와이스먼 교수는 'RNARx'라는 이름의 작은 바이오 기술 회사를 설립하고, 커리코는 이 회사의 CEO로 근무를 시작한다. 이 회사의 목적은 단 하나, mRNA를 변형해서 질병 치료에 사용하는 기술을 개발하는 것이었다. 2005년 논문 출판 이후 회사를 설립하고 연구를 계속해서 2008년에는 현재 mRNA 백신의 핵심 기술이 된 '유사우리딘'을 이용해 세포 내 면역 반응을 일으키지 않는 전달체를 개발하는 데 성공했지만, 동료와 생명공학 기업들로부터 큰 주목을 받지는 못했다. RNARx는 큰 투자자를 구하지 못한 채 고군분투했고, 2012년 항바이러스성 치료에 mRNA를 사용하는 기술에 대한 특허를 받게 되지만, 이 기술에 대한 대부분의 지분을 가지고 있던 펜실베이니아대학교는 특허를 아주 싼 가격에 게리 달이라는 연구 기자재 납품 회사의 대표에게 팔아치웠다. 그리고 이 회사는 훗날 셀스크립트Cellscript가 된다.

　대학이 커리코의 특허를 팔아치운 지 몇 주 후에, 현재 mRNA 백신의 양대 산맥이 된 모더나에 거액을 투자한 벤처캐피탈 회사가 커리코에게 연락을 해왔고, 특허를 판매할 의향을 물었다고 한다. 하지만 이미 대학은 특허를 게리 달에게 팔아치운 뒤였다. 이후 게리 달은 이 특허를 모더나와 바이온테크 두 회사에 넘기게 되고, 바이온테크는 화이자와 손잡고 현재 우리가 접종하고 있는 mRNA 백신을 개발하게 된 것이다.[9] 커리코가 mRNA 백신의 핵심 기술을 개발하고도 비협조적인 대학과 안목 없는 투자자들 탓에 고생을 했다면, 모더나를 창립한 데릭 로시는 커리코와 정반대의 길을 걸었다. 로시는 토론토대학교를 졸업하고, 스탠퍼드대학교에서 연구원으로 근무하던 중에 커리코와 와이스먼의 논문을 읽고, mRNA 백신의 가능성을 알게 되었다고 한다. 이후 하버드대학교 교수가 된 그는 아주 손쉽게 이 기술의 가능성만으로 투자자를 찾을 수 있었고, 모더나를 창립했다.[10]

대학은 과학자의 진면목을 평가하지 못한다

커리코는 미국에 건너온 이후 제대로 된 연구비를 탄 적이 없었던 것으로 유명하다. 한 인터뷰에서 그는 "40년 동안 단 한 번도 미국 국립보건원 R01 연구비를 타본 적이 없다"고 말했다.[11] 로시는 커리코와는 반대로 캐나다와 미국의 최고 명문 대학들을 거치며 과학자로 훈련받았고, 연구비 수주에서도 성공 가도를 걸었다. 더 놀라운 사실은 연구비와 논문 출판에서 나타나는 과학계의 이런 양극화 현상이, 현재 가속되고 있는 바이오 기업 창업으로도 이어진다는 데 있다. 로시는 한 인터뷰에서, 2021년 노벨 화학상은 반드시 커리코와 와이스먼에게 주어져야 한다고 말했다.[12] 즉 현재 모더나를 있게 만든 핵심 기술이 커리코 박사의 작품이라는 점을 로시 자신도 잘 인지하고 있다는 뜻이다. 하지만 이런 기술을 발견했음에도 불구하고, 투자자들은 무명 과학자였던 커리코가 아니라 로시에게 큰돈을 투자했다. 연구비와 논문 출판에서 만들어진 후광 효과가 비즈니스 세계로도 이어지는 현상은, 의생명과학계 종사자들이 심각하게 고민해야 할 문제다. 대학 입학 성적으로 인생이 달라지는 현재의 사회 구조와 이 현상을 비교해본다면, 왜 이 문제가 '공정'의 문제와 맞닿아 있는지 쉽게 알 수 있을 것이다.

1990년대부터 2000년대 초반까지 커리코 박사와 함께 와이스먼 실험실에서 일했던 데이비드 스케일스는 2021년 2월 〈우리의 잔인한 과학 연구 체계는 어떻게 mRNA 백신의 선구자를 죽일 뻔했는가〉라는 제목의 글을 발표했다. 커리코 박사의 기술로 만들어진 백신을 접종한 후 스케일스가 쓴 이 글에는 커리코 박사라는 과학계 '흙수저'의 고집과 끈기가 어떻게 전 인류를 구할 수 있는 기술로 이어졌는지 자세히 쓰여 있을 뿐 아니라, 무한 경쟁으로 연구자들을 몰아넣는 현재 미국 과학 생태계의 암울한 측면을 보여준다는 점에서 주목할 만하다.[13]

스케일스의 회고에 따르면, 실험실의 수장 드루 와이스먼 박사는 훌륭한 연구자라고 한다. 그는 실험 설계에 능숙했을 뿐 아니라, 연구의 기여를 밝히는 데 있어 그 누구보다 공정한 사람이었다. 논문의 기여자가 학부생이든 박사든 상관없이, 공정하게 기여도에 따라 저자의 순서를 정했고, 매우 자상하고 참을성이 있었다고 한다. 그런 와이스먼 덕분에 커리코는 펜실베이니아대학교의 지원 없이 연구를 수행할 수 있었던 셈이다. 스케일스가 기억하는 커리코는 언제나 실험실에서 연구에 매진하지만 신청하는 연구비마다 탈락의 고배를 마시던, 일류는 아닌 연구자였다. 하지만 커리코는 동유럽에서 넘어온 이민자였고, 동유럽 특유의 에너지가 배어 있었다고 한다. 그는 계속되는 연구비 탈락에도 굴하지 않고, 연구에 대해 이야기할 때면 언제나 긍정적이고 행복해했으며, 자신의 분야뿐 아니라 관련 분야에까지 넓은 관심을 보였다.

연구비 지원 심사에서 계속 떨어지던 어느 날, 커리코는 스스로 교수로 살아갈 수 없을 것 같다는 일종의 자기 체념에 가까운 고백을 했다고 한다. 다시 말해 커리코는 언젠가부터 교수 승진의 가능성을 완전히 포기하고 연구만 할 수 있다면 괜찮다는 식으로 생각을 굳혔던 셈이다. 연구자로 과학계에 발을 들여본 적이 없는 사람에게 커리코가 연구비와 승진으로 인해 겪은 고통을 설명하기란 어려운 일이다. 스케일스는 커리코가 평생을 쌓아온 연구 경력이 사라질 위기에 처해 있었고, 그런 일이 일어난 이유가 연구자로서의 능력 때문이 아니라, 현재의 왜곡된 과학 생태계에서 살아남는 데 필요한 기술에 능하지 못했기 때문이라고 말한다. 즉 현재의 과학 생태계는 연구자에게 연구 이외의 다양한 능력을 지나치게 많이 요구하고 있다는 뜻이다.

하지만 평범한 연구자라면 학계를 떠났을 이 시기에도 커리코는 실험실을 떠나지 않았다. 그는 언제나 긍정적이었고, 그의 열정은 실험실 구성원 모두에게 전염될 정도였다고 한다. 학계는 커리코에게 실패자라는 낙인을 찍었지만, 그것이 과학자 커리코가 실패했다는 뜻은 아니었다. 모더나의 공격적인 마케팅에 놀라, mRNA 백신 연구를 지속하기 위해 어쩔 수 없이 학계를 떠나 바이온테크라는 회사로 옮길 수밖에 없었지만, 그는 연구에 대한 열정을 놓지 않았다. 그리고 이미 정치와 부정부패로 얼룩진 학계를 떠날 수밖에 없었던 그 선택 덕분에, 학계에서 버림받았던 과학자 커리코의 연구는 화이자의 백신 개발로 이어질 수 있었다.

04

영웅 없는 혁명

"수십 년간 수백 명의 과학자들이 mRNA 백신 개발을 위해 노력해왔다.
코로나19 팬데믹이 벌어지기 훨씬 전부터 말이다."

— 〈네이처〉에 실린 mRNA 백신 개발사[14]

커리코의 발견이 mRNA 백신 개발의 중요한 이정표가 된 것은 사실이다. 하지만 커리코도 인정하듯, 그의 연구만으로 현재 mRNA 백신이 성공한 것은 아니다. mRNA 백신 개발 성공의 이면에는 이를 위해 30년 이상 연구해온 수백 명 과학자들의 노력이 녹아 있다. 물론 우리는 그들 모두의 이름을 기억할 수 없다. 2021년 9월, 〈네이처〉는 mRNA 백신 개발의 역사를 다룬 과학 저술가 엘리 돌진의 에세이를 출판했다. 이 에세이를 통해 mRNA 백신 개발의 숨은 역사와 그 속에서 커리코의 발견이 지니는 의미, 그리고 현대 과학, 특히 의생명과학이 보여주는 특징을 포착할 수 있다.

노벨상은 현대 과학의 협업 체계를 반영할 수 없다

1987년 로버트 말론은 mRNA 백신의 시작을 알리는 실험을 수행한다. 몇 방울의 지질과 mRNA를 섞은 다음 이를 세포에 뿌린 것이다. 지질과 섞인 mRNA에는 반딧불이의 꼬리에서 빛을 내는 효소인 루시페라아제luciferase가 코딩되어 있었다. 말론이 뿌린 혼합물 덕분에 NIH 3T3라고 불리는 생쥐 유래 세포주는 루시페라아제를 생산하기 시작했다.[15] 말론은 연구 노트에 만약 세포가 외부에서 mRNA를 받아들여 단백질을 만들어낼 수 있다면, mRNA를 약으로 사용하는 것도 가능하다고 썼다. 개구리 알 등에 mRNA를 주사기로 주입해서 단백질을 생산하는 실험은 말론의 발견 이전에도 많은 과학자들이 자주 애용하던 실험법이지만, 말론이 처음으로 지질과 mRNA의 혼합물을 이용해 mRNA를 세포 안에 주입하는 아이디어를 증명했다. 물론 말론의 실험에서 mRNA 백신의 아이디어가 바로 등장한 것은 아니었다. 하지만 말론의 실험이 2021년 수백만 명의 생명을 살리고 제약사에겐 100억 달러 이상의 수익을 안겨준 mRNA 백신의 시작을 알린 것은 사실이다.

말론은 〈네이처〉와의 인터뷰에서 자신이 mRNA 백신 개발의 선구자인데 제대로 된 인정을 받지 못하고 있다며 불평했다.[16] 하지만 mRNA 백신 개발의 역사처럼 수많은 이들의 발견이 얽히고설킨 분야도 찾기 힘들다. mRNA 백신의 성공은 수백 명 과학자들의 공동 작품인 셈이며, 그들 중에서 몇 명의 과학자를 뽑아 공로자로 삼는다는 것은 결코 쉬운 일도, 과학적 업적에 대한 합당한 평가 방식도 아니다. 커리코의 연구, 즉 우리 몸속에 mRNA를 주입했을 때 일어나는 면역 반응을 피할 수 있는 원리의 개발은 분명 mRNA 백신 개발사의 한 획을 그었지만, 커리코와 함께 mRNA와 면역 반응에 대해 연구하던 전 세계 과학자 동료들이 없었더라면, 혹은 이후 mRNA를 세포 안으로 효율적으로 전달할 지질 전달체 개발이 이루어지지 못했더라면, 지금과 같은 mRNA 백신 성공은 없었을 것이다. 〈네이처〉에 실은 에세이에서 엘리 돌진은 이렇게 말한다.

mRNA 백신의 이야기는 많은 과학적 발견이 엄청난 혁신이 되는 과정을 함축적으로 조명한다. 수십 년 동안 계속되는 실패의 막다른 길, 잠재적 이익을 둘러싼 갈등과 싸움, 하지만 그 반대편에서 보이는 관대함과 호기심, 그리고 성공에도 불구하고 계속되는 회의주의와 의심. 이 개발 과정에 기여했던 애리조나대학교의 발생학자 폴 크리그는 도대체 무엇이 유용할지 알 수 없는 아주 길고 긴 과정의 연속이었다고 말한다.

30년간 수백 명의 과학자가 현재 화이자와 모더나의 이름으로 판매되고 있는 mRNA 백신을 개발하기 위해 분투해왔다. 이들의 기여가 결정적이었는지 아닌지를 판단하는 것은 결코 쉬운 일이 아니다. 하지만 우리는 언제나처럼 몇몇 과학자들의 이름으로 mRNA 백신을 기억하려 할 것이다. 노벨상은 커리코를 포함한 몇 명의 과학자에게 주어지게 될 것이고, 언론은 이들을 조명하며 다른 수백 명의 과학자들을 역사에서 지울 것이다. 하지만 현대 과학, 특히 생물학은 이제 한두 명의 결정적 실험과 아이디어가 위대한 발견을 이끄는 분야가 아니다. 생물학자 혼자서 할 수 있는 일은 제한적이다. 생물학자들은 엄청나게 복잡한 생명 현상을 파헤쳐야 하며, 이를 위해 협업은 필수적이기 때문이다. mRNA 백신 개발의 역사는 단 세 명에게 노벨상을 수여하는 노벨위원회의 낡은 기준이 얼마나 심각하게 과학자의 업적과 기여를 가리는지 보여주는 좋은 사례가 된다.

혁명은 점진적일 수 있다

과학철학자 토머스 쿤은 과학혁명의 특징으로 '단절'을 강조했다. 기존의 패러다임으로 설명되지 않는 현상이 누적되면, 과학자 사회는 과거와 단절하고 새로운 패러다임으로 개종하듯 새로운 방향으로 옮겨간다는 것이다. 이를 위해 쿤이 분석한 과학은 물리학과 화학의 일부였다. 그리고 쿤의 책《과학혁명의 구조》는 과학철학 분야에서는 드물게 베스트셀러가 되었다. 덕분에 과학에 대한 담론에서 대부분의 사람들은 쿤의 이론이 모든 과학에 획일적으로 적용된다고 착각한다. 하지만 생물학은 물리학이 아니며, 과학의 발견사가 모두 쿤의 이론을 따르는 것도 아니다. 특히 생물학의 역사에는 쿤의 이론으로는 설명되지 않는 수많은 반례들이 존재한다. 혁명을 강조하기 위해 쿤이 단절을 선택한 것은 현명한 일이었지만, 생물학사에는 쿤의 무모한 단순화를 부정하는 강력한 반례들이 존재한다. 과학사에서 혁명은 다양한 방식으로 일어난다. 과학의 발견사야말로 생명의 진화적 역사와 같다. 진화를 모두 설명하는 단 하나의 이론은 없다.* 진화가 다양한 방식으로 일어나듯, 과학의 혁명도 다양한 방식으로 이루어진다.

따라서 지질과 mRNA를 섞어 세포에 뿌린 말론의 실험도 어느 날 갑자기 등장한 것이 아니다. 이미 1960년대부터 과학자들은 리포솜liposome이라 불리는 지질과 핵산을 혼합해 mRNA를 세포 내로 주입하는 실험을 수행해왔다. 하지만 대부분의 과학자들은 mRNA를 주입하는 실험을 통해 세포 내에서 일어나는 분자적 과정을 이해하려 했을 뿐, 이를 의학적으로 활용하려 하지 않았다. 충분한 양의 mRNA를 확보하는 것이 어려운 일이었기 때문이다. 하지만 1984년 이런 상황이 뒤바뀐다. 폴 크리그와 더글러스 멜턴을 비롯한 동료들은 바이러스의 RNA 합성효소를 분리해서 인공적으로 mRNA를 합성하는 방법을 개발했고, 이를 개구리 알에 주사해 원하는 단백질을 만들어낼 수 있다는 것을 밝혔다.[17]

하지만 크리그와 멜턴은 자신들의 발견을 주로 기초 연구를 위해 사용했다. 1987년 mRNA를 이용해 특정 단백질의 생성을 방해할 수 있다는 것을 알게 된 후 회사를 설립해 치료제를 개발하려고 했지만, 그들의 마음속에 백신 개발은 자리하고 있지 않았다. 이는 당시 대부분의 과학자들도 마찬가지였다. RNA를 연구해본 과학자들은 모두 그 이유를 안다. RNA를 연구하는 과학자들은 혹시라도 존재할지 모르는 RNA 분해효소로부터 실험용 RNA를 보호하기 위해 손에 장갑을 몇 겹씩 끼고, 입에는 마스크를 한 채로 실험을 수행한다. RNA는 극도로 불안정한 물질이다. 세포 밖으로 RNA가 나오는 순간, RNA는 곧 분해되어 사라진다. 세포 내에서도 RNA는 여러 단백질의 도움을 받아야만 안정적으로 존재할 수 있다. mRNA를 세

---

*   다윈의 자연선택을 진화의 제1원리로 추켜세우려는 노력 또한 이미 현대 생물학계에서는 받아들여지지 않는다. 자연선택은 진화의 여러 기제 중 하나일 뿐이다.

포 외부에서 생산할 수 있는 방법을 개발했지만, 이 두 과학자는 자신들의 발견을 프로메가Promega에 양도했고, 이로 인해 많은 연구자들이 RNA 합성 도구를 사용할 수 있게 되었다. 크리그와 멜턴이 받은 것은 약간의 로열티와 고가의 샴페인 한 병뿐이었다.

특허 그리고 악당의 탄생

"백신 접종을 거부하는 사람들이 자주 찾는 인터넷 방송에서, 로버트 말론은 특별한 손님이다. 자연치유사나 안마사를 초청하던 그 방송에서 mRNA 백신의 발명자라는 타이틀만큼 완벽한 것은 없기 때문이다. 아이러니하게도 그 쇼를 시청하는 관객들에게 백신은 신의 선물이 아니라 재앙으로 여겨진다. (…) 말론은 자신의 천재성 없이는 mRNA 백신 개발이 불가능했을 것이라며 허세를 부리고, 그 허세는 방송을 청취하는 이들에게서 백신에 대한 신뢰를 무너뜨리고 있다. 말론이 꿈꾸던 승리가 이런 것이라면, 이것도 일종의 승리라고 부를 수 있을지 모른다. 하지만 그와 우리는 모두 후회하게 될 것이다."

– 백신 음모론을 퍼뜨리는 백신 과학자에 대하여, 〈애틀랜틱〉(2021년 8월 12일)[18]

백인우월주의자를 만난 mRNA 백신의 선구자

스티브 배넌은 2016년 트럼프 대통령 백악관의 수석전략가 겸 수석고문으로 내정된 인물이다. 그는 하버드대학교 경영대학원을 나와 골드만삭스에서 은행가로 근무한 경력과 극우 온라인 매체인 '브레이트바트Breitbart 뉴스 네트워크'를 운영한 경험으로 트럼프 선거운동본부의 대표가 되었다. 그의 매체는 서구적 가치를 옹호한 다는 목표를 내세우며, 백인의 정체성을 유지한다는 이유로 다문화 주의를 반대하고, 페미니즘을 암 덩어리라 부르며 여성혐오를 대놓고 부추기는, 소위 대안 우익운동의 주축이다.[19]

인종차별주의자이자 파시스트에 가까운 그는 트럼프의 대선 패배 이후 팟캐스트와 유튜브 등을 통해 '워룸war room'이라는 채널을 운영하며 극우적 발언을 이어갔고, 코로나19 팬데믹이 절정에 치달은 2020년 11월에는 앤서니 파우치 박사를 참수해야 한다는 등의 발언으로 물의를 빚었으며, 결국 트위터 계정까지 영구 정지되었다.[20] 이런 배넌의 채널에 어느 날 로버트 말론이라는 의사이자 과학자가 등장했다. 그는 자신을 'mRNA 백신을 발명한 사람'이라고 소개했고, 현재 접종 중인 화이자와 모더나의 mRNA 백신이 위험하다고 경고했다. 배넌은 "말론은 mRNA 백신을 발명한 사람이며, 백신 반대론자가 아니다"라고 광고하며, 말론의 백신 음모론에 과학적 근거가 있는 것처럼 포장했다. 과학자 로버트 말론은 도대체 누구인가?

앞에서 소개했듯이, 말론은 mRNA와 지질을 섞어 인간 세포에 mRNA를 집어넣는 데 성공한 과학자다. 크리그와 멜턴 등의 하버드 연구팀에 의해 실험실에서 mRNA를 합성하는 기술이 개발되자, 말론은 그 기술을 이용해 합성한 mRNA를 특별한 지질 분자와 섞어 동물 세포에 주입해볼 생각을 하게 됐다. 이 지질은 약하게 양극 전위를 띠고 있어서, 음극 전위를 띠고 있는 mRNA와 쉽게 붙을 수 있었는데, 필립 펠그너라는 캘리포니아대학교 어바인 캠퍼스의 생화학자에 의해 개발된 물질이었다.

성공적인 실험에도 불구하고 말론은 박사학위를 취득하는 데 실패한다. 그는 자신의 지도교수였던 소크연구소Salk Institute의 인더 버마를 떠나 펠그너가 만든 회사인 바이칼Vical에 연구원으로 취직한다. 여기서 말론은 펠그너와 함께 공동 저자로 〈사이언스〉에 논문 한 편을 발표하게 되는데(1990), 이 논문이 바로 mRNA를 생쥐의 근육에 주입해 단백질을 생산할 수 있다는 혁신적인 보고였다.[21] 박사학위에 실패한 연구원 말론은 이 논문의 제2저자로 등재되어 있고, 교신저자는 펠그너 박사다. 문제는 바로 이 논문이 출판되자마자 터져나왔다.

특허와 과학적 발견, 욕망과 공익 사이에서

동물에 특별한 지질과 mRNA를 섞어 주입하면 원하는 단백질을 성공적으로 생산할 수 있다는 아이디어는, 곧 소크연구소와 바이칼 사이의 특허 분쟁으로 번졌다. 문제는 이 소송에서 소크연구소가 특허를 포기했다는 것이다. 소크연구소에서 말론의 지도교수였던 버마 박사가 바이칼에 영입되면서 생긴 일이다. 버마 박사 밑에서 mRNA를 주입하는 연구를 수행했던 말론은 소크연구소의 특허에 지분을 가지고 있었는데, 소크연구소가 특허를 포기하면서 그가 바이칼에서 갖게 되는 지분은 형편없이 낮아졌다. 말론의 불만이 폭발했다.

말론은 자신의 아이디어를 바이칼이 빼앗아갔다고 주장하고, 바이칼과 버마 박사는 말도 안 되는 주장이라고 일축했다. 아마 그 중간 어디쯤 진실이 놓여 있을 것이다. mRNA 백신이 등장하기 수십 년 전이었던 그 시기에, 인류를 구할 수도 있는 이 기술을 두고 과학자들 간에 욕망투성이 특허 전쟁이 벌어진 것이다. 배넌의 쇼에 등장해 mRNA 백신 음모론을 펼치는 말론의 억울함에 이해할 만한 구석이 없는 것은 아니다. 게다가 그의 지도교수인 버마 박사는 2018년 여성 연구원에 대한 성폭행 혐의로 회사와 학교에서 물러난 인물이다.[22] 하지만 말론은 mRNA 백신 음모론에 중독된 사이비 과학자로 타락했다. 어쩌면 mRNA 백신 연구에서 더욱 중요한 역할을 할 수도 있었을 한 과학자를 타락시킨 것은 바로 그 특허 분쟁이었을 것이다.

의생명과학은 이미 1980년대부터 특허와 떼려야 뗄 수 없는 관계가 되었다. 그 출발은 1982년 미국의 생명공학회사 제넨테크 Genentech의 인슐린 유전자 특허로 거슬러 올라간다. 당시 미국의 대학들은 특허가 뭔지도 잘 모르던 의생명과학 연구자들에게 지식재산권 확보를 강조하며 자본 증식에 여념이 없었다. 버마와 말론이 연구하던 1980년대와 1990년대 역시 마찬가지였다. 특허는 분명 의생명과학 분야의 민간 투자를 늘리고, 신약 개발과 질병 치료를 위한 생명공학 회사를 늘리는 데 필수적인 장치다. 특허가 없다면, 그 어떤 회사도 질병 치료제를 개발하지 않을 것이다. 문제는 노벨상까지 수상하게 되는 여러 의생명과학의 발견이 점점 더 특허와 깊은 관련을 맺게 되면서, 과연 과학의 발견이 인류 전체가 아니라 특정한 개인과 기업에 귀속되는 것이 올바른 일인가에 대한 논란이 커지고 있다는 것이다. 단적인 예로, 2020년 노벨상을 수상한 유전체 편집 기술 크리스퍼-캐스9 CRISPR-Cas9은 몇몇 대학과 연구소 그리고 과학자 사이의 엄청난 특허 분쟁에 휩싸여 있다. mRNA 백신 또한 특허 분쟁에 휘말려 있고, 앞으로 특허 관련 분쟁은 더욱 격화될 것이다.

말론이 잠시 몸담았던 소크연구소는, 소아마비 백신을 개발했지만 그 기술의 특허를 기업에 팔지 않고 인류에 기증한 조너스 소크를 기려 설립된 곳이다. 바로 그곳에서 인더 버마는 여성을 성추행했고, 말론과 함께 개발한 기술의 특허를 독식하기 위해 경쟁사로 이적했다. 그의 제자 말론은 박사학위를 받지 못했고, 자신의 지분을 주장하다 결국 실패하자 음모론자가 됐다. 돈이 사람을 망친다고 생각하지는 않는다. 하지만 현대 사회를 살아가야 하는 의생명 과학자들에게 이런 현실의 이야기를 충분히 들려줄 필요는 있다. 한 연구자가 소크가 될지, 버마나 말론이 될지가 거기에 달려 있을 것이기 때문이다.

폐기된 기술에서 인류의 희망으로

"RNA를 가지고 연구하는 것은 정말 어려워요. 만약 오래전에 누군가 나에게 RNA를 주사해서 백신을 만들 수 있다고 이야기했으면, 난 그 사람을 면전에서 비웃었을 겁니다."[23]

– 매트 윈클러(암비온의 RNA 치료제 연구자)

"한번은 mRNA 백신에 대한 생쥐 실험 결과를 학회에서 발표했는데, 한 노벨상 수상자가 앞에 앉아 있다가 '이건 정말 헛소리야. 당신은 우리 앞에서 말도 안 되는 소리를 하고 있는 거야'라고 말하더군요. 그 노벨상 수상자가 누군지 말할 수는 없습니다."[24]

– 잉마르 호에르(큐어백 창업자)

계속되는 RNA 치료제의 실패

2021년 10월 11일, 미국의 제약사 머크샤프앤드돔Merck Sharp & Dohme(MSD)은 코로나19 경구용 치료제 몰누피라비르Molnupiravir의 긴급 사용을 미국 식품의약국(FDA)에 신청했고, 이 뉴스는 전 세계에 긴급 타전되었다. 코로나19에 효과적인 백신이 여럿 나왔는데도 미국을 비롯한 여러 국가들의 백신 접종률은 일부 정치적, 종교적 반대자들에 의해 정체되어 있었다. 이런 상황에서 MSD의 경구용 치료제는 지난 2년여 동안 팬데믹 상황에 지쳐버린 시민들과 각국 정부에 '게임 체인저'로 등장한 셈이다. 이 치료제를 개발한 MSD는 1668년 독일에서 화학 및 제약 회사로 시작한 머크주식합작회사의 계열사로, 현존하는 가장 오래된 과학기술 기업이다.[25]

말론과 버마 박사가 특허를 두고 분쟁을 벌였던 리포솜 기술의 특허는 바이칼이 가지고 있었고, 1991년 MSD는 바이칼에 큰 투자를 감행해 함께 mRNA를 이용한 독감 백신 개발에 착수했다. 하지만 mRNA를 이용한 백신 개발에는 지나치게 많은 비용과 시간이 소요되었고, MSD는 물론 비슷한 아이디어를 가지고 있던 프랑스의 생명공학 회사 트랜스진Transgene 역시 mRNA 백신 개발을 잠정적으로 포기한다고 선언했다. 이익 창출과 극한의 경쟁 속에서 약을 개발하는 거대 제약 회사가 기술 개발을 포기했다는 사실은, mRNA를 이용한 백신 개발의 상품성이 보이지 않았다는 뜻이다. 20세기 말에 잠깐 등장했던 RNA를 이용한 백신 개발의 희망은 물거품이 될 것처럼 보였다.

MSD와 트랜스진은 모두 개발이 까다로운 RNA를 포기하고 DNA를 이용한 백신 개발로 방향을 전환한다. DNA를 효율적으로 세포 내로 전달하기 위한 플랫폼도 활발하게 연구되었고, 얼마 지나지 않아 수산 양식장에서 사용하는 백신 시장에 DNA 백신이 진출하게 된다. 인간을 대상으로 한 DNA 백신의 개발도 진행되었지만, 알 수 없는 이유로 속도를 내지 못했다. 하지만 다행히 1990년대 DNA를 이용해 개발되었던 여러 기술은 훗날 RNA 백신 개발에 그대로 이용될 수 있었다.

거대 제약 회사가 경제성 부족을 이유로 mRNA 백신 연구에 부정적일 때, 몇몇 과학자들은 mRNA를 이용해 암을 치료할 가능성을 타진하기 시작했다. 그중 한 명이 암면역학자인 엘리 길보어이다. 1990년대부터 mRNA를 이용해 종양 치료를 연구해온 길보어의 연구팀은 생쥐에서 획기적인 성공을 거두고, 이 기술을 인간에 적용하기 위해 생명공학 회사를 설립한다. 길보어가 생각했던 방식은 환자의 몸에서 면역세포를 추출하고, 이 세포에 인공적으로 합성된 종양 단백질의 mRNA를 주입한 후, 이렇게 처리된 세포를 다시 환자에게 주사하는 것이었다. 이 획기적인 방식은 전도유망해 보였지만, 대규모의 백신 임상시험을 통과하지 못하고 실패한다.

연구자의 고집 그리고 새로운 희망

길보어의 실패 이후 mRNA를 이용한 백신 개발에는 더 이상 희망이 없어 보였다. 2000년 초반으로 돌아가 당시의 과학자들과 제약 산업 관계자들을 만나 묻는다면, 대다수가 mRNA 백신이라는 기술에 코웃음을 칠 것이 틀림없다. 하지만 누군가에겐 황당하고 희망조차 없어 보이는 기술에 끈질기게 매달리는 과학자들도 존재했다. 독일 회사 큐어백CureVac의 설립자 잉마르 호에르와 바이온테크의 우구르 사힌이 그런 유형의 과학자였다. 길보어의 연구가 실패한 그 지점에서, 그 둘은 오히려 mRNA를 이용한 백신 개발의 가능성을 발견했다. 그들은 길보어처럼 세포를 추출해 mRNA를 주입하는 대신, 몸에 직접 mRNA를 주입하는 방식으로 방향을 전환했다. 길보어는 이 당시를 회상하며 눈사태가 일어나는 것 같았다고 말했다. 비록 길보어의 회사는 실패했지만, 젊은 연구자와 신생 바이오 기업들이 mRNA 백신에 관심을 갖는 계기가 마련되었기 때문이다.

화이자, 모더나와 함께 mRNA 백신 개발의 주요 제약사로 알려진 큐어백은 독일의 면역학자 잉마르 호에르가 설립했다. 생쥐에 mRNA를 직접 주입해 백신을 개발하려던 그의 연구는, 학회에서 노벨상 수상자에게 조롱을 받을 정도로 그다지 환영받는 연구 주제가 아니었다. 하지만 큐어백은 저돌적으로 연구를 수행해나갔다. 심지어 인체를 대상으로 한 첫 시험 주사를 큐어백의 연구개발 대표이자 최고전략책임자(CSO)인 스티브 파스콜로가 맞았을 정도다. 파스콜로의 다리에는 아직도 당시 조직검사를 위해 떼어낸 상처가 남아 있다고 한다. 부부 면역학자인 우구르 사힌과 외즐렘 튀레지는 투자를 받기 위해 훨씬 더 오래 기다려야 했다. 그들은 1990년대부터 mRNA 치료제를 개발하기 위해 독일의 대학에서 연구해왔고, 2007년이 되어서야 약 170억 원의 시드머니를 투자받을 수 있었다. 그들이 세운 회사 바이온테크는 현재 미국의 화이자와 함께 mRNA 백신을 개발하는 주요 회사로 성장했다.

커털린 커리코와 드루 와이스먼이 RNARx라는 생명공학 회사를 설립한 것도 바로 이 즈음인 2007년이다. 커리코와 드루 와이스먼의 회사는 투자자들로부터 그다지 주목을 받지 못했다. 그들이 받은 가장 큰 투자는 미국 정부의 스타트업 지원사업 연구비로, 한화 약 1억 원에 불과했다. 커리코와 와이스먼이 발견한, mRNA의 우리딘 염기를 치환해 면역 반응을 피하는 기술은 현재 가장 효과적인 mRNA 백신에 사용되고 있다. 특허를 피해 커리코와 와이스먼의 방식과는 다른 경로로 mRNA의 면역 반응을 억제하려는 시도가 여전히 이루어지고 있지만, 아직까지 커리코의 것보다 효율적인 방식은 없다. 그리고 이후 벌어진 사건들도 잘 알려져 있다. 펜실베이니아대학교는 특허를 싼 값에 팔아넘겼고, 커리코는 여전히 대학에 자리를 잡지 못한 채 결국 바이온테크로 옮겨야 했다.

지질 전달체를 둘러싼 역경과 분쟁

mRNA 백신 개발의 핵심 기술은 크게 두 가지로 나뉜다. 그 첫째가 앞에서 다룬 mRNA라는 분자 자체와 관련되어 있다. mRNA는 코로나 바이러스의 유전체와 같은 물질로, 기존의 백신처럼 항원이 될 단백질을 분리하고 정제하는 과정을 건너뛸 수 있기 때문에, 백신으로 만들 수만 있다면 분명 매력적인 물질임이 틀림없다. 하지만 만들기가 까다롭고 비용이 많이 드는 데다 분자 자체가 불안정하고 몸에 주입했을 때 면역 반응까지 일으키는 이 물질로 백신을 만들자는 아이디어는 그다지 인기가 없었고, 대형 제약사가 몇 번이나 포기한 전례까지 있었다. 하지만 mRNA를 이용해 간편한 백신을 만들자는 아이디어를 포기하지 않고 연구한 과학자들 덕분에, 계속되는 실패 속에서도 젊은 연구자들이 이 분야에 유입되었고, 그 끈질긴 고집이 모여 커리코의 발견으로 이어질 수 있었다. 학계와 산업계의 mRNA에 대한 편견을 연구에 대한 고집과 열정으로 녹인 사람들은 평범한 보통 과학자들이었다.

mRNA 백신 개발에 숨겨진 또 다른 핵심 기술은 이렇게 만들어진 mRNA를 세포 내로 전달하는 데 필요한 지질 입자의 개발이었다. 1980년대 리포솜을 이용해 이 아이디어를 증명했던 말론도, 말론의 지도교수였던 버마도 사실 지질 전달체 연구의 선구자이긴 하지만, 현재 mRNA 백신에 사용되는 지질나노입자Lipid Nanoparticle(LNP)의 개발자는 아니다. 만약 mRNA 백신이 노벨상을 수상하게 된다면, 커털린 커리코와 드루 와이스먼 외에 강력한 후보로 거론되는 과학자가 바로 이 LNP의 개발자 피터 쿨리스다. 캐나다 브리티시컬럼비아대학교의 생화학 교수인 쿨리스의 기술 덕분에 커리코와 와이스먼이 개발한 변형 mRNA를 완벽하게 세포 내로 전달할 수 있게 되었다. 현재 전 세계에서 접종 중인 모든 mRNA 백신은 그 기술을 사용 중이다.

쿨리스가 개발한 LNP는 네 종류 지질의 혼합물이다. 수없이 많은 시행착오 끝에 개발된 이 조합으로 mRNA는 안전하게 세포 내로 전달될 수 있다. 음극전하를 띤 mRNA를 중화시키기 위해 양극전하를 띤 지질을 더했던 것, 우리 혈액 속을 돌아다니는 지질과 최대한 닮은 지질 분자들을 사용해 몸에 주사했을 때 독성을 줄인 것이 mRNA 백신의 성공을 가져온 핵심 기술 중 하나이다. 지질 분자의 원형이 개발되었다고 해서 다 끝난 것도 아니었다. mRNA와 LNP를 대량으로 생산하는 공정을 최적화해야 했고, 이 둘의 완벽한 조합을 찾는 일도 해결되어야 했다. 하지만 희망의 불씨는 살아나고 있었다. 2012년에는 노바티스Norvatis 같은 거대 제약사가 LNP 공정에 뛰어들게 되고, 코로나19 팬데믹이 발생하는 2020년 직전까지 mRNA 백신은 의생명과학 분야에서 꽤 전도유망한 기술로 인지되고 있었다.

코로나19 mRNA 백신은 결코 짧은 기간에 만들어진 것도 아니고, 한두 명의 아이디어로 개발된 기적의 치료제도 아니다. 오히려 mRNA 백신은 끈질긴 보통 과학자들의 노력이 없었다면 이미 폐기되었을지 모를, 버려진 아이디어에 가까웠다. 실패와 좌절로 점철된 이 기술이 성공할 수 있었던 이유는 학계의 편견과 제약업계의 철저한 자본주의적 속성에서 벗어나 있던, 그저 자신의 연구를 사랑하고 그 연구를 고집스럽게 밀어붙였던 소수의 보통 과학자들 덕분이었다.

07

백신을 둘러싼 인본주의와 자본주의의 전쟁

"대부분 감염병의 백신과 치료제는 민간 기업에서 생산하고 있어 수익성이 없는 치료제나 백신은 제대로 만들어지지 못하고 있다. 이는 잘못된 것이다. 효과적인 백신을 빠르게 제조하고 현장에서 쓰려면 정부의 지원과 연구가 충분히 뒷받침되어야 한다."[26]

– 빈센트 카니엘로(컬럼비아대학교 의과대학 교수)

"가난한 국가에 더 많은 의료 시설을 짓는 데 쓰일 수 있는 귀중한 예산이 이 강력한 기업(화이자)의 CEO와 주주들에게 약탈당하고 있다."[27]

– 안나 매리어트(옥스팜 건강정책관리자)

거대 제약사는 왜 mRNA 백신 개발을 주저했을까?

2000년대 후반이 되자, 굵직한 거대 제약사들이 mRNA 치료제 시장에 뛰어들었다. 스위스의 다국적 제약사인 노바티스는 mRNA 백신 연구를 위한 R&D팀을 구성하고, 아일랜드에 본사를 둔 다국적 제약사 샤이어Shire도 치료제를 목표로 R&D를 시작한다. 바이온테크가 이즈음 시작되었고, 2015년에는 훗날 화이자와 함께 mRNA 백신 시장을 양분하는 모더나가 설립된다. 모더나는 유전자를 대상으로 하는 치료제 개발을 목표로 약 1조 원의 투자를 유치했지만, 창업자 데릭 로시가 떠나고 스테판 반셀이 새로운 대표가 되면서 mRNA 백신으로 목표를 긴급 수정한다. 투자자들은 모더나의 목표 수정에 실망을 감추지 못했다. 백신 생산을 위해 세워진 플랫폼은 다른 유전자 치료제 생산에 전용하기 어려운 데다 특히 백신은 거대 제약사에게 그다지 수지타산이 맞는 사업 영역이 아니었기 때문이다.

커리코와 와이스먼의 발견으로 mRNA가 우리 몸에 일으키는 면역 반응을 조절할 수 있게 되었고, 이후 쿨리스 등의 발명으로 mRNA와 같은 핵산을 세포 내로 매우 효율적으로 전달하는 방법이 개발되었지만, 대부분의 제약사는 이 기술로 백신을 만들기보다 암과 같은 질병 치료제를 개발하고자 했다. 다국적 거대 제약사가 백신 프로젝트에 큰 자금 투입을 꺼리는 이유는 분명하다.

돈이 안 되는 사업

첫째, 백신을 개발하는 데는 시간이 오래 걸린다. 잘 알려진 것처럼 코로나19 mRNA 백신 이전에는 백신을 개발하는 데 최소 3~5년이 필요했다. 전 세계가 팬데믹의 혼란에 접어들 무렵, 미국 정부가 모더나의 mRNA 백신 임상시험을 빠르게 허가해준 이유 또한 바로 백신 개발에 필요한 속도전 때문이었음을 감안한다면, 그간 많은 거대 제약사들이 백신 개발을 꺼린 이유를 이해할 수 있다. 그런데 mRNA 백신은 기존의 사백신이나 생백신과 달리 바이러스의 유전체 서열 정보만 있으면 이론상으로는 하루 만에 개발에 착수할 수 있다. 코로나19 mRNA 백신이 코로나19뿐 아니라, 백신 산업 전체의 판도를 바꾼 기술일 수밖에 없는 이유가 바로 여기에 있다.

둘째, 백신 개발의 성공 여부는 지나치게 불투명하다. 물론 치료제 연구, 개발에 대한 성공 여부도 불확실하긴 마찬가지다. 하지만 백신 개발은 투입 시간 및 수익률 대비 성공률이 낮다. 거대 제약사가 백신 개발을 꺼리는 또 다른 이유다.

셋째, 백신은 대부분 가난한 나라에서 필요한 경우가 많은데, 이들 나라는 백신의 높은 가격을 감당하지 못한다. 즉 거대 제약사 입장에선 돈이 안 되는 장사인 것이다. 실제로 브라질 등에서 유행했던 지카 바이러스 백신을 연구하고 개발했던 회사들은 손실을 입은 것으로 알려져 있다.

마지막으로 바로 이런 이유들 때문에, 제약사는 한 번의 접종으로 해당 질병에 평생 면역력을 갖게 되는 백신 개발 사업에 결코 뛰어들지 않는다. 거대 제약사들 중에서 백신으로 큰 수익을 내는 회사는 매년 맞아야 하는 독감백신을 생산하는 회사뿐이다.[28] 당연히 거대 제약사가 선호하는 코로나19 관련 R&D 사업은 백신이 아니라 치료제일 수밖에 없다. 중소형 제약사에 불과하던 길리어드를 한순간 거대 제약사로 만들어준 독감 치료제 '타미플루'와 같은 코로나19 바이러스 치료제를 개발하기 위해, 지금 이 순간에도 거대 제약사들은 모든 힘을 쏟고 있다. 백신이라는 과학의 선물은 분명 한 번의 접종으로 무시무시한 전염병으로부터 인류를 구한다는 인본주의에 기대고 있지만, 백신 생산에 꼭 필요한 거대 제약사들의 자본주의적 속성과는 애초부터 공존이 불가능한 셈이다.[29]

코로나19 백신의 권리

코로나19 팬데믹은 모든 인류에게 고통과 인내의 시간으로 기억될 것이다. 하지만 mRNA 백신 개발에 성공한 모더나, 화이자 같은 기업에게는 성공과 환희의 시간으로 기록될 것이다. 2021년 10월 이스라엘과 미국 정부는 줄어들지 않는 확진자 증가세를 막기 위해 자국민에게 부스터샷 접종을 승인했다. 하지만 세계보건기구(WHO)는 이런 결정이 나오자마자 추가 접종을 중단하라고 촉구했다. 2021년 7월 테워드로스 아드하놈 거브러여수스 WHO 사무총장은 "전 세계의 심각한 백신 공급 격차가 탐욕 때문에 더욱 심해지고 있다"고 말했다. 백신이 가장 필요한 곳은 가난한 나라들이다.[30] 하지만 섣부른 방역 해제 등으로 자국민 통제에 실패한 미국 정부는, 그 실수를 부스터샷 접종으로 막으려 했고, 모더나와 화이자는 이를 격렬하게 환영하며 부스터샷이 필요하다는 뉴스를 연일 흘렸다. 우리는 무능하고 반인본주의적인 정부의 정책 결정과 탐욕스러운 거대 제약사의 이익 추구가 만났을 때 벌어지는 일을 생생히 지켜봤다.

모더나는 한때 백신 생산 물량의 대부분을 부자 나라에만 수출했으며, 겨우 계약을 맺은 저소득 국가에는 겨우 100만 회분을, 그것도 터무니없이 비싼 가격에 팔았다.[31] 코로나19 백신에 기업의 사활을 걸고 있는 모더나 입장에선 어쩔 수 없는 선택이었을지 모르지만, 전 세계를 공황에 몰아넣은 팬데믹 상황에서 과연 백신을 생산하는 거대 제약사가 어떤 사회적 책임을 지고 있는지 역사는 반드시 기억할 필요가 있다. 화이자와 모더나는 백신 가격을 인상했지만,[32] 이들이 각국과 맺은 계약은 "각 제약사와 체결한 기밀유지협약(CDA) 및 선구매 계약서상 기밀유지 조항에 저촉되기 때문"[33]에 공개조차 되지 않는다.[34]

하지만 코로나19 백신 개발에 들어간 자금은 대부분 정부와 비영리기관에서 나왔다. 과학 데이터를 분석하는 에어피니티Airfinity에 따르면, 전 세계 국가들은 백신 개발에 약 9조 4472억 원의 공적자금을 투입했고, 비영리단체들은 약 2조 1801억 원을 지원했다. 기업이 자체적으로 투자한 자금은 약 3조 7789억 원에 불과하다. 예를 들어 모더나는 미국 정부로부터 개발비 등으로 공적자금 6조 6040억 원을 지원받았고, 화이자와 바이온테크는 독일 정부로부터 공적 자금 2조 8700억 원을 지원받았다.[35] 특히 모더나의 mRNA 백신 개발비는 거의 대부분 정부의 공적자금과 비영리단체의 지원금으로만 이뤄져 있다. 여러 시민단체들이 백신은 공공재라고 주장하는 것도 이 때문이다.

백신을 둘러싼 상황은 간단하지 않다. 코로나19 mRNA 백신 개발은 거대 제약사와 민간의 엄청난 투자가 없었으면 불가능했겠지만, 그 개발의 여정은 결코 거대 제약사의 자본주의적 실천만으로 이루어지지 않았다. 성공 여부가 불투명했던 상황에서, mRNA 백신으로 인류를 구하겠다는 인본주의적 희망을 잃지 않았던 몇몇 과학자들의 끈기가 결국 불가능해 보였던 mRNA 백신 기술의 활로를 찾게 만들었다. 개발 과정에서 나타난 인본주의와 자본주의의 갈등은, mRNA 백신이 생산되고 전 세계에 수급되는 상황에서 더욱 심각하게 나타났다. 거대 제약사는 정부와 시민의 눈치를 보면서도 이익을 최대화하기 위해 갖은 노력을 기울였고, 저소득 국가는 백신 수급 경쟁에서 완전히 밀려났다.

OECD는 2021년 5월에 발표한 보고서에서 코로나19 백신이 전 세계에 신속하게 골고루 분배된다면 2022년 세계 경제성장률은 5~6퍼센트까지 오르겠지만, 그렇지 않으면 3퍼센트로 낮아질 것이라고 예측했다. 단지 인본주의적인 가치 때문이 아니라, 전 세계의 경제 성장을 위해서라도 백신이 저소득 국가에 공급되어야 한다는 뜻이다. 세계 경제성장률 증가는 결국 거대 제약사가 속해 있는 제약업계는 물론 모든 산업에 이익으로 돌아온다. 즉 mRNA 백신을 미국을 비롯한 선진국에만 공급했던 것은 나무만 보고 숲은 보지 못하는 실수라는 뜻이다.[36]

과학기술은 코로나19 팬데믹 상황에서 인류에게 mRNA 백신이라는 최고의 선물을 주었다. 하지만 이렇게 제공된 기술이 인본주의적인 이상에 기반해 사용되리라 기대하는 것은 순진한 태도다. 어쩌면 바로 그런 이유로, 과학기술자의 역할이 지식을 발견하고 기술을 개발하는 작업을 넘어서야 하는 것인지 모른다. 코로나19 mRNA 백신을 과학기술의 측면에서만 접근하는 방식은 그런 의미에서 과학기술의 역할을 축소시키는 것이다. 적어도 백신이라는 과학기술의 결정체는 과학기술뿐 아니라 인문학과 사회과학은 물론 정치와 경제, 그리고 사회의 총체적 맥락에서 논의되어야 한다. 그리고 과학기술인은 그 논의의 중심이 될 수 있으며, 그래야만 한다.

백신은 누구의 것인가?

"코로나 팬데믹을 통해서 깨닫게 된 것은, 지구는 하나이며 지구 위에 사는 인류도 하나라는 사실이다. 세계 각국의 모든 정부가 코로나 방역을 사활이 걸린 문제로 인식하고, 자국 이기주의를 앞세우고 있는 상황에서, 장차 또 다른 팬데믹이 올 때 백신 개발자들의 개발 의욕을 꺾지 않으려면, 지적재산권 면제 또는 강제실시권 발동보다는 차라리, 전 세계 정상들이 모여서, 생산 능력을 갖춘 나라마다 로열티를 지급하고 기술 이전을 받아서 글로벌 차원의 생산 능력 및 분배를 강화하는 방향으로 타결하는 것이 현실적인 대안이 될 수 있다."[37]

– 정진섭(변리사)

백신은 누구의 것인가?

코로나19 팬데믹으로 모두가 고통을 분담하던 시기, 팬데믹이 심해질수록 돈을 버는 기업도 많았다. 이들 중 가장 문제가 된 기업들은 한때 전 세계 백신 접종의 상당수를 담당했던 화이자, 모더나,

얀센, 바이온테크 등의 거대 다국적 제약사들이다. 미국 정부가 부스터샷 추가 접종을 결정하기 전에도 화이자와 모더나 등 거대 제약사들은 정치권에 부스터샷 접종을 요구하는 로비를 벌이며 백신 판매를 통한 이익 추구의 욕망을 드러내기를 주저하지 않았다. 거대 제약사의 수익률 집착은 기업의 생존을 위한 일종의 본능이며, 기업의 입장에서는 미덕일 수 있다. 다만 팬데믹 상황의 백신처럼 전 인류의 보편적 이익을 위해 당연히 공공재로 취급되어야 할 의약품이 각종 기업의 특허권 분쟁과 WHO 및 각국 정부의 이해관계에 얽혀 효율적으로 사용되지 못하는 상황은 막아야 한다.

방글라데시의 노벨 평화상 수상자 무함마드 유누스를 비롯한 100여 명의 노벨상 수상자와 예술가, 정치 지도자들은 2021년 4월 코로나19 백신의 특허를 유예하자는 제안을 했고,[38] 이후 G20 선언, WHO의 공식 입장 발표 등을 통해 선진국의 의료진 및 취약층 접종이 끝나면, 백신의 글로벌 분배 문제를 심각하게 논의해야 한다는 주장도 힘을 얻었다. 가장 많은 백신을 확보하고도 자국민의 보호를 핑계로 후진국을 위해 별다른 노력을 취하지 않던 미국은 팬데믹 상황에서 국제 사회의 호된 비난을 받았고, 결국 바이든 행정부는 2021년 5월 5일 코로나19 백신에 대한 제약 회사의 특허권을 한시적으로 면제하는 방안을 지지한다는 성명을 발표했다.[39]

국가 간 백신 격차가 벌어지는 것을 우려한 WHO 등의 국제기구는 이 발표에 환영의 뜻을 밝혔지만, 놀랍게도 한국, 유럽연합, 영국, 스위스 등은 미국의 제안을 반대했다. 미국이 제안한 코로나19 백신에 대한 '특허강제실시'를 위해서는 세계무역기구(WTO) 회원국들의 만장일치가 필요하다는 점에서, 바이든 행정부의 파격적인 제안이 실현될 가능성은 희박해 보였다.[40] 특히 유럽연합의 중심국인 독일이 가장 강력하게 미국의 제안을 거부하고 나섰다. 독일 정부는 미국의 백신 특허권 면제 제안은 "백신 생산 전반에 중대한 영향을 미칠 것"이라고 경고했고, 제약사의 지적재산권은 "혁신의 원천"이라는 제약 회사의 논리로 그들의 이익을 옹호했다. 독일에는 코로나19 mRNA 백신을 개발한 바이온테크 등의 주요 거대 제약사가 있다.[41]

미국 국립보건원으로부터 엄청난 자금을 지원받아 코로나19 mRNA 백신 개발에 성공한 모더나는 2020년 10월 "코로나 팬데믹을 극복하기 위한 목적으로 자신들의 기술을 사용할 경우, 백신 관련 특허 침해에 대해 문제를 제기하지 않을 것이라는 전향적인 입장을 발표"함과 동시에 팬데믹 이후에도 "자신들의 지적재산권을 다른 회사들이 사용할 수 있도록 할 것"이라고 발표했다.[42] 하지만 모더나는 돌연 태도를 바꿔 미국 국립보건원 소속 과학자 세 명을 제외하고 자사 과학자들의 단독 개발로 특허를 제출했다. 이 문제로 미국 정부와 모더나는 한때 심각한 갈등을 겪었다.[43]

과학자들이 수십 년간 매달려 팬데믹을 종식시킬 수 있는 강력한 무기인 mRNA 백신을 개발했지만, 우리는 그 결과물을 마음껏 활용할 수 없다. 수많은 개인과 기업 그리고 정부가 백신의 개발 및 사용의 이해관계에 복잡하게 얽혀 있기 때문이다. 알려진 바에 따르면, 코로나19 mRNA 백신과 관련된 특허만 691건이 넘는다.[44] 기술이 아니라 특허야말로 mRNA 백신에 대한 진입장벽의 모든 것이라 해도 과언이 아니다.[45] 코로나19 백신을 둘러싸고 전 세계가 겪었던 위기는 경제학에서 이야기하는 전형적인 '반反공유재의 비극'이었다.

'반공유재의 비극'과 신약 개발의 딜레마

반공유재의 비극은 '다수의 주인이 있는 재산인 경우, 이들의 존재 자체가 그 재산의 사용을 방해해 공동체의 복리 증진에 활발히 사용되어야 할 소중한 재산이 과소 이용되는 현상'을 은유적으로 표현한 것이다.[46] 1998년 경제학자 마이클 헬러의 논문에 처음 등장한 이 개념은 생태학자 개릿 하딘의 '공유재의 비극' 반대편에서 벌어지는 비극으로 알려져 있다. 공유재의 비극은 주인이 없는 재산이 금세 고갈되어 황폐해지는 현상을 뜻하는 경제학적 용어다. 공유재의 비극이 자원이 남용되어 벌어지는 참사라면, 반공유재의 비극은 자원이 넘쳐나는데도 불구하고 사용할 수 없어 벌어지는 참극이다. 헬러 교수는 반공유재의 비극을 '그리드락Gridlock', 즉 교차점에서 발생하는 교통정체라는 이름으로 부른다.

역사적으로 가장 유명한 사례는 13세기 유럽의 라인강에서 벌어진 참극이다. 당시 각 귀족들은 라인강 근처에 성을 짓고 각자 통행료를 징수했는데, 바로 이런 소유권의 중첩 때문에 결국 수백 년간 아무도 라인강을 사용하지 않게 되었고, 전 유럽이 피해를 입게 되었다. 라인강의 비극은 현대에도 이어진다. 대도시의 토지 개발이 거의 불가능한 프로젝트가 된 이유도, 영화계와 음악계의 과도한 지적재산권 보호로 인해 훌륭한 영화나 음악 제작이 점점 더 어려워지는 상황도, 미국의 이동통신이 주파수 대역대의 특허 소송으로 인해 느리고 비싸지는 이유도,[47] 애플이나 삼성 같은 거대 IT 기업

들이 천문학적인 규모의 돈을 특허 소송에 쏟아붓는 배경에도 '반공유재의 비극'이 놓여 있다.[48]

그리드락의 가장 대표적인 사례가 바로 생명공학의 신약 개발에서 발생한다. 코로나19 mRNA 백신의 특허 수에서 알 수 있듯이, 신약을 개발하려는 신생 기업은 거대 제약사와 바이오벤처가 둘러놓은 특허라는 엄청난 진입장벽을 마주하게 된다. 거대 제약사 또한 거대 IT 회사들처럼 경쟁사와 특허 소송을 하는 데 엄청난 비용을 지출한다. 현재 전 세계 거대 제약사 앞에 놓인 딜레마는, 기술이 없어서가 아니라 특허 덤불로 인한 천문학적 비용을 감당할 수 없어 인류에게 필요한 신약을 개발하지 못하는 상황이다. 코로나19 백신을 둘러싸고 각국과 거대 제약사 간에 벌어진 갈등의 핵심에는 우리가 공유재의 비극을 해결하기 위해 공유재에 부여했던 각종 소유권들, 예를 들어 국민의 세금으로 이루어진 과학 연구 결과에 무차별적으로 부여한 지적재산권이 놓여 있다.

혁신의 그늘과 인류애의 폭력 사이에서

반공유재의 비극을 피하는 정답은 없다. 하지만 소유권과 권리를 규정하는 각국 정부와 국제기구들이 공유재의 소유권과 권리에 대해 합의할 때 신중해야 한다는 것은 분명하다. 특히 무차별적으로 허용되는 대기업들의 특허와 지적재산권 남발은, 반드시 반공유재의 비극을 불러온다는 사실을 명심해야 한다. 특히 '반공유재 비극의 핵심은 세분화된 소유권'이라는 점을 명심할 필요가 있다.[49] 또한 소유권과 지적재산권에 대한 보장이, 개인과 기업에 혁신의 동기를 부여한다는 점도 잊어선 안 된다. 적정한 수준의 소유권은 분명 건강한 경쟁을 촉진하고 시장을 활성화시켜 인류에게 혁신을 선물한다. 인류애를 기술 혁신을 가로막는 폭력으로 사용해서는 안 된다. 하지만 소유권의 범위가 무한정 확장되어서도 안 된다. 가장 좋은 사례가 바로 백신이다. 백신 소유권으로 인한 이익은 백신 개발 기술을 자유롭게 사용해 인류 전체가 얻을 수 있는 이익보다 작다. 상식적으로 생각해도 모더나나 화이자의 기업 이익을 인류 전체의 이익과 비교할 수는 없는 일이다.

미국의 코로나19 백신 특허권 면제 방안은 사안을 지나치게 단순화한 접근 방식으로, 글로벌 백신 공급에 오히려 해를 끼칠 가능성이 높았다. 수십 년 전, 전 세계의 생물학자들은 인간 유전체 정보를 인류 전체의 공공재로 만들기 위해 사기업 셀레라지노믹스Celera Genomics와 미국 정부 사이에서 길고 지루한 타협과 투쟁을 해왔다. 생명공학 기업들이 유전자 자체에 특허를 낼 수 없는 이유는 바로 그 길고 긴 투쟁의 역사 덕분이다.* 과학 지식이 지니는 공공재로서의 가치를 오랫동안 연구해온 서울대학교 이두갑 교수는 코로나 백신 특허를 둘러싼 논쟁을 이렇게 표현한다.

코로나 백신 특허를 둘러싼 논쟁은 21세기 지식경제 사회에서 혁신과 발명을 통해 사적 이익을 추구하려는 요구와, 기초 과학에 대한 공공 자금 투자를 통해 공공 이익을 추구하려는 사회적 요구 사

---

* 내 글 '마거릿 데이호프 – 공공지식의 소유권 문제' 그리고 이두갑(2012), 유전자와 생명의 사유화, 그리고 반공유재의 비극. 〈과학기술학연구〉, 12(1), 1-43쪽을 참고하라.

이에서 균형을 추구할 때 나타나는 긴장과 갈등을 보여준다. 이번 코로나 백신 개발 과정에서 드러나듯이, 시민의 세금은 공공 연구비라는 형태로 기초 생의학 연구의 발전과 백신 개발 과정 전반을 지원하는 데 사용되었다. 물론 이 과정에서 제약 및 생명공학 회사들 또한 사적 자본을 동원하여 백신 개발에 필수적인 여러 혁신과 발명을 이루어 백신 개발을 성공적으로 이끌었다.

그의 말처럼 코로나19 팬데믹으로 드러난 21세기 지적재산권에 대한 담론은 "시민의 생존과 삶의 질에 직결된 중요한 문제"다.** 인류애와 혁신 사이에서 치열한 고민이 지속되지 않는 한, 인류는 코로나19를 종식시킬 무기를 개발하고도 더 길고 참담한 고통을 감내해야 할지 모른다. 우리 모두가 백신의 소유권 문제에 더 많은 관심을 기울여야 하는 이유다. 그래야 코로나19 mRNA 백신을 개발한 수많은 보통 과학자들이 자신의 연구를 자랑스러워할 수 있을 것이다.

***

** https://horizon.kias.re.kr/18383. 이 주제와 관련된 이두갑 교수의 논문과 글의 목록은 다음과 같다. (2012). 유전자와 생명의 사유화, 그리고 반공유재의 비극. 〈과학기술학연구〉 12(1), 1-43쪽; (2017). 과학사의 사회적 이용과 유전학의 사회적 이용 사이에서. 〈한국과학사학회지〉 39(3), 493-499쪽; (2020). 백신과 면역—자본의 시대—전염병 이후의 사회를 상상해본다. 〈문학과사회〉 33(3), 6-22쪽; (2017). 과학사의 사회적 이용과 유전학의 사회적 이용 사이에서, 〈한국과학사학회지〉 39(3), 493-499쪽.

백신 불평등과 오미크론

"인간의 이기심이 글로벌 협력을 가로막고 있기 때문입니다. 오미크론이 발생한 아프리카 대륙 전체 접종 완료율은 7퍼센트에 불과합니다. 선진국들이 약속한 백신을 지원하지 않고 있기 때문입니다. 선진국이 부스터샷을 독점하는 사이 후진국에선 변이가 등장하는 악순환이 계속될 겁니다. 팬데믹은 '모든 사람이 안전할 때까지 아무도 안전할 수 없다'고 합니다."[50]

― 오병상(칼럼니스트)

"과학의 네트워크는 잘 작동하고 있으며, 과학자들이 다시 함께 뛰기 시작했다."[51]

― 태원준(《국민일보》 논설위원)

지속된 백신 불평등의 경고와 오미크론 변이의 발생

코로나19 팬데믹이라는 예상치 못한 변수의 등장으로, 거대 제약사들이 투자를 주저하던 mRNA 백신 연구는 활로를 찾게 된다. 모더나와 화이자라는 두 회사의 mRNA 백신은 인류를 팬데믹에서 구할 희망으로 여겨졌으며, 두 회사의 주가는 끝도 없이 치솟았다. 하지만 두 회사의 백신은 대부분 북미와 유럽을 비롯한 선진국에 우선적으로 공급되었으며, 델타 변이와 거리두기 완화의 영향으로 늘어난 확진자 탓에 미국을 비롯한 선진국들이 부스터샷을 결정하자 백신 공급량은 더욱 모자라게 되었다. 전 세계가 백신을 공격적으로 접종하기 시작한 2020년 말부터 2021년 11월까지 인구 100명당 누적 접종률 지도를 보면, 백신 접종을 시작도 하지 않은 북한과 에리트레아를 제외하고 아프리카 국가들의 접종률은 1년간 거의 증가하지 않았다는 사실을 명확히 알 수 있다.

백신 불평등 혹은 백신 양극화에 대한 우려는 2021년 들어 활발히 제기되기 시작했다. 미국이 부스터샷 접종을 결정하자 WHO는 백신 불평등을 이유로 크게 반발했다. 2021년 8월 20일, WHO의 브루스 에일워드 수석대표는 코로나19 팬데믹이 2022년까지 지속될 것으로 전망했는데, 그 이유로 그는 "부유한 나라에 백신 공급이 쏠리고, 가난한 나라로 백신이 제대로 전달되지 않기" 때문이라고 말했다. 에일워드에 따르면, 부유한 국가들은 부스터샷 접종을 위해 제약 회사 앞에 줄을 섰다. 자선단체인 피플스백신은 바로 이런 부유국의 로비 때문에, 이들이 가난한 나라에 기부하기로 한 백신의 7분의 1만 전달되었으며, 아프리카의 경우 전체 인구의 5퍼센트만 백신을 접종한 상태였다고 성토했다.[52] WHO는 백신 불평등 해소를 위해 약 27조 원의 기금 조성에 나섰다. '액트(ACT)-엑셀러레이터'라고 명명된 이 긴급 프로젝트는 향후 1년 동안 세계

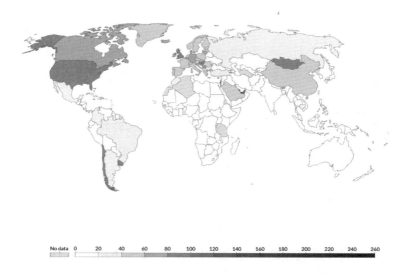

No data 0 20 40 60 80 100 120 140 160 180 200 220 240 260

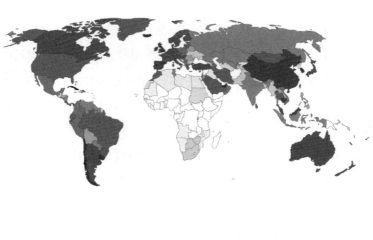

No data 0 20 40 60 80 100 120 140 160 180 200 220 240 260

그림 2 전 세계 전체 인구 100명당 누적 백신 접종률. 오미크론 변이가 처음으로 분리된 2020년 6월로부터 1년이 지난 시점인 2021년 6월 1일의 전 세계 전체 인구 100명당 누적 백신 접종률(위)과 2021년 11월 전 세계 전체 인구 100명당 누적 백신 접종률(아래)의 비교. 아프리카 일대의 백신 접종률은 거의 변화가 없음을 알 수 있다. 아프리카의 백신 접종률은 가장 낮았고, 오미크론 변이는 바로 그곳에서 등장했다. (출처: 아워월드인데이터)

1부 RNA, 인류의 구원자

모든 국가의 백신 접종률을 70퍼센트 이상으로 높이는 것을 목표로 한다. 당시 WHO는 백신 불평등이 지속될 경우, 경제적 손실이 6200조 원에 이를 것이라고 경고했다.[53]

역사적으로 국가 간의 경쟁은 언제나 존재했지만, 코로나19 팬데믹은 경쟁과 자국 이기주의를 내세울수록 팬데믹에서 벗어날 수 없다는 사실을 보여주었다. 오미크론 변이의 등장은 그런 의미에서 매우 상징적이다. 오미크론은 WHO가 '우려변이variant of concern'로 지정한 다섯 번째 코로나 변종이다. 당시 전 세계가 오미크론 변이 뉴스를 대대적으로 보도한 이유는, 오미크론이 인체 침투용 스파이크 단백질 부위에 32개의 돌연변이를 보유하고 있기 때문이었다. 그 전까지 전 세계 코로나19 바이러스의 우점종이었던 델타 변이는 스파이크 돌연변이가 16개로 알려져 있다. 그래서 많은 전문가들은 오미크론 변이의 전염력이 델타 변이보다 훨씬 빠를 것으로 예측했다.

오미크론 변이는 2021년 11월 9일 아프리카 보츠와나의 HIV 치료병원에서 보고됐다. 당시 남아프리카공화국에서 발견되는 변이의 90퍼센트를 차지한다고 알려진 이 변이가 델타 변이를 누르고 우점종이 된 것이 아니냐는 우려까지 나왔다.[54] 곧이어 홍콩은 물론 캐나다에서도 오미크론 변이가 확인되었고, 이 변이 바이러스가 유럽이나 미국까지 광범위하게 퍼진 것을 알 수 있었다.* 미국이나 유럽과의 항공편을 통제하지 않은 한국도 오미크론 변이가 퍼지는 상

---

* 당시 유럽은 코로나19 방역의 고삐를 완전히 풀었다.

황은 막을 수 없었다. 이재갑 교수는 한국에서 델타 변이가 우점종이 되는 데 한 달이 채 걸리지 않았음을 주목하며 "한국에서 오미크론 변이가 확인되는 시점엔 이미 국내에서 상당히 퍼져 있는 상태일 가능성이 크다"고 말했다.[55]

반과학적인 권력 그리고 오미크론의 필연성

아직 과학적으로 확실하게 확인되지는 않았지만,[56] 팬데믹은 우리에게 모든 답을 얻을 때까지 기다릴 수 없다는 교훈을 주었다.[57] 상당수의 언론과 전문가들은 백신 불평등이 오미크론 변이를 촉발했다고 말한다.[58] 그렇게 이야기할 만한 증거는 충분하다. CNN 보도에서 웰컴트러스트Wellcome Trust의 이사 제러미 패러는 "새로운 변종은 왜 세계가 백신 및 기타 공중 보건 도구에 대한 보다 공평한 접근을 보장해야 하는지를 보여주고 있다"고 말했다. 영국의 고든 브라운 전 총리는 〈가디언〉과의 인터뷰에서 "대량 백신 접종이 없는 상황에서, 코로나 바이러스는 보호받지 못한 사람들 사이에서 억제되지 않고 퍼질 뿐만 아니라 돌연변이를 일으키고 있으며, 가장 빈곤한 국가에서 등장한 새로운 변이가 세계에서 가장 부유한 국가에서 예방 접종을 다 받은 사람들에게도 위협을 가하고 있음"을 경고했다.[59]

오미크론 변이가 광범위하게 퍼졌던 남아프리카공화국은 감염병에 대한 수치스러운 기억을 지닌 나라다. 남아프리카공화국의 넬슨 만델라 대통령은 오래된 인종차별을 걷어내고 민주화를 이룬 것으로 잘 알려져 있다. 하지만 그의 뒤를 이어 대통령이 된 타보 음베키는 과학계 및 의료 전문가의 일치된 견해를 무시하고 에이즈의 원인이 HIV가 아니라는 미국 과학자 피터 듀스버그의 견해를 받아들였다. 이에 따라 그는 에이즈 퇴치에 필요한 예산을 전혀 집행하지 않았으며, 당근과 마늘을 먹는 민간 치료로 에이즈가 치료될 수 있다고 주장했다. 과학에 대한 무지를 넘어 이런 반과학적인 태도로 인해 남아프리카공화국의 HIV 보균자는 400만 명을 넘어섰고, 하루에 수백 명이 에이즈로 목숨을 잃어야 했다. 2000년 한 해에 사망한 15~49세의 남아프리카공화국 성인 남성의 절반이 에이즈로 사망했을 정도이니, 과학에 대한 음베키의 태도가 얼마나 심각한 사태를 만들었는지 알 수 있을 것이다. 과학에 대한 권력자의 잘못된 태도는 끔찍한 국가적 재난이 될 수 있다.[60]

넬슨 만델라의 정치적 여정은 남아프리카공화국의 인종차별정책 '아파르트헤이트'와의 싸움이었다고 해도 과언이 아니다. 하지만 만델라는 자신의 집권 기간 중에 이미 심각한 문제로 떠오른 에이즈에 대해 "시간이 없다"며 대응을 미뤘고, 이를 음베키에게 모두 맡겨두었다. 만델라가 다시 정치에 전면으로 등장해서 가장 먼저 했던 일이 바로 에이즈 치료, 연구 및 교육을 위한 기금 마련 캠페인 '46664'이다. 그의 수인번호를 따서 명명된 이 캠페인에서, 만델라는 자신의 둘째 아들과 며느리가 에이즈로 사망했음을 알렸고, 이 캠페인으로 에이즈에 대한 남아프리카공화국의 태도는 서서히 변화하기 시작했다. 남아프리카공화국 정치 지도자들이 전 세계에 보여준 교훈은 "정치 지도자에게는 인간적인 용서와 화해의 제스처도 중요하지만, 올바른 과학을 옹호하고 실천하는 태도도 중요하다"는 사실이다.[61] 남아프리카공화국의 인권변호사 파티마 하산은 내셔널퍼블릭라디오(NPR)와의 인터뷰에서 현재 전 세계에서 벌어지고 있는 백신 불평등을 '백신 아파르트헤이트'라고 불렀다.[62] 아이러니한 일이다.

권력을 지닌 정치인의 과학적 태도를 건강하게 유지하는 일은 법이나 제도로 강제할 수 없다. 오직 한 사회가 과학에 대해 가진 태도와 그런 태도가 문화로 스며든 정도에 따라 정치 지도자의 과학적 태도가 건강하기를, 그렇지 않을 경우 그를 견제할 수 있기를 기대할 뿐이다. 그만큼 정치 지도자의 과학적 태도를 건강하게 만드는 일은 어렵다. 에이즈로 큰 교훈을 얻었을 것이라고 생각되는 남아프리카공화국의 정치인들은 여전히 과학에 대한 태도가 수준 미달임을 보여준다. 남아프리카공화국의 대법원장인 모고엥 모고엥은 코로나 백신을 사탄주의라고 부르며, 자신이 백신 반대론자임을 당당하게 드러냈다.

대법원장처럼 대중적 영향력이 큰 고위 관료가 백신 반대론자라는 사실, 또 그들이 반과학적 태도를 당당하게 언론에 드러냈다는 점에서 남아프리카공화국에서 오미크론 변이가 나타나게 된 또 하나의 필연성을 발견할 수 있다. 백신 불평등은 분명 오미크론 변이를 만든 거대한 원인이지만, 백신에 대한 남아프리카공화국 내부의 반과학적 태도 또한 이번 사태의 한 축임을 부정하기 어렵다.[63] 김현성 칼럼니스트는 오미크론 변이의 발생과 전파가 우연의 결과가 아님을 알리는 글을 이렇게 마무리했다. "남아프리카공화국의 사례를 살펴보면 한 가지 흥미로운 사실을 발견할 수 있는데, 소위 '민족해방'을 위해 식민 제국과 싸워온 투사들이 '민족' 또는 '전통'에 천착한 나머지 합목적적인 합리를 배척하다가 큰일을 그르치는 모습이 형태는 다르지만 똑같이 발견된다는 점이다. 현대의 정치 지도자들도 배워야 하는 점이 아닐까 한다."[64] 한국의 정치인들이 새겨들어야 하는 말이다.

과학만이 희망이다

오미크론 변이는 델타 변이처럼 전 세계에 퍼져나갔다. 당시로서는 기존 백신이 이 변이를 막을 수 있는지에 대한 데이터가 존재하지 않았다. 아프리카의 경우 백신 접종률 자체가 낮았기 때문이다. 백신 불평등 혹은 백신 쏠림 현상으로 아프리카는 코로나19 바이러스의 무법지대가 되었고, 그곳에서 발생한 새로운 변이는 전 세계를 위협했다.

오미크론 변이 뉴스가 타전된 직후, 전 세계 주식시장은 얼어붙었다. 당연한 일이다. 백신 불평등을 단순히 거대 제약 회사의 자본주의적 욕망과 선진국들의 백신 민족주의 혹은 자국 이기주의를 비판함으로써, 그리고 대안으로 인본주의를 제시함으로써 해결하려는 시도는 순진하다. 왜냐하면 백신 불평등은 단지 코로나19 바이러스의 전파를 뜻하는 것이 아니라, 글로벌 인플레이션까지 심화시키는 경제적 문제의 원인이기 때문이다.[65]

전 세계의 경제 질서는 아주 긴밀하게 연결되어 있고, 백신 불평등으로 생기는 극심한 병목현상은 반드시 경제적 혼란으로 나타나게 된다. 코로나19의 급증으로 베트남과 대만의 공장이 폐쇄되었고, 이 문제는 미국에도 직접적인 영향을 미쳤다. 코로나19는 자본주의가 지배하는 세계 질서뿐 아니라 그 모순도 그대로 노출한다.

미중의 갈등을 단순히 대만이나 북한을 사이에 두고 벌이는 군사 문제로 인식하는 정치인은 그 이면에 놓인 두 거대 국가의 미래를 건 싸움, 즉 첨단 과학기술 분야의 중요성을 놓치고 있는 것이다. 두 국가가 120년 전처럼 세계대전의 형태로 전면전을 치를 수 없는 이유는 두 국가가 경제적 공동 운명체로 이미 너무나 강하게 연결되어 있기 때문이다.

코로나19로 나타나는 모든 경제적 피해는 전 세계가 어떤 방식으로든 공동으로 떠안게 될 부채가 된다. 따라서 아프리카까지 모두 백신을 접종받지 않는다면 이 사태는 결코 종식될 수 없다. 2021년 6월 시민건강연구소를 중심으로 한 시민단체는 "코로나19 사태 종식의 필수조건은 전 세계의 공평한 백신 접근 보장"이라는 내용의 성명서를 내고, "모두가 안전하기 전까지 그 누구도 안전할 수 없다"라고 말했다.[66] 그 말은 단지 이상적인 구호가 아니라 우리가 처한 현실이기도 하다.

오미크론 변이가 미디어를 강타하자마자, 모더나와 화이자는 몇 개월 안에 오미크론 변이에 대한 mRNA 백신 개발이 가능하다고 발표했다.[67] 코로나19처럼 급격한 변이를 동반하는 바이러스에 대한 유일하고도 완벽한 방어 전략은 변이 바이러스의 유전체 서열만 알면 바로 대량 생산이 가능한 mRNA 백신뿐이다. 백신 불평등으로 인해 얼룩져 있었지만 mRNA 백신 기술 자체는 인류의 생존에 반드시 필요한 희망이었다.[68] 한 신문의 논설위원은 '오미크론, 공포와 희망'이라는 사설의 마지막 문장에 이렇게 썼다. "과학의 네트워크는 잘 작동하고 있으며, 과학자들이 다시 함께 뛰기 시작했다." 정치가 실천해야 할 인본주의가 무너진 현실에서, 희망은 과학뿐이다. 코로나19 mRNA 백신을 개발하며 보통 과학자들이 보여준 평범한 인본주의적 이상이, 기업과 정치의 영역에서 조금이라도 퍼져나가길 희망해본다. 코로나19는 과학적 인본주의의 시험대이자, 그 시작을 알리는 사건이었다.

10

백신, 그 우연한 인본주의의 승리

"mRNA 백신이 매우 중요한 답변을 제공하고 있다. mRNA 신속 생산
기술은 신속하게 단기간에 개발되어진 것일까? 결단코 아니다. 이미
25년여 전부터 연구 투자가 시작되어 이번 코로나 사태에서 빛을 발하
게 된 것이다. 그리고 뒤늦게 시작하는 우리나라에게는 엄청난 특허 장
벽이 예고되어 있다." [69]

─ 성백린(연세대학교 의과대학 교수)

RNA 치료제에 투자하는 거대 제약사의 행렬

코로나19는 인류에게 큰 불행을 가져왔지만, 몇몇 거대 제약사에
겐 행운이었다. 2022년 발표된 화이자의 3분기 코로나19 백신 매
출액은 약 15조 원이다.[70] 같은 해 삼성전자의 3분기 매출이 약
74조 원이었다. 모더나는 이보다 낮은 매출을 기록했지만 약 5조
원을 상회한다. 10년 전만 해도 과연 매출을 낼 수 있을지 의심되
던 생명공학 기업 모더나는 2021년 8월 시가총액 2000억 달러, 한

화로 250조 원에 이르는 괴물 기업으로 성장했다.[71] 당시 삼성의 시가총액은 세계 15위로 약 730조~770조 원 안팎 규모로 알려져 있었다.[72] 코로나19 백신의 효과는 6개월 정도 지속되는 것으로 판명되었고, 부스터샷 없이는 백신의 효과가 지속되지 않는다는 점도 이젠 확실해졌다. 이유는 알 수 없지만, 상당수의 한국인은 싼값에 제공되는 아스트라제네카 백신보다 화이자의 mRNA 백신을 훨씬 더 신뢰했다.[73] 국산 백신의 상용화가 불투명한 상황에서 화이자와 모더나는 우리나라는 물론 전 세계에서 꾸준히 매출을 올릴 것이다.[74]

코로나19는 RNA를 바라보는 거대 제약사의 관점을 완전히 뒤바꿔놓았다. 코로나19 mRNA 백신의 대성공으로 2022년 1분기에만 RNA로 질병 치료를 연구하는 스타트업에 약 5000억 원이 투자되었고, RNA 치료제 임상시험도 4년 전에 비해 3배 가까이 증가했다.[75] 사실 RNA 기반 치료제 시장은 코로나19 백신이 등장하기 전부터 조용히 성장하고 있었다. 특히 2016년 안티센스 올리고뉴클레오타이드Antisense oligonucleotides(ASO) 기술을 바탕으로 개발된 미국 아이오니스Ionis의 척수성 근위축증 치료제 스핀라자Spinraza가 FDA의 허가를 받으면서, RNA 기반 치료제 시장은 매년 꾸준히 성장했다. 스핀라자의 경우 2017년에만 약 1조 원에 가까운 매출을 올린 것으로 알려졌고, 거대 제약사들은 RNA 치료제로도 얼마든지 블록버스터 신약 개발이 가능하다는 확신을 갖게 되었다.[76] 게다가 스핀라자를 개발한 아이오니스는 RNA 기반 치료제 기술로 희귀 유전병을 치료하겠다는 인본주의적인 목표를 가진 회사다.

이뿐만이 아니다. 미국의 앨나이람Alnylam은 RNA 간섭RNA

interference(RNAi)이라 불리는 기술을 이용해서 2016년 FDA 승인 신약 온파트로Onpattro(시약 성분명 파티시란Patisiran)를 출시했는데, 온파트로는 희귀 신경 손상 질환의 일종인 유전성 ATTR 아밀로이드증을 표적으로 개발되었다.[77] 유전성 ATTR 아밀로이드증은 TTR이라는 유전자의 돌연변이로 발생하는 희귀 질환인데, 변이된 TTR 단백질이 축적되어 심근계 질환을 일으키는 것으로 알려져 있다. 놀라운 사실은 이 질환을 앓고 있는 환자가 전 세계에 단 5만 명에 불과하다는 것이다.[78] 이익만을 추구하는 기업이라면 불가능한 개발 방식인지 모른다. RNA 치료제는 2020년 기준으로 약 500개 이상의 신약 파이프라인(기업에서 연구개발 중인 신약 개발 프로젝트)이 존재하며, 미국이 압도적으로 많은 수의 임상시험을 시행 중인 것으로 알려져 있다. 미국에 이어 RNA 치료제 시장을 주도하는 국가는 독일이며 캐나다, 영국, 프랑스, 스페인 등이 그 뒤를 이었고, 한국은 12위를 차지하고 있다.[79] RNA 기반 치료제는 이제 거부할 수 없는 흐름이며, 신약 개발의 패러다임을 바꾸게 될 것이다.[80]

RNA 기반 치료제의 종류

RNA는 생명의 기원에서부터 존재한 물질이다. 최초의 생명은 RNA였을 가능성이 높다. 세포가 살아가는 데 필요한 여러 생리 반응에 RNA는 구조물, 매개자, 정보 전달자 등의 역할로 참여한다. DNA의 정보가 전사되는 물질도 RNA고, 바로 그 정보를 가진 mRNA를 주형으로 단백질로 번역하는 데에도 RNA가 사용된다. 미르라 불리는 마이크로 RNA의 발견으로, 이제 우리는 RNA가 유전자 정보 흐름의 다양한 단계를 미세하게 조절하는 조율자임을 알고 있다. 만약 세포와 인체에 무리가 가지 않는 방식으로 다양한 서열의 RNA를 세포 안에 주입할 수만 있다면, DNA의 유전자 정보를 굳이 바꾸지 않더라도 세포 내 단백질의 활성을 조절할 수 있게 된다. 유전자 정보 흐름의 어느 단계를 표적으로 하느냐에 따라 세포 내 단백질의 양을 조절할 수도 있고, 아예 새로운 단백질을 만들어내거나 존재하던 단백질을 모조리 없애버릴 수도 있다. 코로나19 mRNA 백신은, 코로나19 바이러스의 스파이크 단백질 정보를 코딩하고 있는 mRNA를 인체의 세포에 주입해서, 우리 몸의 세포들이 원래 우리 몸속에 존재하지 않는 코로나19 바이러스의 단백질을 만들어낼 수 있게 만든 것이다.

RNA 기반 치료제는 세포 안에서 RNA가 사용되는 방식에 따라 구분할 수 있다.* 그 첫 번째가 바로 mRNA 방식의 치료제다. 이미 살펴본 것처럼, 코로나19 mRNA 백신은 DNA의 정보가 단백질로 전달되는 과정에서 핵산의 정보가 아미노산으로 전달될 때 중요한 역할을 담당하는 mRNA의 기능을 활용하는 것이다. 코로나19 백신의 경우 바이러스의 단백질을 세포에서 만들어내, 우리 몸의 면역계가 이 단백질에 대한 면역 반응을 일으키게 된다. 하지만 mRNA에 담을 수 있는 정보는 무한하다. 만약 인류가 원하기만 한

---

* RNA 기반 치료제의 종류를 구분하는 방식은 여러 가지다. RNA 치료제의 구분에 대해서는 다음 논문과 보고서들을 참조했다. Dammes, N., & Peer, D. (2020). Paving the road for RNA therapeutics. *Trends in Pharmacological Sciences*; https://www.ibric.org/myboard/read.php?Board=report&id=3891.

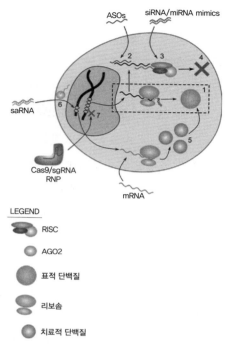

그림 3 RNA 기반 치료제의 원리. RNA 기반 치료제는 기존에 알려져 있는 세포 내 유전자 정보의 흐름을 따라 다양한 과정에 적용될 수 있다. (출처: Dammes, N., & Peer, D. (2020). Paving the road for RNA therapeutics. *Trends in Pharmacological Sciences*.)

다면, 우리 몸에 다른 종의 단백질을 발현시키는 일도 이젠 얼마든 지 가능하다. DNA상의 유전 정보를 바꾸지 않은 채 원하는 단백질 을 우리 몸속에 발현시키는 일이 가능해졌다는 의미는 엄청난 것이 다. 유전자조작식품에 대한 대규모 반대 시위가 불과 10~20년 전 한국 사회를 뒤흔들었음을 생각해보면 더더욱 그렇다.

두 번째 종류의 RNA 기반 치료제는 스핀라자에 사용된 ASO 기 술을 활용한 것이다. ASO는 mRNA의 염기서열과 상보적인 염기서열로 만들어지며, 이렇게 만들어진 ASO는 세포 내에서 표적으로 하는 mRNA와 이중나선을 만들어 해당 mRNA의 번역 과정을 방해하고, 결국 해당 mRNA가 코딩하고 있는 단백질의 생산을 억제한다. 스핀라자는 질병을 일으키는 변이 단백질의 mRNA에 달라붙어 변이 단백질의 생산을 억제함으로써 질병의 진행을 막고, 지속적으로 복용하면 질병을 치료하게 되는 것이다.

세 번째 종류의 RNA 기반 치료제는 앨나이람이 출시한 온파트로에 사용된 RNA 간섭이다. ASO가 mRNA의 어느 서열이라도 표적으로 사용해 번역 과정을 인위적으로 방해하는 작동 방식이라면, RNA 간섭은 이미 잘 밝혀진 진핵세포의 유전자 발현 조절 기제를 사용해서 표적 mRNA의 발현을 조절하는 기술이다. 이미 노벨상을 수상한 작은 RNAsmall RNA인 짧은간섭 RNAsmall interfering RNA(siRNA) 또는 실제로 우리 유전체에서 다량으로 발현하는 미르, 즉 miRNA를 이용하면 우리가 표적으로 하는 그 어떤 mRNA라도 발현을 조절할 수 있다. RNA 간섭은 siRNA나 miRNA를 모방한 형태의 RNA를 제작해서, 우리 몸의 세포들이 유전자 발현을 조절하기 위해 사용하는 도구들을 역이용하는 기술이라고 말할 수 있다.

네 번째 종류의 RNA 기반 치료제는 RNA 압타머Aptamer로, RNA의 유전자 서열 정보가 아니라 RNA의 3차원 구조를 이용해 신약을 개발하는 방식이다. RNA는 유전자 정보를 전달하는 기능 외에도 리보솜ribosome처럼 단백질 생산 공장을 만드는 구조물로도 사용되는데, 이는 RNA가 이리저리 접혀서 3차원 구조를 만들 수 있기 때문이다. 압타머는 바로 이런 RNA의 성질을 이용해서 마치 항체처럼 작동하는 짧은단일가닥 RNAsmall single stranded RNA를 만들어, 원하는 표적 단백질의 기능을 조절하는 기술이다. mRNA나 RNA 간섭에 사용되는 RNA가 불안정한 것과는 달리, 압타머는 RNA의 구조적 성질을 모방한 만큼 매우 높은 안정성을 보여주며 일단 원하는 압타머를 선별한 이후엔 매우 쉽고 빠르게 약을 제조할 수 있다는 특징이 있다. 국내에서는 압타머사이언스가 이 분야를 개척해 최근 뛰어난 성과를 보이고 있다.[81]

다섯 번째로 작은활성화 RNAsmall activating RNA(saRNA)가 있다. siRNA가 표적 mRNA의 발현을 억제한다면, saRNA는 표적 유전자의 DNA 프로모터 부위에 달라붙어 유전자의 전사를 증가시키는 것으로 알려져 있다. saRNA는 그 존재가 알려진 지 몇 년 되지 않은 최신 기술로, 현재 간암 환자에서 발현이 저하된 CEBPA 유전자를 활성화시키기 위한 임상시험이 진행되고 있다.[82]

마지막으로 소개해야 할 RNA 기반 치료제는 흔히 유전자가위로 잘 알려진 CRISPR/Cas9에 꼭 필요한 가이드 RNA, 즉 단일 가이드 RNAsingle guide RNA(sgRNA)다. 유전자가위를 사용하는 유전체 편집 기술의 핵심 중 하나는 원하는 유전체 부위를 인식하는 데 sgRNA가 필요하다는 사실이다. 희귀 유전성 질환을 mRNA나 RNA 간섭 기술로 치료하기 위해서는 지속적으로 약을 복용해야 한다는 단점이 있다. 하지만 유전체 편집 기술을 사용하면, 희귀성 유전 질환을 앓는 환자 몸속 세포들의 유전체를 편집해 지속적인 치료 없이 단 한 번에 유전병을 치료할 수 있게 된다. 이를 위한 여러 가지 임상시험이 진행되고 있는데, 코로나19 백신의 성공 이후 상당수의 기업들이 유전자가위에 필요한 Cas9 단백질과 sgRNA를 모두 RNA의 형태로 세포 내에 주입하는 것을 고려하고 있다. 그리고 윤리적 논란을 피하기 위해서, 환자의 조직을 채취해서 유전체를 변형한 후, 이렇게 변형된 세포를 다시 환자에게 주입하는 방식이 현실적 대안으로 떠오르고 있다.

우연히 얻은 인본주의: 암에서 유전병과 감염병으로

RNA 기반 신약 개발 시장은 빠르게 성장하고 있다. 이런 흐름에 가속도를 붙인 것은 당연히 코로나19 mRNA 백신의 대성공이었다. 엄청난 자본이 움직이는 제약 시장에서, 하나의 파이프라인이 성공했다는 것은 유사한 파이프라인들도 성공할 가능성이 크다는 의미로 받아들여진다. 지난 25년간 지지부진하며 발전하던 RNA 기반 치료제 시장에서 그나마 거대 제약사들이 관심을 가지고 투자했던 분야는 암 치료제였다. 실제로 2015년 임상시험 중이던 mRNA 백신 여덟 건 중 일곱 건은 암에 관련된 파이프라인이었고 단 한 건만이 감염병이었다. 이런 추세는 2020년을 기점으로 완전히 역전된다. 현재 임상시험 중인 mRNA 백신 21건 중 14건이 감염병이고, 암은 다섯 건뿐이다. 2021년 12월 미국 연구진은 원숭이 실험을 통해 mRNA 백신으로 에이즈 감염 위험을 획기적으로 낮출 수 있다고 보고했다.[83] 진드기에 의해 감염되는 라임병도 mRNA 백신으로 예방할 수 있다는 결과가 나왔다.[84] mRNA 백신은 이론적으로 인류를 감염시키는 모든 세균과 바이러스에 대한 백신을 만들 수 있는 기술이다. 전 세계 정부가 힘을 합쳐, 이 기술의 특허를 사들이고 생산 공장을 세워 함께 감염병에 대처해야 하는 이유다.

거대 제약사들이 암이 아니라 감염병을 표적으로 mRNA 백신을 개발하고 있다는 사실은 고무적이다. 하지만 이런 변화를 제약사들의 인본주의로 받아들여선 안 된다. 우리가 mRNA 백신의 개발사에서 배워야 할 교훈 중 하나는 민간의 거대 제약사는 철저히 이익에 따라 움직인다는 냉엄한 현실이다. 거대 제약사가 감염병 백신의 개발에 나서는 이유는 감염병이 돈이 된다는 사실을 알게 되었기 때문이다. 만약 그렇지 않은 상황이 온다면 그들은 RNA 치료제라는 기술로 백신을 개발하려 하지 않을 것이다.

RNA 기반 치료제 기술의 파이프라인이 대부분 희귀성 유전병에 몰려 있는 것도 인본주의로부터 나온 결과가 아니다. 희귀성 유전 질환이 RNA를 이용한 치료에 가장 효과적인 시험대가 될 수 있기 때문에 대부분의 임상시험이 희귀성 유전 질환에 몰려 있는 것이

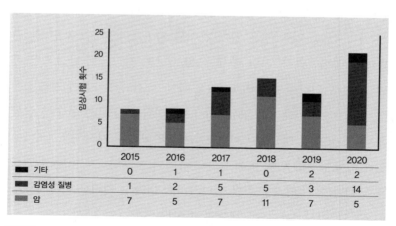

	2015	2016	2017	2018	2019	2020
기타	0	1	1	0	2	2
감염성 질병	1	2	5	5	3	14
암	7	5	7	11	7	5

그림 4 글로벌 mRNA 백신 임상시험 현황(2015~2020). 거대 제약사들은 mRNA로 암 치료제를 개발하려 했지만, mRNA 치료제는 감염병 백신에서 가장 놀라운 효과를 보였고, 또한 시장에서도 성공하는 기염을 토했다. 이제 mRNA 백신 개발의 축은 암에서 감염병으로 자연스럽게 넘어갔다. 인본주의를 강요해서가 아니라, 시장의 질서를 따라 그렇게 된 것이다. (출처: https://www.ibric.org/myboard/read.php?Board=report&id=3891.)

다. RNA 기반 치료제의 대부분은 우리 유전 정보를 간직한 DNA의 복사품인 RNA의 특성을 이용한다. RNA에는 유전 정보가 담겨 있으며, 이 유전 정보의 흐름을 유전적으로 조절하기 위해 RNA라는 분자를 사용하는 셈이다. 따라서 유전자에 돌연변이가 생겨 나타나는 희귀성 유전 질환이야말로 RNA 기반 치료제를 시험하는 데 안성맞춤인 질병이다. 원인이 분명히 유전적이고, 그 유전적 원인을 DNA의 염기서열 정보로 간단하게 환원시킬 수 있기 때문이다.

만약 희귀성 유전 질환에서 RNA 기반 치료제가 잘 작동한다면, 거대 제약사들은 시장 논리에 따라 자연스럽게 암을 표적으로 하는 치료제 개발에 나서게 될 것이다. 당연한 일이다. 희귀성 유전 질환은 시장이 아주 작고, 암은 시장이 크기 때문이다. 이미 잘 알려진 유전자 돌연변이로 발생하는 암 치료에 RNA 기반 치료제 파이프라인이 몰리고 있는 이유도 바로 그 때문이다. 아마 거대 제약사들은 빠르게 단일 유전자의 변이로 발생하는 모든 암의 치료제를 개발하려 들 것이다. 원인이 복잡하고 복합 유전자에 의해 발생하는 암의 경우, RNA 기반 치료제의 표적으로 선정되지 않을 가능성이 크다. 모두 시장 논리에 따른 결과다.

RNA 기반 치료제는 지난 반세기 동안 여러 보통 과학자들의 기여로 완성된 기술이다. 현실적으로는 그 기술이 여러 제약사의 특허로 이루어져 있지만, 그 기술은 인류 모두의 것이라고 할 수 있다. 만약 그 물질이 유전 정보의 흐름을 조율하는 RNA 핵산이 아니었다면, 제약사들은 결코 희귀성 유전 질환이나 감염병 치료제 개발에 나서지 않았을 것이다. 거대 제약사들이 쳐다보지도 않던 백신과 희귀성 유전병에 관심을 갖게 된 것은 RNA라는 물질이 지닌 특성 때문이지, 그들이 인본주의적 가치를 찾아나섰기 때문이 아니다.

　mRNA 백신의 개발은 우연한 인본주의의 결과다. 따라서 각국 정부가 앞으로 이 기술의 사회적 응용을 위해 해야 할 일도 자명하다. 우리는 단계적으로 RNA 치료 기술을 공공으로 이전해야 한다. 혁신을 가로막지 않는 수준에서 각국 정부가 할 일이 있다. 인본주의적 노력은 바로 그런 정책에 집중되어야 한다. 기업들에게 왜 그렇게 탐욕적이냐고 욕해봐야 변하는 것은 아무것도 없다. 설사 뭔가 달라진다 해도 기업은 다시 탐욕을 따를 것이다. 인본주의를 현명하게 사용하기 위해서는 반드시 과학적 세밀함과 현명함이 동원되어야 한다. 그것이 RNA 치료제의 역사와 현실이 우리에게 주는 교훈이다.

—— 20세기의 생물학은 DNA 독재의 시대였다. DNA와 관련된 모든 일들이 언론의 주목을 받았고 제임스 왓슨과 프랜시스 크릭의 이름은 물리학의 아인슈타인과 같은 지위를 얻었다. 이중나선 구조의 발견, 인간유전체계획, 유전자조작식품과 복제인간에 이르기까지 생물학 연구의 주요 사건들은 대부분 DNA라는 물질과 관련되어 있다.

물론 DNA를 언급하지 않고 분자생물학을 논할 수는 없다. 지구상에 생존하는 모든 생물종의 유전물질이 DNA로 이루어져 있기 때문이다. 하지만 DNA에는 유전 정보를 저장하는 일 이외에 그 어떤 기능도 없다. DNA는 단백질의 도움이 없으면 스스로를 복제할 수도, 자신의 정보를 표현할 수도 없다. 이는 컴퓨터 하드드라이브가 수천 테라바이트의 용량을 자랑해도 CPU와 RAM, 소프트웨어가 없다면 무용지물인 것과 같다.

다시 한번 강조하자면 DNA는 정보를 저장하는 일 이외에 그 어떤 일도 하지 않는다. 아니 할 수 없다. 그것은 DNA라는 핵산의 한 종류가 오랜 진화의 과정 동안 '정보의 안전한 저장과 효율적인 전달'이라는 목표만을 위해 특화된 존재이기 때문이다. 알을 낳는 고귀한 일에 전념한다는 이유로 수만 마리의 일개미로부터 보살핌을 받는 여왕개미처럼, DNA는 수많은 단백질들의 보살핌을 받으며 유전 정보를 유지하고 전달한다.

정보의 저장과 전달이라는 이 고귀한 지위를, 그 기능만으로도 여왕이 되어 편하게 놀고먹을 수 있는 이 고귀한 지위를 DNA에 넘겨주고 때로는 단백질의 기능을, 때로는 DNA의 기능을 대신하는 존재가 있다. DNA와 비슷하지만 그 구조와 구성 성분이 조금 다른 이 핵산의 한 종류를 우리는 RNA라고 부른다. 지금부터 DNA에 '정보의 독점'이라는 왕권을 내어주고 생명을 유지하기 위해 모든 궂은일을 도맡아 해온 RNA에 대한 이야기를 하려고 한다.

RNA는 단순히 DNA의 명령을 수행하는 수동적인 존재가 아니다. 생명의 시작은 RNA였을 가능성이 크다. 인간유전체계획이 끝나고 승리를 자축하던 과학자들은, DNA에서 단백질로 이어지는 단순한 경로로는 생명의 복잡성을 설명하기 힘들다는 점을 알아차렸다. 그 간격을 RNA가 채워주고 있다.

이제 RNA는 단순한 정보 전달자의 개념을 넘어 유전자의 개념을 변화시키고 있다. 생명 현상을 조절하는 RNA의 기능이 계속해서 발견되고 있으며 미르도 그런 RNA 중 하나이다. 미르의 발견에는 한국인 과학자들의 기여도 포함되어 있다. 대한민국이 '황우석'과 '복제'에 들떠 있을 때 묵묵히 RNA를 연구했던 한국 과학자들은 이미 세계의 정상에 우뚝 서 있다.

우리는 그동안 DNA라는 화려한 독재자의 위엄 때문에 생명 현상을 조절하고 통제하는 RNA의 중요성을 보지 못했다. 역사의 진실이 언젠가는 반드시 세상에 밝혀지듯이, 이제 우리는 말할 수 있다. RNA가 잃어버린 영광의 시대를 맞을 것이라고.

11

핵산이라는 물질

DNA는 디옥시리보핵산DeoxyriboNucleic Acid의 줄임말이다. 하지만 지난 세기 생물학을 지배한 DNA의 지위를 고려한다면 이를 Dictator of Nucleic Acids(핵산의 독재자)라 바꾸어 불러도 무방할 것이다. 왓슨과 크릭이 DNA를 발견했다는 단순화된 역사야말로, 우리가 과학을 대할 때 흔히 범하기 쉬운 착각이다. 왓슨과 크릭은 DNA가 이중나선 구조로 되어 있으며 이러한 구조가 유전 정보를 저장할 수 있는 구조일 가능성이 크다는 것을 발견했을 뿐이다. 핵산이라는 물질의 발견은 1868년으로 거슬러 올라간다.

치즈와 핵산

핵산은 1868년 치즈로 유명한 스위스에서 발견되었다. 당시의 스위스는 과학 강국이었다. 파라셀수스로부터 내려오던 오랜 전통이, 식물학의 아버지라 불리는 알브레히트 폰 할러에게 전해져 이미 생물학과 의학의 연구가 활발했으며, 루이스 아가시에 의한 지질학의 전통도 풍부했다. 이미 17세기에 다니엘 베르누이 같은 수학자가 우뚝 서 있었으며, 스위스의 취리히공과대학은 아인슈타인이 졸업한 것으로도 유명한 곳이다. 1868년 의사이자 생리학자인 요한 프리드리히 미셰르는 병원에서 쉽게 얻을 수 있는 버린 붕대들에서 고름을 짜내 얻은 백혈구로부터 핵nucleus을 추출하고 이로부터 산성 물질을 얻어 이를 뉴클레인nuclein이라고 명명했다. '-in'이라는 이름은 생물학자들이 단백질을 명명할 때 주로 사용하는 접미사다. 단백질 분해효소인 펩신pepsin을 처리한 후에 뉴클레인을 분리해냈음에도 불구하고 그는 핵산이 단백질일 가능성을 배제하지 않았던 것으로 보인다.*

현재 우리는 세포의 핵 속에 염색체가 들어 있고, 그 염색체가 DNA라는 중요한 유전물질을 함유하고 있다는 것을 잘 안다. 하지만 핵이라는 세포 내 기관이 생명의 핵심적인 기능을 담당하고 있을 것이라는 추측은 1870년경이 되어서야 조금씩 싹트기 시작했다. 당연히 핵 속에 존재하는 핵산이라는 물질도 과학자들에게 그다지 관심거리가 되지 못했다. 당시 생리화학자들에게 최고의 물질은 단백질이었다. 그들에게 단백질은 생명 현상의 핵심이었다. 이는 당대의 생리화학자들이 현명하지 못했기 때문이 아니다. 과학자들은 신이 아니다. 그들은 주어진 제약 안에서 최선의 선택을 한다.

---

* 미셰르에 관해서는 다음의 두 논문을 참고하라. Dahm, R. (2005). Friedrich Miescher and the discovery of DNA. *Developmental Biology*, 278(2), 274 – 88. http://doi.org/10.1016/j.ydbio.2004.11.028; Maderspacher, F. (2004). Rags before the riches: Friedrich Miescher and the discovery of DNA. *Current Biology* : CB, 14(15), R608. http://doi.org/10.1016/j.cub.2004.07.039.

당시 생리화학자들에게 주어진 실험 결과들은 만약 유전물질이 존재한다면 그것은 단백질일 것이라는 추측을 가능하게 했다.

사실 19세기 초까지도 유전을 가능하게 하는 한 종류의 물질이 존재하리라는 가설은 망상에 가까웠다. 생김새로부터 성격에 이르는 다양한 형질들이 단 한 종류의 물질 속에 담겨 유전되리라는 기대는 당시 가장 강력한 물질주의자였던 윌리엄 베이트슨에게도 인정받지 못하는 가설에 불과했다.[1] 원숭이까지 복제해내는 지금도 그렇지만, 과학자들은 천성적으로 무모하다. 당시에도 단 한 종류의 유전물질이 존재할 것이라는 확신으로 연구를 하던 과학자들이 있었다. 아마도 그 단순한 설명력이 과학자들을 매료시켰을 것이다. 단백질, 지질, 탄수화물 모두의 상호작용으로 유전이 결정된다면 과학자들은 연구의 가치를 느끼지 못했을 것이다. 복잡한 것은 예나 지금이나 연구하기 어렵고 사람을 좌절하게 한다. 생물학이 물리학에 비해 늦게 발전한 것도 다루는 시스템이 꽤나 복잡하기 때문이었을 것이다.

유전물질의 때 이른 발견

다시 유전물질에 대한 이야기로 돌아와서, 만약 부모에서 자식으로 전해지는 유전물질이 존재한다면 그 물질은 첫째 '안정성'을 지녀야 하고, 둘째 '다양성'을 지녀야 한다. 이런 점에 대부분의 당시 과학자들이 동의했다. 핵산이 분리되기 이전에 이미 탄수화물과 지질, 단백질이 생화학자들에 의해 분리되었지만, 지질과 탄수화물은 유전물질이라기에는 지나치게 단순한 고분자 화합물이었다. 안

2부 핵산의 시대

정성과 다양성이라는 측면에서 그 어떤 물질도 단백질을 따라올 수 없었다. 유명한 물리학자 에르빈 슈뢰딩거조차 '생명이란 무엇인가'라는 강의에서 유전물질의 가장 강력한 후보로 단백질을 거론하지 않았던가. 겨우 네 가지 염기의 단순한 배열로 이루어진 핵산은 유전물질의 후보로 거론되기엔 너무나 단순해 보였다. 게다가 미셰르가 분리해낸 핵산은 지나치게 불안정했다. 물론 순수한 DNA는 매우 안정적인 물질이다. 하지만 미셰르가 추출해낸 것은 순수한 핵산이 아닌 핵산-단백질 복합체였고, 당시에는 세포 안에 DNA를 절단하는 엔도뉴클라아제endonuclease와 같은 단백질이 존재한다는 것을 알 수 없었다. 그럼에도 불구하고 미셰르는 개인적으로 자신이 분리해낸 핵산이 유전물질일 가능성이 있다고 믿었다. 하지만 충분한 증거가 없는 한 과학자의 개인적인 믿음은 객관적인 과학의 증거로 봉사하지 못한다. 미셰르에겐 소중했던 핵산이 대다수의 과학자들에겐 그저 또 다른 세포 내 물질, 어찌 보면 귀찮은 물질일 뿐이었다.

핵산이 유전물질일 가능성이 생화학자들에 의해 무시되던 시기에 발생학자들과 세포학자들은 이미 세포핵의 분열을 현미경으로 관찰하고 있었다. 현재는 세포분열이라는 현상으로 잘 알려져 있는 염색체의 분열과 융합이 이미 1910~1930년경에 확립되어 있었다. 하지만 세포가 분열할 때 염색체가 보여주는 불안정한 구조 때문에 아이러니하게도 염색체가 유전물질일 가능성이 배제되었다. 세포핵 속에 핵산이 가장 많이 들어 있는 것은 사실이지만, 그 속에는 단백질도 풍부하게 존재한다. 여전히 유전물질의 가능성은 단백질 쪽으로 치우쳐져 있었다.* 1940년경에는 핵산이 유전물질일 가능성이 산발적으로 제기되었지만 증거는 산재되어 있었고, 단백질의 권위는 매우 굳건했다. 핵산이 유전물질일 가능성은 오즈월드 에이버리에 의해 1944년 처음으로 조심스럽게 제기되었다.[2] 불행히도 매우 조심스러웠던 이 노과학자의 실험 결과는 1952년이 되어서야 앨프리드 허시와 마사 체이스의 방사성 동위원소 실험에 의해 확증된다.[3]

또 한 사람을 빼놓을 수 없다. 왓슨과 크릭이 DNA라는, 유행에 덜 떨어진 물질을 연구하게 된 계기를 제공해준 과학자다. 오스트리아 출신의 생화학자 에르빈 샤가프는 에이버리의 실험에 관심을 가지고 결국 핵산의 염기 비율이 종마다 다르며, 퓨린purine과 피리미딘pyrimidine이라는 핵산의 두 종류 염기가 일정한 비율로 유지된다는 법칙을 발견했다. '샤가프의 법칙'으로 불리는 이 일정성분비의 법칙은 결국 왓슨과 크릭의 이중나선 구조 해결에 결정적인 영향을 미치게 된다. 샤가프의 실험 결과로부터 명백해진 것은 DNA도 단백질처럼 복잡하고 흥미로운 물질이라는 사실이었다.[4]

영웅의 뒤에서

왓슨과 크릭이 DNA의 구조를 연구하게 된 배경에는 이처럼 많은 과학자들의 집념이 서려 있다. 샤가프가 회고하듯이, 왓슨과 크릭의 발표가 있기 전까지 핵산에 관한 연구는 생물학의 중심축이 아

---

* 세포의 발견 과정은 다음의 훌륭한 책을 참고하라. 헨리 해리스. (2000).《세포의 발견》(한국동물학회 옮김). 전파과학사(원서 출판 1999).

니었다. 미셰르가 핵산을 분리한 것이 1868년이었고, 핵산이 유전물질일 가능성은 1953년이 되어서야 과학자 사회에 받아들여지기 시작한다.[5] 85년이라는 이 기나긴 세월에서 우리가 기억하는 과학자가 왓슨과 크릭뿐이라면 그것은 무언가 잘못된 것이다. 이는 손보다는 머리를 사용했던 내과 의사들이 외과 의사들보다 더욱 우수하다고 평가되던 근대 이전의 의학이나, 실험물리학자들의 이름은 하나도 기억하지 못하면서 아인슈타인이나 스티븐 호킹과 같은 이론물리학자들의 이름만을 부각시키는 물리학의 경우와 같다.

과학사가들은 과학에서 실제로 중요한 도구의 발전이나 물질의 발견 같은 사건보다 이론적 혁명에 집중하는 경향이 있다.** 하지만 과학사를 제대로 바라본다면 도구의 발전이 이론의 발전에 선행했다는 점은 너무나 자명하다. 방사성 동위원소를 사용해 DNA가 유전물질임을 확증해낸 앨프리드 허시는 이렇게 말했다. "아이디어는 오고 간다. 하지만 방법은 지속된다." 과학적 사실은 세월이 지난 후에도 누구에게나 재현되어야 한다. 이론은 항상 변하지만 실험적 방법론은 영원하다. 허시의 말은 지금까지 무시되어온 미셰르와 같은 과학자를 재조명하기를 요구한다. 과학에서 이론은 실험보다 우월한 것이 아니다. 화이트칼라가 블루칼라보다 우월하지 않듯이, 그들은 그저 다를 뿐이다. 지금까지 과학사는 손보다는 머리를, 실험보다는 이론을 위주로 기술되어왔다. 그 과정에서 미셰르나 에

***

** 과학사를 공부하고 싶어하는 사람이라면 토머스 쿤의 《과학혁명의 구조》보다는 윌리엄 콜먼의 《19세기의 생물학Biology in the 19th Century》이나 에두아르드 파버의 《화학의 진화The Evolution of Chemistry》를 먼저 읽어보기를 바란다.

이버리보다는 왓슨과 크릭이, 아서 에딩턴이나 로버트 파운드보다는 아인슈타인이 과학자의 전형으로 세워졌다.

만일 과학사가 이처럼 왜곡된 채 기술되어왔다면 이는 비단 '과학자'라는 인간에 대한 이야기만이 아닐 것이다. DNA 구조의 발견에 관한 책은 숱하게 출판되었지만, RNA가 어떻게 연구되어왔는지에 대한 책은 존재하지 않는다. 무언가 잘못되어 있다. 과학사에서 미셰르를 비롯한 실험과학자들의 노력에 대한 재조명이 필요하듯, 지금까지 무시되어온 RNA에 대한 이야기도 필요하다.

이중나선의 수줍은 등장[*]

2003년, 〈네이처〉와 〈사이언스〉를 비롯한 유수의 과학 저널은 'DNA 이중나선 구조 발견 50주년'을 기념하자며 야단법석이었다. 2003년은 황우석 박사가 광우병 내성 소를 만들었다며 슬그머니 그 야심을 드러내던 시기와 겹친다. 같은 해 우리는 대구지하철 참사로 신음했고, 세상은 이라크 전쟁으로 병들어 있었다. 1953년 이중나선 구조가 〈네이처〉에 발표되고 석 달 후 북한과 미국은 휴전에 동의했다. 이중나선의 구조가 발견되던 해가 되어서야 겨우 전쟁의 소용돌이에서 벗어날 수 있었던 국가에서, 2004년에 벌써 (비록 사기 사건으로 결론났지만) 왓슨과 크릭이 기념비적인 논문을 실었다는 〈네이처〉와 〈사이언스〉를 경천동지하게 만들었으니, 대한민국의 과학이 무척 빠른 속도로 성장했음은 분명하다.[6] 2018년 기준 한국의 연구비는 표면적으로는 세계 5위가 되었고, 논문의 양도 선

---

[*] 이 장의 제목은 리처드 올비의 논문에서 따왔다. Olby, R. (2003a). Quiet debut for the double helix. *Nature*, 421(6921), 402 – 405. doi:10.1038/nature01397.

진국 대열에 들어섰다. 물론 우리에게 혁신적인 연구, 즉 모두가 미쳤다고 말하면서도 기꺼이 지원하는 연구가 있는지는 의문이다.

무시된 '구조'의 발견

1953년에 〈네이처〉에 실린 DNA 이중나선 구조에 관한 논문은 총 일곱 편이다(그중 단 한 편에만 왓슨과 크릭의 이름이 실려 있다).* 하지만 1960년까지 DNA에 관한 연구로 출판된 논문들 중 왓슨과 크릭의 모델을 참고하는 논문의 수는 전혀 증가하지 않았다. 1953년을 혁명의 시기로만 알고 있는 우리에겐 놀라운 일이다. 당시 〈네이처〉는 잡지의 분량을 늘리고 출판 횟수를 두 배로 늘리던 시기였는데도 왓슨과 크릭의 연구는 DNA 연구자들 사이에서 언급되지 않고 있었던 셈이다. 역사적으로 매우 흥미로운 일이다.

　이 역사적 아이러니가 의미하는 바는, 왓슨과 크릭의 발견 이전

---

* 　그 논문의 목록은 아래와 같다. Sinsheimer, R. L. (1957). First steps toward agenetic chemistry. *Science*, 125. 1123‒1128; Watson, J. D. & Crick, F. H. C. (1953). A structure for deoxyribosenucleic acid. *Nature*, 171, 737‒738; Wilkins, M. H. F., Stokes, A. R. & Wilson, H. R. (1953). Molecular structure of deoxypentosenucleic acids. *Nature*, 171, 738‒740; Franklin, R. E. & Gosling, R. G. (1953). Molecular configuration in sodium thymonucleate. *Nature*, 171, 740‒741; Franklin, R. E. & Gosling, R. G. (1953). Evidence for 2‒chain helixin crystal linestructure of sodium deoxyribonucleate. *Nature*, 172, 156‒157; Jacobson, B. (1953). Hydration structure of deoxyribonucleic acid and its physico‒chemical properties. *Nature*, 172, 666‒667; Wilkins, M. H. F., Seeds, W. E., Stokes, A. R. & Wilson, H. R. (1953). Helical structure of crystal line deoxypentose nucleic acid. *Nature*, 172, 759‒762.

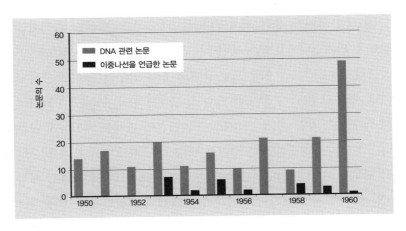

그림 1 1950~1960년대에 발표된 DNA 관련 논문들 중 왓슨과 크릭의 논문을 언급한 횟수. 1960년대까지도 그들의 논문은 제대로 알려지지 않았다. (출처: Olby, R. (2003a). Quiet debut for the double helix. *Nature*, 421(6921), 402 – 405. doi:10.1038/nature01397)

에 이미 DNA 연구 전통이 잘 확립되어 있었다는 것일지도 모른다. 앞에서 언급한 미셰르로부터 시작된 이 생화학 전통의 과학자들은 DNA의 물리적 성질과 그것을 추출하는 방법, 조직과 세포에 존재하는 DNA의 구성 비율과 양에 대한 연구를 진행하고 있었다. 왓슨과 크릭이라는 과학계의 햇병아리들이 DNA 연구에 뛰어들기 전부터 DNA라는 물질에 도통했던 과학자들이 존재했던 것이다. 도대체 이들의 관심은 무엇이었을까? 주로 의학과 관련된 일에 종사하는 생화학자와 물리화학자로 구성된 DNA 연구 그룹은, 방사선이 인체에 유해한지 무해한지에 관한 과학계의 논쟁 속에서, '돌연변이 인자mutagen'(DNA에 돌연변이를 유발하는 인자)의 존재 혹은 성장과 영양 및 암 연구에 매우 밀접하게 연관되어 있던 '단백질 합성'에 관한 연구에 매진하고 있었다.

1970년 크릭은 중심 도그마Central Dogma라는 명제를 소개하는 논문을 발표한다.[7] DNA로부터 RNA를 거쳐 단백질로만 정보가 이동한다는 이 명제는 이후 많은 과학자들이 연구해 사실로 증명되었다. 하지만 크릭이 발표한 중심 도그마는 현재 우리가 교과서에서 배우는 것처럼 DNA → RNA → 단백질의 관계를 제시하지 않는다. 크릭은 당시 존재하던 증거를 바탕으로, 정보의 흐름이 핵산에서 단백질로 이동한다는 추측을 제시했다. 당시만 해도 DNA에서 RNA로 어떻게 정보가 전달되는지에 대한 구체적인 해답은 존재하지 않았다. 교과서의 기술은 역사적 기술과 항상 불일치하는 경향이 있다. 교과서의 저자들은 과학적 발견들을 잘 짜인 직조물처럼 기술하고자 하지만, 실제 역사는 엉킨 실타래와 같다. 과학사라는 조직적인 학문의 도움을 받아 매우 정교한 기술로 그 실타래를 분석할 수 없으면, 그 실타래를 풀 수도 볼 수도 없다.

크릭의 중심 도그마는 교과서의 기술이 과학의 발견을 왜곡하는 현상을 보여주는 좋은 예다. 왜냐하면 중심 도그마의 순서도는 과학자들의 관심이 이동한 방향과 정확히 반대이기 때문이다. 중심 도그마는 DNA에서 RNA로, RNA에서 단백질로의 정보 흐름을 말하지만, 실제로 과학자들은 단백질 자체를 가장 먼저 연구했고, 이후 단백질을 합성하는 RNA의 기능에 관심을 가지고 나서야 DNA가 무엇인지 관심을 보이기 시작했다. 물론 모든 과학자들이 한 방향으로 움직인 것은 아니지만,* 19세기 유스투스 폰 리비히로부터

---

* 이런 의미에서 《분자생물학: 실험과 사유의 역사》를 쓴 저자 미셸 모랑주는 과학의 역사적 전개 과정을 아메바가 움직이듯 무정부주의적이라고 불렀다.

시작된 생리화학의 전통에서 가장 중요한 물질은 단백질이었고, 대부분의 생리화학자들은 단백질을 생명의 주요 물질로 간주하고 있었다. 단백질에 관한 연구는 초기 생화학 역사의 대부분을 차지한다고 해도 과언이 아니다. 단백질은 그 기능이 다양하고, 풍부한 양을 분리·정제할 수 있기 때문이었다.** 특히 20세기 초에는 단백질과 영양에 관한 연구가 많은 지원을 받아 필수 아미노산과 같은 개념이 등장하기도 한 시기였다.

'기능'이 '구조'를 구조하다

다윈 이후, 과학자들은 항상 유전물질에 대한 호기심을 가지고 있었다. 유전되는 물질이 존재한다면 그 물질은 반드시 복제가 가능해야 했다. 〈네이처〉에 출판된 왓슨과 크릭의 논문이 중요한 이유는 그들이 아데닌과 티민, 시토신과 구아닌의 수소결합에 의해 유전 정보 복제의 비밀을 풀 수 있는 실마리를 제공했다는 데에 있다. 앞에서 보았듯이 유전물질이 되기 위한 필수 조건은 '안정성'과 '다양성'이다. 거기에 더해, 유전물질이 되기 위한 조건이 하나 더 있

** 앞으로 계속 언급하겠지만 과학의 발달은 도구의 발달에 의해 제약된다. 도구의 제약 속에서 과학자들은 가장 흥미로운 질문을 찾고, 그렇게 어쩔 수 없이 주어진 환경에서 단서를 찾아 자연의 비밀을 벗긴다. 당시 단백질은 풍부하게 얻을 수 있는 물질이었고, 기능 역시 다양했다. 훗날 대물림의 기제가 과학자들의 집중적인 관심을 받고, 초파리 유전학과 현미경이 발전하기 전까지, 단백질이야말로 생물학의 꽃이자 축복이었다. 단백질이야말로 생기론의 망령 속에서 주춤거리던 생물학을 물리학이나 화학과 같은 엄밀 과학의 영역으로 편입시킨 주인공이다.

다. '자기 복제성self-replicability'이다. 왓슨과 크릭의 모델은 '자기 복제성'을 설명할 수 있는 실마리를 제공하고 있지만 몇 가지 약점도 있었다. 잘 알려져 있지 않지만, 왓슨과 크릭은 한 달 후 논문 한 편을 더 출판한다.[8] 그 논문에서 그들은 먼저 발표한 모델이 지닌 약점을 인정하고 자기 복제하는 유전물질이 진정 DNA인지 아닌지에 관한 확신은 아직 이르다고 이야기한다.

DNA는 이중나선이다. 따라서 복제되기 위해서는 반드시 풀려야 한다. 실험실에서 DNA를 인공적으로 풀기 위해서는 95도의 온도로 몇 분간 가열해야 한다. 그만큼 DNA의 이중나선 구조는 단단하다. DNA 복제의 기제를 설명하려면 이 문제가 해결되어야 했다. 1958년 매슈 머셀슨과 프랭클린 스탈에 의해 대장균에서의 반보존적 복제 기작이 발표되고, 같은 해 아서 콘버그에 의해 DNA 중합효소가 발견되기 전까지, 왓슨과 크릭의 복제 '모델'은 완벽한 모델이 아니었다. 1953년에서 1954년에 이르는 시기에, 그들의 모델은 부분적으로만 검증되었을 뿐이다. 1961년, 그동안 무수히 많은 암호학자들과 물리학자들에 의해 추측만 난무하던 유전 암호의 비밀이 마셜 니렌버그에 의해 열매를 맺었다. 니렌버그는 우라실로만 이루어진 RNA 사슬(UUU)은 페닐알라닌phenylalanine이라는 아미노산만을 합성한다는 사실을 증명하고 이후 4년간의 지루한 연구 끝에 20종류의 아미노산 암호를 해독하는 데 성공했다. 8년이라는 오랜 기다림 후에야, 왓슨과 크릭의 불안한 시작은 조금씩 완성되어 가고 있었다.

DNA의 이중나선 '구조'와 당시 과학자들에게 관심의 대상이었던 단백질 합성 간의 상호관계가 조금씩 밝혀지기 시작하면서,

1953년의 논문은 비로소 과학자들 사이에서 심각하게 받아들여지기 시작했다. 샤가프와 같은 핵산 연구의 대표적인 과학자들이 왓슨과 크릭의 논문을 잘 알고 있으면서도 이를 자신의 논문에 언급하지 않았다는 점은, 이들의 가슴속에도 왓슨과 크릭의 모델 같은 상상력의 총화가 하나쯤은 존재하고 있었다는 뜻이다. 그들은 그들 나름의 방식으로 유전물질의 '기능'을 연구하고 있었고, 유전물질의 '구조'는 1953년 당시 과학자들에게는 아직 확실히 결말이 난 드라마가 아니었다. 이중나선의 '구조'는 유전물질의 '기능'에 의해 구조되기를 애타게 기다리고 있었다.

핵산보다 단백질

당시 단백질 합성에 관한 견해는 크게 두 가지로 갈려 있었다. 첫 번째로 제기된 가설은 '펩타이드peptide 이론'으로, 아미노산의 중합체인 펩타이드들이 벽돌을 이어 붙이듯이 합성된다는 것이다. 두 번째 가설은 '주형 이론'으로 각각의 단백질마다 주형이 존재하며 이 주형에 의해 단백질이 만들어진다는 것이다. 분해하고 합성하는 단백질의 다양한 기능을 이미 알고 있던 대부분의 생화학자들은 '펩타이드 이론'을 더 그럴듯하게 받아들였다.

펩타이드 이론의 장점은 주어진 벽돌 조각(아미노산 혹은 펩타이드)으로부터 원하는 만큼의 다양한 단백질이 합성될 수 있고,* 이를 통

---

* 벽돌만 많다면 화장실도 국회의사당도 지을 수 있는 원리와 같다.

해 단백질의 다양성을 잘 설명할 수 있다는 점이다. 게다가 단백질의 효소 작용을 생명 현상의 본질로 생각하던 생화학자들에게, '주형 이론'에서 설명하는 '거푸집을 이용한 단백질 합성'은 상상하기 어려웠다. 따라서 DNA와 RNA의 합성, RNA와 단백질의 합성이 매우 강하게 연관되어 있다는 실험 결과들은 생화학자들에게 DNA가 RNA의 합성에 '주형'으로 기능한다는 아이디어로 받아들여진 것이 아니라, DNA가 일종의 촉매로 기능한다는 식으로 받아들여졌을 것이다. RNA가 단백질 합성에 중요하다는 많은 연구 결과들도 생화학자들에게는 이런 식으로 받아들여졌다. 단백질이 연구의 중심이었던 생화학자들에게, 생명의 핵심은 촉매 작용 그 이상도 그 이하도 아니던 시절이었다.

생화학이 분자생물학으로 이행되던 1950년대 말에서 1960년대 초는 이처럼 생화학자들의 머리를 지배하고 있던 효소의 강력한 촉매 작용이 '주형'이라는 혁명적인 정보 개념으로 이행하던 중요한 시기였다. 따라서 왓슨과 크릭의 발견은 그들의 의도와는 별개로 DNA와 RNA, RNA와 단백질을 연구하던 일군의 과학자들 사이에서 가능한 하나의 모델로 받아들여졌을 뿐, 심각한 고려 대상은 아니었다. 왓슨과 크릭의 모델이 받아들여지던 1960년대는, 왓슨과 크릭의 모델을 그다지 상관하지 않고 별도로 연구를 진행하던 이들의 실험 결과들이 그 모델에 의해 천천히 설명되기 시작하던 시기로 봐야 한다. 특히 RNA와 단백질 합성의 관계는 매우 잘 밝혀져 있었지만, DNA와 RNA의 관계는 아주 오랜 시기를 거친 후에야 과학자들 사이에 받아들여지기 시작한다.

단백질에 대한 연구가 생화학 연구의 거의 전부였던 시기에 등장한 왓슨과 크릭의 모델은 반드시 단백질의 합성과 연관지어져야 했다. 단백질의 합성을 설명하지 못한다면 그 모델은 쓸모없는 이단일 뿐이었다. 협상이 필요했다. 그 협상의 시험을 통과할 수 없다면 DNA는 진정한 유전물질이라고 불릴 수 없었다. 유전물질은 반드시 단백질의 합성을 통제하고 조절해야만 했으며, 오로지 그것이 유전물질의 가장 중요한 기능이어야 했다. 바로 이런 이유 때문에, 유전물질의 '기능' 연구가 종결되어가던 1960년대가 되어야 비로소 왓슨과 크릭의 '구조'에 관한 연구가 빛날 수 있었던 것이다.

프레더릭 생어에 의해 처음으로 단백질 시퀀싱이 가능해진 시기가 1953년이다. 1953년, 생물학자들 사이에서 화제는 단연 생어의 실험 결과였다. 당시 과학자들에게 왓슨과 크릭의 연구 결과는 2003년을 50주년으로 기념할 만큼 거대한 사건은 전혀 아니었다.[9] 만약 우리가 모든 이론과 모델의 50주년을 기념한다면, 과학계는 매일 축제를 벌여야 할지도 모른다. 현명했지만 운도 분명히 따랐던 그 모델만을 기념하고, 동시대에 유전자의 기능과 구조를 연구했던 다른 과학자 모두를 패자로 몰아가는 방식은 또 다른 영웅 만들기의 일환일 뿐이다. 하지만 과학의 진보가 그런 영웅들에 의해서만 일어나는 것은 아니다.

13

스타가 된 왓슨

크릭은 1958년이 되어서야 "단백질 합성에 관하여"라는 강연을 통해 중심 도그마를 제창한다.[10] 앞에서 설명했듯이, 20세기 초반 생화학자들의 연구는 단백질에 집중되어 있었다. 왓슨과 크릭의 DNA 이중나선 구조 발견은 어떻게 단백질이 합성되는지에 관해 명쾌한 답을 줄 수 없었고, 단백질 합성 문제는 여전히 미스터리로 남아 있었다. 단백질 합성에 관한 역사를 논할 때 주로 언급되는 사건은 조지 비들과 에드워드 테이텀의 '1유전자 1효소 가설'과 왓슨 크릭의 1953년 논문, 그리고 크릭의 유명한 1958년 강연과 1959년 프랑수아 자코브와 자크 모노의 '오페론Operon 가설' 정도다. 하지만 그들과는 별개로 오래전부터 단백질 합성을 연구했던 일군의 과학자 그룹이 존재했다. 역사는 주변부의 이야기를 다루기를 꺼린다. 이 이야기가 시작된 곳은 미국도 영국도 아닌 벨기에다.

브뤼셀의 발생학 그룹

벨기에 브뤼셀은 일리야 프리고진이 열역학 그룹을 이끌었던 고장이기도 하다.* 이곳에서 발생학자 장 브라셰는 RNA와 단백질 합성의 상호작용을 연구하는 그룹을 이끌었다. 브라셰가 주도한 브뤼셀의 발생학 그룹은 태생적으로 생화학자들과는 연구의 전통이 달랐다. 독일의 에른스트 헤켈로부터 발전하기 시작한 발생학은 당시세포학과 매우 밀접한 관계에 놓여 있었다. 발생학은 마티아스 슐라이덴과 테오도르 슈반 같은 세포학자들과 그 전통을 함께해온 학문이다. 분자생물학이 전성기를 구가하고 있는 지금도 세포학과 생화학의 전통이 철저히 구분되고 있음을 생각한다면 당시의 분위기를 짐작할 수 있을 것이다.

세포학자들이 생화학적 기법을 사용하지 않은 것은 아니지만, 생화학자들이 물질 분석에 치중할 당시 이들은 세포의 소기관 및 물질의 위치와 기능에 대한 광범위한 관심을 가지고 있었다. 훗날 유전학에 크게 기여하는 세포핵의 기능도 이러한 전통 속에서 발견되었다. 브라셰는 다양한 염색 기법을 동원해서 DNA와 RNA의 '위치' 및 '양'을 분석했다. 그는 현미경 아래서 조직과 세포를 관찰하는 미세해부학과 염색법을 통해 RNA는 핵에서 합성되고 단백질은 세포질에서 합성된다는 확고부동한 증거를 제시했다. 이 발견이 결정적인 증거 없이 제시되었던 크릭의 중심 도그마를 구조한다. 특히 핵을 제거한 녹조류를 이용해, DNA가 존재하지 않는 상황에서

---

* 프리고진에 대해서는 다음의 글을 참고하라. 신국조. (2002). 열역학의 시인 일리아 프리고진 타계 – 인간과 자연의 새로운 대화의 장 마련. 〈과학동아〉, 18(7), 130-133.

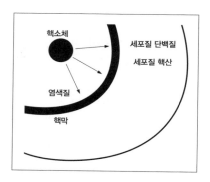

그림 2 브라셰가 생각했던 단백질 합성의 개요. 이 그림에선 핵이 단백질 합성의 중심으로 기술되고 있다. (출처: D. Thieffry. (1996). Jean Brachet's Alternative Scheme for Protein Synthesis. *Trends in biochemical sciences*, 21(3), 114 – 117.)

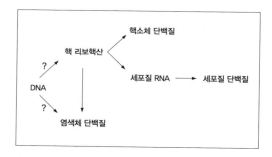

그림 3 브라셰는 1960년까지도 RNA의 합성과 단백질의 합성에 대해 매우 조심스러운 사고를 하고 있었다. 이 도표가 그의 생각을 잘 나타내고 있다. 그는 크릭처럼 단칼에 도그마를 그리는 스타일의 과학자는 아니었다. (출처: D. Thieffry. (1996). Jean Brachet's Alternative Scheme for Protein Synthesis. *Trends in biochemical sciences*, 21(3), 114 – 117.)

도 단백질 합성이 수일간 지속된다는 것을 증명한 '탈핵 실험'은 이후 자코브와 모노의 프랑스 분자생물학파가 mRNA를 발견한 것과 함께 분자생물학의 발전에 큰 기여를 했다.

생물학 교과서를 떠올려보자. 원핵생물은 세포핵이 없는 박테리아 같은 생물을 말하고, 진핵생물은 세포핵이 있는 생물종 전체를 포함한다. 역사적인 아이러니는 브라셰가 진핵생물을 통해 밝힌 사실, 즉 DNA와 단백질 합성은 관련이 없다는 증거에도 불구하고,* 프랑스의 생물학자 그룹이 원핵생물을 통해 DNA와 단백질을 매개하는 mRNA의 존재를 밝혀냈다는 점이다. 당시 독일 및 벨기에의 생물학자들은 세포핵과는 별도로 세포질에도 유전적 연속성을 지닌 요소들이 존재한다고 생각했다. 그렇게 생각할 만한 이유가 있었다. 세포의 기능에 그토록 중요한 단백질의 합성이 세포질에서 이루어진다면, 유전 현상에서 세포질이 세포핵보다 중요한 장소일지 모를 일이기 때문이다. 이 말은 현대에도 부분적으로 옳다. 세포질에 존재하는 미토콘드리아나 엽록체는 유전적 연속성을 지닌 자기 복제 기관이다.** 브라셰는 RNA와 단백질 합성 사이의 강한 상관관계를 생물학자들에게 인식시켰고, 자코브와 모노는 mRNA의 가능성을 발견함으로써 단백질 합성을 DNA에 연결시켰다.[11]

프랑스식 RNA 요리

대부분의 분자생물학자들은 1958년 크릭의 논문 〈단백질 합성에 관하여〉와 1957년 진행한 대중 강연만으로 'DNA-RNA-단백질'이라는 도식이 해결된 것으로 믿고 있다. 역사를 잘 모르는 사람들은 단순한 도식을 선호한다. 하지만 역사는 엉킨 실타래다. 앞에서 언

---

* 진핵생물에서 RNA 합성은 핵 속에서, 단백질 합성은 세포질에서 이루어진다. 원핵생물은 이 모든 과정이 세포질에서 이루어진다.

** 현대 생물학에서는 이를 '세포질 유전'이라고 부른다.

급했듯이 RNA-단백질의 관계와 DNA-RNA의 관계는 완전히 독립적으로(부분적으로는 연결되어 있었지만) 발견되었다. 특히 탈핵 실험을 통한 브라셰의 연구 결과로 분명해진 RNA와 단백질의 관계와는 다르게 DNA-RNA의 관계는 매우 복잡한 상황 속에서 어렵게 해결되었다. 1958년 크릭의 논문은 주로 유전물질인 DNA의 중요성과 세포 내에서 RNA가 가장 풍부한 마이크로솜이 단백질 합성에 중요하다는 사실을 다루고 있다. 하지만 DNA에서 RNA로 이어지는 정보의 이동은 단 한 줄만 기술되고 있으며, 그마저도 "DNA가 RNA의 조절에 중요할 것이다"라는 아주 애매모호한 표현으로 기록되어 있다. 크릭의 이 말은 당시 연구자들의 사유 방식을 적나라하게 드러낸다. 대부분의 연구자가 단지 DNA가 RNA를 조절한다는 정도의 가설에 만족하고 있었던 것이다. 이렇게 된 데는, 여전히 세포질 유전과 원형질 유전 이론을 믿고 있던 발생학 전통의 생물학자들 사이에서 지속된 편견도 작용했다. 역사는 방향을 알 수 없는 실타래다. 중심 도그마의 발견에는 도움이 되지 않는 편견이었지만, 이 편견이 훗날 미토콘드리아 발견에는 지대한 공헌을 하게 된다.[12]

그러나 크릭이 그렇게 확신할 수 있을 만큼 증거는 충분했다. 유전물질인 DNA가 핵 속에 존재하고 단백질은 세포질에서 합성된다는 사실이 이미 정설로 굳어 있었고, 무핵세포 시스템을 이용하면 DNA의 도움 없이도 단백질이 형성된다는 사실 또한 증명되어 있었다. 1956년 엘리엇 볼킨과 라자루스 아스트라찬이 T2 박테리오파지로 한 가지 실험을 했다. 이 실험은 박테리오파지에 감염된 박테리아에서 파지의 DNA와 동일한 조성을 갖는 RNA가 합성된다는 사실을 증명했다.[13] 이들의 실험 결과는 명백했지만 해석하기는 어

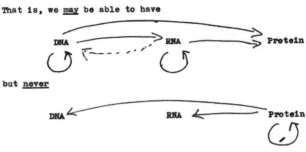

그림 4 크릭이 남긴 낙서의 일부. 여기서 분명해지는 것 중 하나는, 크릭이 단백질이 DNA에서 만들어지는지 혹은 RNA에서 만들어지는지 정확히 알지 못했다는 점이다. (출처: Cobb, M. (2015). Who discovered messenger RNA? *Current Biology*, 25(13), R526 – R532. http://doi.org/https://doi.org/10.1016/j.cub.2015.05.032.)

려웠다. 감염된 박테리오파지의 DNA 혹은 다른 무언가가 조성이 같은 RNA 분자를 만들었을 것이다. 그리고 거기에선 박테리오파지의 단백질도 합성된다. 하지만 도대체 어떤 방식으로 그런 일이 일어날 수 있는지 명확하게 그림을 그릴 수 있는 사람은 없었다. 지금은 모두가 알고 있는 mRNA의 존재는 유전자의 구조라는 압도적인 권위에 가려진 채 연구자들의 발견을 기다리고 있었다.

그러나 이보다 더욱 중요한 사실이 있다. 자코브와 모노는 사실 mRNA를 발견한 것이 아니라 가정했을 뿐이다. 그들도 mRNA가 어떻게 생겼는지 알지 못했다. 단지 자신들의 연구 결과를 설명하려면 그런 존재가 필요했을 뿐이다.

왓슨과 크릭의 1953년 모델이 단백질 합성이라는 테제와 맞물려 1960년대에야 비로소 관심을 받게 되듯이, 자코브와 모노의 1959년 모델도 RNA 중합효소의 발견과 mRNA의 존재가 확증되는

1960년대 후반에 이르러서야 과학자들에게 받아들여지게 된다.[14] 사실 자코브와 모노가 분자생물학에 베푼 지대한 공헌은 mRNA의 발견이 아니라 '오페론 실험'이었다. 오페론 가설은 단백질을 합성하는 유전자(구조 유전자)가 이 유전자의 발현을 조절하는 조절 유전자에 의해 통제된다는 것을 토대로 한다. 이 실험의 의미는 그동안 멀리 떨어져 있던 DNA와 단백질 사이의 거리를 좁혔다는 데 있다. 단백질이 만들어지기 위해서는 반드시 유전자인 DNA가 관련되어야 한다는 것이 오페론 가설의 핵심이다. 즉 DNA가 지속적으로 단백질의 합성을 '조절'하고 있다는 것이 오페론 가설의 핵심 메시지다. mRNA는 이 가설을 더 잘 설명하기 위해 도입된 보조가설에 불과했다.

맥주, 와인, 홍차 그리고 쇠고기

일반적인 분자생물학 교과서는 DNA와 RNA와 단백질 사이의 관계가 밝혀지던 이 시기를 매우 명쾌하게 기술하고 있다. 왓슨과 크릭의 모델이 유전자의 복제 과정에 대한 결정적인 실마리를 제공했고, 이후 자코브와 모노의 실험을 통해 DNA에서 RNA로의 정보 이동인 전사Transcription 과정이 설명되었으며, 니렌버그를 위시한 생물학자들에 의해 RNA에서 단백질로의 번역Translation 과정이 해결되었다는 것이다. 하지만 현재 분자생물학의 핵심을 이루고 있는 중심 명제가 그리 쉽게 정착되었을 리 만무하다. 어쩌면 생물학자들과 일단의 생물학사 연구자들은 단순명쾌한 역사를 원했을지 모른다. 하지만 그런 역사는 없다.

실제로 벌어진 일은 이렇다. 유전물질이 단백질일 가능성이 가장 높던 시기에, 에이버리처럼 핵산이라는 비인기 종목을 연구하던 과학자들이 있었다. 이들에 의해 핵산이 유전물질일 가능성이 제기되었다. 하지만 대부분 심드렁하게 받아들였다. 또한 단백질의 합성에 RNA라는 핵산의 일종이 매우 강하게 연관되어 있다는 사실도 잘 확립되어 있었다. 문제는 DNA와 단백질 합성 사이의 연관관계가 매우 모호한 채로 남아 있었다는 점이다. 단백질에 대한 생화학자들의 관심은 연구자들을 단백질 합성과 관련이 깊은 RNA에 대한 연구로 이끌었고, 결국 에이버리에 의해 밝혀진 유전물질로서의 DNA의 중요성은 잊혀졌다. 이러한 시기에 밝혀진 DNA의 이중나선 구조는 단백질과 깊은 연관을 맺지 못한 채 하나의 가능성으로만 남았다. 왜냐하면 단백질은 DNA 없이도 합성될 수 있다는 게 알려져 있었기 때문이다. 그렇게 DNA와 RNA의 관계가 확립되는 1959년부터 1968년까지의 10년이라는 공백기 동안 왓슨과 크릭의 모델은 매우 잠정적인 가설에서 가능성이 높은 가설로 탈바꿈하기 시작한다. 우리가 아인슈타인이나 양자역학에 빗대어 상상하듯이, 1953년 왓슨과 크릭이 제시한 가설이 생물학을 혁명적으로 뒤집은 것이 아니다. 그 시절, 분자생물학이라 불리며 등장한 학문의 파수꾼들은 대단한 가설들을 하나씩 둘씩 모두 손으로 증명하며 꾸준히, 하지만 빠르게 나아갔다. 왓슨과 크릭은 바로 이들의 도움 덕분에 성공할 수 있었을 뿐이다.

20여 년에 걸쳐 지속된 이 과정에 기여한 과학자들의 수는 어마어마하게 많다. 그럼에도 불구하고 많은 사람들이 왓슨과 크릭만을 기억하는 이 사태를 우리는 어떻게 바라봐야 할까? 과연 그들의 발견이 가장 결정적이었을까? 크릭은 1960년까지 이중나선 구조를 '전도'하기 위해 전 세계를 누볐다. 왜 크릭과 같은 무신론자가 '도 그마'라는 가톨릭의 용어를 빌려다 쓰면서까지 '전도'에 앞장섰는 지는 알기 힘든 노릇이지만, 그럴 만한 이유가 있었을 것이라고 짐 작할 수 있다. 비슷한 예를 진화생물학의 역사에서 찾을 수 있다. 바로 근대적 종합modern synthesis의 기수라 불리던 일군의 과학자들 이 20세기 중반 세계 각지를 돌며 생물학은 이제 하나의 원리로 통 합되었다고 떠벌리고 다닌 일이다.*

크릭은 여전히 결정적인 실험적 증거가 부족한 상황에서, 심지어 경쟁하던 여러 가설들이 난무하던 시기에, 자신의 가설을 가장 우 위에 놓고 싶었을 것이다. 현대의 과학자들이 자신의 연구를 홍보 하는 일은 흔한 일이다. "연구를 세일즈하라"는 말은, 과학 연구가 일종의 비즈니스처럼 다루어지게 된 현대 과학계의 실상을 보여주 기도 하지만, 실천이 아니라 말로 연구를 홍보하는 그릇된 방식에 많은 연구자들이 현혹되어 있음을 방증하기도 한다. 물론 연구를 홍보하는 일은 중요하다. 아마도 우리는 크릭의 일화로부터 자신 의 연구 결과를 알리는 일이 매우 중요하다는 점을 배워야 할지 모 른다.

---

* 이에 대한 자세한 설명은 다음의 논문을 참고하라. Dietrich, M. R. (1998). Paradox and persuasion: negotiating the place of molecular evolution within evolutionary biology. *Journal of the History of Biology*, 31(1), 85 – 111. Retrieved from http://www.ncbi.nlm.nih.gov/pubmed/11619919. 한글로 된 자 료는 나의 글 '분자전쟁: 다윈에서 황교주까지'를 참고하라. http://heterosis.net/archives/1260.

하지만 이처럼 홍보에 열심이었던 크릭의 노력은 40세라는 젊은 나이에 《이중나선》을 집필한 왓슨에 의해 물거품이 된다. 이중나선의 발견과 분자생물학의 핵심 정리에 대한 모든 공로는 이 베스트셀러 한 방으로 왓슨에게 귀속되었다. 왓슨의 책이 출판된 뒤에 일어난 일에 관해서는 많은 논문과 책이 출판되어 있다. 이런 문제에 관심 있는 이들은 인종차별 발언으로 결국 콜드스프링하버연구소 소장 자리에서 물러난 왓슨의 일대기와, 노벨상 이후에도 지속된 크릭의 연구 열정을 비교해보길 바란다. 어쩌면 역사는 기록하는 자의 것일지도 모른다. 전도에 서툴렀던 브라셰, 니렌버그, 샤가프, 볼킨, 아스트라찬, 생어, 에이버리, 허시와 체이스를 역사는 매우 밋밋하게 기록하고 있다. 왓슨의 일대기는 드라마가 되었고, 크릭은 드라마의 조연으로 전락했다. 벨기에산 맥주와 프랑스산 와인과 영국산 홍차는 미국산 쇠고기에 의해 조용히 역사의 그늘에 가려져야만 했다.[15]

14

잡초의 시대

태초에 RNA가 있었다. 약 30억 년 전의 지구 원시수프에는 분명 수없이 많은 RNA 분자들이 떠다니고 있었을 것이다. '닭이 먼저인 가 달걀이 먼저인가'라는 질문은 생명의 탄생을 설명하고자 할 때 부딪히게 되는 역설이다. 이 질문은 닭이 달걀을 낳고 달걀이 닭이 되기 때문에 대답하기가 쉽지 않다. 어떤 진화생물학자는 "닭은 달 걀이 더 많은 달걀을 생산하기 위해 잠시 만들어낸 매개체에 불과 하다"는 궤변을 늘어놓기도 하지만, 생명의 기원을 묻는 이 질문에 대한 답으로 치자면 빵점짜리 답이다. 정답은 닭 아니면 달걀이어 야만 한다.

이 질문을 현대 생명과학의 언어로 바꾸어 표현하자면 '정보(달 걀)가 먼저인지 기능(닭)이 먼저인지'로 환원할 수 있다. 생명은 정 보와 기능의 총체이기 때문이다. 둘 중 하나라도 없다면 우리는 그 것을 생명이라고 부를 수 없다. 정보만을 가진 바이러스는 생명이 아니며, 기능만을 가진 육회도 생명이 아니다. 현재 대부분의 생물 종에서 정보는 DNA에, 기능은 단백질에 부여되어 있다. 따라서 생명의 기원을 논하는 질문은 'DNA가 먼저인가, 아니면 단백질이 먼저인가'로 환원된다. 그리고 이 질문에 대한 답은 DNA도 단백질도 아니다. 가장 그럴듯한 답은 RNA다.

세상에서 가장 오래된 생명

RNA가 정답인 이유는 생체 내에 존재하는 물질들 중 RNA만이 유일하게 '정보'와 '기능'의 역할을 동시에 수행할 수 있는 물질이기 때문이다. DNA는 정보를 저장하고 이를 후대에 전달하는 데 매우 효과적이다. DNA는 안정적인 이중나선 구조로 되어 있어 정보의 저장과 보존에 특화되어 있다. 하지만 DNA는 단백질과 RNA가 없으면 아무것도 하지 못하는 온실 속의 화초다. 단백질은 세포의 기능을 총괄하는 노동자다. 이들은 피부를 이루고 산소를 운반하며, 때로는 항체가 되어 병균을 잡는다. 기능의 다양함만으로 이야기하면 단백질은 무한한 가능성을 지닌 놀라운 물질이다. 하지만 단백질은 정보를 저장할 수 없다. 즉 단백질 속의 정보는 후대로 전해지지 않는다. 오직 핵산 속에 적힌 정보만 부모에서 자식으로 전달될 수 있다.

RNA는 '정보'를 저장할 수 있다. DNA의 사촌이기 때문이다. RNA는 단백질의 몇 가지 '기능'도 가지고 있다. RNA는 스스로를 복제하거나 자를 수 있고 단백질을 합성할 수도 있다. RNA는 DNA와 같은 온실 속의 화초가 아니다. RNA는 잡초다. 정원을 가꾸어본 사람은 잡초의 성가심과 위대함을 안다. 뽑아도 뽑아도 잡초는 끊임없이 돋아난다. 잡초는 강하며, 결코 사라지지 않는다. 정원의 아름다운 꽃은 정원사가 돌보지 않으면 곧 시들고 죽어버리지만, 잡초는 아무런 도움이 없어도 혼자 잘 산다. RNA가 잡초와 같은 이유는 생명의 역사가 RNA와 함께 시작되었고, RNA야말로 세포의 핵과 세포질을 오가며 다양한 기능을 담당하고, 결코 세포로부터 떼어버릴 수 없는 끈질긴 물질이기 때문이다. RNA만으로 이루어진 세상에서 생명이 탄생했을 것이라는 가설, 이를 생물학자들은 'RNA 세계 가설 RNA world hypothesis'이라고 부른다.[16]

생명의 기원이 RNA였다는 점에 생명과학자들 사이에 큰 이견은 없다. 이와 마찬가지로 진화의 어느 시점에서 RNA의 정보 저장과 전달이라는 기능 대부분이 DNA로 이전되었고, 세포의 대사를 수행하기 위한 촉매의 기능은 대부분 단백질에 넘겨주었다는 가설도 일반적으로 받아들여지고 있다.

분자전쟁

왓슨과 크릭의 수줍은 발표 이후, DNA 연구는 급속도로 발전했다. DNA의 복제를 책임지는 중합효소들이 발견되고, DNA를 매우 특이적으로 절단하는 제한효소들이 발견되면서 원하는 방식으로 DNA를 재조합하는 기술들이 발전하기 시작했다. 하지만 발전의 역사가 그리 순탄했던 것만은 아니다. 클로닝이라 불리는 유전자 분리 기술이 도입되기 시작하는 1970년대까지 분자생물학은 생물학의 영역에서 입지를 굳히기 위해 부단히 투쟁해야만 했다. 분자생물학은 새로운 학문이었고, 각 대학의 생물학과에는 진화생물학자들과 야외에서 연구하던 전통적인 자연주의자들이 가득했다.

　　　　　　　　　　　　　　　2부 핵산의 시대

DNA에 새겨진 정보가 단백질로 이동한다는 도식으로 생물학이 통합되었다는 것은 사실이다. 현재 생물학의 영역에서 분자생물학의 발견을 무시한 연구는 없다고 해도 과언이 아니다. 하지만 분자생물학에 의한 통합이 순수하게 과학적인 승리였다고 말하기는 어렵다. 물론 분자생물학은 학문적 성과에 힘입어 수용되었지만, 학문적 승리로만 설명하기 어려울 정도로 통합 속도가 빨랐다. 여러 요소들이 복합적으로 작용했다. 록펠러재단의 투자와 노벨위원회의 권위도 신생 학문인 분자생물학에 큰 도움을 주었다. 이와 같은 여러 요소가 존재하지 않았다면 분자생물학에 의한 생물학의 통합은 매우 느리게 진행되었을 것이다.[17]

하버드대학교의 생태학자 에드워드 윌슨이 회고했듯이 1960년대와 1970년대는 분자생물학으로 무장한 신진 생물학자들과 생태학, 분류학 및 동물행동학 등을 연구하던 전통적인 생물학자들 간의 긴장감이 최고조에 달한 시기였다. 에드워드 윌슨은 이 시기를 분자전쟁Molecular War이라고 표현했다. 1960년대, 이중나선 구조를 풀고 자신만만했던 어린 왓슨은 미국을 누비며 분자생물학을 전파하기 시작했다. 바로 이 시기에 윌슨은 같은 학과에서 왓슨과 대면한다. 윌슨이 "내가 만나본 가장 불쾌한 사람"이라고 표현했듯이 이 시기의 왓슨은 매우 정치적이고 오만불손했던 것 같다.*

왓슨이 정치적으로 분자생물학을 선전하고 다녔다면, 크릭은 분

---

* 하지만 과학자보다는 정치가로서의 능력이 탁월했던 왓슨에 의해 콜드스프링하버연구소가 설립되고 인간유전체계획과 같은 거대 프로젝트가 가능했다는 것도 생각해 볼 필요가 있다. 이 시기에 대한 윌슨의 회고는 그의 책《자연주의자》에서 찾아볼 수 있다.

자생물학을 명료하고 단순하게 만드는 과학적 작업에 몰두하고 있었다. 특히 자신의 중심 도그마를 단순화하기 위해 그가 제거했던 RNA에서 DNA로의 정보 전달 현상은, 정당한 근거도 없이 벌어진 권위의 폭력이었다. 심지어 당시에는 단백질 합성에 RNA가 중요하다는 사실이 잘 알려져 있었고, 따라서 RNA가 DNA와 단백질의 공동 선구체일 수 있다는 모델도 존재하던 상황이었다. 혼돈의 와중에 1962년 하워드 테민은 레트로바이러스retrovirus의 존재를 밝힌다.* 심지어 이 바이러스에서는 RNA의 정보가 DNA로 전달될 수도 있다는 것이 밝혀졌다. 비록 테민의 실험 결과가 과학자 사회에 받아들여지기까지 8년의 세월과 많은 노력이 필요했지만, RNA의 정보가 DNA로 흐르지 않는다고 단정하기엔 상황이 너무 복잡했다.[18]

잡초는 조용히 가득 찬다

1868년 미셰르가 뉴클레인을 발견하고 수십 년이 지난 후에야 알브레히트 코셀에 의해 두 종류의 핵산이 존재한다는 사실이 밝혀졌다.[19] 코셀은 두 종류의 핵산을 흉선 핵산thymus nucleic acids과 효모 핵산yeast nucleic acids이라고 불렀는데 전자가 DNA, 후자가 RNA다. 효모와 같은 단세포생물에 많이 존재하는 RNA, 당시의 언어로 효모 핵산은 세포의 에너지라는 가설이 지배적이었다. 코셀의 연구 이후 다른 과학자들에 의해 모든 세포에 DNA와 RNA가 존재한

---

*   RNA를 유전체로 지니고 있으며 세포 안으로 감염된 후 RNA를 DNA로 역전사시키는 바이러스이다. 에이즈를 유발하는 HIV가 바로 레트로바이러스의 일종이다.

다는 사실까지 밝혀졌지만, 왓슨과 크릭의 연구가 발표되고 핵산에 대한 관심이 증폭되는 1960년대 중반까지 RNA는 생명 현상에서 그다지 중요한 물질로 여겨지지 않았다.[20]

게다가 분자생물학이 생물학을 통합하던 1960년대와 1970년대에는 DNA의 이중나선 구조가 일종의 종교적 상징처럼 생물학자들에게 받아들여지고 있었다. 그런 종교적 열광 속에서, 대부분의 연구자들은 DNA 더미 속에서 유전자를 분리하고 동정하는 일에 몰두하고 있었다. 유전자는 DNA였고 그 DNA는 단백질을 암호화하고 있다. 단백질을 암호화하고 있지 않은 유전자들도 존재했지만 그냥 예외로 치부하면 간단했다. 하나의 유전자에서 하나의 단백질이 어떻게 만들어지는지 이해할 수 있다면 생명 현상의 신비도 풀릴 듯했다. 크릭의 중심 도그마는 분명 DNA에서 RNA를 거쳐 단백질로 정보가 이동한다고 명시하고 있었지만, 대부분의 분자생물학자들은 RNA를 건너뛴 채 자신들의 연구를 수행해도 무방하다고 생각했다. 이러한 분위기 속에서 RNA 자체에 대한 연구는 위축되어 갔다. RNA의 존재가 의도적으로 무시된 것이다.

1980년에는 흔히 중합효소 연쇄반응polymerase chain reaction(PCR)이라 불리는 기술이 발견되었다. 원하는 DNA를 원하는 만큼 증폭시킬 수 있는 이 기술의 발전에 힘입어 분자생물학은 새로운 도약을 준비하게 되었다. 1981년에는 처음으로 유전자 변형 생쥐가 탄생했다. 1982년부터 1990년까지 계속된 미토콘드리아 유전체 해독, 파지 유전체 해독 등의 사건들은 1990년 시작될 인간유전체계획의 예고편이었다. 생물학 최초의 거대 프로젝트이자 생물학의 거대과학 진입을 알린 신호탄이 된 인간유전체계획은, 물리학이 차지하고 있던 과학의 거대 영역에 분자생물학을 처음으로 등장시킨 사건이다.[21] 이 모든 승리들은 DNA로 인해 가능했다. 승리의 주역은 누가 뭐라 해도 DNA였다. 그 사실을 부정하는 사람은 질투의 화신으로 보일 뿐이었다.

분산 투자: 개천에서 용이 나는 이유

분명 역사의 주역은 DNA였음에도 불구하고, RNA에 관심을 가진 연구자들이 존재했다. 그들은 조용했으나 꾸준했고, 생명의 기원에도 관심이 많은 순수한 과학자 그룹이었다. 1963년부터 알렉산더 리치와 같은 과학자에 의해 RNA가 최초의 지구 생명이었을 가능성이 제기되었고, 1968년 칼 우스를 거쳐 1985년에 월터 길버트에 의해 RNA 세계의 가능성이 완성되었다. 1974년에는 노벨 화학상 수상자인 만프레트 아이겐에 의해 RNA 복제효소의 가능성이 제기되었고, 같은 해 화학자인 레슬리 오겔에 의해 단백질의 도움 없이도 RNA가 복제될 수 있음이 밝혀졌다. DNA가 생물학을 지배하던 시기에, 화학으로 무장한 과학자들은 RNA가 최초의 생명이었을 가능성에 주목하며 RNA 연구를 지켜나갔다.[22] 비록 PCR이나 인간유전체계획처럼 유명세를 타지는 못했지만 순수한 호기심으로 지속되던 이들의 연구는, 1990년대에 이르러 역사상 RNA를 가장 유명하게 만든 발견에 이르게 된다. 단백질이 주인공이던 시절에 미셸로부터 이어진 변두리의 전통이 DNA 이중나선 구조라는 결과를 이루어냈듯이, DNA가 주인공이던 시절에 RNA를 연구하던 변두리의 과학자들은, 이전까지는 상상도 하지 못했던 새로운 유전자 조절 방법을 발견하게 된다.

DNA와 RNA를 둘러싼 과학의 역사만 살펴봐도, 과학의 발전을 위해서는 '선택과 집중'보다 '다양성'이라는 화두가 중요하다는 교훈을 얻을 수 있다. 과학사를 돌아보면 한 국가가 많은 돈을 들여 투자한 큰 분야 뒤에 가려 간신히 명맥을 유지하던 작은 분야들에서 중요한 발견들이 등장하곤 한다. 비록 유행인 학문에 많은 투자를 하더라도, 과학의 분과 다양성을 인정하고 이와 관련된 다른 기초 분야에 함께 투자를 해야 하는 이유가 바로 이것이다. 주식 시장에서 분산 투자가 안전성을 보장하듯이 과학에 대한 투자도 '다양성'을 보장하는 분산 투자가 필요하다.

시드니 브레너의 벌레

시드니 브레너는 유머로 무장한, 독특한 과학자다. 1927년 남아프리카공화국에서 태어난 그는 의대에 진학한 후 의사로서 형편없는 자신을 발견하고 진로를 과학으로 전향했다. 보통 생물학의 혁신적인 변화들은 한 사람의 힘으로 일어나지 않는다. 그런데 이 과학자는 혼자 힘으로 놀라운 일들을 몇 가지나 이루어냈다.*

세상에서 가장 재미있는 과학자

시드니 브레너를 따라다니는 몇 가지 수식어가 있다. 2000년 미국판 노벨상이라 불리는 래스커상Lasker Awards의 기초의학 부문에서 브레너가 수상한 적이 있는데, 수상자 소개에서 시드니 브레너는 "지금까지 존재했던 과학자들 중 가장 재미있는" 과학자라는 말을

---

* 뉴턴이나 아인슈타인과 같은 의미에서의 혼자가 아니라 항상 새로운 도전을 즐기고 그 도전을 혁신으로 이끄는 데 주도적인 역할을 했다는 의미에서 그렇다는 뜻이다.

들었다. 실제로 그는 언어유희를 즐기며 진지하기만 한 대화 분위기를 매우 싫어했다고 알려져 있다. 지나치게 진지한 의사들에 대해 거드름만 피우는 사람들이라고 혹평할 정도로 그는 자유분방하고 정신적으로 젊었다. 그를 따라다닌 또 하나의 별명은 "노벨상을 받지 못한 이 시대 최고의 과학자"다. 이 별명은 2002년 노벨상을 받으면서 사라지긴 했지만 스스로 이야기했듯이 노벨상은 그에게 그다지 큰 의미가 없는 상이었다. 그는 이곳저곳에서 노벨상의 권위에 대해 풍자와 해학으로 비판하곤 했다.[23]

브레너를 둘러싼 일화는 너무나 많고 재미있어서 지면이 모자랄 정도다. 약간의 생물학적 지식만 있다면 독자들 모두 브레너의 유머로 포장된 통찰력에 압도될 것이라 확신한다. 생물학에 대한 브레너의 통찰은 뒤에 소개하기로 하고, 우선 우리의 원래 주제로 돌아가자. 브레너가 언젠가 이야기했듯이, 2002년 노벨상 수상자는 그를 포함한 세 명이 아니라 네 명이어야 했다. 네 번째 수상자는 사람이 아니라 벌레다. 생물학의 많은 부분을 송두리째 바꾸어버린 이 벌레의 이름은 '예쁜꼬마선충*Caenorhabditis elegans*'이다.

벌레로 신경생물학의 시대를 열다

1963년 박테리오파지 연구로 엄청난 업적을 내던 브레너는 뜬금없이 크릭의 스승이기도 한 막스 페루츠에게 한 통의 편지를 보낸다. 분자생물학이 풀고자 했던 고전적인 문제들은 이제 거의 풀린 것 같으니 이제 발생과 신경계에 대한 연구로 분자생물학을 확장할 필요가 있다는 내용이었다. 브레너가 보기에는 유전자의 정보가 단백질로 이동한다는 것은 명백히 밝혀진 것 같았고, 나머지 문제들은 자신이 아닌 다른 과학자들이 더 잘 풀 것 같았다. 생물학자로서 브레너에게 가장 중요한 화두는 '어떻게 유전자들이 이토록 복잡한 구조를 창출해낼 수 있는가'라는 문제였다.[*] 그리고 1963년 당시 밝혀진 과학적 사실들은 지금이 그 문제에 도전할 적기임을 말하고 있었다. 예쁜꼬마선충은 그런 배경 속에서 자연스레 선택되었다.

　브레너는 단순히 엄청난 업적을 이루어낸 생물학자로 기억되기에는 아쉬운 과학자다. 그는 그 연구들보다 오히려 그 발견에 이르게 된 통찰과 철학 때문에 더 위대한 과학자다. 그는 생물학의 본질을 정확히 꿰뚫고 있었다. 생물학은 생명의 복잡성에 놀라 생명을 경외하고 마는 학문이 아니라, 그 복잡성을 '정복'하고자 하는 욕망의 학문이다. 분명 생물학에는 그러한 복잡성을 단순화시킬 수 있는 좋은 실험적 도구들이 있고, 이를 어떻게 이용하느냐에 따라 불가능하게만 보이던 자연의 신비들도 풀릴 수 있다. 신경계처럼 복잡한 구조를 이루는 조직도 결국은 유전자들의 오케스트라에 의해 조절될 텐데, 바로 그 유전자들의 기능을 정복하기 위해서는 인간처럼 복잡한 두뇌를 가진 생물은 연구 대상에서 탈락이다. 그 시대에 이미 많은 사람들이 초파리를 연구하고 있었지만, 초파리만 해도 10만 개가 넘는 신경세포를 가진 복잡한 생물이다. 이미 많은 유전학 연구들이 수행되어 있었고, 다양한 유전학 도구가 존재하던 초파리를 브레너가 내팽개친 이유는, 그것이 당시로서는 신경계를

---

[*]　이러한 의문은 발생학의 전통이 공유하고 있다. 훗날 시드니 브레너가 정초한 선충 생물학은 발생학에도 큰 영향을 미치게 된다.

연구하기에 '지나치게 복잡'하기 때문이었다.**

우리는 이제야 겨우 '뇌과학의 시대'를 이야기하고 있지만, 브레너는 이미 1960년대에 신경계 연구에 착수했다. 선충의 체세포 수는 959개로 알려져 있다. 이중 300여 개(정확히 302개)의 세포가 신경세포neuron이다. 브레너에게 이 정도의 숫자라면 정복할 만해 보였을 것이다. 1967년 의료연구위원회(MRC)에서 진행된 분자생물학의 미래에 대한 강연을 통해 선충 연구가 소개되기 시작한다. 당시 대부분의 생물학자들은 박테리아를 연구하거나 초파리를 연구하면서 막 베일을 벗기 시작하던 유전자들을 클로닝하는 데 정신이 팔려 있었다. 그리고 1974년 〈예쁜꼬마선충의 유전학〉이라는 논문이 발표되었다.[24] 유전학의 기념비적인 논문으로 알려진 이 논문이 발표된 후, 발생학과 신경생물학에서 유전자의 조절 연구가 촉발되기 시작했다.[25]

만약 브레너에 의해 선충 연구가 시작되지 않았더라면, 그리고 아무도 알아주지 않은 10여 년의 세월 동안 한 종의 다세포생물을 무지막지하게 파고들어간 미친 과학자의 열정이 없었더라면, 현재 우리가 알고 있는 RNA의 시대는 없었을지도 모른다. 선충이 RNA 연구에 기여한 과학적 여정을 그리기 전에, 우선 시드니 브레너의 철학에 대해 잠시 알아보고 가는 게 좋을 듯하다. 이 부분을 그냥 넘어가기에는 그의 연구가 현재의 생물학에 대해 이야기하고 있는 함의가 너무나 거대하고 뚜렷하기 때문이다.

** 그런 의미에서 브레너는 생물학의 원자를 찾아, 물리학에서 생물학으로 넘어왔던 분자생물학의 창시자 막스 델브뤼크를 닮았다.

카지노 펀드

한때 브레너는 미국에서 '카지노 펀드'라는 제목으로 연설한 적이 있다. 이 연설의 배경에는 생물학이 산업화되어가면서 혁신적인 연구가 사라지는 현실에 대한 우려가 있다. 연구비는 지원서가 얼마나 합당한 생물학적 의문을 제기하고 있느냐가 아니라 그 지원서로 인해 얼마나 많은 산업적 이익이 창출되느냐에 따라 결정되고 있다. 과학이 국가에 이익이 되는 연구를 해야 하는 것은 맞다. 하지만 어떻게 과학이 국가의 이익을 창출할 수 있는가에 대해서 사람들은 아주 느슨하게 생각한다. 그저 그런 논문들을 양산하는 양적인 발전만으로는 혁신적인 발전에 이를 수 없다. 생물학에 질적 혁신을 가져온 많은 연구들은 산업적 이익과는 무관하게 연구되어온 경우가 허다하다. 브레너는 연구비를 지원하는 국가와 기업이 1퍼센트씩의 돈을 갹출해서, 카지노 펀드를 만들어야 한다고 주장했다. 이렇게 모인 카지노 펀드는 브레너처럼 과학적 발전의 본질을 잘 아는 과학자에게 맡기고 그냥 잊어버리는 것이다. 그 돈이 어떻게 쓰이는지, 그 돈을 지원받은 연구팀들이 어떤 연구를 했는지는 잊어버리고 나머지 99퍼센트의 연구비만 정확히 평가하면 된다. 왜냐하면 혁신적인 연구는 도박과 같은 것인데 현재의 과학 연구에 대한 지원은 이러한 연구를 지원하지 못하는 시스템이기 때문이다. 브레너가 이처럼 좋은 아이디어를 내놓았지만 여전히 누구도 카지노 펀드를 운영하려 하지 않는다. 과학적 물음이 아니라 산업적 이익에 돈을 주는 현재의 시스템은 더 이상 혁신적인 연구들을 창출할 수 없을 것이다.[26]

이 이야기가 믿기지 않는다면 브레너가 한때 고문으로 활동한 싱가포르의 예를 들어보기로 하자. 인구 500만 명의 작은 도시국가인 싱가포르는 현재 생명과학 연구의 메카로 자리잡았다. 국가가 전력 투구를 하니 과학이 발전하는 것이라고 말할 수 있을지도 모른다. 하지만 우리가 배워야만 하는 교훈이 그 안에 있다. 흔히 많은 뉴스 들이 싱가포르의 '생물공학'에만 초점을 맞추고 있지만 사실은 그 렇지 않다. 싱가포르가 생물학자들에게 각광을 받고 있는 이유는 전체적인 의생명과학 연구를 위한 인프라가 갖추어져 있기 때문이 다. 그리고 이러한 국가적 기반사업 투자는 싱가포르의 과학이 제 대로 된 길을 걸어온 결과다.

브레너는 싱가포르 정부의 공식 고문으로 활동했다. 1984년 브 레너가 생물공학에 대한 자문을 위해 싱가포르를 방문했을 때 정부 관료들이 생물학을 빠르게 산업화하려면 어떻게 해야 하느냐고 물 었다. 직설적인 시드니 브레너는 이렇게 대답했다. "여러분은 시간 을 낭비하고 있습니다. 우선 과학부터 제대로 만드세요." 돈을 벌고 싶다는 질문에 과학부터 제대로 하라는 이 노과학자의 대답을 싱가 포르 정부는 받아들였다. 그들은 많은 돈을 들여 분자세포생물학연 구소Institute of Molecular and Cell Biology(IMCB)를 설립했고 현재 그곳 은 뛰어난 박사들을 배출해내는 세계적인 연구소로 자리잡았다.

혁신이란 룰을 무시하는 것이다

흔히 창의성이 과학에서 가장 중요하다는 말을 한다. 맞는 말이다. 한국에도 창의성 교육을 하겠다는 사람이 넘쳐난다. 물론 과학사에 서 중요한 역사적 사건의 대부분은 창의적인 과학자들이 창의적으로 수행한 일련의 연구들에서 비롯되었다. 하지만 시드니 브레너는 말한다. 창의성은 교육할 수 있는 게 아니라고. 이는 어떤 사람에게 농담하는 법을 가르칠 수는 있어도 '농담의 발명'과 같은 공식화된 수업을 만들 수 없는 것과 같다. 실상 천재란 정형화된 틀 속에서 탄생할 수 없다. 제도화된 좋은 교육 시스템을 가지고 있더라도 그것은 많은 평균적인 인재만을 양산해내는 것이지, 창의적인 천재를 양산할 수는 없다. 오히려 벽을 없애고 예외를 인정하는 시스템을 구축하는 것이 창의적인 과학 연구의 핵심이다. 괴짜가 대학 밖으로 쫓겨날 수밖에 없는 시스템에서는 천재가 나올 수 없다.

크릭은 자신의 지도교수인 페루츠가 틀렸다는 것을 증명하는 데 박사학위 과정을 보냈다. 그럴 수 있었던 배경에는 크릭의 의견을 경청하고 그를 제자가 아닌 동료 과학자로 여긴 페루츠가 있다. 아마 크릭과 같은 대학원생이 현재의 대한민국이나 미국에서 공부를 하려 한다면 어떻게 될까? 자신의 지도교수가 틀렸다고 떠벌리고 다니는 망나니 대학원생의 운명은 불 보듯 뻔하다. 그는 대학에서 쫓겨나 과학자의 꿈을 접고 평범한 회사원이 되어 있을 것이다.

과학이란 제도와 인프라만으로 이루어지는 시스템이 아니다.* 과학은 그 자체가 하나의 문화여야 한다. 크릭의 지도교수 페루츠의 말처럼, 과학 연구실에는 어떠한 위계도 존재해선 안 된다. 아마도 그것이 나날이 양적으로 팽창하고 있는 대한민국의 생물학이 질적인 혁신을 이루는 데 마지막으로 필요한 문화적 요소일 것이다.[27]

* 이런 맥락에서 현재 한국의 IBS를 바라볼 필요가 있다. IBS의 철학과 구조에 대한 비판은 필자가 〈동아사이언스〉에 연재한 글들을 참고하라.

시드니 브레너의 매력에 휩쓸려 이야기가 잠시 밖으로 흘렀다. 이제 우리가 왜 선충 이야기를 시작했는지, 그리고 왜 선충이 RNA 연구에서 중요했는지에 관한 조금은 전문적인 이야기를 할 차례다.

16

40퍼센트의 인간

생물학의 진수는 생명의 신비를 경외하고 그 앞에 항복하는 태도가 아니다. 생물학자는 그 경외를 가슴에 담고 생명을 정복하려는 사람이다. 생물학자에게 복잡한 생명체는 어디서부터 손을 대야 할지 알 수 없는 밀린 청소와 같다. 과학자는 복잡한 현상을 단순화하기 위해 몇 가지 무기를 사용한다. 과학자의 가장 대표적인 도구는 '단순화simplification'다. 복잡한 현상을 단순화하는 몇 가지 방법이 존재한다. 원하지 않는 변수를 모두 제거한 모델을 만드는 것이 그 한 가지 방법이다.

부분을 파헤쳐 전체를 알아가는 방법도 있다. 흔히 '나눠서 정복하기divide and conquer'라고 한다. 환원주의reductionism라는 말이 이러한 과학적 연구 방법을 통칭하고 있지만 과학에서 방법론적 환원주의는 피할 수 없는 선택이다. 가장 단순한 시스템을 알 수 없다면 가장 복잡한 것도 알 수 없다. 과학자들이 전체론적 현상을 설명하고 싶어하지 않는 게 아니다. 자연 전체를 설명하기 위해선 그들이 다룰 수 있는 간단한 시스템이 필요할 뿐이다. 따라서 전일주의적 과학과 환원주의적 과학을 나눈다는 것 자체가 어불성설이다. 분자생물학의 환원주의에 관한 많은 형이상학적 논의들이 존재하지만 대부분 탁상공론에 불과하다.* 예쁜꼬마선충 연구는 그것이 왜 공론에 불과한지를 보여주는 가장 좋은 예다.

벌레의 해부학

예쁜꼬마선충이라는 귀여운 이름은 1996년 한국기생충학회에서 한림대학교 의과대학 허선 교수가 제안했다고 알려져 있다. 당시는 국내에서 예쁜꼬마선충이 막 연구되기 시작하던 시기였고, 허선 교수의 여러 제안들 중에 이준호, 구현숙, 안주홍 등의 젊은 과학자들이 고른 이름이 채택된 것이다. 개인적으로 'elegans'의 번역을 '우아한'이 아닌 '예쁜'으로 옮긴 감각이 돋보이는 이름이라고 생각한다.**

크기가 1밀리미터 정도 되는 예쁜꼬마선충은 959개의 세포로 이루어진 다세포생물이다. 꼬마선충은 알에서 깨어난 후 L1, L2, L3, L4의 네 유생 시기를 거쳐 성체가 된다. 성장에 적합한 온도는 섭씨 15도에서 25도 정도이고, 알에서 성체가 되기까지 걸리는 기간은

---

*   '환원주의'로 논문을 검색하면 과학철학이 이 주제에 얼마나 많은 에너지를 쏟아왔는지 알 수 있다.

** 이상의 역사적 내용은 나와 이준호 교수의 개인적 이메일을 통해 알아낸 것임을 밝힌다. 이준호 교수는 허선 교수의 제안을 안주홍 교수가 보여주었고, 당시 구현숙 교수 등과 함께 '꼬마'라는 말이 '애기'라는 말보다 나을 것 같다는 정도의 제안을 했다고 기억하고 있었다. 예쁜꼬마선충은 어쩌면 '예쁜애기선충'이 되었을지도 모른다.

20도에서 대략 3.5일 정도이다. 수컷이 존재하지만 대부분 자웅동체이며, 자웅동체인 성체는 평생 320개의 정자와 1000개 이상의 난자를 생산하기 때문에 한 마리의 성체가 320마리의 자손을 낳을 수 있다. 예쁜꼬마선충의 유전체는 1998년 다세포생물 중 가장 먼저 해독되었다. 유전체 해독 결과 꼬마선충은 9700만 쌍의 염기서열과 1만 9000개 이상의 유전자를 지니고 있다는 것이 밝혀졌다. 사람의 유전자 수가 2만 5000개 내외로 추산되고 있으니 이 조그만 벌레가 상당히 많은 유전자를 지니고 있는 셈이다.[28]

예쁜꼬마선충은 토양 세균을 먹고 사는데, 실험실에서는 대장균을 먹인다. 몸이 투명하기 때문에 현미경을 이용해서 자세히 관찰할 수 있고 유지가 쉬우며, 많은 수의 자손을 매우 빠른 시간에 얻을 수 있다. 이러한 특징은 대부분의 유전학적 모델 동물들이 공유하는 것이다. 하지만 녀석들에겐 뭔가 더 특별한 것이 있다.

세포의 족보

시드니 브레너가 동물의 신경계와 발생을 연구하기 위한 모델 동물을 찾아다니던 시절, 엘스워스 도허티가 연구하던 선충이 그의 눈에 들어왔다. 1948년 〈네이처〉에 실린 도허티 교수의 글에는 선충이 가진 유전학 모델 동물로서의 장점이 잘 요약되어 있었다.[29] 시드니 브레너가 열심히 선충의 유전자 지도를 완성하고 있을 때, 존 설스턴 박사는 암실에 틀어박혀 무언가를 열심히 그리고 있었다. 훗날 노벨상을 받고 인간 유전체 해독을 지휘하게 될 이 과학자는, 무려 1년 반을 암실의 현미경 앞에서 보내며 작은 벌레의 알을 들여다보는 지루한 작업을 계속했다. 이유는 단순했다. 하나의 세포인 꼬마선충의 알이 분열하는 모습을 하나의 지도로 완벽하게 기록하기 위해서였다. 설스턴은 세포지도cell map를 그리고 있었다. 설스턴의 작업은 세포지도라는 말보다 세포계보지도cell lineage map라는 말로 더 정확하게 표현할 수 있다. 하나의 세포가 분열하면서 개체가 되는 발생의 과정을 인간의 족보처럼 기록하는 작업이기 때문이다.[30]

　꼬마선충의 성체는 상당히 크기 때문에, 이미 로버트 호비츠와 같은 과학자에 의해 상세한 세포지도가 완성되어 있었다. 하지만 알은 작고 접근하기 어려운 대상이었다. 설스턴 이전에 다른 실험실에서 사진기를 이용해 알의 세포계보를 그리려는 시도를 했지만 모두 실패했다. 그래서 설스턴은 현미경 앞에서 직접 손으로 그리는 방법을 택했다. 알은 입체적으로 생겼기 때문에 그는 위쪽의 세포들을 붉은색으로, 가운데는 초록색으로, 아래쪽은 검은색으로 그리는 방법을 사용했다. 하루에 몇 시간씩 5분 간격으로 세포를 그려나간 그는 쉬는 시간에는 루빅스 큐브를 맞추며 시간을 보냈다고 한다. 1년 반의 시간을 보낸 끝에 14시간의 발생 기간 동안 671개의 새로운 세포가 탄생하고 113개의 세포가 사멸하는 과정을 지켜볼 수 있었다. 그의 무모한 노력으로 다세포생물 최초의 완벽한 세포계보지도가 완성될 수 있었다. 과학 연구에서도 가끔은 잔머리를 굴리는 것보다 무모한 것이 낫다.*

---

*　게다가 이 정도라면 환원주의적 연구도 꽤나 할 만하지 않은가?

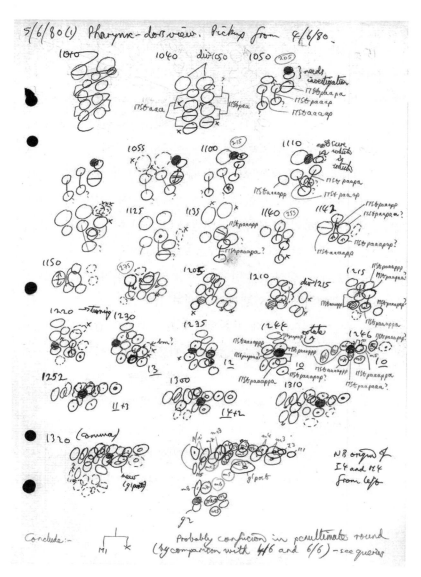

그림 5 존 설스턴이 직접 그린 세포계보지도의 일부. (출처: https://www2.mrc-lmb.cam.ac.uk/john-sulston-1942-2018.)

2부 핵산의 시대

작은 인간

예쁜꼬마선충은 다세포생물 중 최초로 인류가 유전체를 완전히 해독하고, 완벽한 세포계보지도를 얻은 생물종이자 모든 뉴런의 연결지도를 완성한 종이기도 하다. 단세포생물인 대장균과 효모를 제외하고 우리가 가장 많은 정보를 가지고 있는 종이 바로 꼬마선충이다. 다른 식으로 표현하면, 우리가 그 복잡성을 정복할 가능성이 가장 높은 최초의 다세포생물이 바로 꼬마선충이라는 말이 된다.

꼬마선충이 모델 동물로 사용되던 초기에는 비판이 많았다. 이미 초파리라는 잘 정립된 시스템이 있었던 데다가 조그만 튜브같이 생긴 벌레로 복잡한 행동이나 신경생물학적 연구를 한다는 것 자체가 말이 안 되는 것 같았기 때문이다. 하지만 959개의 세포 중 3분의 1에 가까운 300여 개의 세포가 신경세포로 알려졌고, 많은 행동학적 돌연변이와 신경계 돌연변이가 밝혀지기 시작하면서 이러한 비판은 줄어들기 시작했다. 여전히 어떤 생물학자들은 "벌레는 벌레일 뿐"이라고 말하지만 설스턴 같은 과학자는 "벌레는 작은 인간"이라고 말한다. 벌레에 존재하는 유전자의 40퍼센트가 인간에도 존재하기 때문이다. 사실 벌레로 연구하고 있는 광범위한 분야들을 알면 "벌레 같은"이라는 표현을 쓰는 데 주저하게 될 것이다.

먼저 브레너와 설스턴, 호비츠에게 노벨상을 안겨준 프로그램된 세포사멸 연구가 선충으로부터 시작되었다. 세포사멸 연구는 발생뿐 아니라 노화 및 암 연구에도 매우 중요한 기반이 된다. 우리 손가락은 세포사멸 현상이 없으면 다섯 개가 될 수 없다. 프로그램된 세포사멸은 개체발생의 핵심적인 기제다. 정상적인 발생이 이루어지기 위해서는 세포의 수를 늘리는 것만큼 필요 없는 세포를 죽이

는 일도 필요하다. 세포사멸은 선충이 아니었다면 발견될 수 없었던 생물학적 기제 중 하나다.[31]

세포의 무려 3분의 1을 신경세포로 가진 동물인지라 대부분의 꼬마선충 연구자들은 신경생물학자들이다. 브레너가 꼬마선충을 선택한 이유도 신경생물학을 연구하고 싶었기 때문이다. 특히, 선충의 신경계 연결이 모두 밝혀진 지금, 선충의 커넥톰은 인간 뇌의 신경회로를 연구하는 중요한 모델이다. 버락 오바마 전 미국 대통령이 시작한 브레인 이니셔티브의 초대 부소장에 선충 연구자인 코리 바그만이 임명된 것은 우연이 아니다.[32] 벌레의 근육은 인간과 거의 유사한 구조로 되어 있다. 근육 연구도 벌레를 통해 인간에 직접 적용할 수 있는 연구 중 하나다.

최근 들어 벌레 연구자들이 집중하고 있는 분야는 '노화' 연구다. 오래 살고자 하는 인간의 욕구는 끝이 없다. 사실 벌레에서 장수와 관련된 유전자들이 많이 발견되었다. 그리고 벌레에서 밝혀진 유전자들이 다시 초파리에서, 쥐에서 연구되고 있다. 노화와 더불어 선진국에서 많은 문제가 되고 있는 '비만'도 벌레를 통해 연구할 수 있다. 지방대사와 관련된 벌레 유전자들의 기능에 관한 연구는 인간의 비만에 대한 더 깊은 이해를 제공할 수 있다.

사실 벌레는 벌레일 뿐이지만 벌레로부터 시작한 과학적 발견들은 현재 생쥐 연구에 큰 기여를 했다. 그리고 많은 연구자들이 인정하듯이, 생쥐 연구는 인간 연구의 최전선이다. 세포사멸 연구도, 노화나 비만 연구도 벌레 연구에서 매우 중요한 분야이지만, 벌레를 빼놓고는 절대로 이야기할 수 없는 발견이 하나 있다. 바로 마이크로 RNA(miR), 미르의 발견이다.[33]

17

멀티플스, 발견의 동시성

유전자 조절 네트워크에서 RNA의 중요성이 이해되기 시작한 지
는 10년이 조금 넘었다. 그 이전의 생물학자들은 DNA의 프로모터
promoter와 전사인자Transcription Factors라 불리는 단백질의 관계만
이해하면, 대부분의 유전자 조절 과정이 설명될 것으로 생각하고
있었다. 이론은 그 거대한 일반화로 과학자들의 마음을 사로잡는
데 기여하지만, 실험으로 재현된 데이터보다 수명이 짧기 마련이
다. 이론은 항상 오고 간다는 냉소적인 표현이 과학자들 사이에 퍼
져 있는 것도 그 때문인지 모른다. 시간이 지나 살아남는 이론이 과
학을 구성한다. 과학 이론들 간의 경쟁은 자연선택에 의해 살아남
는 개체들 간의 경쟁에 비유될 수 있다. 환경에 적합한 유전자가 개
체군에 퍼져나가듯, 실험 데이터들에 적합한 이론이 오래도록 살아
남는다.

활성 RNA와 마이크로 RNA: 데이비드슨의 예측과 절반의 성공

시스템생물학에서 성게를 이용해 진핵생물의 유전자 조절 네트워크를 끈질기게 추적했던 에릭 데이비드슨은 로이 브리튼과 함께 1960년 〈사이언스〉에 매우 야심찬 이론을 발표한다. 장장 아홉 페이지에 걸친 이 논문의 핵심은 진핵생물에서의 유전자 조절을 이론적으로 재구성해보려는 시도였다. 이제 막 박테리아와 같은 원핵생물의 유전자들이 클로닝되던 시점에서 데이비드슨의 시도는 매우 놀라웠다. 데이비드슨은 이 논문에서 재미있는 제안을 한다. 진핵생물의 핵에는 존재하지만 세포질에는 존재하지 않는 RNA가 상당히 많다는 실험적인 증거가 있고, 이러한 RNA들이 일종의 활성 RNAactivator RNA로 기능할 것이라는 가설이었다. 그는 이러한 RNA들이 특정한 DNA의 서열에 붙어서 해당 유전자의 발현을 증가시키는 조절 유전자로 기능할 것이라고 생각했다. 이론은 오고 간다. 데이비드슨은 반쯤 옳았다.[34]

RNA가 유전자 조절에서 중요한 기능을 할 것이라는 그의 예측은 옳았다. 그의 말처럼, 진핵생물에는 핵이라는 장벽이 존재한다. 핵은 DNA를 감싸고 있는 거대한 장벽이다. 하지만 원핵생물은 조금 다르다. 원핵생물에선 DNA로부터 전사된 RNA가 별다른 편집 없이 바로 단백질의 번역을 위해 사용될 수 있다. 하지만 원핵생물과는 다르게 진핵생물의 RNA는 여러 복잡한 단계를 거쳐 mRNA로 변신한다. 이 과정에 수많은 작은 RNA 분자들이 관여한다. 하지만 데이비드슨이 제시한 것과 같은 형태의 활성 RNA는 아직도 발견되지 않았다. 그의 예상과는 반대로, 오히려 세포질에서 유전자 발현 조절을 담당하는 작은 RNA 분자들이 발견되었다. 게다가 이들은 유전자의 발현을 활성화시키는 게 아니라, '저해'하는 성질이 있다. 그 작은 RNA 분자의 이름이 바로 마이크로 RNA, 즉 미르다. 이론은 점쟁이의 예언과는 다르다. 데이비드슨의 예측은 세부적인 면에서 틀린 것으로 밝혀졌지만, 그래도 RNA의 조절 기능을 예측한 그 통찰력은 이후 이어지는 그의 시스템생물학적 과업에 그대로 드러나 있다.[35]

다양한 이름, 하나의 실체

미르의 존재가 밝혀지기 시작한 것은 1993년으로 알려져 있다. 당시 빅터 암브로스가 이끌던 뉴햄프셔 다트머스대학교의 실험실은 말도 안 되는 실험 결과를 두고 혼란에 빠져 있었다. 그 실험 결과가 무엇인지는 지금 중요하지 않다. 중요한 것은 암브로스 그룹의 연구조차 과학자들에게 미르의 존재에 대한 확신을 주지는 못했다는 점이다. 암브로스의 실험실에서 최초의 징후가 발견된 후 7년 동안, 미르의 존재는 과학자들 사이에서 많은 논쟁을 야기했다. 과학계에는 이런 논쟁적인 가설이 많다. 대부분은 사라지지만, 그중 일부는 기가 막힌 결정적 실험과 함께 과학계의 신데렐라가 된다.

흥미로운 우연의 일치는, 그 혼란스러운 7년 동안 생물학자들에게 RNA가 매우 유용한 도구로 사용될 수 있다는 인식이 싹텄다는 것이다. 그것이 바로 'RNA 간섭'이라 불리는 현상의 발견이다. 구글에 'RNAi'를 입력하면 생물학 연구에서 이 기술이 몰고온 태풍과도 같은 일들을 확인할 수 있다. 앞에서도 이야기했듯이, 때로는 기술의 진보가 과학의 진보를 이끌기도 한다.

RNA 간섭이 생물학자들의 관심을 받게 된 경위를 이해하려면, 우선 '전사후 유전자 침묵post-transcriptional gene silencing(PTGS)'이라 불리는 현상을 이해할 필요가 있다. 어려운 용어는 아니고 DNA에서 RNA로 전사가 일어난 후에 RNA가 단백질로 번역되는 과정을 억제하는 모든 기작을 PTGS라고 부른다. 현재는 뭉뚱그려서 PTGS로 지칭하지만 이 현상은 1990년대 식물을 연구하는 학자들에게는 '동시 억제co-suppression'라는 이름으로, 선충과 초파리를 연구하는 학자들에게는 'RNA 간섭'으로, 곰팡이를 연구하던 학자들에게는 '진압quelling'으로 불렸다.

1990년 캘리포니아의 한 연구소에서 연구 중이던 리처드 요르겐센과 카롤린 나폴리는 진한 자주색의 페튜니아를 생산하기 위한 실험을 진행했다. 이를 위해 이들은 자주색 색소낭을 생산하는 데 중요한 효소를 과발현하는 유전자변형 식물을 만들려고 했다. 나타난 결과는 정반대였다. 오히려 흰색의 페튜니아가 생산된 것이다. 비슷한 시기에 초파리를 이용한 알코올 분해 유전자의 대량 발현 실험에서도 비슷한 결과가 보고되었다. 1995년엔 예쁜꼬마선충을 연구하던 켐퓨스Kemphues 그룹이 센스 RNAsense RNA에 의한 유전자 억제 현상을 처음으로 보고했다.*

DNA는 이중나선이다. 두 가닥으로 구성되어 있다. 유전자들은 두 가닥 중 한 가닥에만 존재한다. 유전자가 존재하는 DNA 가닥과

---

* DNA는 두 가닥이 상보적으로 결합하고 있다. 만약 이 중 한 가닥에 단백질 서열이 코딩되어 있다면, 이 가닥을 '센스'라고 부르고, 그 반대편의 가닥을 '안티센스'라고 부른다.

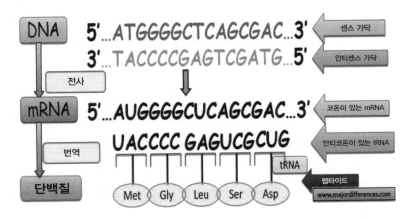

그림 6 DNA와 RNA의 '센스'와 '안티센스'를 설명하는 도식. (출처: https://www.majordifferences. com/2015/01/difference-between-sense-and-antisense.html.)

짝을 이루는 가닥을 상보적 가닥이라고 부른다. RNA를 센스와 안티센스라고 부를 때에도 이 개념을 사용한다. DNA의 유전자 배열과 같은 배열의 RNA를 센스라고 한다. 이와는 상보적인 RNA를 안티센스라고 한다. 예를 들어 어떤 유전자의 염기서열이 'ATGC'라면 센스 RNA는 'AUGC'가 되고, 안티센스 RNA는 'GCAU'가 된다. DNA의 티민(T)은 RNA에선 우라실(U)이고, 아데닌(A)은 티민(T)과, 구아닌(G)은 시토신(C)과 상보적 결합을 할 수 있다. 잠시 펜을 들고 노트를 펼쳐 써보면 금방 이해할 수 있을 것이다.

안티센스 RNA는 DNA의 유전자 서열과 상보적이기 때문에 해당 DNA로부터 전사된 mRNA와도 상보적이다. 따라서 많은 생물학자들이 안티센스 RNA를 이용한 유전자 발현 억제를 시도해왔다. 이러한 억제 효과는 식물 및 초파리와 선충에서도 일부 확인된 상태였다. 하지만 켐퓨스의 실험은 센스 RNA도 유전자 발현을 억제할 수 있다고 말하고 있다. 당시의 과학적 상식으로는 설명되지 않았던 이 현상이 과학자들의 호기심을 자극했다. 분명 실험상의 오류가 있거나 우리가 알지 못하는 현상이 존재함이 분명했다.

1997년, 데이비드 볼콤의 실험실이 마침내 식물에서 RNA가 유전자 발현을 억제할 수 있다는 증거를 보고했다.[36] 지금까지 설명되지 못했던 '동시 억제' 현상의 배후에 RNA가 있을 가능성이 제기된 것이다. 정확히 9개월 후 앤드루 파이어와 크레이그 멜로는 예쁜꼬마선충에서 이중가닥 RNA Double-stranded RNA (dsRNA, 즉 센스 RNA와 안티센스 RNA를 결합시킨 것)가 유전자의 발현을 억제시킨다는 결정적인 실험을 보고하게 된다.[37] 이 실험은 그동안 '동시 억제', '진압', 'RNA 간섭' 등으로 불렸던 일련의 현상들을 명쾌하게 설명하는 계기가 되었다. 그리고 RNA 간섭의 분자적 기작이 밝혀진 것은 2000년 필립 잼모어의 연구진이 수행한 초파리 실험에 의해서였다.[38] 그리고 아주 이례적으로 RNA 간섭 현상의 기제가 밝혀진 지 겨우 10년 만인 2006년, 파이어와 멜로에게 노벨상이 수여된다.[39]

노벨상은 과학의 이론적 측면에 주어지는 상은 아니다. 인류의 복지에 기여한 과학적 발견 및 기술에 주어지는 상이다. RNA 간섭이 이처럼 빠른 시간에 노벨상을 차지할 수 있었다는 사실 자체가, 이 기술이 지닌 강력함을 방증한다. 현재 분자생물학을 연구하는 실험실에서 RNA 간섭을 사용하지 않는 실험자는 거의 없다 할 수 있다. RNA 간섭은 생물학자들이 꿈에서 그리던 유전자 조절의 만능 도구를 제공했다.

RNA 간섭을 포함하는 PTGS는 유전체에 기생할 수 있는 바이러스나 트랜스포존transposon에 대항하기 위해 진화한 기제로 생각된다. 일반적으로 진핵세포의 세포질에는 이중가닥 RNA가 존재하지 않는다. 하지만 RNA를 유전체로 지닌 바이러스가 감염되면 이중가닥 RNA가 만들어진다. 아마도 우리 조상들은 RNA 바이러스의 침투로부터 세포를 보호하기 위해 이중가닥 RNA의 발현을 억제시키는 기제를 갖추게 된 것인지도 모른다. 수백만 년 동안 감춰졌던 유전자 조절 기제가, 우연히 비슷한 시기에 서로 다른 분야의 과학자들에 의해 동시 다발적으로 발견되었다.*

동시 발견의 성공학

과학에는 이런 동시 발견이 상당히 많다. 1922년 윌리엄 오그번과 도로시 토머스는 저널 〈폴리티컬 사이언스 쿼털리Political Science Quarterly〉에 〈발명은 필연적인가? 사회적 진화에 관한 소고〉라는 논문을 게재했다.[40] 이 논문은 과학 및 여러 기술적 발견에서 나타나는 동시다발성에 대한 분석을 다루었다. 헬름홀츠, 줄, 그리고 마이어에 의해 거의 동시에 발견된 에너지 보존법칙과, 다윈과 월리스에 의해 동시 발견된 자연선택, 뉴턴과 라이프니츠에 의한 미적분의 발견 등이 대표적인 예일 것이다. 이러한 현상을 '멀티플스Multiples'라고 부른다. 오그번과 토머스는 무려 148가지의 주요 발견들이 역사적으로 거의 동시에 발견되었음을 상세하게 설명했

---

* 미르의 발견에 관한 짧은 논문은 다음을 참고하라. Lee, R., Feinbaum, R., & Ambros, V. (2004). A short history of a short RNA commentary. *Cell*, 89–92.

다. 마찬가지로 RNA 간섭도 비슷한 시기에 많은 학자들에 의해 동시에 보고되었다. 명쾌하게 설명할 수 없는 결과들이 동시에 쏟아져나왔고, 하나의 혁명적인 발견으로 귀결된 것이다.

왓슨과 크릭이 DNA의 이중나선 구조를 발견하지 않았더라도 누군가 같은 구조를 발견할 수 있었을까? 아인슈타인이 상대성이론을 발견하지 않았더라도 누군가는 발견했을까? 이 논문은 우리에게 이런 역사적 필연론에 관한 질문을 던진다. 오그번과 토머스는 이러한 동시성의 이면에 분명 사회적이고 문화적인 요인이 있다고 주장한다. 물론 개인적인 능력이 무시되어서는 안 될 것이다. 저자들도 분명 이러한 점을 인식하고 있다. 평범한 사람은 사회적 요소가 갖추어진다 해도 이런 발견을 이룰 수 없다. 하지만 오그번과 토머스는 발견의 사회적 요소가 더욱 중요하다고 결론지었다.

사실 무엇이 더 필수적인지는 중요하지 않다. 중요한 것은 과학적 발견의 이면에 우연과 필연이 공존한다는 사실이다. 오늘의 대한민국이 혁명적인 과학적 발견을 위한 우연과 필연이 만날 장소인지 되물을 필요가 있다.

18

원자에서 유전자로

미르를 이해하기 위해서는 먼저, 분자생물학과 고전 유전학 전체를 아우르는 광범위한 개념에 대한 이해가 필요하다. 그러한 개념사가 전제되지 않으면, 미르에 관한 이야기는 수박 겉핥기가 될 수도 있다. 유전자 조절 네트워크에서 RNA와 미르의 역할이 왜 혁명적인 발견인지를 이해하려면, 우선 물리학과 화학에서 사용되던 '원자atom'라는 개념이 '유전자gene'라는 개념에 미친 영향을 언급할 필요가 있다.

원소와 원자

원소라는 개념은 기원전 7세기부터 등장했고, 이는 고대인들이 우주의 생성과 변화, 그리고 만물의 근원에 대한 해답을 구하는 과정에서 고안된 개념으로 볼 수 있다. 엠페도클레스가 물, 공기, 불, 흙이라는 사원소설을 제시하기 전까지, 만물은 단 한 가지의 물질로 이루어졌다는 이론이 지배적이었다. 아리스토텔레스는 사원소설을 받아들이면서도 지상계와 천상계를 나누어 천상계가 제5원소인 에테르로 구성되어 있다고 주장하기도 했다. 이러한 개념은 동양에도 등장하는데, 결국 원소란 우주를 구성하는 어떤 성질의 추상적인 실체를 의미하는 말로 이해되었다.

17세기에 들어서자, 영국의 과학자 로버트 보일은 '성질 혹은 성분'으로 이해되던 원소 개념을 '물질' 개념으로 전환한다. 보일은 '실험을 통해 더 이상 간단한 성분으로 쪼갤 수 없는 물질'을 원소로 정의했다. 즉 원소라는 개념이 추상적인 성질 개념에서 구체적인 물질 개념으로 대체되기 시작한 것이다.

18세기에 이르러 초등학교 과학 선생님이었던 영국의 존 돌턴은 질량 보존의 법칙과 일정성분비의 법칙을 설명하기 위해 '원자atom'라는 개념을 도입한다. 그는 "각 원소는 각각 일정한 성질과 질량을 가진 원자라고 부르는 작은 입자로 이루어져 있으며, 화합물은 서로 다른 종류의 원자가 결합한 입자"라고 가정했다. 이러한 돌턴의 이론은 당시 화학계에서 벌어지고 있던 정량적 실험 방법의 성립과 밀접한 관련이 있다. 돌턴은 이를 체계적으로 정리했다. 물론 돌턴은 "원자는 그 종류가 많고, 크기와 무게가 서로 다르다"는 주장으로 당시 동질적 물질의 기본 단위로서의 원자 개념에 심취해 있던 물리학자들과 충돌했지만, 그의 원자 개념은 화학과 물리학의 발전에 큰 공헌을 하게 된다.

1903년에는 조지프 톰슨이 음극선 실험을 통해 전자의 존재를 밝히고, 1911년에는 어니스트 러더퍼드에 의해 '원자핵 주위를 전자가 돌고 있다'는 원자 모형이 제안된다. 이후 중성자가 발견되고 소립자가 발견되면서 원자는 물질의 기본입자라는 지위를 박탈당

152

했지만, 원자라는 개념은 화학과 물리학의 발전에서 과학자들에게 일종의 가이드라인 역할을 했다.[*]

원자와 유전자

그레고어 멘델은 단 두 편의 논문을 남겼다. 그중 두 번째 논문 〈인공수정에 의해 얻어진 조팝나물-잡종에 관하여〉는 그를 유명하게 만든 첫 논문 〈식물 잡종화에 관한 실험들〉에서 완두콩을 통해 얻어진 거의 완벽한 실험 결과들이 조팝나물에서는 재현되지 않는다는 부정적인 실험 결과들을 담고 있다. 두 번째 논문을 발표한 후 멘델은 수도원장으로서의 길을 걷기로 결심했다. 이후 멘델의 논문이 재발견된 과정은 매우 잘 알려져 있으니 생략하기로 한다.[**]

　멘델의 논문을 직접 읽어보면 그가 현대의 유전자와 비슷한 의미로 원소element라는 개념을 사용하고 있음을 알 수 있다. 원소라는 말은 멘델의 논문에 열 번 등장하는데, 그는 이를 '유전되는 물질'이라는 의미로 사용했다. 멘델은 뉴턴적 세계관 속에서 유전 현상을 이해한 인물이다. 원소라는 개념도 그렇지만 그의 논문이 목표

[*]　원소의 개념이 진화된 과정은 다음의 책을 참고하라. Farber, E. (1952). *The evolution of chemistry: A history of its ideas, methods, and materials*. Ronald Press Company. 다음 논문도 큰 도움이 됐다. 백성혜·류오현·김동욱·박국태. (2001). 원소와 원자 개념에 대한 과학 교과서 진술의 문제점 분석-과학 개념의 역사적 변천을 중심으로. 〈청람과학교육연구논총〉 11(1), 66-78쪽.

[**]　이에 관해선 내가 2010년 3월 〈사이언스온〉에 쓴 글 '이야기꾼들이 만들어낸 멘델, 몇 가지 오해'와 나의 책 《플라이룸》의 멘델 관련 챕터를 참고하라.

로 했던 바가, 급수series라는 수학적인 개념을 자손의 형질비에 적용시키고자 했던 것을 보면 멘델이 뉴턴적 세계관을 공유했음을 알 수 있다. 뉴턴이 가정한 완전 탄성체인 물질이 추상적인 개념이었듯, 멘델이 가정한 원소도 매우 추상적인 개념이었다.

추상에서 구체로, 개념에서 물질로

1884년, 세포학자들은 핵 속에 존재하며 끈처럼 생겼고, 염색이 매우 잘되는 물질인 염색체chromosome를 발견했다. 미국의 월터 서턴과 독일의 테오도어 보베리는 1902년 유전자가 염색체에 존재한다는 이론을 제안했다. 염색체 유전자 이론이 제기된 까닭은, 배우체가 형성되는 수정 과정에서 염색체가 보여주는 다양한 모습이 멘델이 예측한 유전자의 특성과 맞아떨어졌기 때문이다. 그동안 추상적으로만 생각했던 유전자라는 실체가 물질적 실체로 탈바꿈을 시작한 것이다. 하지만 여전히 단백질을 유전자로 생각하던 과학자들이 대다수였고,* 유전자의 물질적 실체가 밝혀지지 않은 상태에서 1909년 덴마크의 식물학자 빌헬름 요한센은 유전자라는 개념을 창안했다.

유전자에 확고한 물질적 정체성을 부여한 인물은 토머스 모건이다. 모든 것을 실험을 통해 증명해야 한다고 믿었던 이 완고한 실험과학자는 처음에는 멘델뿐 아니라 다윈도 믿지 못하는 진정한 회

---

* 　2부의 초반부를 참고하라. 생화학자들에게 단백질은 아주 중요한 물질이었고, 단백질 이외의 다른 물질이 유전물질일 가능성은 희박했다.

의주의자로 과학계에 입성했다. 게다가 모건은 유전학적 발견으로 노벨상까지 받게 되지만, 처음부터 발생학자로 교육받았고 유전학에 그다지 큰 관심을 가진 인물도 아니었다. 발견의 역사는 항상 이러한 아이러니로 가득 차 있다. 세포학자이자 발생학자이던 모건이 현재는 유전학의 아버지로 추앙받고 있으니 말이다.**

　모건이 멘델의 이론을 반대한 이유는 그것이 순전히 가설적이기 때문이었다. 즉 유전이라는 현상을 완벽하게 설명하고 예측한다 할지라도 그 과정에 대한 설명이 결여된 멘델의 추상적인 유전자가 모건에게는 불완전해 보였던 것이다. 전형적인 실험생물학의 전통에 서 있는 모건에게, 생물학은 메커니즘을 밝히는 학문이어야만 했다. 그렇게 멘델을 부정하던 그가 흰눈초파리의 유전이 X염색체에 배열된다는 것을 스스로 밝히고 나서야 멘델을 인정했다는 점도 바로 이러한 맥락에서 이해되어야 한다. 모건은 자신의 손으로 증명하고 나서야 비로소 권위를 인정하는, 뼛속까지 새빨간 과학자였다.

여전히 이해되지 않은 개념, 유전자

네이버 백과사전에서 유전자를 찾아보면 "부모에서 자식으로 물려지는 특징, 즉 형질을 만들어내는 인자로서 유전 정보의 단위. 그 실체는 생물 세포의 염색체를 구성하는 DNA가 배열된 방식"이라고 정의되어 있다. 하지만 《이기적 유전자》의 저자 리처드 도킨스

** 　모건에 대해서는 나의 책 《플라이룸》의 해당 챕터를 참고하라.

는 "유전자에 대해 모든 사람의 동의를 얻을 수 있는 정의는 없다"라고 말한다. 도킨스에게 많은 영향을 미친 진화학자 조지 윌리엄스는 유전자란 "잠재적으로 자연선택의 단위 역할을 할 수 있을 만큼 긴 세대에 걸쳐 지속되는 염색체 물질의 일부"라고 정의했다.

멘델에서 출발해 다윈과 골턴 그리고 통계학의 아버지 로널드 피셔를 거치며 발달해온 현대 진화생물학에서, 유전자는 여전히 추상적인 실체로 간주된다. 그리고 어차피 메커니즘을 연구하지 않는다는 전제하에, 진화생물학계에서 그런 추상성은 별다른 문제가 되지 않는다. 고전적인 유전학과 집단유전학에서 유전자란 일종의 형질을 지시하는 물질 단위로 충분하기 때문이다. 이는 뉴턴이 가정한 완전 탄성체가 현실에 존재하지 않아도 그의 이론에 아무런 문제가 없는 이유와 같다.

유전자의 물리적 실체에 대해 심각하게 고민하는 집단은, 오히려 분자생물학의 전통에 따라 메커니즘을 연구하는 학자들이다. 이들은 유전자에 대해 연구하면 연구할수록 유전자라는 실체가 보여주는 특성을 명확히 정의할 수 없다는 딜레마에 빠졌다. 그 이유는 다음과 같다.

첫째, 하나의 단백질을 구성하는 아미노산 배열은 기능적 차이 없이 개인에 따라 엄청나게 다를 수 있다. 만약 그렇다면, 개인마다 유전자가 다른 것인가? 둘째, 동일한 DNA 서열로부터 상이한 단백질이 만들어지는 RNA 접합(RNA 편집editing) 같은 현상이 존재한다. 셋째, 유전자들 간의 위계구조 덕분에 유전자마다 돌연변이에 의해 영향을 받는 정도가 다르다. 도킨스는 이와 같이 복잡한 유전자 개념의 난해함을 다음과 같이 요약했다.

하나의 생존 기계는 하나만이 아닌 수십만이나 되는 유전자를 가진 하나의 운반체이다. 몸을 형성한다는 것은 개개의 유전자의 기여도를 구분하는 것이 거의 불가능할 정도로 복잡한 협동사업인 것이다. 하나의 유전자가 몸의 여러 부분에 각각 다른 효과를 주기도 한다. 또 신체의 어떤 부위는 여러 유전자의 영향을 받으며, 어떤 한 유전자는 다른 많은 유전자들의 상호작용에 의해서 그 효과를 나타내는 경우도 있다. 또 그중에는 다른 유전자군의 작용을 제어하는 지배 유전자master gene의 작용을 하는 것도 있다. 유전자란, 이를테면 설계도의 각각의 페이지에는 건물의 각 부분에 관한 지시가 씌어 있고, 각 페이지는 수많은 다른 페이지의 앞뒤를 참조함으로써 의미를 갖는 것과 같다.

즉 유기체의 표현형과 유전형이라는 관계의 맥락에서 볼 때 유전자라는 실체는 '다대다'의 관계를 가진다는 것이 이 설명의 요점이다. 하지만 도킨스 또한 진화생물학자이며, 여기서 그는 물질적 실체로서의 유전자를 DNA에 한정해 이야기를 전개하고 있다. 그리고 DNA는 단백질을 코딩한다. 진화생물학에서는 그것으로 충분하기 때문이다. 하지만 다시 이야기하자면, 여전히 어떤 과학자들은 그러한 단순화에 의문을 품고 있다.

미르가 등장하는 배경을 이해하기 위해서는 원자 개념이 유전자 개념의 형성에 미친 영향을 이해하는 것보다 더 많은 배경지식이 필요하다. 즉 소립자와 양성자의 발견으로 원자의 의미가 사라져버린 지금에도 어떤 분야에서는 원자라는 개념이 통용되는 것처럼, 생물학에서도 그와 비슷한 일이 벌어지고 있는 것이다. 그저 단백질의 아미노산 서열을 코딩하고 있는 DNA 절편으로 이해되던 유전자가 지금처럼 정의하기 어려운 다의성을 지니게 된 것은, 원자를 쪼개고 또 쪼개려 노력했던 실험물리학자들과 같은 일군의 분자생물학자들의 노력 덕분이었다.

19

유전자라는 개념[*]

모건 이후: '연구 도구'로서의 유전자

유전자라는 개념은 다양한 생물학 분야의 요구에 따라 변해왔다. 실상 현대 생물학자의 다수를 차지하는 분자생물학자들에게, 유전자란 연구에 유용한 용어일 뿐이다. 그것은 염색체의 일부 DNA 절편에 존재하는 기능 단위로 이해된다. 유전자가 반드시 단백질로 번역될 필요도 없지만, 단백질 혹은 RNA로 발현되는 경우 연구하기 쉽기 때문에 편의상 그러한 단위를 유전자라고 통칭한다. 하지만 이러한 편의적인 정의가 정립되기까지 유전자라는 개념은 다양하게 변화해왔다.

    멘델 유전학에는 유전자와 형질 간의 구분이 없다. 멘델은 그 둘

---

[*]   유전자 개념의 역사를 이해하는 데 다음의 논문들이 도움이 된다. Carlson, E. A. (1991). Defining the gene: an evolving concept. *American Journal of Human Genetics*, 49(2), 475; El-Hani, C. N. (2007). Between the cross and the sword: the crisis of the gene concept. *Genetics and Molecular Biology*, 30(2), 297–307.

을 구분하지 않았다. 둘의 구분은 빌헬름 요한센이 1909년에 유전형genotype과 표현형phenotype을 정의하면서 생겼다. 하지만 염색체라는 물리적 실체에 멘델의 유전자를 위치시킨 공로로 노벨상을 수상한 토머스 모건은 생물학자들 사이에는 유전자가 무엇이냐는 합의점이 전혀 없다고 말하면서, "유전자가 가설적인 단위이건 물질적인 실체이건, 유전학 실험에는 조금의 차이도 없다"라는 조금은 놀라운 발언을 한다. 고전 유전학의 전통은 유전자의 물리적 실체를 연구할 동기도 없고 능력도 없다는 것을 스스로 인정한 셈이다.

교배 실험을 통해 표현형의 유전 법칙을 연구하는 고전 유전학의 전통에서, 유전자의 물리적 실체가 무엇인지는 그다지 중요하지 않다. 어차피 유전자의 물리적 실체가 무엇이든 유전형과 표현형을 구분하는 데 아무런 문제가 발생하지 않기 때문이다. 멘델의 유명한 예인 완두콩의 A와 a라는 유전형이 흙에 쓰였건 종이에 쓰였건, 고전 유전학자에겐 문제가 될 게 없다. 따라서 멘델의 법칙을 따르지 않는 형질이 발견되었을 때에도, 고전 유전학자들은 멘델 형질은 하나의 유전자에 의해 조절되고, 비멘델 형질은 여러 개의 유전자에 의해 조절될 것이라고 이해했다. 고전 유전학의 연구 주제는 유전자의 물리적 실체를 향해 나아갈 의지가 전혀 없었다.

하지만 유전자의 구조적structural 실체를 연구하고자 했던 생화학 전통의 생물학자들이 가진 의문은 단순히 유전자의 기능적 실체를 연구하고자 했던 유전학자들의 그것과 달랐다. 생화학자들은 도대체 유전자가 무엇으로 구성되어 있는지에 목을 매었다. 모건 이후 유전자라는 개념은 '구조'와 '기능'이라는 생물학 연구의 두 축을 둘러싼 변증법적 구도 속에서 발전한다.

유전학과 생화학의 조우: 물질로서의 유전자

모건은 멘델의 유전자에 물질적 실체를 부여했다는 공로로 노벨상을 수상한 인물이다. 그런 모건의 입에서 "유전자의 물질적 토대가 무엇이든 상관없다"는 말이 튀어나왔다는 것은 아이러니다. 모건의 이런 발언은 과학자의 실용주의적 태도를 보여준다. 모건이 보기에, 유전자의 물리적 실체는 교배와 같은 유전학적 분석을 통해 추구될 수 있는 물음도 아니고, 고전 유전학의 탐구는 유전자의 물질적 실체를 필요로 하지도 않았던 것이다.

《분자생물학: 실험과 사유의 역사》의 저자 미셸 모랑주는 "분자생물학은 유전학자들이 더 이상 추상적인 유전자의 기능에 만족하지 못하고 유전자의 본성과 그 행동의 기제에 초점을 맞추었을 때 태어났다"라는 유명한 말을 남겼다. 바로 정확히 그런 유전학자가 모건의 제자 허먼 멀러다. 멀러는 유전자란 원자를 기반으로 하는 물질이고, 그 안에 생명의 비밀이 숨어 있으며, 다윈적 진화 과정의 필수 요소일 것이라고 생각했다. 모건 이후 유전학적 전통과 생화학적 전통이 분리되어 있던 상황에서, 생화학이라는 학문을 유전학 속으로 적용시키려는 융합 학문이 등장한 것이다.

멀러는 유전자가 반드시 가져야 할 특징을 구체적으로 묘사했다. 첫째, 자체촉매Autocatalysis 기능이다. 유전자는 형질을 전달하기 위해 스스로 복제할 수 있어야 한다. 둘째, 이질촉매Heterocatalysis 기능이다. 유전자는 표현형에 영향을 미칠 수 있어야 한다. 셋째, 유전자에는 돌연변이가 일어날 수 있어야 한다. 이는 진화에 필요한 유전적 다양성을 확보하기 위함이다. 거의 80여 년이 지난 지금 돌아보아도 통찰력 넘치는 이 융합 과학자는 이후 엑스선을 이용한 돌연

변이 실험으로 개별 유전자의 대략적인 크기를 가늠할 수 있는 계기를 마련해주었다.[41]

생화학적 전통을 따르는 유전자 연구는 두 차례 세계대전 사이에 활발하게 진행되었다. 앞서 말했듯, 생화학자들은 효소의 발견에 힘입어 단백질에 모든 것을 걸고 있었다. 생화학자들은 유전자를 마치 효소처럼 유기적 특이성을 지닌 물질로 파악하고 있었다. 특이성specificity이란 매우 좁은 범위의 다른 분자들하고만 상호작용을 하는 특성을 뜻하는데, 당시에는 이미 효소에 대한 연구를 통해 특이성이 발생하는 원인을 분자의 형태conformation와 약한 상호작용weak interaction으로 설명할 수 있었다. 따라서 생화학자들은 매우 자연스럽게 효소에서 얻은 지식을 유전자와 그 산물, 즉 유전자가 조종하는 어떤 물질의 관계에 적용할 수 있었다. 유전자와 산물의 관계를 효소와 기질의 관계로 바꿔 유추할 수 있었던 것이다.

이러한 배경에서 생화학자였던 비들과 테이텀의 '1유전자 1효소 가설'을 좀 더 명확하게 이해할 수 있다.[42] 이 가설을 좀 더 우아하고 정치적으로 표현하자면, 생화학 진영의 학자들이 드디어 유전자 개념을 생화학의 방식으로 공략하기 시작한 것이라고 할 수 있다. 이처럼 따로 놀던 유전학과 생화학의 전통은 1940년대에 무더기로 생물학자가 된, 원래 본업이 물리학이었던 과학자들에 의해 가까워지기 시작한다. 분자생물학의 아버지라 불리는 이 일군의 과학자들은 유전자를 분자적으로 이해할 수 있다는 자신감으로 충만해 있었고, 특히 막스 델브뤽과 같은 카리스마의 소유자는 파지그룹Phage Group을 구성해 1970년대까지 분자생물학을 주도해나간다.

물론 이런 와중에도 리처드 골드슈미트 같은 괴짜가 존재했다는 점은 짚고 넘어가야겠다. 훌륭한 유전학자였지만 항상 과격한 이론을 만들기 좋아했던 그는 돌연변이mutation와 전위효과position effect를 구분하면서 염색체의 거대한 변화만이 표현형에 영향을 미치기 때문에, 염색체는 기능 단위들의 위계 구조라는 주장을 펼친다. 결국 이 주장은 "개별 유전자란 존재하지 않는다"는 비약적인 결론으로 이어지고, 이는 다시 그를 유명하게 만든 "바람직한 괴물 이론"으로 이어진다.* 골드슈미트의 주장은 당시 과학자들에 의해 완전히 무시당했지만 그의 논리를 음미해볼 가치는 충분하다.**

갑작스러운 등장: 분자로서의 유전자

이러한 유전학과 생화학의 묘한 긴장 관계 속에서 등장한 사건이 왓슨과 크릭의 이중나선 구조의 발견이다. 그 이후 유전자 개념은 DNA라는 물질을 중심으로 일종의 도구적 성격으로 발전하기 시작한다. 왓슨과 크릭을 둘러싸고 벌어진 분자생물학의 이후 발전 과

---

* 인터넷에서 골드슈미트를 검색하면 창조과학회가 왜곡한 글들로 도배되어 있다. 골드슈미트에 관한 균형 잡인 글은 고생물학자 스티븐 제이 굴드의 것이 유일하다. 심지어 다른 진화생물학 진영의 학자들조차 골드슈미트가 다윈을 모욕했다는 식으로 그의 업적을 깎아내리기 때문이다. 골드슈미트의 진가를 이해하려면 분자생물학의 전통에 대한 이해가 필요하지만, 그런 균형 잡힌 시각을 지닌 인물은 많지 않다. Gould, S. J. (1977). The return of hopeful monsters. *Natural History*, 86(6), 22-30; Gould, S. J. (1982). The uses of heresy: An introduction to Richard Goldschmidt's The Material Basis of Evolution. *The Material Basis of Evolution*, XIII-XLII.

** 골드슈미트에 관해서는 나의 책《플라이룸》을 참고하라.

정은 폭발적이었다. 하지만 지금은 유전자 개념을 이해하는 정도의 역사적 배경 설명으로 충분하다. 확고한 물질적 실체를 확보한 유전자는, 1970년대까지 '도구' 개념으로 이해되었고, 그렇게 생물학자들에게 받아들여졌다.

도전의 시작[*]

생화학적 전통에서 기인한 '물질로서의 유전자'와 유전학적 전통에서 기인한 '기능으로서의 유전자'는 합쳐진 것처럼 보였다. 그것이 전통적인 그리고 현재까지도 대다수의 분자생물학자들에게 이해되는 '분자로서의 유전자(분자유전자)' 개념이다. 때때로 단백질로 정보가 번역되지 않으면서도 기능을 갖는 RNA들(tRNA, rRNA, snRNA)이 발견되었지만, 전통적인 분자유전자 개념을 뒤흔들 정도는 아니었다.

유전자는 형질에 영향을 미치는 염색체상의 일부 DNA 절편에 한정되었고, 고전 유전학에서 멘델의 유전법칙을 따르지만 단백질을 코딩하지 않는 다른 염색체의 부분들은 제외되었다. 예를 들어 조절 유전자 부위(프로모터promoter, 인핸서enhancer)는 전통적인 유전학에서 분명히 멘델의 법칙을 따르지만 분자유전자 개념에서는 제외된다. 하지만 분자생물학자들에게 그런 개념적 모호함은 별 문제

---

[*] 유전체학의 등장과 유전자 개념의 변화는 다음의 논문을 많이 참고했다. Griffiths, P. E., & Stotz, K. (2006). Genes in the postgenomic era. *Theoretical Medicine and Bioethics*, 27(6), 499.

가 되지 않았다. 대부분의 분자생물학자들이 실용주의자였기 때문이다. 그리고 이러한 실용주의는 잠정적으로 분자생물학에 충분한 성공을 가져다주었다.

하지만 상황이 조금씩 복잡해지기 시작했다. 특히 1970년대 이후, 더는 유전자와 그 산물의 관계를 일대일로 단정하기 어렵게 만드는 발견들이 쏟아져나왔다. 우선 하나의 단백질을 만드는 DNA 절편이 단백질로 번역되는 엑손exon과 그렇지 않은 인트론intron으로 나뉘어 있다는 사실이 발견된다. 분자유전자 관점에서 하나의 유전자라 할 수 있는 엑손이 유전자라 부를 수 없는 인트론과 연접해 있다는 사실이 발견되었을 뿐 아니라, 이러한 엑손들이 선택적 스플라이싱alternative splicing을 통해 다양한 조합의 단백질을 구성할 수 있다는 사실이 발견된 것이다. 유전자 개념은 엑손과 인트론을 모두 포함하는 DNA 절편으로 확장되어야 했다.

더욱 흥미로운 실험 결과들이 발표되었는데, 하나의 미성숙 mRNA(pre-mRNA) 안에서 벌어지는 선택적 스플라이싱 외에도 2개 이상의 미성숙 mRNA들이 서로의 엑손을 조합할 수 있다는 실험 결과였다. 이러한 현상을 가로지르기 접합trans-splicing이라고 부른다. DNA는 두 가닥이고 양쪽 방향에서 읽힐 수 있다. 가로지르기 접합은 하나의 DNA 가닥으로부터 정보를 양쪽에서 읽어들인 후 이를 조합해 다양한 방법으로 단백질을 만들 수 있는 방법이다. 이제 유전자 개념은 한 가닥의 DNA에 있는 정보로부터 양쪽 가닥 모두로 확장되어야 했다.

DNA의 정보가 RNA로 전사된 후 그 정보가 바뀔 수 있다는 발견들도 이어졌다. 이를 RNA 편집editing이라고 부른다. 핵 속에서 전사

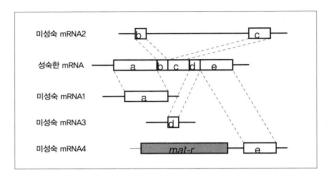

그림 7 RNA 편집이 DNA에 존재하지 않던 mRNA를 만들어내는 방법. (출처: Griffiths, P. E., & Stotz, K. (2006). Genes in the postgenomic era. *Theoretical Medicine and Bioethics*, 27(6), 499.)

된 미성숙 mRNA는 5′쪽 머리에 모자를 씌우고(capping), 3′쪽 꼬리에 아데닌을 이어붙이고(poly-A tailing), 접합 과정을 거쳐 성숙한 RNA가 되어 핵 밖으로 빠져나온다. 이러한 세 종류의 변환 과정이 DNA로부터 비롯된 코돈codon을* 보존하는 반면, RNA 편집 과정은 RNA 상태에서 이를 다른 코돈으로 편집할 수 있다. DNA의 정보가 단백질 혹은 RNA로 발현되는 방법은 다양한 간접적 방식들에 의존한다는 것이 밝혀졌고, 유전자 정보가 모두 DNA 안에 있다는 진리 또한 재고의 여지를 남기게 되었다. RNA 편집 현상은 DNA에는 존재하지 않는 정보를 스스로 창조하는 것이기 때문이다.

또한 엑손 간의 접합을 도와주는 것 외에는 별다른 기능이 없을

* DNA의 3개 염기는 하나의 아미노산을 코딩하는데, 이를 코돈이라 부르고 단백질로 번역될 때 이를 "프레임을 맞춘다"라고 표현한다. 3개의 염기가 하나의 아미노산을 코딩하기 때문에 세 종류의 프레임이 존재할 수 있고, 이 중 제대로 된 단백질로 번역되는 프레임을 오픈리딩프레임Open Reading Frame(ORF)이라고 부른다.

것이라 여겨졌던 인트론 안에도 유전자가 존재한다는 사실이 밝혀졌다.** 결국 여러 유전자의 산물이 하나로 합쳐지기도 하고, 하나의 유전자로부터 여러 산물이 만들어지기도 한다. 1970년대 이후의 많은 발견은 유전자와 그 산물의 관계를 일대일에서 다대다로 전환시켜버렸다.

포스트 유전체학 시대의 유전자 개념

유전자 개념을 DNA상의 절편 일부로 제한시켜버린 실용주의적 선택이 역설적으로 그 개념을 파괴하는 발견의 초석이 됐다. 그리고 그 발견들이 다시 유전자라는 개념을 확장시켰다. 유전자를 더 이상 '확연히 구분되는 경계를 가진 DNA상의 일부'라고 단정하기 어려운 상황에 직면하게 된 것이다. 대신 유전자 개념은 외부 자극에 반응하고, 유전자 발현과 표현형을 연결시키며, 공간적인 조합에 의해 경계가 구분되는 매우 유동적인 개념이 되어야만 했다.

　어쩌면 우리는 다시금 골드슈미트가 주장했던 "개별적인 유전자는 없다"라는 개념으로 회귀했는지 모른다. 유전체의 기능과 구조를 연구하면 할수록 개별 유전자라는 개념은 사라지고 개별 유전자들은 유전자들의 네트워크 속으로 통합되어버리기 때문이다.

　마치 멘델이 생각했듯이, 모호한 추상적 실체로 시작된 유전자 개념이 20세기 중반에 잠시 물질적 실체를 얻으며 그 위세를 과시

** 　미르 중에는 인트론 안에 존재하는 것들도 있다.

하다가 다시금 모호해지는 것처럼 보인다. 하지만 그 모호함은 과거의 모호함과는 다르다. 과학자들이 방법론적 환원주의로부터 얻은 결과들을 겸허히 수용하며 유전체의 복잡함을 인정하는 과정에서 유전자의 개념은 폭넓게 확장되었으니 말이다.

확률혁명과 유전자 개념의 변화

19세기 초에서 20세기 초에 과학은 비약적인 발전을 거듭한다. 그리고 당시 과학자들은 확률혁명probabilistic revolution을 통해 고전역학적 세계관에서 벗어나게 된다. 루트비히 볼츠만과 맥스웰의 통계역학, 집단유전학population genetics의 설명을 위해 칼 피어슨이 토대를 마련한 통계학도 이 시기에 등장했다. 이 시기는 자연과학뿐 아니라 사회과학에도 통계학적 방법론이 적용되던 시기였다. 결정론적 세계관에서 벗어난 자연과학은 이를 계기로 더욱 발전하기 시작한다.*

분자생물학에서 유전자 개념도 이제야 뒤늦게 확률혁명을 겪는 것으로 보인다. '유전자는 제한된 물리적 실체'라는 고전역학의 결정론적 세계관이 한때 분자생물학자들을 사로잡았던 것은 사실이다. 하지만 유전체를 연구하면 연구할수록, 개별 유전자라는 실체

---

* 다음의 책을 참고하라. Kruger, L. E., Daston, L. J., & Heidelberger, M. E. (1987). *The Probabilistic Revolution*, Vol. 1: *Ideas in History*; Vol. 2: *Ideas in the Sciences*. The MIT Press. 국내에 번역된 이언 해킹의 확률에 관한 책들도 도움이 된다.

는 모호해지고, 유전자란 결국 전체 유전자 속에서 하나의 확률적 가능성으로 등장한다. 어쩌면 현대적 의미에서의 개별 유전자란 별 다른 의미가 없는 것일지도 모른다.

하지만 더 놀라운 발견은 이러한 개념사적인 문제가 아니다. 이 제 생물학은 유전체 2.0의 시대로 접어들었다. 그리고 그 중심에 마 이크로 RNA의 존재가 우뚝 서 있다.

20

포스트 유전체학 시대의 유전자

인터넷이 대부분의 정보를 저장하고 전달하는 수단으로 자리잡은 요즘, 가끔은 인터넷의 정보를 지나치게 신뢰하지 말라고 당부하고 싶다.* 분명히 인터넷에는 수많은 정보가 넘쳐나지만 그 정보들은 보석이 되기 위해 세공을 기다리는 원석일 뿐이기 때문이다. 한 분야의 전문가란 단순히 정보를 나열하는 사람이 아니라, 그 정보들을 효율적으로 조직할 줄 아는 사람이다. 유전자 개념도 정보의 나열로부터 정보의 조직화 개념으로의 이동과 밀접한 연관이 있다.

인터넷의 정보를 신뢰하지 말라고 부탁하는 이유는, 유전자 개념의 변화를 설명하는 데 반드시 등장하는 '쓰레기 DNAJunk DNA' 때문이다. 국내에서 쓰레기 DNA를 다루고 있는 대부분의 웹페이지

---

*   이 글을 쓰던 2008년으로부터 15년이 지난 2023년은 Chat-GPT라는 대형언어모델Large Language Model(LLM) 인공지능이 나타나 세상을 경악시켰지만, 여전히 Chat-GPT와 같은 LLM 모델은 사실과 거짓을 정확히 구분하지 못하고 있다. 쓰레기 정보의 문제는 인공지능 시대에도 여전히 풀리지 않은 난제인 셈이다.

들은 창조과학회가 그들의 주장을 정당화하기 위해 필요한 것만 고른 것들뿐이다. 생물학을 잘 모르는 독자들은 이 가짜뉴스에 쉽게 속을 수 있다. 종교를 떠나 생각한다면 쓰레기 DNA를 둘러싼 진화생물학자들과 분자생물학자들 간의 갈등은 과학의 분과적 다양성에 따라 나타나는, 과학자들의 세계관의 차이를 보여주는 흥미로운 주제다. 이처럼 과학 내부의 건강한 갈등에 종교가 끼어들면 논쟁은 난삽하고 더러워지기 마련이다. 이러한 갈등에 대해서는 뒤에서 다루고, 우선 쓰레기 DNA와 관련된 생물학의 난제를 만나보기로 하자.

쓰레기 DNA는 정말 쓰레기인가

쓰레기 DNA라는 개념은 유전체를 이루는 대부분의 DNA 부위의 기능이 알려지지 않았다는 사실에서 출발한다. 대략 인간 유전체의 95~98퍼센트를 이루고 있다고 여겨지는 이 골칫덩어리 DNA에 대해 리처드 도킨스는 《이기적 유전자》에서 다음과 같은 견해를 표명한 바 있다.

유전자의 이기성이라는 관점에서 생각하기 시작할 때에 역설이 풀리게 되는 것은 성뿐만이 아니다. 예컨대 생물체의 DNA 총량은 그 생물체를 만드는 데 필요한 양보다 훨씬 많은 것 같다. DNA의 많은 부분이 단백질로 번역되지 않는다. 개개의 생물체의 관점에서 고찰해보면 이것은 역설적으로 생각된다. 만약 DNA의 '목적'이 몸을 만드는 과정을 지휘하는 것이라면 그런 일을 하지 않는 DNA가 대량으로 발견되는 것은 이상한 일이다. 생물학자들은 이 여분으로 생각되는 DNA가 어떤 유익한 일을 하고 있나 생각해내려고 머리를 쓰고 있다. 그러나 유전자의 이기성이라는 관점에서 보면 모순은 없다. DNA의 진정한 '목적'은 생존하는 것이지 그 이상도 그 이하도 아니다. 여분의 DNA를 가장 단순하게 설명하려면 그것을 기생자 또는 대체로 다른 DNA가 만든 생존 기계에 편승하고 있는 무해하고 무용한 길손으로 생각하는 것이 좋겠다.

도킨스의 관점은 인간 유전체의 대부분을 차지하는 이 쓸모없어 보이는 부분이 일종의 '무임승차자'라는 것이다. 그리고 생존이라는 목적만으로 긴 진화의 역사를 달려온 각 종의 유전체는, 이런 무임승차자로 가득 차 있을 수도 있다. 자연선택은 개체의 생존에 해가 되는 형질을 제거하고 유리한 형질은 선택하는 방식으로 작동한다. 따라서 유리하지도 해가 되지도 않는 형질들은 자연선택에 의해 제거되지 않는다. 그런 형질들은 기나긴 진화의 여정을 거치며 우리의 유전체 속에 각인되어 있을 것이다. 이는 대부분의 돌연변이가 유리하지도 불리하지도 않다는 기무라 모토木村資生의 '중립가설'과도 상통한다.* 이러한 관점을 극단으로까지 몰고갔던 일부 학자들은 인간유전체계획에서 굳이 인간 유전체 전부를 해독하느냐며, 이런 시도를 비웃기도 했다.

---

* 일본의 위대한 이론 진화생물학자 기무라 모토에 대해서는 내가 인터넷에 남긴 글을 참고하라. 특히 그가 쓴 〈인간 생물학적 본성 이해의 기초로서의 유전자 코드와 진화 법칙〉은 읽어볼 가치가 있다. blog.naver.com/stupa84/100018628994.

하지만 기능에 관심이 많은 분자생물학자들과 유전체학자들은, 쓰레기 DNA에도 기능이 있을 것이라는 관점을 버리지 않고 있었다. 필요하지도 않은 부분을 그렇게나 많이 지니고 있다는 것은 종에게 결코 효율적이지 않을 것이기 때문이다. 도킨스의 말처럼 DNA의 이기성이 무임승차자를 양산할 수 있다고 해도, 98퍼센트라는 수치는 지나치게 크다. 이들은 쓰레기 DNA에 아직 우리가 발견하지 못한 또 다른 기능이 존재할지 모른다고 생각했다.

물론 이런 학자들이 "자연에 필요하지 않은 것은 하나도 없다"는 극단적인 주장까지 하는 것은 아니다. 그런 극단적인 주장은 "신이 세상을 설계했기 때문에 존재하는 모든 것에는 이유가 있다"라고 주장하는 극소수 창조과학자들의 글에서나 접할 수 있는 논리의 비약이다. 이들의 논리를 쓰레기 DNA에 적용해보면, 쓰레기 DNA에서 기능이 발견될 때마다 신의 섭리가 드러난다는 논리적 비약이 생긴다. 과유불급이다. 앞에서 인터넷의 정보를 너무 신뢰하지 말라고 경고했던 이유는 바로 이러한 창조과학자들의 종교적 주장 때문이다.

종교와는 별개로, 쓰레기 DNA를 둘러싼 갈등 양상은 유전자 개념의 변화와 밀접한 관련이 있다. 도킨스가 《이기적 유전자》를 저술한 시점은 1974년인데, 이 시기는 DNA 중 단백질로 번역되는 부분을 유전자로 통칭하던 때였다. 앞에서 살펴보았듯이, 유전체학이 발달하면서 유전자 개념은 도킨스가 책을 쓰던 시기의 개념보다 훨씬 확장되었다. 따라서 갈등처럼 보이는 부분조차, 유전체학의 관점에서는 전혀 갈등이 아니다. 단백질을 코딩하고 있는 DNA 부위를 유전자로 생각했던 도킨스의 입장에서, 쓰레기 DNA 부위는 점점 줄어들 수밖에 없다. 왜냐하면 유전자 개념이 확장됨에 따라 필연적으로 기능을 지닌 부위가 더 발견될 것이기 때문이다. 또한 도킨스에 반대하는 진영의 학자들이 쓰레기 DNA로부터 기능을 찾아내는 과정은, 미지의 것을 발견해나가는 과학의 정상적인 과정이라는 측면에서 볼 때 당연한 일이다. 따라서 종교적 광기를 배제하고 들여다보면, 이들의 갈등은 매우 건강한 과학적 논쟁이다.*

이미 우리는 포스트 유전체학 시대의 유전자 개념은 확률론적 사고에 따라 이해해야 하는 개념으로 변화했음을 살펴봤다. 개별 유전자 개념은 점점 더 모호해지고 있으며, 유전자와 형질의 관계는 일대일에서 다대다로 변화하고 있다. 이렇게 확장된 유전자 개념은 현실에서 그 비유를 찾기 힘들 정도로 새로운 종류의 무엇이다. 유전체 사업이 시작되던 시기에 유행하던 유전체와 도서관의 유비는, 이제 포스트 유전체학 시대의 유전자 개념을 포괄하지 못한다. 도서관에 배열된 책들은 유전체 이곳저곳에 흩어져 혼재되어 있는 유전자의 이미지를 희석한다. 유전자를 도서관에 비유하다보면 우리의 유전체가 아주 가지런히 정렬되어 있다고 생각하게 되기 때문이다.[43]

도서관이 아니라면, 컴퓨터 구조로 유전체 구조를 설명해보면 어떨까? 예를 들어 유전자의 정보가 발현되는 과정을 하드디스크의 정보를 읽어들이는 과정으로 비유해보자. 이런 비유는 멀리 떨어진

---

* 쓰레기 DNA에 관한 역사적 개괄로는 다음 논문을 참고하라. Biémont, C. (2010). A brief history of the status of transposable elements: From junk DNA to major players in evolution. *Genetics*, 186(4), 1085-1093.

부위에 적힌 자기테이프의 정보들이 하나의 프로그램을 위해 모인다는 측면에서 분명 인간 유전체의 작동 방식과 비슷하지만, 하나의 정보로부터 여러 다른 의미가 발현한다는 복잡함은 설명하기 어렵다. 인간의 상상력은 인간이 만들어낸 도구에 의해 제한된다. 역사적으로 생명체에 대한 비유는 시계에서 증기기관으로, 다시 컴퓨터로 변화했다. 비유의 대상이 모두 당대에 가장 복잡한 기계임을 생각해보면, 우리의 상상력이 얼마나 환경의 제약을 받는지 알 수 있다. 이런 역사적 경로를 따라 확장된 유전자 개념을 설명해야 한다면, 가장 적절한 비유는 '프로그래밍 언어'가 아닐까 한다. 유전체 상의 정보가 형질로 표현되는 다대다의 관계는 각각의 코드가 모여 프로그램으로 구현되는 프로그래밍 언어와 유사한 측면이 있다. 그리고 이런 유비는 작동 방식에서의 유사성을 넘어 다양한 측면에서 응용될 수 있다.

웹 2.0과 유전체 2.0

2008년의 광우병 촛불시위는 '집단지성' 개념과 함께 '웹 2.0'이라는 개념을 소개했다. 팀 오라일리가 창안한 이 개념은, 닷컴버블이 붕괴되면서 나타난 인터넷상의 거대한 변화를 통칭한다. 웹 2.0은 웹상에서 소비자와 생산자의 구분이 사라지고 웹이 일종의 플랫폼으로 변화하고 있음을 뜻하는 용어다. 유행은 언제나 급속하게 퍼져나간다. 웹 2.0이라는 용어는 이제 생물학에서도 유행하고 있다.[*]

2007년 〈사이언스〉에는 유전체 2.0 Genome 2.0이라는 신조어가 등장했다.[44] 이 글의 저자들은, 유전체학이 발전하면서 등장한 새로운 데이터들이 오래된 개념을 위협하고 있다고 말한다. 유전체 2.0 개념이 웹 2.0을 단순히 차용한 게 아니라면 소비자와 생산자 사이의 경계가 모호해지는 웹상의 변화를 포용해야 한다. 즉 기존에 생산자와 소비자의 관계가 유전체의 정보를 읽고 해독하던 수동적인 입장이었다면, 이제 그렇게 축적된 정보를 바탕으로 새로운 정보를 프로그래밍하는 시도로 전환이 일어나야 하는 것이다. 유전체 2.0 시대에 일어나고 있는 이러한 시도를 합성생물학Synthetic Biology이라고 통칭한다. 합성생물학은 유전체 1.0의 시대인 인간유전체계획에서 얻은 정보들을 재구성해 이를 다양한 방식으로 응용하려는 새로운 학문이다. 최소한의 유전자를 지닌 박테리오파지 혹은 세포를 만든다거나, 암세포를 파괴하는 미생물을 만드는 시도들이 유전체 2.0 시대의 합성생물학이 펼치는 세상이다.

하지만 컴퓨터로 원하는 소프트웨어를 만들기 위해서는 잘 정의된 프로그램 언어가 필요하듯이, 합성생물학이 가능하기 위해서는 유전체라는 프로그램 언어에 대한 완벽한 이해가 필수적이다. 따라서 수많은 과학자들은 지금까지 얻어진 유전체 사업의 데이터와 마이크로어레이Microarray 등의 기술에서 얻은 데이터를 분석하는 일에 몰두하고 있다.

예를 들어, 2000년에 일본 이화학연구소Institute of Physical and Chemical Research(RIKEN)는 세계 각국의 과학자들을 규합해 팬

---

*　이 글을 쓸 당시가 2008년이었음을 주지해주길 바란다. 이미 페이스북과 트위터, 우버와 에어비앤비, 그리고 구글과 Chat-GPT의 인공지능이 세상을 변화시키고 있는 지금, 웹 2.0은 마치 선사시대의 이야기를 하는 것 같다.

텀 컨소시엄 The FANTOM Consortium을 구성했다. 팬텀FANTOM이란 'Functional Annotation of Mouse'의 줄임말로, 생쥐의 전체 cDNA 클론에 일종의 주석을 달아 그 기능을 분석하기 위한 시도다. 2005년 컨소시엄에서는 〈사이언스〉에 〈포유동물 유전체의 전사적 풍경〉이라는 논문을 발표한다.[45] 100여 명이 넘는 저자들이 참여한 기념비적인 이 논문이 시사하는 바는 엄청나다. 팬텀의 논문에서 우리의 이야기에 필요한 것들만 간추려보기로 하자.

우선 팬텀의 2005년 논문이 발견한 가장 놀라운 결과는, mRNA의 60퍼센트 이상이 단백질 정보를 코딩하지 않는다는, 조금은 충격적인 사실이다. 이미 전이 RNA transfer RNA(tRNA)나 리보솜 RNA ribosomal RNA(rRNA)를 비롯한, 단백질로 번역되지 않는 작은 RNA들이 알려져 있었지만 이 결과는 우리가 지금까지 상상했던 것보다 훨씬 많은 수의 전사된 RNA들이 단백질로 번역되지 않는다는 점을 말해준다. 특히 mRNA의 경우, 기존 패러다임에선 단백질 번역을 위한 매개자라는 게 지배적이었기 때문에, 그런 mRNA의 60퍼센트 이상의 부분이 단백질로 번역되지 않는다는 것은 매우 충격적인 결과임에 틀림없다.

같은 해 샌디에이고의 노바티스연구소에서는 인간 세포에서 500여 개의 논코딩 RNA non-coding RNA(ncRNA, 단백질로 번역되지 않는 RNA)들을 발견하고 이 중 8개의 RNA가 세포의 신호 전달과 성장에 관여한다는 사실을 밝혀냈다.[46]

유전체의 기본 단위: DNA에서 RNA로

2005년은 기념비적인 해였다. 애피메트릭스Affymetrix가 〈사이언스〉
에 57퍼센트의 RNA가 앞에서 언급했던 쓰레기 DNA 부위로부터
전사된다고 발표한 것이다. 바로 2년 후에는 쓰레기 DNA의 절반
정도가 아니라 대부분이 RNA로 전사된다는 사실이 밝혀졌다. 이러
한 사실은 미국 국립인간유전체연구소National Human Genome Research
Institute(NHGRI)에서 2003년 9월 시작한 ENCODE(ENCyclopedia Of
DNA Elements) 프로젝트가 발표한 논문에서 밝혀졌다. ENCODE
프로젝트는 인간유전체계획과 달리 염기서열에 대한 단순한 정보
축적을 넘어 특정 유전자에 대한 완전한 '기능별' 데이터베이스를
구축하는 것을 최종 목표로 삼고 있다. 이 연구는 인간 유전체 전체
를 대상으로 하는 연구에 앞서 인간 유전체의 1퍼센트에 해당하는
30MB의 부분만을 이용해 파일럿 프로젝트 형식으로 수행된 것이
었다.*

정확히 74~93퍼센트의 유전체, 즉 우리 DNA의 대부분이 RNA
로 전사된다는 사실은 지금까지 단백질에 초점이 맞추어져 있었던
유전자에 대한 관점이 RNA로 옮겨져야 한다는 것을 의미한다.**

---

*   쓰레기 DNA 부위가 실제로 전사된다는 연구 결과에 대한 쉬운 설명은 다음 글을 참
고하라. Hall, S. (2012). Hidden treasures in junk DNA. *Scientific American*, 307.

**   ENCODE 프로젝트가 발표한 결과들이 과장된 것이라는 비판도 있다. 이에 관한 논
문으로는 다음을 참고하라. Germain, P. L., Ratti, E., & Boem, F. (2014). Junk or
functional DNA? ENCODE and the function controversy. *Biology & Philosophy*,
29(6), 807-831. 한글로 된 문서로는 조현욱의 칼럼이 있다. 조현욱. (2017). 인간
지놈의 대부분은 쓰레기, 기능하는 부분은 최대 25% – 조현욱의 빅 히스토리: 정크
DNA, 〈중앙선데이〉.

도대체 이토록 많은 양의 RNA가 존재하는 이유가 무엇인지 여전히 과학자들은 알지 못한다. 쓰레기로만 알고 있었던 DNA가 RNA로 전사된다는 사실은 밝혀졌지만 이런 현상이 진화의 과정 속에 축적된 일종의 소음에 불과한지, 좀 더 효율적인 유전자 조절 네트워크를 구현하기 위한 방법이었는지에 대한 논란이 분분하다.

여러 논란에도 불구하고 한 가지 확실한 사실은 지금까지 DNA를 중심으로 논의된 유전자의 정의가 이제 RNA, 즉 DNA의 전사체transcripts를 중심으로 재편되어야 할지도 모른다는 것이다. 유전자의 실체에 좀 더 가깝게 접근해갈수록, RNA의 위상은 점점 더 커진다. DNA 혼자 모든 것을 짊어지고 설명하던 시대는 끝났다.

RNA의 성공학

유전자에 대한 정의가 RNA를 중심으로 재편되어야 한다는 말은, 지금까지 DNA상의 정보를 수동적으로 전달하는 것으로만 인식되었던 RNA가 실은 능동적인 세포 조절자로 인식될 필요가 있다는 뜻이다. 1955년까지 232편의 논문이 RNA라는 단어를 사용했다. DNA라는 단어를 사용한 당시까지의 논문은 272편이었다. 이 두 단어를 모두 사용한 논문의 수가 221편이었으니, 1955년까지 RNA에 대한 연구는 항상 DNA와 짝이었다고 추측할 수 있다. 2008년 기준으로 펍메드PubMed에서 RNA라는 단어로 검색되는 논문의 수는 54만 6642편이고, DNA는 97만 5245편이다. 두 단어가 함께 검색되는 논문이 22만 8735편이니, 그동안 RNA의 연구는 DNA로부터 꽤 독립했다고 이야기할 수도 있을 듯하다.*

---

* 2023년 8월 현재, RNA로 검색되는 논문은 모두 134만 59편, DNA는 186만 287편이며, 두 단어 모두로 검색되는 논문은 42만 48편이다. RNA 연구 논문의 수가 급증한 것을 알 수 있다.

2부 핵산의 시대

기능이 알려진 유전체는 전체의 5퍼센트도 채 되지 않지만, 대부분의 유전체가 RNA로 전사된다는 근거가 있다. 만일 그렇게 전사된 RNA에 기능이 없다면, 생명체는 경제적으로 매우 불필요한 활동을 하고 있는 셈이다. 아무 의미 없이 종이에 쓰는 낙서처럼, 전사된 대부분의 RNA는 생명의 활동에서 나타나는 소음일 뿐일까? 이러한 엄청난 결과를 둘러싸고 생명체가 그렇게 에너지를 낭비하지 않을 것이라는 관점과 전사를 위해서는 어쩔 수 없는 필연적 결과라는 관점이 충돌하고 있다. 더 많은 연구가 진행되기 전까지는 어떤 관점이 옳은지 알 수 없지만, 생명 활동에서 RNA가 차지하는 비중이 점점 더 커져가고 있다는 것만은 확실하다.

RNA의 성공학

원핵생물의 유전체는 매우 조밀compact하게 구성되어 있다. 원핵생물에서 전사되는 RNA의 80~95퍼센트는 단백질을 코딩하고 있기 때문이다. 이와는 대조적으로 고등 진핵생물의 유전체는 단백질을 코딩하고 있는 부분이 극히 일부분에 불과하다. 어림잡아 5퍼센트의 유전체가 단백질을 코딩하고 있다고 가정하고, 74~93퍼센트의 평균인 80퍼센트 정도의 유전체가 전사된다고 계산하면, 고등 진핵생물이 전사하는 RNA의 대부분은 단백질로 번역되지 않는다는 뜻이 된다. 즉 원핵생물에서 진핵생물, 그리고 다세포생물로의 진화 과정을 분자생물학적인 언어로 해석해보면, 진화의 어느 순간, 주로 단백질을 코딩하는 mRNA로부터 ncRNA로의 단절이 발생했다고 할 수 있다.

단세포생물에서 다세포생물로의 전환은 유전체의 관점에서 보았을 때 생명체라는 시스템의 복잡도에 획기적인 압력을 가하는 사건이었을 것이다. 세포와 세포가 하나의 생명체를 이루기 시작하면서 정보를 효율적으로 조절해야만 하는 압력도 점점 강해졌을 것이다. 이처럼 강해지는 조절에 대한 요구는 디지털화된 정보 교환 장치와 제어 시스템을 포개어놓는 것으로 해결될 수 있다. 생명은 정보와 기능의 총체다. 모든 정보가 DNA에 들어 있고, 단백질이 담당하는 가장 단순한 형태인 기능은 박테리아에서 찾아볼 수 있다. 왜냐하면 박테리아는 핵과 세포질의 구분이 없고, 대부분의 유전체가 단백질을 발현하기 위해 아주 조밀하게 설계되어 있기 때문이다.

역설적으로, 박테리아의 한계는 생명 현상의 기능을 조절하는 물질로 단백질만을 주로 사용한다는 데에서 비롯된다. 다세포생물이 탄생한 이후 진화의 과정을 통해 세포 내의 복잡한 기능 조절 문제가 DNA처럼 디지털 정보를 담을 수 있는 RNA로 이전된 듯이 보이기 때문이다. 쉽게 표현하자면, 다세포생물은 세포 내에서 벌어지는 복잡한 일들을 해결하기 위해 RNA라는 잊힌 도구를 되살려 사용하기 시작했다는 것이다. 진화의 어느 순간에, 원핵생물과 다세포생물은 그들이 만난 환경에 적응하기 위해 서로 다른 길을 택했다.* 그리고 그 갈림길이 원핵생물과 다세포생물의 복잡도complexity의 차이를 야기했다.**

---

* 물론 원핵생물이 하등한 것은 아니다. 고등 생물과 하등 생물이라는 비유는 아주 오래전 생물학자들에게 종교적, 계몽주의적 관점이 유행하던 시절부터 내려온 고착화된 표현일 뿐이다.

박테리아가 인간보다 단순하다는 점에 이의를 제기할 생물학자는 없다. 하지만 도대체 '그 복잡도의 기준은 무엇인가'라는 질문에 답하기는 쉽지 않다. 인간유전체계획이 완성되어가던 2000년까지도, 대부분의 과학자는 그 답이 유전자의 숫자에 달려 있을 것이라고 생각했다. 유전자의 숫자가 많으면, 더 많은 수의 단백질을 만들 수 있고, 그러면 더 복잡한 문제를 풀 수 있다는 단순한 예측이었다. 하지만 우리가 하등하다고 조롱하던 벌레(예쁜꼬마선충)와 우리의 유전자 개수는 2만여 개로 비슷하다. 10만여 개로 예상되던 인간의 유전자 개수는 점점 줄어들어, 결국은 벌레와 같은 수준으로 강등되었다. 단백질을 코딩하는 DNA 부위만을 유전자라고 부르는 관점에서 볼 때, 우리는 하등동물과 별반 다를 게 없다.

특히 다세포생물에서야 등장한 발생 과정 같은 복잡한 생명 현상은, 박테리아와 다세포생물을 구별하는 가장 큰 특징 중 하나이다. 그리고 다세포생물은 원핵생물에는 없는 무수히 많은 RNA 조각들을 만들어낸다. 어쩌면 고등 생물이 고등한 이유는 더 많고 때로는 쓸모없어 보이는 RNA들 때문인지도 모른다. 그런 RNA들, 즉 ncRNA의 존재가 발생 과정 및 두뇌의 조절 같은 복잡한 조절 능력이 필요한 생명 현상에 적절한 태엽을 감아주는 열쇠일 수도 있다.

***

**   이런 의견이 존 매틱의 주된 주장이다. 다음 논문을 참고하라. Mattick, J. S. (2001). Non-coding RNAs: the architects of eukaryotic complexity. *EMBO Reports*, 2(11), 986-991.

다양한, 작고 큰 RNA들의 세계

아주 오래전부터 잘 알려진 ncRNA가 있다. 오래전에 그 기능이 알려졌고, 단백질로 번역되지 않아서 일종의 예외로 여겨졌던 이 작은 RNA들에는 tRNA, rRNA 등의 이름이 붙어 있다. tRNA는 핵산의 디지털 정보를 단백질을 조합하는 데 사용되는 아미노산으로 번역해주는 역할을 담당한다. tRNA는 한쪽 끝에는 아미노산을 잡고 있고, 다른 쪽 끝에는 그 아미노산을 의미하는 세 글자로 된 RNA 안티코돈anti-codon을 달고 있다. rRNA는 세포 내 거대한 단백질 생산 공장, 리보솜을 구성하는 거대한 RNA 중합체다. rRNA는 세포 내 모든 RNA의 80퍼센트 이상을 차지하는 RNA계의 거물이고, 핵속에서 전사되어 단백질과 결합한 후 세포질로 빠져나와 단백질 번역을 주관하는 역할을 한다. 세포 내에서 일종의 철강 공장과 같은 역할을 하는 곳이 리보솜이다.

mRNA가 유전체로부터 전사되어 리보솜까지 이동하는 처리 과정을 도와주는 여러 종류의 짧은 서열 RNA들이 있는데, 이들을 작은핵 RNAsmall nuclear RNA(snRNA)라고 통칭한다. 이와는 달리, 작은인 RNAsmall nucleolar RNA(snoRNA)라고 불리는 RNA 분자들은, 핵속에 존재하는 인 혹은 핵소체nucleolus에서 많이 발견된다. 인은 리보솜을 만들어내는 지역이고, snoRNA들은 rRNA들을 처리하여 완벽한 형태를 갖추도록 도와주는 기능을 한다. 세포를 구성하는 철강 공장의 뼈대는 RNA로 구성되어 있고, 그 뼈대를 흠결 없이 만들기 위해, 세포는 다양한 종류의 RNA 분자들을 사용해온 것이다.

1986년에는 크기가 리보솜의 세 배에 이르는 볼트 중합체vault complex라는 RNA와 단백질의 구조물이 발견되기도 했다. 볼트 중합

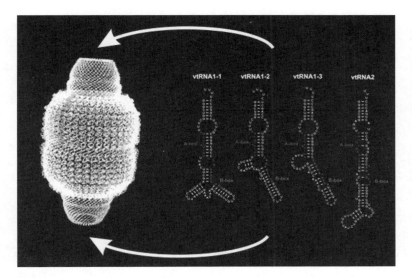

그림 8 세포 내에는 RNA를 뼈대로 하고, 다양한 단백질이 붙어 있는 구조가 많다. 리보솜이 대표적인 구조이지만, 아직도 그 기능을 정확히 모르는 볼트 중합체도 그런 구조의 일종이다.[47]
(출처: http://polacek.dcb.unibe.ch/research_figure3.html.)

체는 오직 진핵세포에서만 발견되는데 86~141개 정도의 염기서열을 지닌 볼트 RNA와 거대한 볼트 단백질들로 이루어져 있다. 이 구조물은 세포질에 주로 존재하고, 세포의 골격을 이루는 여러 단백질 섬유들과 연결되어 있으며, 핵과도 연결되어 있다. 그 기능은 여전히 잘 알려져 있지 않지만, 세포 내 수송과 관련이 있을 것으로 생각된다. 볼트 중합체라는 이름은 아치가 있는 교회의 지붕vault과 닮았다는 데에서 유래했다. 세포당 1만 개에서 많으면 10만 개가 존재하며, 좌우대칭을 이루는 구조를 가지고 있다.

작은 RNA가 맵다

세포의 크기를 가늠해볼 때, 볼트 중합체는 거대한 구조물이다. 하지만 아주 작은, 25개 정도의 염기서열로 이루어진 ncRNA의 존재가 1993년부터 보고되기 시작했다. 가장 최근에 발견된 ncRNA의 일종인 미르는 그 크기는 매우 작지만 유전자의 발현을 조절하는 강력한 기능을 지니고 있으며, 아주 다양한 일족을 이루고 있다. 미르의 발견은 예쁜꼬마선충에서 이루어졌다.* 암브로스 그룹에 의해 유전학적 연구의 결과로 밝혀진 이 마이크로 RNA는 위에서 언급된 ncRNA들과는 또 다른 특별함을 지니고 있다.**

현재까지 알려진 바에 따르면, 인간에게는 약 200여 종류의 미르가 존재한다. 하지만 이보다 더욱 중요한 사실이 있다. 생물정보학자들의 계산에 따르면 약 40퍼센트의 mRNA는 미르의 조절을 받는다. 미르의 존재는 독특하다. 기존에 알려진 ncRNA는 유전체의 일부에서 만들어지고 몇 종류 되지 않으며 기능 또한 제한되어 있는데, 미르는 유전체 전역에서 생산되고 아주 많은 종류가 존재하며 미르가 결합하는 mRNA의 종류에 따라 무한한 기능을 발휘할 수 있기 때문이다. 미르는 다양성이라는 측면에서 다른 ncRNA들을 압도한다. 다양한 종류의 전략을 보유한 리더는, 조직을 쉽게 통솔할 수 있다. 미르는 우선 그 다양성을 통해 고등 진핵생물이 짊어

---

*   15장 '시드니 브레너의 벌레' 참고.
** 최초로 발견된 미르는 lin-4라는 마이크로 RNA다. Lee, R. C., Feinbaum, R. L., & Ambros, V. (1993). The C. elegans heterochronic gene lin-4 encodes small RNAs with antisense complementarity to lin-14. *Cell*, 75(5), 843-854.

2부 핵산의 시대

진, 세포 내 기능 조절이라는 문제를 해결할 수 있다.

미르가 다른 ncRNA들과 다른 또 하나의 장점은, 특이성이다. 특이성이란 매우 좁은 범위의 다른 분자들과만 상호작용을 하는 특성이다. 미르는 mRNA의 말단에 염기결합을 통해 붙는다. 바로 이 결합에 의해 미르가 붙은 mRNA는 단백질로 번역되지 못한다. 미르는 겨우 25개의 염기서열로 이루어져 있다. 하지만 25개의 염기서열이 정확하게 상보적인 결합을 할 수 있는 경우의 수는 4^{25}이다. 이를 계산하면 10조 단위가 넘어가는 확률이 된다. 미르가 보여주는 엄청난 특이성은 유전자의 발현을 시기적절하게 조절하는 데 매우 효과적인 전략이 된다.

우리는 생명 현상에서 RNA가 지닌 위상에 대해, 전체적인 관점을 가질 필요가 있다. 지금까지 살펴본 현대 생물학의 성과들만 살펴보아도 RNA라는 분자가 생명 현상에서 지닌 지위를 확인할 수 있다. 고등 진핵생물의 세포는 RNA와 단백질로 구성된 섬들이 이어진 거대한 대양이다. DNA의 정보가 mRNA로 전사되는 순간, 그 RNA 분자는 섬들을 여행하는 여객선이 된다. 그 수많은 여객선 RNA들은 DNA에서 빠져나와 자신에게 다가오는 여객선을 맞이하고, 또 그들을 떠나보내며 대양을 지킨다. RNA는 정보의 전달자일 뿐만 아니라 그 정보의 조율자로도 기능하는 유일무이한 존재다.[***]

*** 다음의 소논문이 미르에 입문하는 데 도움이 된다. Boyd, S. D. (2008). Everything you wanted to know about small RNA but were afraid to ask. *Laboratory Investigation*, 88(6), 569.

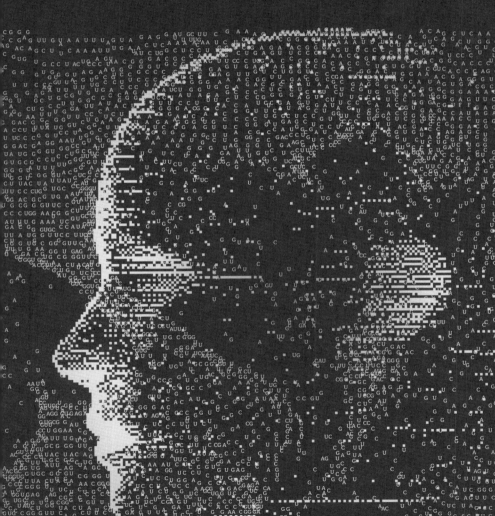

꼬마 RNA의 발견

mRNA를 발견한 공로로 노벨상을 수상한 프랑스의 생물학자이자 철학자인 프랑수아 자코브는 《파리, 생쥐, 그리고 인간》에서 과학 자들에게는 '낮의 과학'과 '밤의 과학'이 있다는 묘한 말을 했다. 자 코브는 이 비유를 통해, 과학자들이 끊임없이 발산하는 상상력(밤의 과학)과 이를 제한하는 논리(낮의 과학) 사이에서 변증법적인 긴장 관계를 유지하고 있음을 드러내려 했다. 과학자가 되는 데 필요한 '창의성'은 이런 낮과 밤의 적절한 조화 속에 탄생한다. 밤의 과학 이 극단으로 흐르면, 과학은 논리와 실험에 의해 제한되지 않는, 일 종의 예술 혹은 사이비 과학이 되고, 낮의 과학이 극단으로 흐르면, 과학은 새로운 이론이 전혀 등장하지 않는 무미건조한 상태로 떨어 진다. 이상적인 과학자는 끊임없이 떠오르는 밤의 상상력을, 동료 들과의 실험이라는 제한을 통해 발표해야 하는 낮의 논리 속에 조 화시키고 있다.

RNA 간섭과 꼬마 RNA의 발견 사이

꼬마 RNA, 즉 미르(마이크로 RNA)는 RNA 간섭 현상보다 먼저 발견됐다. RNA 간섭이 유전자의 발현을 조절할 수 있는 새로운 도구, 혹은 RNA를 이용할 수 있는 새로운 테크놀로지로 매우 빠르게 발전한 반면, 미르는 고전적인 유전학 실험실에서 우연히 발견되어 검증을 위해 오랜 시간 숨죽이고 있었다. 특정한 유전자의 발현을 조절하는 매우 작은 마이크로 RNA가 존재할 수도 있다는 생각이 낮의 과학자들에게 받아들여지기까지 철저한 검증의 시간이 필요했기 때문이다. 미르의 발견과 그 발견이 과학자 사회에 받아들여지는 과정은, 자코브가 이야기한 낮의 과학과 밤의 과학의 변증법적 발전 과정의 좋은 사례다.

1998년 앤드루 파이어와 크레이그 멜로가 dsRNA를 발견한 이후, RNA 간섭과 관련된 또 다른 논문이 등장하기까지 겨우 2년이라는 시간이 걸렸고, 2001년부터 이와 관련된 연구들이 폭발적으로 쏟아지기 시작한다. 하지만 빅터 암브로스가 1993년 발표한 lin-4 miRNA의 연구 이후 게리 러브컨이 let-7이라는 새로운 미르를 발견하기까지[1] 무려 7년이라는 시간을 기다려야만 했다.*

RNA 간섭은 하나의 테크놀로지로, 미르는 과학적 발견으로 과학자 사회에 인식되었기 때문에 이러한 차이가 생겼는지는 분명치

---

* 대부분의 과학 분야에서, 새로운 도구의 발견은 과학자들의 열광적인 환호를 받는다. 현재 엄청난 유행을 타고 있는 크리스퍼-캐스9도 유전체 편집이라는 도구적 성격을 제외하고는 그 열광을 이해할 수 없다. RNA 간섭과 미르의 엇갈린 운명도 바로 도구가 과학을 견인하는 현대 과학의 성격을 보여주는 자명한 사례다.

않다. 하지만 RNA 간섭이 유전자 발현을 선택적으로 억제할 수 있는 테크놀로지임은 분명했고, 과학자들이 열광하는 것도 당연했다. 이후 RNA 간섭과 미르가 세포 내에서 작동하는 방식에 같은 종류의 단백질이 사용된다는 게 밝혀졌다. 하지만 미르가 과학자 사회에 받아들여지기까지는 이상할 만큼 오랜 시간이 걸렸다. RNA 간섭이라는 도구가 이미 과학자들에게 열광적으로 받아들여지고 있었고, 짧은 서열의 RNA가 유전자 발현을 억제할 수 있다는 사실에 의문을 제기하기는 어려운 분위기였다. 그럼에도 불구하고, 새로운 미르가 나타나기까지 무려 7년의 시간이 걸렸다는 사실은, 현대 과학에서 도구의 발견이 퍼져나가는 속도와 새로운 개념이 퍼져나가는 속도 사이에 큰 격차가 있음을 보여주는 단서일지도 모른다. 앞서 분자생물학의 발전 과정에서 보았듯이, 단백질을 중심으로 사고했던 생화학자들은 핵산이 유전물질일 가능성을 전혀 열어두지 않았다. 그 완고한 개념의 벽을 깨는 방법은 지속적으로 보고되는 반증 사례뿐이다.

암브로스의 연구팀이 미르의 한 종류인 lin-4를 발견한 과정은, 예쁜꼬마선충의 발생 과정에 관여하는 유전자를 동정하려는 일련의 실험을 통해서였다. 암브로스 연구팀은 주로 발생학적 타이밍에 관계된, 즉 발생 과정 중에 특정 기관이나 조직 혹은 세포가 특정 시간대에 나타나도록 조절하는 유전자를 연구 중이었고, lin-4도 그런 돌연변이 계대 중 하나였다. lin-4는 'Lineage abnormal 4'의 약자인데, 정상적인 선충의 세포지도와 비교했을 때 이상한 패턴이 나타나는 돌연변이임을 의미한다.*

대부분의 선충유전학 연구는 시드니 브레너의 유명한 1974년 논

3부 숨겨진 분자

문 〈예쁜꼬마선충의 유전학〉에 빚지고 있다. lin-4의 경우도 마찬가지다. 그 돌연변이는 이미 브레너에 의해 보고된 적이 있었다. 길고 홀쭉하게 생긴 이 희한한 돌연변이에 대한 연구는 당시 호비츠 교수 연구실의 학위 과정 학생이었던 에드윈 퍼거슨이 수행했다. 그는 lin-4 돌연변이가 lin-14 돌연변이와 유전적으로 상호작용한다는 것을 밝혔고, 이 발견이 암브로스의 관심을 끌게 된다. 퍼거슨은 lin-4 돌연변이가 lin-14 돌연변이에 의해 억제suppression되는 현상을 발견했다. 즉 lin-4 돌연변이의 홀쭉하고 긴 표현형이, lin-14 돌연변이와 교배하면 사라졌던 것이다. 이로써 두 유전자 사이에 직접적 관련이 있다는 게 확실해졌고, 그 기제는 lin-4에 의한 lin-14의 억제임도 분명했다. 또한 러브컨이 발견한 lin-14의 3′UTR** 돌연변이 실험은 lin-4가 lin-14의 3′UTR 부위를 통해서 조절한다는 사실을 시사하고 있었다.

고전 유전학에서 표현형에 문제가 발생했다는 사실은 어떤 유전자에 문제가 생겼다는 것을 의미한다. 고전 유전학의 다양한 유전학적 방법을 사용하면 lin-4 돌연변이에 생긴 이상을 매우 작은 DNA 부위로 좁힐 수 있다. 전통적인 관점에서, 그 돌연변이는 단백질을 코딩하는 부위일 가능성이 높다. lin-4를 둘러싼 발견의 난항은 바로 이 지점에서 시작됐다.

---

* 이러한 돌연변이들의 이름은 lin-1부터 시작해서 수십 가지 종류가 존재한다.

** mRNA에서 단백질을 코딩하지 않은 뒤쪽 부분.

단백질이 아니다

일반적으로 생명체에 심각한 표현형의 문제를 가져오는 돌연변이는 단백질을 코딩하고 있는 DNA 부위에 생긴 문제일 경우가 대부분이다. 우리가 흔히 접하는 인간 유전병의 대부분이 단백질 아미노산 서열의 돌연변이, 단백질 발현의 감소 등에 의해 발생한다. 유전자 개념이 진화해온 과정을 다룬 19장에서 유전자 개념이 단백질을 코딩하는 DNA 부위에서 어떻게 확률적 개념으로까지 변화해왔는지 설명했다. 유전학자가 돌연변이로부터 잘못된 단백질을 찾으려고 노력하는 이유는, 우선 그런 지침서를 따라 연구하는 것이 쉽기 때문이다. 그렇게 발견된 단백질의 기능이 바로 돌연변이의 표현형과 연결된다면, 수십 년간 분자생물학을 지배해온 중심 도그마에 맞추어 설명해내기도 쉽다. 하지만 lin-4는 단백질을 코딩하고 있는 DNA 부위에 생긴 이상이 아니었다.

아마도 암브로스 그룹도 처음부터 이런 결과를 예상하지는 못했을 것이다. 으레 이상이 생긴 부위를 찾고 나면 어떤 유전자, 즉 당시의 관점에서는 단백질을 코딩한 유전자 부위가 나타날 것이라고 생각했을 것이다. 암브로스 그룹이 여기서 연구를 그만두었다면, 미르의 발견은 몇 년 혹은 몇십 년 뒤로 미루어졌을지 모른다.

Lin-4 돌연변이에 일어난 DNA상의 변이를 추적하는 프로젝트는 1988년 여름에 시작되었다. 당시에는 선충의 유전체가 완전히 해독된 상태가 아니었기 때문에 이런 연구는 오랜 시간이 소요되는 작업이었다. 표현형에 이상이 생긴 돌연변이로부터 이상이 생긴 DNA 부위를 찾는 것은 정말 어려운 일이다. 돌연변이가 일어난 아주 작은 DNA 부위를 찾는 일은 망망대해에서 돛단배 하나를 찾는 일에 비유할 수 있다. 또한 이 과정은 고도의 인내와 노력을 요하는 작업이다. 1989년에 이르러서야 약 700bp(염기쌍base pair) 정도 되는 DNA 부위가 lin-4 돌연변이의 원인이라는 것이 밝혀졌다. 암브로스의 고백에 따르면 이때쯤에야 lin-4가 단백질이 아닐 가능성이 있다는 생각을 시작했다고 한다. 700bp의 DNA는 평균적인 크기의 단백질을 만들 만큼 긴 오픈리딩프레임open reading frame(ORF)이 아니기 때문이었다. 하지만 이 짧은 700개의 염기서열 안에도 여전히 짧은 ORF가 존재했고, 이런 ORF에서 만들어지는 단백질들이 lin-4 돌연변이와 관련이 없음을 증명하는 데 1년의 시간이 지났다.

모든 단백질 ORF를 조사하고 나자, 이제 범위는 ncRNA로 좁혀졌다. 700bp의 DNA에 의해 전사되는 RNA가 lin-14의 3´UTR에 붙어서 발현을 억제시키는 것임이 분명했다. 문제는 도대체 어느 정도의 길이를 가진 RNA가 전사되느냐는 거였다. 여기까지 연구를 도맡아 해온 론다 파인바움이 임신으로 잠시 연구실을 떠나야 했고, 암브로스가 연구의 총책임을 다시 맡게 되었다. 그때까지 론다와 암브로스가 밝혀낸 것은 약 60bp 정도 되는 RNA 염기서열이 전사된다는 사실이었다. 이것도 지나치게 짧았지만 실험 결과가 그렇게 말하고 있었으니 별다른 도리가 없었다. 여기서 끝낼 수도 있었을 것이다. 하지만 그 60bp의 RNA가 lin-4의 진짜 실체는 아니었다.

암브로스가 마거릿 배런의 연구실에서 차를 마시며 담소를 나누는 비형식적 발표tea-associated research talk(TART)를 했을 때, 배런은 실험을 좀 더 세심하게 분석해볼 필요가 있을 것 같다고 조언했다.

암브로스를 비롯한 대부분의 연구진은 머릿속에서 60bp보다 더 짧은 RNA의 존재를 가정조차 하지 않고 있었다. 왜냐하면 그렇게 짧은 RNA가 엄청난 표현형을 나타낸다는 보고는 아무데서도 찾을 수 없었기 때문이다. 암브로스 그룹의 모든 연구자들은 그 이전까지 60bp 아래로 나오는 짧은 RNA들은 의도적으로 무시하고 있었다.* 배런의 조언을 듣고, 암브로스는 더 짧은 RNA도 조사해보기로 했다. 그리고 결국, 그 실험실의 누구도 예상하지 못했던 마이크로 RNA의 존재가 드러났다. 지금 우리가 미르라고 부르는 짧은 RNA가 세상에 자신의 존재를 처음으로 알린 것이다. 암브로스의 고백에서 알 수 있듯이, 그 실험실의 누구도 그때까지 20nt(뉴클레오타이드nucleotide)의 짧은 RNA가 발견될 것이라고는 상상하지 못했다. 과학자도 편견을 지닌 인간이다.

이제, 이 짧은 RNA가 도대체 어떻게 lin-14라는 유전자의 발현을 막느냐가 관건이었다. 이미 앞에서 언급했듯이 러브컨의 실험실에서는 lin-14의 3′UTR이 lin-4에 의한 조절에 중요하다는 것을 이미 발견한 상태였다. 또한 암브로스는 1992년에 〈셀〉에 발표된 어떤 논문으로부터 진핵생물에도 안티센스 RNA가 존재할 수 있다는 것을 알고 있었다.[2] 암브로스와 러브컨은 서로 발견한 lin-14의 3′UTR의 염기서열과 lin-4에서 발견한 20개의 짧은 RNA 서열을 교환했다. 그날은 1992년 6월의 어느 날이었고, 두 연구자는 전화통화를 통해 서로가 교환한 염기서열을 확인해가며 희열을 느꼈다.

---

* 핵산의 절편을 한천으로 만들어진 젤에 전기영동하면, 핵산 염기서열의 길이에 따라 배열된 사진을 얻을 수 있다. 이를 DNA 전기영동이라고 부른다.

3부 숨겨진 분자

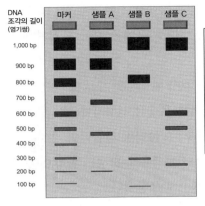

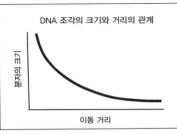

두 시퀀스가 상보적 결합을 할 수 있었기 때문이다.

암브로스가 하버드에서 다트머스대학교로 옮겨야 했기 때문에 논문을 쓰는 일이 늦어졌고, 1993년 8월이 되어서야 논문을 〈셀〉에 제출할 수 있었다. 암브로스는 lin-4가 매우 짧은 RNA를 코딩하고 있고 그 RNA가 lin-14의 3′UTR과 상보적으로 결합한다는 논문을,[3] 러브컨은 이러한 결합에 의해 lin-14의 발현이 억제되고 발생학적 이상이 생긴다는 논문을 각각 제출했다.[4]

논문을 담당한 편집자는 벤저민 르윈이었는데, 우리나라에서 분자생물학을 배운 학생이라면 누구나 들어봤을 《GENES》라는 교과서를 집필한 인물이다. 논문은 약간의 문법적 수정을 제외하고는 별다른 수정 없이 바로 게재 승인되었다. 문제는 이 연구에 기여한 론다와 캔디라는 두 과학자의 비중이 똑같았기 때문에 암브로스가 이 두 과학자의 이름 옆에 "이 둘은 이 논문에 동등하게 기여하였음"이라는 말을 쓰기를 원했다는 점이다. 〈셀〉의 편집자인 르윈은 그런 문구는 논문의 맨 뒤에 쓰는 것이 관례임을 주장했고, 암브로스는 끝까지 고집을 굽히지 않고 전화로까지 편집자를 설득했다고 한다. 결국 논문을 철회할지도 모른다는 농담반 진담반의 편지들이 오가는 해프닝 속에 〈셀〉이 자신들의 정책을 수정하는 방향으로 일은 일단락되었다. 이렇게 미르는 세상에 등장했다.*

이상 현상의 수용에 필요한 정당성

암브로스가 고백하고 있듯이, 이 논문이 〈셀〉이라는 생물학 분야 최고의 저널에 출판될 수 있었던 것은 두 가지 이유 때문이었을 것이다. 첫째, 20개의 짧은 RNA가 유전자의 발현을 조절할 수 있다는 생각은 당시로서는 매우 이단적이고 기괴한 현상이었다. 하지만 4년간의 세심한 실험을 통해 제시된 실험 결과들이 이를 완벽하게 증명했다. 비록 그 현상이 지금까지 알려진 분자생물학의 유전자 조절 현상과 너무나도 동떨어져 있었고, 기존의 패러다임을 파괴할 수도 있었지만, 이의를 제기할 수 없을 정도의 완벽한 실험 결과들이 편집자와 동료 심사위원들의 의심을 차단할 수 있었다. 둘

---

*   암브로스 실험실에서 발견된 미르에 관한 이야기는, 다음의 소논문을 참고했다. Lee, R., Feinbaum, R., & Ambros, V. (2004). A short history of a short RNA. *Cell*, 116(2 Suppl), S89–S92.

째, 비록 미르에 의한 유전자 조절이 기괴하기는 했지만, 이 현상이 발견된 것은 인간이 아니라 예쁜꼬마선충이라는 종이었다. 아이러니하게도, 이 현상이 인간이 아닌 선충에 국한되었을지 모른다는 추측이 논문의 출판을 도왔다. 인간의 유전자 조절을 연구하는 사람들은, 이미 단백질 패러다임에 지배당해 있었고, 미르 같은 새로운 조절인자를 인정할 준비가 되어 있지 않았다. 하지만 진화라는 길고 긴 실험은 생물종의 다양성을 만들어냈을 뿐 아니라, 정말 다양한 전략들을 조각할 수 있다. 선충은 이미 오래전에 인간과 다른 진화의 길을 걸었다. 따라서 선충처럼 인간과 동떨어진 종에서, 이런 기괴한 일이 일어난다는 것은 그리 특별한 일이 아니다. 그러니 이 연구가 최고의 학술지에 출판되더라도, 그동안 포유류를 중심으로 연구되어온 유전자 조절의 패러다임에 끼어들 여지는 없을 것이었다.** 비록 미르가 발견되었지만, 짧은 RNA에 의한 유전자 발현의 조절이 인간에도 보존되어 있을 것이라고 기대하는 사람은 드물었다. 재미있게도, 진화 실험에 의한 생물종의 다양성이라는 정당화 전략이, 미르처럼 패러다임을 박살내는 발견에 과학적 정당성을 부여한 셈이다.

개인적으로 한 가지 이유를 덧붙이고 싶다. 비록 과학자들이 실험 결과의 해석에서 보수적인 '낮의 과학'을 추구한다고 해도 언제나 기괴하고 새로운 현상에 대한 갈망을 품을 수 있다. 과학자들의 마음 깊은 곳에는 언제나 상상력과 기괴한 꿈으로 가득 찬, 그래서

** 물론 이 희망은 곧 박살나버렸다. 인간에는 선충보다 더 많은 미르가 존재한다는 것이 밝혀졌기 때문이다.

'밤의 과학'이라고 불리는 열망이 있다. 따라서 엄격한 동료심사를 통과할 만한 논리가 뒷받침되기만 한다면 과학에는 언제든 새롭고 기괴한 가설들이 출현할 여지가 존재한다.

권위와 호기심

암브로스가 자신의 대학원생이었던 론다와 캔디를 공동 저자로 만들기 위해 〈셀〉의 편집인들과 논문 게재가 철회될 위험까지 감수하며 논쟁을 벌인 것은 인상적이다. 〈셀〉은 생물학 최고의 학술지다. 그곳에 평생 단 한 편의 논문만 게재할 수 있어도 가문의 영광이라는 것이 우리나라 생물학자들 사이에 퍼진 농담이다. 어차피 자신은 교신저자가 되기 때문에 별다른 피해를 보는 것이 아님에도, 실험에 참여한 제자들의 권익을 위해 무서운 편집자와 다투면서까지 헌신을 다했다는 점이 놀랍다. 많은 과학자들이 학회 등에서 발표할 때 그 연구를 주도한 제자들의 얼굴과 이름을 발표의 마지막에 보여주는 것은 관례지만, 두 제자 모두의 이익을 위해 〈셀〉의 편집자와 언쟁을 하는 일은 드물다.

한국에서 선구적으로 예쁜꼬마선충 연구를 시작했고, 예쁜꼬마선충의 작명 에피소드에도 등장했던 이준호 교수는 나의 은사다. 졸업을 앞두고 사은회 자리에서 이준호 교수는 "연구를 시작한 이후 과학자들은 모두 동료"라고 말했다. 과학이라는 학문의 특성상 언제나 권위로부터 가장 멀리 떨어져 있어야 할 과학자 사회가 언젠가부터 권위로 물들고 있다. 암브로스와 이준호 교수의 일화는 힘든 시대를 살아가는 과학자들이 권위를 어떻게 다루어야 하는지를 보여주는 좋은 예다. 초파리와 선충은 공통점이 많은데, 선충 연구가 초파리 유전학의 유전학적 도구와 방법론 그리고 문화까지를 모두 흡수한 분야이기 때문이다. 이제는 많이 바뀌었지만, 그래도 여전히 초파리와 선충 연구자들은 과학의 공유 정신과 도덕 경제를 실천하며 연구하고 있다.*

어쩌면 암브로스가 〈셀〉의 편집자와 언쟁을 벌일 수 있었던 것은 그 배경에 과학 선진국이라는 미묘한 권위가 작용했기 때문일 수 있다. 우리나라 과학자들이 암브로스처럼 〈셀〉의 편집자와 언쟁을 하는 것은 어쩌면 거의 불가능에 가까운 일일 것이다. 그만큼 과학계에서 대부분의 발견은 미국과 유럽을 중심으로 이루어지고 있으며, 유명 학술지의 편집인들도 인종적, 국가적으로 편향되어 있는 것이 사실이다. 학술지 논문의 심사 과정에 정치적인 고려가 전혀 없다고 말하는 과학자는 순진하거나 진실을 가리려는 것이다. 물론 국가에 따른 논문 심사의 불평등이 심각하지는 않지만, 과학자도, 저널의 편집자도 사람이기 때문에 언제나 인간으로서 가질 수밖에 없는 심리적 가치가 공정한 판단에 영향을 미칠 수 있다. 대한민국의 과학이 더욱 성장해서 이러한 불평등이 사라지기를 희망한다.

lin-4의 정체는 결국 아주 짧은 RNA였다. 기존의 패러다임을 깨야만 보이는 힘든 연구는, 암브로스 연구팀의 지칠 줄 모르는 끈기와 호기심, 다양한 학자들과의 토론 과정, 그리고 이를 건강한 비판 정신으로 수용해준 선충 연구자들의 자세 덕에 성공할 수 있었다.

---

* 가장 경쟁적인 분야의 연구자들은 생쥐를 사용한다는 것도 재미있는 사실이다. 나의 책《선택된 자연》을 참고하라.

거기에 암브로스의 말처럼 약간의 운과 타이밍이 더해졌다. Lin-4 이후 다시 새로운 미르가 등장하기까지는 7년이라는 시간이 소요되었지만, 〈셀〉이라는 저명한 저널에 당당하게 출판된 암브로스의 논문은 향후 많은 연구자들의 연구 방향을 송두리째 바꾸어놓는 계기가 된다.

23
영웅과 아나키스트

언젠가 나의 지도교수는 한 국제 세미나의 인사말에서 "세상에서 가장 중요한 단백질은 무엇일까?"라는 질문을 던졌다. 자리에 있던 청중의 머릿속은 빠르게 회전하기 시작했을 것이다. 아마 대부분 그동안 공부하면서 읽었던 논문들을 떠올리거나 복제, 증식, 세포 주기 등 세포의 기본적인 활동에서 필수적인 단백질을 하나씩 짚어보고 있었을 것이다. 모두가 그런 생각으로 머뭇거리고 있을 때, 지도교수는 "아마도 가장 훌륭한 생물학자가 연구한 단백질이 가장 중요한 단백질일 것 같습니다"라는 유쾌한 답을 던졌다. 과학자의 역량이 그가 연구하는 단백질을 가장 중요한 존재로 자리매김하는 지표가 된다는 뜻이었다. 객관성이라는 칼날만 작동할 것 같은 과학의 영역에도, 과학자의 역량이 정치적 혹은 권위적으로 사용될 여지가 존재한다. 과학도 사람이 하는 일이기 때문이다. 다만 과학이 다른 학문에 비해 객관성을 유지하는 이유는, 대충 지나가던 현상에 정량적 신뢰를 부여해주고, 그것을 시공간을 뛰어넘어 재현할 수 있도록 만드는 특징 때문일 것이다.

미르의 발견에는 영웅이 없다

미르의 발견과 이후 미르를 연구하는 과학자 집단의 폭발적인 증가 속도는 과학의 발전에 병목 같은 시기가 존재함을 보여주는 좋은 사례다. 과학철학자 토머스 쿤은 정상과학의 시기로부터 이상 현상들이 발생하고 패러다임이 뒤바뀐다고 표현했다. 또한 그는 두 시기의 패러다임 사이에는 통약 불가능성이 존재한다고 말했다. 생물학에는 쿤이 말한 것처럼 '혁명'적인 불연속의 시기가 뚜렷하게 존재하지는 않지만, 과학의 역사에는 이처럼 좁은 병목을 지난 뒤 폭발하는 연구들을 종종 관찰할 수 있다. 이는 마치 지구의 역사에서 대멸종의 시기 후에 폭발적인 생명의 다양성이 등장했던 것과 유사한 현상이다. 왓슨과 크릭을 다루었던 1부와 2부에서 등장한 분자생물학 초기의 DNA 연구가 그 좋은 예일 것이다. DNA 연구는 좁은 병목을 성공적으로 통과하며, 결국 현대 분자생물학의 시대를 열었다. 왓슨과 크릭이 없었어도 DNA의 구조가 발견되었을 것이라는 '역사적 가정'은 아무런 의미도 없다. 과학적 발견의 뒤에는 뛰어난 영웅들의 무용담과, 그들의 연구가 가능했던 사회·경제적 배경이 함께 녹아 있기 때문이다.

미르의 발견 과정은 DNA의 구조가 발견된 것처럼 요란하지는 않았지만, 과학자들의 사고방식에 큰 변화를 가져왔다. 이전까지 생물학자들은 RNA의 기능이 단지 전달자라고만 생각했기 때문이다. 그들은 RNA를 건너뛰고 DNA와 단백질의 상호작용만 연구해온, 집단 침묵의 시간을 보내고 있었다. 이제 유전자 발현 과정에서 RNA는 단순한 '매개자'가 아니며, 나아가 적극적인 '조절자'로 자리매김했다. 만약 우리가 왓슨과 크릭과 같은 DNA 구조의 발견에 기여한 과학자의 능력을 높이 사야 한다면, 미르의 발견에 기여한 과학자들의 능력에도 경이를 표해야 한다.

　과학은 이제 국가 주도 사업으로 확장되었고, 과학자의 숫자가 엄청나게 늘어나면서 경쟁도 치열해졌다. 국가 주도 과학의 특징은 거대하다는 점이다. 생물학도 이제 대부분의 연구가 공동 연구의 형태로 진행된다. 따라서 현대 생물학에서 더 이상 왓슨과 크릭처럼 한두 명의 영웅이 모든 발견을 주도하는 일은 일어나기 어렵다. 《풀하우스》라는 저서에서 스티븐 제이 굴드는 미국 야구 메이저리그에서 더 이상 4할 타자가 등장하지 않는 이유에 대해, "야구의 전체적인 시스템이 발전했기 때문"이라고 분석했다. 이 은유를 과학에 대입하면, 과학이 발전하면 할수록 우리는 더 이상 뉴턴이나 아인슈타인, 그리고 왓슨과 크릭처럼 위대한 4할 타자들을 보기 어려워질 것이다. 하지만 대중은 영웅이 된 과학자만 기억하려는 경향이 있다. 그것은 과학자들도 마찬가지다.

노벨상과 순수과학

1993년 암브로스와 그의 팀이 예쁜꼬마선충에서 발견한 최초의 미르, lin-4는 2000년 러브컨에 의해 let-7이라는 새로운 미르의 발견으로 이어진다. 바로 이 발견이 과학자들에게 마이크로 RNA에 의한 획기적 방식의 유전자 조절 현상이라는 확신을 주었다. 암브로스와 러브컨이 보낸 인고의 7년 사이에 dsRNA에 의한 RNA 간섭 현상이 발견되어 과학자들에게 널리 사용된 것은 우연한 행운이었다. 인위적으로 짧은 RNA를 세포 안에 집어넣으면, 유전자 발현이 억제되는 RNA 간섭 현상은, 마이크로 RNA에 의한 유전자 발현 조절도 가능할 수 있다고 수긍하게 만들기 때문이다. 다윈이 다시 태어난다면 노벨상을 받을 수 없을 것이라는 과학자 사회의 농담처럼, 결국 노벨상은 미르를 발견한 암브로스가 아니라, RNA 간섭을 규명한 파이어와 멜로에게 돌아갔다. 최근의 노벨상은 자연에서 새로운 현상을 발견한 과학자들에게 주어진다기보다 인류의 복지에 기여할 가능성이 큰 기술들에 돌아가는 경향이 강하다. 미르의 발견에 노벨상이 주어지지 못한 것도 과학자들의 순수한 호기심보다는 인류의 복지에 무게를 두는 노벨위원회의 성향에 따른 조치일 것이다.

앞에서 말했듯이 자연과학의 전체적인 시스템이 발전하면서 더 이상 아인슈타인과 같은 걸출한 영웅이 등장하는 것은 어려운 일이 되었다. 어쩌면 자연과학계의 마지막 4할 타자였을지 모르는 아인슈타인의 시대에도 노벨상은 여전히 새로운 현상과 이론의 발견이 아닌 그 응용 가능성과 인류 복지에 대한 기여로 수여되었다. 그 결과 아인슈타인은 그 유명한 상대성이론이 아니라, 광전효과로 노벨상을 받았다. 자연에 대한 순수한 열정과 호기심은 노벨상이 목표로 하는 응용 가능성과 인류 복지에 대한 기여와는 다른 종류의 과학이다.

물론 인류의 복지는 중요한 문제다. 하지만 순수과학이 지속되어야 하는 이유도 명백하다. 순수과학은 과학의 지평을 넓히고 다양성을 확보하는 유일한 도구다.* 과학자들의 호기심에 의해 다양한 방향으로 지평을 넓힌, 어쩌면 인류의 복지와는 전혀 상관없어 보이는 연구들 중에서 홈런이 나온다.** 이 말은 당장은 쓸모없어 보

3부 숨겨진 분자

이는 순수과학에 의해 확보된 다양성이 혁명적인 기술의 발견 혹은 패러다임을 바꿀 만한 새로운 과학적 이론의 출현에 밑거름이 된다는 뜻이다. 순수과학 분야에 대한 투자는 우리가 암보험에 가입하는 이유와 마찬가지다. 결국 암에 걸릴지 아닐지는 장담할 수 없지만, 만약 우리가 인류의 복지나 국가 경제의 발전이라는 실용적인 목표에 가까워지고자 한다면 순수과학이라는 보험에 가입해야 할지도 모른다는 말이다.***

적어도 미르가 발견되던 시기에는 이런 종류의 순수과학 연구가 가능했다. 특히 시드니 브레너라는 불세출의 인물이 터를 닦아놓은 예쁜꼬마선충 유전학은, 과학자들에게 질병의 치료라는 의학적 목적에서 벗어나 순수하게 자연을 연구할 수 있는 계기를 마련해주었다. 우연인지 필연인지 알 수 없지만, 예쁜꼬마선충은 연구의 짧은 역사에도 불구하고 벌써 두 번의 노벨상(2002년과 2006년) 수상 연구를 배출했고, 앞으로 계속해서 노벨상이 수여될 것이다.

우리가 그렇게 목 놓아 외치는 자연과학 분야에서의 노벨상이,

---

* 　내 생각은 이 당시와 조금 달라졌다. 순수과학을 통해 응용과학이 발달한다는 배니버 부시의 선형 모델은 깨졌다. 순수과학은 국가와 사회가 지원할 때에만 가능한 연구 프로그램이다. 만약 해당 사회의 구성원들이 순수과학에 대한 투자를 원하지 않는다면, 순수과학에 지원할 필요가 없다. 그래도 사회가 망하지는 않는다. 실상 순수과학의 쓸모는 다른 곳에서 발견할 수 있는데, 그 이야기는 내 책《과학의 자리》를 참고하라.

** 　최근 가장 뜨거운 감자가 된 유전체 편집 도구인 크리스퍼-캐스9도 미르와 동일한 역사적 궤적을 지니고 있다. 역사는 반복된다.

*** 물론 그런 혁명적 기술로 이어지지 않아도 순수과학에 투자할 필요가 있다. 하지만 투자하지 않아도 상관없다.

시드니 브레너처럼 돈이 되는 연구에는 별 관심이 없는 기인에게 주어졌다는 것은 놀라운 일이다. 이러한 성과는 10년 동안 알아주지도 않는 연구에 매진했던 브레너의 선구적인 혜안과, 돈이 될 것이라고는 생각하기도 힘든 벌레 연구에, 그것도 10년이라는 긴 시간을 투자할 수 있었던 서구의 연구 투자 시스템이 합작한 결과로 봐야 한다. 장기적인 안목 없이 1년이라는 짧은 시간 단위로 근시안적인 투자만 한다면 우리는 늘상 선진국 발끝만 따라가는 신세를 면하기 어려울 것이다. 순수 학문에 대한 투자는 암에 걸릴 것을 장담하지도 못하면서 보험에 가입하는 사람의 심리와 비슷하다. 사람들이 보험에 가입하는 이유는 실제로 많은 사람들이 암에 걸려 죽는다는 통계적 사실을 믿기 때문이다. 그리고 과학사에 대한 주의깊은 연구는, 응용 가능성을 완전히 배제한 순수과학에 대한 일정 정도의 투자가 자주 홈런을 터트린다는 자명한 역사적 필연을 보여준다.

과학의 영웅주의와 무정부주의

투자자들 대부분은 투자 대상의 안정성에 큰 점수를 매긴다. 그래서 한국인은 부동산에 투자한다. 쿤의 말을 빌리자면 정상과학의 시기에 대부분의 과학자들은 "퍼즐 풀이"라는 안정된 투자 전략을 구사한다. 이미 구축된 이론의 틀 안에서 이론을 뒷받침하는 실험 결과들을 내놓는 것이다. 투자에서 도박은 위험한 전략이다. 하지만 안정적인 전략을 구사하는 과학자들은 도박사적인 기질을 숨기고 사는 사람들이다. 앞에서 이야기했듯이, 과학자들은 누구나 밤의 과학과 낮의 과학 사이에서 갈등한다. 그들은 언제나 기존의 이론이 가진 권위에 도전할 꿈을 꾼다. 밤의 과학이 가진 이런 도박 같은 성격은 쿤의 분석이 담지 못하는, 하지만 과학자들에게서 흔히 보이는 태도다. 과학의 발전은 안정적인 투자와 도박이 공존하는 무정부주의적인 양상을 띤다. 과학은 패러다임 안에서 호흡하는 변증법적인 양상보다 무정부주의적인 방식을 선호하는지 모른다.*

미르의 발견사에는 이처럼 무정부주의적인 과학의 발전 양상과, '가장 중요한 단백질'이라는 유비로 설명되는 쿤의 패러다임론적 양상이 혼재되어 있다. 미르의 발견 과정은 때마침 발견된 RNA 간섭 현상과 맞물려 주목을 받게 됐다. 이 에피소드는 어디로 튈지 모르는 무정부주의적인 과학의 발전 양식, 즉 수풀이 우거진 덤불 같은 과학 발전의 한 측면을 보여준다. 하지만 일단 과학자 사회에 미르의 존재가 받아들여지자, 미르 연구는 폭발적으로 증가했다. 이 현상이야말로 가장 중요한 단백질은 탁월한 과학자에 의해 연구된 단백질이라는 말에 정당성을 부여한다. 분명 과학의 발전 과정 속에는 쿤이 말한 패러다임 사이에서 개종하는 과학자들의 행동양식이 보인다.

전반적으로 과학을 둘러싼 시스템이 향상되면서, 더 이상 탁월한 과학자 한두 명이 한 분야를 개척하거나 이끄는 시대는 저물었다. 분자생물학의 여명기인 80년 전에는 그런 일이 가능했지만, 미르가 발견되던 21세기 초반에는 이미 정말 많은 과학자들이 존재하고

---

* 그런 의미에서 미셸 모랑주는 《분자생물학》에서 분자생물학의 전개 과정을 무정부주의적이라고 표현했다.

있었다. 미르를 비롯한 ncRNA 연구가 생물학의 뜨거운 감자가 된 것은 한두 사람의 탁월한 과학자가 아닌 많은 수의 뛰어난 과학자들이 이 분야에 뛰어들었기 때문이다. 현대의 과학은 향수병을 버려야 한다. 미르의 발견사가 증명하듯, 이제 과학은 소수의 영웅에 의해 혁명적으로 발전하던 시기를 지나, 협업에 의해 다양한 방식으로 발전하는 시기로 이행하고 있다. 과학은 더 이상 아인슈타인 같은 인물을 필요로 하지 않으며, 그런 과학자가 등장할 수도 없다.

마이크로 RNA의 생김새

미르는 약 21~22개의 핵산중합체, 즉 RNA다. 네 가지 색으로 된 구슬 22개를 실에 가지런히 꿰어놓은 것처럼 생겼다. 세포에 존재하는 다른 RNA들은 이보다 훨씬 긴 경우가 많기 때문에 '마이크로 RNA(miRNA)'라고 부른다. 대부분의 미르는 일반적인 mRNA가 만들어질 때처럼 RNA 중합효소 Ⅱ RNA polymerase Ⅱ에 의해 DNA로부터 전사된다. 하지만 일부 미르는 RNA 중합효소 Ⅲ에 의해 전사되기도 한다. 하나의 단백질이 하나의 mRNA로부터 만들어지는 것처럼, 미르도 한 종류의 전사된 RNA로부터 만들어질 때도 있고, 어떤 경우에는 전사된 하나의 RNA로부터 여러 종류의 미르가 만들어지기도 한다. 전사는 핵 속에서 일어나고, 미르는 세포질로 이동해야 기능할 수 있다. 핵 속에서 전사된 미르는 미성숙한 형태의 RNA로, 여러 효소들에 의해 잘리고 다듬어져 성숙해지는 과정을 거친 후에 세포질로 외출하게 된다. 한 종류의 미성숙한 전사체로부터 여러 종류의 미르가 만들어질 수 있는 것은 이러한 성숙 과정이 핵 속에서 일어나기 때문이다.

지금까지 밝혀진 미르의 절반 정도가 인트론intron* 내에 존재하고, 나머지 절반은 지금까지 알려진 유전자와는 동떨어진 먼 곳, 심지어는 단백질을 코딩하고 있는 유전자 서열의 내부에 존재하기도 한다. 일반적으로 단백질을 코딩하고 있는 유전자들의 경우 그 위치나 만들어지는 패턴이 동일한 반면, 미르는 좀 마구잡이로 분포한다는 느낌을 준다. 그리고 이는 미르가 보여주는 진화적 의미와 대비해 보았을 때 적절한 구조라고 볼 수도 있다. 미르가 보여주는 진화적 의미에 대한 이야기는, 우선 미르가 어떻게 생겼고 무슨 과정을 거쳐 만들어지며, 도대체 어떻게 유전자의 발현을 조절하는지에 대한 기초적인 지식을 쌓은 후에 알아보도록 하자. 흥미로운 것들을 탐구하기 위해서는 때로 지루한 것들을 암기해야 할 때도 있다. 철학자 앨프리드 노스 화이트헤드는 교육에서 필수적인 이 과정을 정확성의 단계라고 불렀다. 한자를 알기 위해 천자문을 외우듯이, 미르가 만들어지고 작동하는 방식에 대해 조금은 익숙해질 필요가 있다.**

---

* 이 책의 32장을 참고하라.

** 미르의 본관을 자세히 설명한 글로는 김빛내리 교수의 것을 추천한다. 김빛내리, 이상필. (2005). Small RNA에 의한 RNA간섭. 한국과학기술정보연구원.

24

미르를 만드는 방법

거대한 시스템을 조작하기 위해 반드시 엄청난 노력이 필요한 것은 아니다. 자전거를 도난당하지 않기 위해 자전거를 통째로 둘러싸는 철재 씌우개를 만들 필요는 없다. 그 구조물은 자전거보다 훨씬 비쌀 것이고, 사람들은 그런 구조물을 사느니 자전거를 타지 않을 것이다. 생명의 진화에서도 비슷한 일이 자주 벌어진다. 자연선택에 의해 비경제적인 형질들은 금방 제거된다. 예를 들어, 자전거를 도난당하지 않는 적당히 안전한 방법은 조그만 자전거 자물쇠를 기둥과 연결하는 것이다. 대담한 도둑이라면 자물쇠를 자르고 자전거를 훔쳐갈 수도 있겠지만, 간단한 자물쇠 하나로도 자전거를 도난당할 확률을 획기적으로 줄일 수 있다. 자연선택은 흔히 땜장이라고 한다. 진화는 생명을 처음부터 새로 디자인할 수 없다. 자연선택은 이미 어느 정도는 정해진 시스템을 인정하고, 거기에 새로운 혁신을 덧대는 수밖에 없다.

미르는 일종의 자물쇠다. 미르는 mRNA라는 자전거가 도로를 달릴 수 없도록 묶어두는 자물쇠 역할을 한다. 거리를 달리는 많은 자

212   **3부 숨겨진 분자**

전거들을 다양한 mRNA라고 생각해보자. 미르라는 자물쇠를 달고 있는 자전거들은 움직이지 않게 기둥에 묶인 자전거에 비유할 수 있다. 자전거들은 정해진 목표로 운송 중인 소포를 하나씩 가지고 있는데 그게 단백질이다. 미르라는 자물쇠에 채워진 자전거는 그 소포를 원하는 목적지에 가져갈 수 없다.

드로샤 그리고 파샤

처음부터 미르가 완전한 자물쇠의 모습으로 태어나는 것은 아니다. 미르가 mRNA라는 자전거를 묶기 위해서는 반드시 자물쇠의 모양을 갖추어야 하는데, 자물쇠가 대장간에서 장인에 의해 만들어지듯이 미르도 그런 과정을 거친다. mRNA가 DNA로부터 전사되는 것처럼, 미르도 미르를 코딩하고 있는 DNA로부터 전사된다. mRNA를 전사하는 주된 효소는 RNA 중합효소 II이지만, 미르의 경우엔 RNA 중합효소 III라는 점만 다르다. 이렇게 전사된 미르, 즉 막 제련된 철의 상태인 미르는 긴 RNA 사슬의 중간에 하나 혹은 여럿의 머리핀hairpin 모양이 있는 모습이다. 이 머리핀 모양의 짧은 고리가 나중에 자물쇠가 된다. 철이 제철소를 거쳐 대장간에서 비로소 자물쇠가 되듯이, 미르도 세포핵에서의 첫 번째 제련 과정을 거치고 세포질에서 두 번째 제작 과정을 거친 후에야 비로소 제 기능을 할 수 있다.

제철소에서의 첫 번째 제련 과정, 즉 세포핵에서 일어나는 미르의 첫 번째 제련은 전사된 긴 미르 전구체pre-miRNA의 머리핀 부분이 잘리는 현상이다. 이러한 과정을 주도하는 효소를 드로샤Drosha

라고 한다.[5] 드로샤라는 이름은 초파리를 연구하는 학자들이 붙인 것이다. 초파리로 유전학을 연구하는 학자들에게는 작명에 대한 일종의 자부심 혹은 유머의 전통이 있다. 초파리의 돌연변이들 중에는 일본의 게임 회사 세가SEGA의 유명한 비디오게임 주인공 '소닉'에서 유래한 소닉 헤지호그sonic hedgehog라는 이름의 돌연변이가 있다. 이 유전자에 돌연변이가 생기면 소닉처럼 가시와 같은 돌기가 돋는다는 데에서 유래한 이름이다. 드로샤는 히브리어로 '설교'라는 뜻인데 왜 이 돌연변이에 이런 이름이 붙었는지는 알 수 없다. 아마도 이 돌연변이를 발견한 대학원생의 재기 넘치는 표현이었을 텐데, 그 작명의 의도는 알려지지 않았다.

드로샤의 발견은 미르의 기능을 이해하는 데 중요한 역할을 했는데, 그 기능이 한국인 과학자에 의해 발견되었다는 또 다른 의미도 있다.* 세포핵에서 미르가 드로샤에 의해 잘린 후 세포질로 수송된다는 것을 처음 밝힌 과학자가 서울대학교의 김빛내리 교수다. 드로샤는 꽤나 덩치가 큰 단백질이며, RNA를 절단하는 기능을 가지고 있다. 세포 내의 대부분의 효소들이 그렇듯 드로샤도 매우 특이적인 방식으로 작동한다. 아무 RNA나 다 자르고 다닌다면 세포의 RNA들이 남아나지 않을 것이기 때문에, 드로샤는 자신의 표적만을 인식하고 자르도록 진화했고, 이를 효소의 특이성이라고 부른다. 드로샤는 파샤Pasha라는 단백질 및 표적인 미르와 함께 커다란

---

* 김빛내리 교수의 드로샤 논문은 2023년 8월 현재 7080회 인용되었다. Lee, Y., Ahn, C., Han, J., Choi, H., Kim, J., Yim, J., ⋯ & Kim, V. N. (2003). The nuclear RNase III Drosha initiates microRNA processing. *Nature*, 425(6956), 415.

3부 숨겨진 분자

중합체를 형성하는 것으로 알려져 있다. 파샤라는 이름은 드로샤의 파트너partner of Drosha라는 의미에서 붙은 이름인데, 원래 단어에는 군사령관이라는 의미가 있다. 아직 파샤의 완벽한 기능은 알려지지 않았지만 아마도 드로샤를 도와 드로샤가 짧은 RNA를 인식하는 데 도움을 줄 것이라고 예측된다.

미르가 자물쇠 같은 역할을 한다고는 했지만, 실제로 미르가 자물쇠로 작동하는 방식은 현실의 자물쇠와는 다르다. 미르는 오히려 지퍼처럼 작동하는데, 22개 정도의 염기서열로 이루어진 미르가 발현을 억제하고자 하는 mRNA의 후미에 가서 염기짝을 찾아 지퍼처럼 채워진다. 22개의 염기서열이 미르의 특이성을 창조한다. DNA든 RNA든 염기의 종류는 모두 4개이므로 22개의 염기로 만들 수 있는 배열은 모두 4^{22}라는 엄청난 숫자가 된다. 이론상으로는, 22개의 염기서열만으로 하나의 세포가 발현하는 모든 mRNA의 종류를 감당할 수 있다. 이렇게 미르의 염기서열이 다양하기 때문에 드로샤는 미르의 염기서열을 인식하는 게 아니라, 대부분의 미르가 가진 머리핀 모양을 인식한다. 여기에 흥미로운 사실이 있다. 즉 미르는 종류마다 자신이 억제하고자 하는 mRNA의 서로 다른 염기서열을 지니고 있지만, 그 모양은 비슷하다. 결국 표적 특이성을 위해 진화한 염기서열의 다양성 문제를, 드로샤가 염기서열이 아니라 모양을 인식하는 효소가 됨으로써 해결한 셈이다. 진화는 땜질이다.

다이서 그리고 아고너트

드로샤에 의해 전구체로부터 머리핀 모양의 작은 RNA들이 만들어진다. 결국 드로샤는 긴 줄에 매달려 있던 머리핀의 앞뒤쪽 줄을 잘라서 머리핀을 줄로부터 분리시키는 셈이다. 드로샤에 의해 잘린 머리핀 모양의 미르는 익스포틴-5Exportin-5라는 단백질에 의해 세포핵에서 세포질로 수송된다. '익스포틴'은 무엇인가를 세포핵으로부터 세포질로 퍼낸다는 의미에서 지어진 이름이다. 세포질로 이동한 미르는 다이서Dicer라는 또 다른 RNA 절단효소에 의해 절단되어, 22개의 염기로 이루어진 마지막 단계에 도달한다. 다이서라는 이름도 주사위 노름꾼 혹은 주사위 꼴로 자르는 기계를 뜻하는 말인데, 머리핀 모양의 미르 전구체를 자른다고 해서 붙은 이름인지, 아니면 이 단백질의 돌연변이와 주사위 간에 무슨 관계가 있는 것인지는 알 수 없다.

다이서는 미르보다 RNA 간섭과의 관계가 먼저 밝혀진 단백질이다. RNA 간섭을 유도하는 siRNA나 미르 모두 마이크로 RNA이고 따라서 다이서가 미르의 절단에 이용된다는 것은 매우 자연스럽다. 드로샤와 파샤의 관계처럼 다이서도 여러 다른 단백질들과 중합체로 존재하고 기능하는데, 이 중 가장 잘 알려진 단백질이 아고너트Argonaute이다. 아고너트라는 이름도 문어의 일종을 뜻하는 것인지, 아니면 그리스 신화에 등장하는 아르고호의 선원들을 뜻하는 것인지 현재로서는 알 수 없다.* 아고너트는 미르가 부착된 mRNA를

---

* 여기서 다룰 내용은 아니지만, 초파리에서 알려진 다양한 돌연변이의 이름이 왜 그렇게 지어졌는지에 대한 체계적인 문헌이 없다. 만약 그 이름을 지은 연구자가 논문

자르거나, 그 번역을 억제하는 기능을 가진 단백질로 알려져 있다.

일단 미르가 부착된 mRNA는 번역을 멈추거나 절단되어 사라진다. 번역을 멈추든 mRNA가 RNA 절단효소들에 의해 잘려서 사라지든, 해당 유전자의 발현은 억제된다. 몇몇 예외가 있기는 하지만 대부분의 미르는 이처럼 특정 유전자의 발현을 억제하는 방법으로 작동한다.

생물학자들의 작명 센스

앞에서 살펴본 단백질들 중에는 단백질의 이름이라기에는 너무 재미있고 웃음이 슬며시 배어나오는 것이 많다. 드로샤, 파샤, 아고너트 그리고 소닉 헤지호그까지, 생명과학을 공부하다 보면 과학자들이 영화나 텔레비전에 나오는 것처럼 무미건조한 사람들이 아니라는 것을 알게 된다. 무미건조한 사람들이 초파리의 돌연변이에 그렇게 황당한 이름들을 붙여줄 수는 없다. 과학의 여러 분야 가운데 특히 생명과학 분야에는 재미있는 작명이 많다. 물론 천문학의 별자리에도 재미있는 이름이 많지만.

서울대학교 유전공학연구소 이병재 교수는 토종 옴개구리의 피부에 상처가 나도 덧나지는 않는다는 사실에 착안하여 옴개구리의

에 이유를 밝혀두지 않았거나(대부분 논문은 그런 내용을 싣지 않는다) 그 연구자가 분야를 떠나거나 죽을 경우, 돌연변이 이름의 기원은 잊힐지 모른다. 기회가 된다면 초파리를 비롯해서 돌연변이의 표현형과 단백질에 붙은 이름 사이의 관계와, 생물학의 분과별로 작명의 전통이 어떻게 다른지를 조사해보고 싶다.

등딱지를 분석했다. 수천 마리의 개구리 등딱지를 잘라낸 후에 이병재 교수는 '개구린Gaegurin'으로 명명된 새 항생 물질을 분리해 대량 생산에 성공했다. 이외에도 여러 과학자들이 거머리에서 '거머린Guamerin'으로 명명된 항응고 물질을 찾았고, 토종 살모사의 독에서 '살모신Salmosin'이라는 항암 단백질도 발견했다.

포항공과대학교 남홍길 교수는 애기장대라는 식물의 노화를 연구하다가 대조군보다 오래 사는 돌연변이를 발견하고 이 돌연변이에 '오래살아Oresara'라는 이름을 붙였다. 이미 예쁜꼬마선충이라는 작명에서 언급된 서울대학교 이준호 교수는 예쁜꼬마선충의 알코올저항성 돌연변이에 '주당Judang'이라는 이름을 붙이더니, 주당의 억제 돌연변이에는 '소주SOJU(Supressor Of Judang)'라는 이름을 선사하려 했다는 이야기도 있다.

미르라는 이름도 원래 micro RNA의 줄임말인 miR에서 유래된 음차이지만, 순우리말로는 '용'이라는 뜻이다. 개천에서 용이 난다는 옛말처럼, 미르도 RNA 생물학이라는 분야, 즉 DNA에 가려 빛을 보지 못하던 분야에서 용처럼 등장했다. 가끔은 과학자도 일탈하고 싶을 때가 있다. 아마도 그럴 때마다 과학자들은 연구하는 분자에 이상한 이름을 지어주는지도 모르겠다.

미르라는 이름의 신세계

과학자 사회에 미르라는 존재는 갑작스레 등장했다. 대부분의 과학
자들이 유전자의 발현에 대한 큰 그림이 그려졌다고 믿던 순간에,
새로운 조절 현상이 나타난 셈이다. 자연에서 단순함을 찾고 싶어
하고, 조금의 예외도 인정하기 싫어하는 과학자들에게 미르의 등장
은 그리 유쾌한 소식이 아니었을 것이다. 특히 컴퓨터를 도구로 사
용해 유전자 발현의 큰 그림을 그리고 있던 생물정보학자들에게 미
르라는 존재는 일종의 소음처럼 다가왔을지도 모른다.

　많은 생물학자들이 이렇게 중요한 유전자 조절의 매개체가 왜 인
간유전체계획과 같은 거대 프로젝트를 진행하는 와중에 발견되지
않았을까 하는 의문을 가지고 있다. 손가락으로 달을 가리켜도 대
부분의 사람은 손가락을 본다. 마찬가지다. 인간 유전체가 해독되
고 있었지만, 대부분의 생물학자들은 미르를 찾아야 한다는 생각을
할 수 없었다. 그것은 이미 정착된 패러다임에서 벗어나는 일이었
기 때문이다. 미르를 연구하는 데 필요한 기술과 자원은 이미 20년
전에 준비되어 있었다. 부족했던 것은 관성을 깨는 새로운 시각이

었을 뿐이다. 이토록 조그만 RNA 분자들이 유전자의 발현을 대규모로 조절할 수 있을 것이라는 생각, 그것은 당시의 생물학자들에게는 깨기 힘든 일종의 장벽이었다.

그 장벽이 깨진 것은 암브로스 그룹의 눈물겨운 고생의 결과 때문이었다. 대부분의 유전학자들은 유별난 표현형을 나타내는 유전자를 찾기 위해 고군분투한다. 하지만 그들이 기대하는 결과는, 그 배후에 숨어 있던 어떤 '단백질'의 존재다. 고전 유전학의 틀 안에서는 한 단백질의 고장에 의해 표현형이 결정된다는 암묵적인 지침이 존재하기 때문이다. 그래서 대부분의 유전학자들이 긴 여정을 거쳐 결국 돌연변이의 이면에 단백질이 존재하지 않는다는 것을 알았을 때 대부분 포기하고 만다. 하지만 암브로스 그룹은 포기하지 않았다. 그들은 고집이 있었고, 창의적이었다. 물론 자연이 보여주는 진실을 받아들일 마음가짐도 있었다. 선충의 발생 과정에서 돌연변이가 보여주는 너무나도 확실한 표현형의 이면에 단백질의 고장이 존재하지 않는다는 사실에도 불구하고, 암브로스 그룹은 연구를 계속했다. 그들은 단백질은 존재하지 않지만 분명 무언가 다른 분자가 존재한다고 믿었다. 아마 영악한 연구자라면 그 연구를 집어치우고 다른 돌연변이를 연구하는 쪽으로 선회했을 것이다.[*]

미르의 발견은 어릴 때 읽었던 공상과학 소설의 한 대목을 떠올리게 한다. 어느 날 한 과학자의 실험실에서 의문의 폭발이 일어나 과학자가 즉사하는 사건이 발생한다. 그곳에서 알 수 없는 화학

---

[*] 그래서 영악한 연구자들만 남아버린 현재의 학계에는 큰 희망이 없다.

3부 숨겨진 분자

식이 적힌 실험 노트가 발견되고 이를 이상하게 여긴 한 과학자가 그 화학식의 정체를 파헤친다. 그 화학식은 여러 물질의 조합이었고 주인공은 그 물질을 만들어 마셔버린다. 그 순간 과학자는 지금까지는 볼 수 없었던 새로운 종류의 괴생물체들이 허공에 떠다니는 광경을 목격한다. 이 생명체들은 인간의 희로애락과 같은 감정을 먹고 사는 실질적인 지구의 지배자들이었다. 점점 더 많은 사람들이 이 괴생물체를 목격하게 되고 그 생물체에 의해 살해당한다. 그 소설은 이런 내용이었다. 미르는 그 괴생물체가 보이게 되는 과정과 같은 방식으로 과학자 사회에 등장했다. 과학자에게 필요했던 것은 새로운 시각이었다. 무엇을 보아야 할지 모르면, 아무것도 볼 수 없다.

새로운 미르 유전자들의 등장

지금까지의 이야기를 단순하게 요약해보자. 미르는 여러 단백질에 의해 제련되고, 22개의 염기서열로 이루어져 있다. 이들의 공통적인 구조는 머리핀 같은 모양이다. 머리핀 모양의 미르는 커다란 단백질 복합체의 도움을 받아 mRNA의 조절 부위에 결합한다. 일단 미르가 mRNA에 결합하면, 그 mRNA는 단백질로 번역되지 못한다. 이게 미르가 유전자 발현을 조절하는 방식이다.

앞에서 이야기했듯이, 암브로스 그룹에 의해 최초의 미르인 lin-4가 밝혀진 1993년 이후, 선충 이외의 다른 고등 생물에서 lin-4와 같은 종류의 RNA는 한참 동안 발견되지 않았다. 그 기나긴 침묵의 여정을 깬 것은 2000년 러브컨 그룹에 의해 밝혀진 let-7이라는 새로운 종류의 미르였다. 최초의 미르인 lin-4가 선충의 발생 과정 초기에 관여하는 것처럼, let-7도 발생 과정에 관여하는 유전자로 밝혀졌다. 흥미로운 것은 다른 생물종에서 유사한 RNA가 발견되지 않은 lin-4와는 달리, let-7의 경우 초파리와 다른 여러 종의 생물에서 그 존재가 확인되었다는 점이다.

이 두 종류의 미르는 발생 과정 중에 세포의 운명을 바꾸는 비슷한 기능, 즉 발생 과정의 타이밍에 관여하고 있었기 때문에 처음에는 stRNA(짧은간격 RNAsmall temporal RNA)라고 불렸다. 이런 기능을 가진 다른 작은 RNA들이 여럿 존재할 것이라는 예측이 가능했고, 2001년에는 데이비드 바텔 그룹 등에 의해 초파리에서 20여 종, 인간에서 30여 종, 선충에서 60여 종의 새로운 마이크로 RNA들이 발견된다.[6] 이렇게 발견된 마이크로 RNA들은 그 모양이 lin-4나 let-7과 유사했으나 기능면에서는 약간의 차이를 보였다. lin-4와 let-7이 발생 과정의 특정 단계에서만 발현된다는 특징을 보이는 반면(그렇기 때문에 처음에 stRNA라는 이름이 붙었다), 새로 발견된 RNA들은 특별한 세포군에서만 발현된다는 차이가 있었다. 결국 stRNA라는 기존의 명칭은 마이크로 RNA, 미르로 재명명된다. 현재 우리가 미르라 부르는 자그마한 RNA 일족은 2001년경 지금과 같은 이름을 갖게 되었다.

2002년을 기점으로 초파리와 선충 및 어류와 인간에서 다양한 종류의 미르들이 발견되기 시작한다. 2004년에는 새롭게 규명된 미르들의 이름과 염기서열이 체계적으로 정리되기 시작했다. 대부분의 유전자들처럼 근연종의 경우 유사한 미르 유전자가 많다. 예를 들어 인간과 쥐의 경우에 유사한 미르 유전자들이 많이 발견된

3부 숨겨진 분자

다. 하지만 어떤 미르 유전자는 종에 상관없이 광범위하게 발견되기도 한다.[7]

컴퓨터가 발견한 미르의 신세계

암브로스 그룹에 의해 최초의 미르가 발견된 이후 7년이 지나서야 겨우 또 하나의 미르 let-7이 발견되었다. 하지만 그 뒤로는 불과 1~2년 만에 100여 개의 미르 유전자가 발견되었고, 이번엔 선충에만 국한되지 않았다. 이토록 많은 미르 유전자가 존재했는데, 왜 그렇게 발견이 더디게 진행됐을까? 이는 과학에서 발견이라는 과정이 묘하게 작동하기 때문이다.

우리는 흔히, 자연은 한 자리에 가만히 있고 과학자들이 그 숨겨진 모습을 발견해나가는 과정으로 과학을 생각한다. 과학에서 발견이라는 요소는 근대 이후 과학철학이 다룬 주요 주제 중 하나로, 분석하기 까다로운 주제였다. 발견에 관여하는 많은 요소들이 주관적이고, 특별한 패턴을 보여주지 않기 때문이다. 결국 대부분의 과학철학자들은 과학이 문제를 푸는 정합적인 내부 구조의 분석에 매진했다. 그들은 주관적이고 또 때로는 우연이 관여하는 발견의 영역에 대해서는 침묵했다. 발견의 맥락은 그렇게 과학철학에서 소외되었다.

다양한 의견이 존재하지만, 현재 많은 과학자들은 자연이 고정된 상태로 존재한다는 관념을 더 이상 믿지 않는다. 자연은 고정된 상태로 발견을 기다리는 수동적인 존재가 아니라, 과학자들과의 상호작용을 통해 그 모습을 역동적으로 변형시켜나가는 하나의 생명체와 비슷하다. 또한 그 발견의 과정은, 설계도를 가지고 집을 만드는 과정처럼 순차적이지도 않다. 이런 관점으로 접근하면 미르의 발견이 지연된 이유도 설명할 수 있다. 즉 과학자들 사이에서 강하게 공유되는 '유전자＝DNA'라는 관념과, 그러한 지침서를 가지고 연구하던 당시 분자생물학의 시대에 미르는 발견될 수 없었다. 왜냐하면 미르의 발견은 강력한 우연 혹은 약간의 반항적 기질을 가진 과학자의 등장 없이는 힘든 사건이었기 때문이다.

발견이 이루어진 연구 프로그램은 쉽게 공감대를 획득한다. 일단 과학자들 사이에 자리잡은 하나의 관념은 엄청난 속도로 과학자 사회에 퍼져나간다. 미르 유전자의 존재가 광범위한 생물종에서 확인된 이후, 마이크로 RNA 연구 분야에는 다양한 전공과 배경을 지닌 과학자들이 모여들었다. 데이비드 바텔도 그런 과학자들 중 한명이었다.

바텔은 원래 리보자임Ribozyme이라는 효소를 연구하는 과학자였다. 리보자임은 효소지만 단백질이 아니라 RNA다. RNA가 DNA와 차별되는 이유 중 하나이자, 최초의 지구 생명이 RNA로부터 시작되었을 것이라고 생각되는 이유 중 하나가 리보자임과 같은 RNA의 특성 때문이다. RNA는 단순한 정보의 전달자가 아니라 직접 자기 자신을 자르고 붙이는 작업을 수행할 수 있는 물질이다. 바텔의 연구는 RNA 세계 가설에 신빙성을 부여해주는 중요한 결과들을 담고 있었다.

RNA에 의한 생화학적 반응을 연구하던 바텔은 1999년 우연한 계기로 RNA 간섭과 관련된 공동 연구를 진행하게 된다. 이후 그는 RNA가 유전자의 발현을 '조절'할 수 있다는 사실에 관심을 가지게 된다. 미르 유전자의 연구에 바텔이 참여한 이후 미르 연구는 엄청난 활력을 띠게 된다. 특히 2001년에 바텔이 발표한 논문은 미르 유전자가 우리가 생각했던 것보다 훨씬 많이 존재한다는 것을 증명함으로써 미르 유전자의 연구에 기여했다.[8]

염기서열의 상동성에 의해 많은 미르 유전자들이 발견되었다. 이 방법은 진화적 보존성이라는 가설에 의거하는데, 근연종일수록 비슷한 서열의 유전자를 가지고 있기 때문이다. 미르 유전자를 찾는 또 하나의 간단한 방법은 이미 발견된 미르 유전자의 염색체 부근을 뒤져서 머리핀 구조를 가진 RNA가 발현될 가능성을 찾는 것이다. 미르 유전자는 단백질을 코딩하고 있는 유전자와는 달리 모여서 함께 발현되는 경우가 많기 때문이다. 보통 이런 방식의 유전자 발현은 대장균에서 찾아볼 수 있는데, 이를 오페론operon이라고 부르며, 프랑스의 분자생물학자 자코브와 모노에 의해 발견되어 그들에게 노벨상을 안겨주었다.

인간유전체계획에 의해 발전한 생물정보학 분야의 많은 학자들이 미르 유전자를 찾는 일에 뛰어들면서, 단순히 유사성이나 근처를 뒤지는 방식에서 벗어나 미르 유전자가 가진 전반적인 공통점에 착안해 컴퓨터로 미르 유전자를 찾는 작업이 시작되었다. 몇 가지 훌륭한 소프트웨어가 2003년에 개발되었고, 이렇게 예측된 상당수의 유전자가 실제로 발현된다는 것이 밝혀졌다. 미르스캔MiRscan과 미르시커miRseeker라는 이름으로 불리는 소프트웨어들의 성능은 실험에 의해 증명될 정도로 정확도가 높다. 유전체 해독이 끝난 각 생물종의 염색체 내에 얼마나 많은 수의 미르 유전자가 존재할 것인지도 예측이 가능하다. 현재 인간의 경우 200~255개, 선충은 103~120개, 초파리는 96~124개 정도의 미르 유전자가 존재한 다고 알려져 있다. 예측된 전체 유전자에서 약 1퍼센트를 차지하는 양이다. 이는 이미 알려진 조절 유전자인 전사인자 단백질의 가장 큰 일족과 맞먹는 정도의 양으로 추정된다. 유전자 발현의 조절에 있어 미르가 그만큼 중요한 기능을 할 가능성이 존재하는 셈이다. 앞으로 더 많은 미르 유전자가 발견될 가능성은 열려 있지만, 이미 많은 연구자들에 의해 예측된 수많은 미르 유전자들의 클로닝이 완 료되었다.[9]

미르의 기능은 무엇인가?

지금까지 발견된 미르 유전자의 3분의 1 정도가 매우 특별한 조직 혹은 세포에서 발현된다고 알려져 있다. 미르-122는 간에서만 발 현되고, 미르-375는 인슐린을 분비하는 췌장에서, 미르-142와 미 르-223는 조혈모세포에서, 미르-1과 미르-133는 근육에서 특이 하게 발현된다. 이렇게 특정 조직에서 발현되는 미르 유전자의 특 성을 이용하면 특정 단계에 있는 암 환자의 종양을 확인할 수 있다 는 것도 알려져 있다. 단백질을 코딩하고 있는 유전자들만을 대상 으로 연구되어온 유전자 제거 생쥐 연구에도 미르 유전자를 제거하 고 그 표현형을 연구하려는 시도가 늘고 있다. 하지만 그중에서도 최초의 미르 유전자가 발견된 발생 과정의 연구가 활발하다. 생명체 에는 수많은 조직과 세포가 존재하지만, 발생 과정처럼 특별하게 유 전자를 미세 조절할 필요가 있는 시기 혹은 장소가 존재할 것이다.

줄기세포에서만 특별하게 발현되는 미르 유전자는 많은 의학자들과 생물학자들의 관심사 중 하나다. 미르의 성숙 과정에 관여하는 다이서와 DGCR8의 유전자 제거 생쥐가 보여주는 줄기세포의 증식과 분화 돌연변이가 이러한 연구의 가능성을 높여주고 있다. 특히 난치병 치료에서 각광받고 있는 줄기세포 연구 분야에서 매우 특수한 미르 유전자가 발견되고, 또 이에 의해 줄기세포의 기능이 조절될 수 있다면 줄기세포의 응용에도 큰 도움이 될 것이다.

면역학 분야에서도 미르 유전자에 대한 연구가 활발하다. 면역 반응에서 중요한 역할을 담당하는 T세포나 B세포에서 특이적으로 발현하는 미르 유전자들이 발견되었기 때문이다. 면역세포들은 조혈모세포라는 성체 줄기세포로부터 분화해서 생성된다. 이 과정은 개체의 발생 과정과도 매우 유사한데, 발생 과정 중에도 많은 줄기세포들로부터 세포들이 증식하고 분화하는 과정이 필수적이다. 미르-155나 미르-451과 같은 유전자들이 면역세포의 분화와 증식에 영향을 미친다는 것이 알려진 뒤로는 더욱 많은 연구들이 진행 중이다.

신경계에서 미르 유전자가 지닌 기능에 대한 연구도 활발하다. 포유동물의 뇌에서 특이적으로 발현되는 많은 미르 유전자들이 클로닝되어 연구 중이다. 특히 선충에서는 lsy-6라는 미르에 의해 특정 신경세포의 화학 수용체의 좌우 균형이 조절된다는 사실이 알려져 있다.

질병과 관련된 미르 유전자의 유전자 발현 조절도 활발하게 연구 중이다. 특히 암과 관련한 연구가 활발한데, 이는 암에 대한 연구에 많은 돈이 몰려 있기 때문이기도 하지만, 미르가 발생 과정에서 중요한 기능을 한다는 특징에서 비롯되는 것이기도 하다.

유기체가 발생 과정 중에 보여주는 세포분열 양상은 성체에서는 보기 힘들 정도로 빠른 과정이다. 그토록 빠른 시간에 그토록 많은 세포들이 증식하려면 고도로 정교한 조절 기작이 필요하다. 왜냐하면 조절되지 않은 세포의 증식 과정이 바로 암이기 때문이다. 많은 암세포들이 일반적으로 성체가 되면 더 이상 사용되지 않는 발생 과정 중의 유전자들을 사용하는 것이 하나의 증거가 될 수 있다. 암을 다른 각도에서 바라보면, 성체의 조직 중 일부 세포들이 다시금 발생 과정으로 돌아가 엄청난 속도로 증식하는 과정이라고 할 수 있다. 전체적인 관점에서 노화가 진행되는 개체의 내부에 이를 거부하는 세포군이 생겨날 수 있고, 또 그러한 세포군이 적절한 통제를 받지 못할 때 우리는 그것을 암이라고 부르는 것이다. 암이란 개체의 통제를 벗어난 유아기적 세포들의 출현이라고 할 수 있다. 따라서 발생 과정의 연구와 암 연구 사이에는 공통점이 존재한다.

암세포의 증식을 촉진하거나 억제할 수 있는 미르 유전자들이 속속 발견되었다. 물론 미르 유전자들이 암의 증식과 성장에 얼마나 많은 영향을 미칠 수 있는지에 관해서는 이견이 많지만, 미르 유전자들이 암의 발생에 관여되어 있다는 것만은 분명하다. 다양한 종류의 암에서 발현되는 미르 유전자들의 프로필을 만들려는 시도가 진행되고 있고, 이러한 연구는 암의 진단과 치료에 큰 도움을 줄 수 있을 것으로 예상된다. 심장병과 관련된 미르 유전자들도 알려져 있다.

어떤 바이러스들은 미르 유전자를 지니고 있다. 미르 유전자를 지닌 바이러스들은 스스로 미르를 만들어 숙주의 유전자 발현을 조절하거나 자신의 유전자 발현을 조절한다. 유전체 안에 미르 유전자를 지니지 않은 바이러스들도 숙주의 미르 유전자를 이용해 증식을 촉진시킬 수 있음이 보고되었다. 또한 숙주의 미르 유전자 형성을 아예 처음부터 차단해버리는 바이러스도 있다. 또 앞에서 언급한 것처럼 숙주는 바이러스가 침입했을 때 특정한 미르 유전자를 발현시켜 대응하기도 한다.

하지만 앞에서 언급한 이야기들이, 미르 유전자에 의한 유전자 발현 현상이 기존에 알려진 전사인자들에 의한 유전자 발현보다 강력하다는 뜻은 아니다. 오히려 미르에 의한 유전자 발현 조절은 일반적으로 그다지 강력하지 않다. 그럼에도 불구하고 유전자의 1퍼센트나 되는 부분을 차지하고 있는 미르의 기능을 규명하기 위한 노력은 계속되고 있다. 그리고 아마도 그 기능은 DNA와 단백질의 상호작용으로 조절하기 어려운 미세한 조절일 것이다.[10]

26

복잡성의 진화

미르는 22개의 핵산으로 이루어진 머리핀 모양의 RNA다. mRNA
의 꼬리 부분에 존재하는 특별한 염기서열에 미르가 결합하면, 그
mRNA의 발현은 억제된다. 미르는 1993년 예쁜꼬마선충에서 처
음으로 발견되었고, 이후 대부분의 종에서 미르가 발견되기 시작했
다. 현재까지 알려진 미르의 종류만 수백 종에 이르고, 연구가 계속
될수록 그 수는 늘어날 것이다. 현재까지 인간에서 알려진 미르 유
전자들은 유전체 내에서 예측된 유전자의 1퍼센트를 차지할 정도
로 엄청나게 많다. 현재까지 알려진 유전자 발현 조절 물질들 중에
서 가장 다양하고 가장 수가 많은 셈이다. 이렇게 중요한 미르라는
분자에 대해 묻지 않을 수 없는 질문이 하나 있다. 도대체 그들은
어떻게, 왜 생겨났을까?

미르 let-7이 가르쳐준 교훈

근연종일수록 비슷한 유전자를 지니고 있으며, 이를 학술적인

용어로 표현하자면, 해당 유전자가 '진화적으로 보존evolutionary conserved'되어 있다고 말한다. 많은 유전자들은 오랜 진화의 과정에서 갈라져 나온 공통 조상까지의 거리가 가까울수록 비슷하다.* 우리의 많은 유전자들은 쥐보다는 침팬지와 비슷하며, 초파리의 유전자들은 우리보다는 모기와 더욱 비슷하다. 그 이유는 새로운 종이 탄생하면서 점진적으로 겪게 되는 변화들이 우리의 유전체 속에 고스란히 남아 있기 때문이다. 미르 유전자들도 이러한 진화적 보존성을 보여준다.

최초로 발견된 미르에는 stRNA라는 이름이 붙었는데, 이는 앞서 말했듯 발생 과정 중의 특정한 시간대에 이 유전자가 발현되었기 때문이다. let-7이 처음 발견된 이후 대칭동물bilaterian의 대부분에서 let-7 유전자가 발견되었다. 물론 발현되는 시간대는 달랐지만 let-7 유전자는 진화적으로 보존되어 있다. 더 놀라운 사실은 인간을 비롯한 포유동물에도 let-7 유전자가 보존되어 있다는 것이다. let-7 유전자의 존재뿐 아니라, 이들에 의해 조절되는 mRNA의 염기서열도 보존되어 있다. 특히 동물계에서는 let-7이 암과 밀접하게 연관된 RAS라는 단백질 계열의 발현을 조절한다. 개체의 발생 과정과 암의 발생 과정은 유전자의 발현 및 세포분열과 증식이라는 측면에서 매우 유사하다. 선충에서 발생 과정에 관여하는 let-7 유전자가 암과 관련된 유전자의 발현을 조절한다는 사실은 let-7의 기능이 진화적으로 매우 잘 보존되어 있음을 간접적으로 시사한다.

---

* 다음 그림을 참조하라. https://upload.wikimedia.org/wikipedia/commons/5/5b/Tree_of_life_with_genome_size.svg.

흥미로운 사실은, 선충보다 조금 더 하등한 후생동물metazoan이나 대칭동물에서는 let-7 유전자가 발견되지 않는다는 것이다. 다시 말하면, 진화의 과정에서 let-7 유전자를 획득한 사건이 후생동물에서 고등한 대칭동물로 진화하는 데 매우 중요한 단계였다는 뜻이다. 하등 후생동물의 경우엔 생식선gonad과 같은 진정한 기관organ이 존재하지 않는다. 즉 발생 과정의 특정한 시기에 발현을 억제함으로서 특정 세포가 다른 세포로 분화하거나, 특정한 기관이 발생하도록 하는 데 중요한 기능이 let-7이라는 유전자에 존재한다는 것이다.[11]

유기체 복잡성의 측정

편의상 하등 생물과 고등 생물이라는 표현을 사용하긴 했지만, 그것이 고유한 생물종의 가치를 폄훼하려는 의도는 아니다. 영어에서도 하등lower 혹은 고등higher이라는 표현이 사용되는데, 이런 표현은 보통 생명체의 진화 과정에서 언제 해당 생물종이 가지치기를 시작했는지를 측정하는, 즉 오래된 종과 새로운 종을 구분하기 위해 사용되는 용어로 보면 된다. 기생생물과 같은 예외가 존재하긴 하지만 진화의 분기점이 최근에 가까울수록, 더 복잡한 형태의 몸 구조와 유전체를 지닌다는 것이 생명체 진화의 패턴 중 하나다. 문제는 이러한 유기체의 복잡성complexity을 어떻게 측정할 수 있느냐는 것이다. 측정할 수 없으면 과학이 아니다.

유기체의 복잡성을 측정하는 가장 간단한 방법은 '구조적 복잡성 structural complexity'을 측정하는 것이다. 구조적 복잡성이란 한 유기체가 얼마나 다양한 구조로 이루어져 있는가를 의미한다. 유기체가 세포로 구성되어 있다는 것을 알기 전에는 뼈나 골격 등이 구조적 복잡성의 기준이 되었지만 현대 생물학에서는 이를 좀 더 일반적인 기준으로 분류한다. 구조적 복잡성을 재는 가장 간단하고도 보편적인 척도는 유기체를 구성하는 세포의 종류를 세는 것이다. 예를 들어 예쁜꼬마선충은 약 22종류의 세포로 이루어져 있고, 인간은 약 411종류의 세포로 이루어져 있다. 몇몇 종류의 세포가 조직을 이루고, 조직이 모여 기관을 만들기 때문에 세포의 종류가 다양할수록 복잡한 기관을 구성할 수 있게 된다. 특히 다세포생물의 경우 세포의 다양성으로 인해 나타나는 구조적 복잡성은 유기체의 진화 과정과 매우 강한 상관관계를 이룬다고 알려졌다. 하지만 다양한 종에서 세포의 종류를 이용해 복잡성을 측정하는 방법은, 그다지 정량적으로 신뢰할 수 있는 방법론은 아니다. 따라서 다른 측정 방법이 고안되었다.

인간유전체계획의 성공 이후 다양한 종의 유전체가 해독되어왔다. 유전체의 정보는 디지털로 기록된다. 즉 유전체의 염기서열 정보는 컴퓨터의 발달과 함께 강력한 분석 도구로 기능할 수 있다. 몸의 구조나, 세포의 종류를 포함하는 유기체의 구조적 복잡성은 유전체에 각인되어 있으리라 가정할 수 있다. 따라서 유전체의 정보를 어떻게 활용하느냐에 따라, 그 정보는 유기체의 복잡성과 진화의 과정을 이해하는 데 매우 중요한 보물지도가 된다.

유전체 정보를 이용해서 유기체의 복잡성을 측정하는 가장 간단한 방법은, 단순히 유전체의 크기로 복잡성을 설명하는 것이다. 단순하게 원핵생물과 진핵생물을 비교해보면 유전체의 크기가 유기체의 복잡성과 일치하는 경우가 있다. 하지만 문제가 그리 간단하지는 않다. 최초의 컴퓨터가 커다란 방 하나를 차지할 만큼 컸지만 현대의 노트북만 한 성능도 내지 못하던 것을 생각해보면, 단순히 크기가 복잡성을 의미한다고 주장하기에는 무리가 있다. 물론 같은 종의 개체들은 비슷한 크기의 유전체를 지니지만, 다른 종끼리의 비교에 있어 유전체의 크기는 그다지 좋은 지표가 되지 못한다. 예를 들어 가장 크기가 큰 유전체는 아메바의 일종에서 발견되었고, 가장 작은 유전체를 지닌 종은 초파리에서 발견되었다. 게다가 매우 가까운 근연종의 경우에도 유전체의 크기는 좋은 지표가 되지 못한다는 사실이 밝혀졌다. 같은 어류임에도 불구하고 유전체의 크기 차이가 무려 400배나 될 수도 있다는 것이 알려졌기 때문이다. 유전체의 크기와 유기체의 복잡성 사이에서 나타나는 이러한 딜레마를 'C값 역설C-value paradox'이라고 부른다.[12]

C값 역설과 유전체의 이상한 부위들

C값 역설은 유전체의 크기가 커지는 데 기여하는 가장 큰 요인이 유전자를 코딩하지 않은 DNA들에 의해 일어난다는 현상을 설명하는 단어다. 바버라 매클린톡은 옥수수를 이용해 트랜스포존transposon이라는 유전체상의 특이한 염기서열을 발견했다. 우리 유전체의 상당 부분은 이런 점핑 유전자, 트랜스포존으로 이루어져 있다. 트랜스포존 유전체 사이를 이리저리 건너뛰며 스스로를 복제한다. 리처드 도킨스가 이야기한 '이기적 유전자'의 정의에 가장 잘 들어맞는 예가 바로 트랜스포존이다. 많은 트랜스포존이 '쓰레기

DNA'라고 불리는 부위에 존재하고 있다.

재미있게도, 트랜스포존의 발현이 억제되지 않을 경우 매우 짧은 시간 안에 유전체의 크기가 급속히 증가할 수 있다고 한다. 매클린톡이 연구한 옥수수는 불과 수백만 년 사이에 이 트랜스포존에 의해 유전체의 크기가 무려 두 배로 커졌다. 따라서 C값 역설은 유전체의 크기로 유기체의 복잡성을 이야기하는 방식의 위험성을 알려주는 근거다. 왜냐하면 유전체의 크기는 유전체상에서 전사를 통해 발현되어 기능하는 유전자들에 의해 증가하는 것이 아니라, 주로 유전자를 지니지 않은 무의미한 DNA 염기서열들에 의해 조절되기 때문이다.

유전체의 크기를 생명체의 복잡도를 측정하는 지표로 이용할 수 없다면 유전체가 담고 있는 정보를 지표로 이용해볼 수 있다. 이를 '물리적 복잡성physical complexity'이라고 부르는데, 크리스토프 아다미라는 과학자가 제안한 개념이다. 물리적 복잡성은 특정 환경에 대해 유기체의 유전체가 지닌 정보의 양으로 표시된다. 환경 속에 존재하는 정보가 유전체로 쓰이는 과정을 관찰한다는 것은 아예 불가능하기 때문에, 아다미는 컴퓨터를 이용한 가상 생명체를 이용해 이 가설을 증명했다. 코드로 이루어진 가상 생명체를 정보로 가득한 환경에 놓아두면, 이 생명체는 자신의 코드를 주형으로 삼아 스스로를 복제하면서 환경 속의 정보를 스스로의 코드로 흡수한다. 이런 식으로 가상 생물체의 유전체, 즉 코드가 매우 빠르게 정보의 양을 확장시킨다는 점이 밝혀졌다. 아마도 진화의 초기 과정에는, 각각의 생태적 적소에 적응한 종들이 해당 적소의 정보를 스스로의 유전체 속에 각인시키면서 진화했을 것으로 생각된다. 이런 식으로 각각의 종들은 물리적 복잡성을 통해 환경에 적응했을 것이다.

 문제는 진화의 후기 과정에서는 환경의 정보를 통해 유전체의 복잡성을 증가시키는 방법보다는 이미 흡수한 정보, 즉 단백질 및 RNA를 코딩하고 있는 유전자를 복사하는 방법을 통해 복잡도를 증가시킨 것처럼 보인다는 점이다. 그리고 이런 가정은 척추동물로 올라갈수록 유전자가 복사된 정도와 유기체의 복잡성이 매우 강한 상관관계를 맺고 있다는 사실로 증명된다. 척추동물 이상의 고등 생물일수록 복사된 유전자를 많이 가지고 있는데, 이는 고등 생명체, 즉 복잡한 생명체일수록 더욱 정교한 유전자 발현의 조절이 요구되기 때문이다. 유전자 복사는 같은 정보의 레퍼토리를 가지고 더욱 다양한 유전자 발현의 패턴을 만들어, 다양한 표현형의 출현에 이바지할 수 있는 간단한 전략이다.

 유전자 복사는 유전자의 양에 관한 척도다. 하지만 복잡한 도시일수록 도시를 효율적으로 운영하기 위해 더 많은 경찰과 소방수들이 필요하듯이, 복잡한 고등 생명체일수록 복잡한 조절 기작이 필요하다. 따라서 고등 생물로 갈수록 유전자의 수가 늘어나는 것과 동시에 유전자 회로의 조절 능력도 증가하기 마련이다. 고등 생물일수록 발생 과정이 복잡한 것이 일반적이다. 복잡한 발생 과정은 복잡한 유전자 회로를 요구한다. 고등 생물을 대상으로 한 유전체학의 분석 결과는 이런 예측이 사실임을 증명한다. 그리고 미르가 고등 생물에서 유전자의 발현을 조절하는 가장 다양하고 많은 물질이라는 것도 유기체의 복잡성이 증가하는 진화의 과정과 무관하지 않다. 따라서 발생 과정에서 최초로 미르가 발견된 것은 단순한 우연이 아니다.

개체발생과 계통발생

후생동물을 대상으로 한 실험에서 비슷한 유전체 레퍼토리로도 더 복잡한 형태학적 복잡성이 등장할 수 있음이 발견되었다. 비슷한 레퍼토리의 유전체에서 더욱 복잡한 형태가 등장할 수 있는 이유는, 조절 회로가 복잡해지기 때문이다. 이런 조절 회로가 미르 유전자들에 의해 등장한다는 것이 이 연구의 핵심 결과다. 미르 유전자들은 진화가 거듭되어 고등한 생물이 등장하면서 꾸준히 증가했으며, 거의 줄어들지 않았다. 특히 '형태학적 복잡성morphological complexity'의 증가는 언제나 새로운 종류의 미르 유전자의 등장과 함께한 것으로 보인다. 새로운 종의 출현이 아니라 새로운 문門이 등장할 때마다 폭발적으로 미르 유전자의 수가 증가하거나 새로운 종류의 미르 유전자가 출현했다. 후생동물로부터 척추동물이 등장했을 때 56종류의 새로운 미르 유전자가 추가되었고, 척추동물로부터 태반동물이 등장했을 때는 40여 종류의 새로운 미르 유전자가 추가되었다. 게다가 영장류가 등장하면서 매우 많은 종류의 새로운 미르 유전자가 출현했다는 것도 잘 알려져 있다. 미르 유전자는 진화의 혁신이 일어날 때마다 언제나 함께 증가했다.

더 중요한 사실은 척추동물과 같은 고등 생물이 출현하는 과정에서 나타난 중요한 혁신이 단백질을 코딩하고 있는 유전자의 변화가 아니라 미르와 같은 ncRNA 유전자들의 변화였다는 점이다. 종분화와 같은 사건뿐 아니라, 해당 종이 세포의 종류를 급격히 다양화시키는 데 있어서도 단백질을 코딩한 유전자보다 미르 유전자에 더욱 의존했다는 유전체학적 증거가 존재한다. 어느 정도 규모가 커진 조직이라면 덩치를 불리는 것보다는 조직 내의 네트워크를 획기적으로 개선하여 혁신을 이루듯이, 복잡한 유기체로의 진화에서 중요했던 것은 유전체의 크기나 유전자의 수가 아니라 유전자 네트워크의 혁신이었다는 뜻이다. 유전자 네트워크의 혁신에서 가장 큰 수훈을 세운 주인공이 바로 미르를 포함한 ncRNA들이었다. 이는 개발도상국의 경우 1차, 2차 산업이 중요하지만, 선진국으로 진입할수록 서비스 산업과 같은 3차 산업이 중요하게 되는 이유와 비슷할 것이다.

고등 생물의 계통발생학적 변화의 중심에는 미르가 있다. 계통발생phylogeny은 거대한 진화적 변이를 다루는 분야다. 미르 유전자의 역할이 이런 거대한 변화를 만들기만 하는 것은 아니다. 개체발생ontogeny의 경우에도 미르 유전자는 매우 중요한 기능을 한다.* 개체발생 과정의 후반기로 갈수록 유기체는 복잡해지기 시작한다. 고등 생물로 갈수록 복잡성이 증가하는 것과 마찬가지다. 고등 생물에서 미르 유전자의 수와 종류가 증가했듯이, 개체발생의 후반기에 발현되는 미르 유전자의 수와 종류 역시 늘어난다. 다시 한번 강조하지만, 발생 과정을 연구하던 과학자들이 미르 유전자를 발견한 것은 결코 우연이 아니다.**

---

* 개체발생과 계통발생은 생물학의 중심 개념 중 하나다. 개체발생은 배아에서 성체가 되는 과정, 즉 발생학적 과정을 의미하고, 계통발생은 한 종에서 다른 종이 나타나는 진화의 과정을 의미한다. 이에 관한 좋은 책은 스티븐 제이 굴드의 《개체발생과 계통발생》이다.

** 유기체 복잡성에 대한 지표로, 미르를 사용하는 아이디어에 대해서는 다음의 논문을 참고했다. Lee, C. T., Risom, T., & Strauss, W. M. (2007). Evolutionary conservation of microRNA regulatory circuits: an examination of microRNA

3부 숨겨진 분자

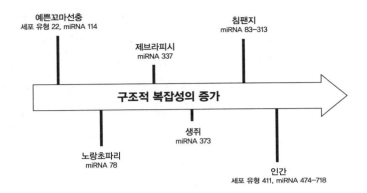

그림 2 미르와 유기체 복잡성의 진화. 유기체가 복잡해지면 질수록, 유전자 조절이 중요한 문제로 대두하고, 이를 해결하는 방식의 하나로 유기체들은 미르를 이용했다. 유기체의 복잡성이 증가할수록, 미르 유전자의 숫자도 강한 상관관계를 지니고 증가한다. (출처: Lee, C. T., Risom, T., & Strauss, W. M. (2007). Evolutionary conservation of microRNA regulatory circuits: an examination of microRNA gene complexity and conserved microRNA-target interactions through metazoan phylogeny. *DNA and Cell Biology*, 26(4), 209-218.)

  유기체적 복잡성과 미르 유전자의 종류 및 수가 보여주는 강한 상관관계는 유기체의 복잡성을 측정하는 데 미르가 아주 좋은 지표임을 알려준다. 진화가 언제나 복잡성을 선호한 것은 아니지만, 복잡성이 진화할 때는 언제나 미르가 중요하게 기능했다. 한정된 유전자를 이용해 복잡한 발생 과정을 조절하기 위해서는 유전자 네트워크를 조절하는 것이 가장 효과적인 방법이다. 미르는 매우 특이적으로 유전자의 발현을 억제하는 능력이 있다. 게다가 RNA로 이

gene complexity and conserved microRNA-target interactions through metazoan phylogeny. *DNA and Cell Biology*, 26(4), 209-218.

루어진 미르는 단백질처럼 아미노산으로 번역될 필요도 없다. 염기서열로부터 아미노산으로, 그리고 단백질의 구조로 이어지는 과정은 복잡하고, 매우 기나긴 적응과 선택의 과정을 요구한다. 미르는 기본적으로 염기서열의 결합에 의해 유전자 발현을 조절할 수 있다는 장점을 지닌다. 진화의 과정에서 염기서열을 뒤바꾸는 것은 쉬운 일이다. 생명체가 진화를 의도하지는 않지만 기나긴 선택의 과정을 거치며 결국 남는 것은 해당 생명체가 겪은 변이가 '얼마나 효율적이었느냐'다. 염기서열을 변화시켜 직접 유전자 네트워크를 변화시키는 방식은, 단백질 구조를 변화시키는 단계를 더 거쳐야 하는 것보다 경제적으로 효율적이다. 따라서 고등 생물이 형태학적, 구조적, 발생학적 복잡성을 획득하는 데 있어 가장 효과적인 방법은 미르 유전자를 이용하는 것이었다. 그렇게 미르는 우리를 포함한 고등 생물의 진화와 함께해왔다.

27

유전자 만능열쇠

미르 유전자와 mRNA의 상호작용

고등 생물의 진화를 통해 뚜렷이 나타나는 변화는 유전자의 수나 유전체의 크기가 아니라 더욱 미세하고 다양한 유전자 조절 회로의 발전이다. 전사인자를 통한 유전자 발현의 조절이 그 한 축이고, 미르를 통한 유전자 발현의 조절도 고등 생물의 진화에 중요한 역할을 했다. 미르는 mRNA의 꼬리인 3′UTR에 결합한다. 따라서 고등 생물 mRNA의 3′UTR, 즉 mRNA의 조절 부위이자 미르가 결합하는 장소는 강한 진화적 압력을 받게 될 것이라고 예측할 수 있다.

예를 들어, 어떤 미르 유전자가 강하게 발현되는 세포군에서 많이 발현되어야만 하는 유전자는, 해당 유전자의 3′UTR에 그 미르 유전자의 표적이 되는 염기서열을 갖지 않도록 진화했을 것이다. 그래야만 미르의 방해 없이 유전자를 안전하게 발현할 수 있기 때문이다. 또한 세포의 종류에 상관없이 광범위하게 발현되며 특별한 조절 기작이 필요 없는 필수 유전자들의 경우에도 미르 유전자에 의한 저해를 피하기 위해 표적 서열을 가지지 않는 방향으로 진화

27 유전자 만능열쇠   241

했을 것이다. 초파리와 생쥐를 대상으로 수행된 유전체 수준의 연구에서 그런 사실이 밝혀졌다. 즉 광범위하게 발현될 필요가 있는 유전자들의 3′UTR이 미르 유전자에 의한 조절로부터 안전하게 발현되기 위해 3′UTR의 길이를 줄이거나, 표적 서열을 없애는 방향으로 진화가 일어났다. 이런 현상을 '반표적antitarget 효과'라고 부른다. 반표적 효과의 존재는, 미르 유전자가 발생 과정에서의 유전자 발현을 시공간적으로 광범위하게 조절하며, 그 효과가 결국 진화적 변화로 이어진다는 것을 의미한다.

미르 유전자의 표적 서열은 진화적인 관점에 따라 두 그룹으로 나뉜다. 진화적으로 보존된 표적 서열과 보존되지 않은 표적 서열이다. 컴퓨터 분석을 통해 알아낸 사실 중 하나는 존재하는 미르 유전자들의 10분의 1 정도만 진화적으로 보존되어 있다는 점이다. 이 사실만으로 진화적으로 보존되지 않은 표적 서열들이 덜 중요하다고 말할 수는 없다. 진화적으로 보존되어 있다는 뜻은 서로 다른 종들 간의 보존도를 뜻하는 계통학적인 의미일 뿐이고, 표적 서열이 진화적으로 보존되어 있건 아니건 해당 mRNA는 미르 유전자에 의해 조절 받는다.

흥미로운 사실은 진화적으로 보존되어 있지 않은 표적 서열을 가진 mRNA들은 그 표적 서열을 인식하는 미르 유전자가 발현되는 세포군과 다른 곳에서 발현되고, 진화적으로 보존된 표적 서열을 지닌 mRNA들은 그 표적 서열을 인식하는 미르 유전자가 발현되는 세포군에서 함께 발현된다는 점이다. 이를 바꾸어 말하면, 미르 유전자와 진화적으로 보존된 표적 서열의 상호작용이 세포의 운명을 결정하는 데 매우 중요하다는 뜻이다. 또한 이런 관계가 진화의 과정에서 강하게 선택되어왔음을 의미한다. 다양한 종의 유전체 지도가 완성되면서 가능해진 컴퓨터 분석으로, 미르 유전자들이 대부분의 mRNA의 진화에 광범위하게 영향을 미친다는 사실이 밝혀지게 됐다. 이제 미르와 생물정보학은 서로 떼어놓을 수 없는 파트너가 됐다.

표현형적 변이: 투렛증후군

미르 유전자와 mRNA의 3′UTR 사이에 일어나는 상호작용은 진화를 통해 선택되었고, 이를 통해 즉각적으로 표현형적 변이에 영향을 미칠 수 있다. 이미 언급했듯이 미르 유전자에 의한 유전자 발현의 조절은 발생 과정에서 상당히 결정적인 역할을 할 수 있다. 그리고 발생 과정에서의 작은 변화는 성체에서 꽤 큰 변화로 나타나게 된다. 산꼭대기에서 굴린 작은 눈덩이가 산 아래에서 커다란 눈사태가 되는 것처럼 발생 과정의 미묘한 변이는 결국 누적되어 커다란 표현형적 변화로 나타나게 된다. 따라서 미르와 mRNA의 상호작용은 크게는 유전적 질환으로, 작게는 단순한 표현형적 차이*로 나타나게 된다.

'투렛증후군Tourette Syndrome'이라는 질병이 있다. 이 질병은 1885년 프랑스의 한 귀족에게서 나타난 증상을 기술했던 프랑스의 의사 조르주 질 드라투렛Georges Gills de la Tourette의 이름에서 유

---

*   해롭지 않은 차이들, 예를 들어 눈 색깔이나 머릿결 같은 작은 차이이다.

래되었다. 일반적으로 투렛증후군은 전 세계에서 보편적으로 나타나는데, 여성 환자가 남성보다 3~4배 정도 많다. 미국인 중 10만 명 정도가 중증 투렛증후군을 앓고 있다는 보고가 있으며, 대략 인구 200명당 한 명 꼴로 만성 혹은 일시적인 투렛증후군이 나타나는 것으로 보고되어 있다.[13]

위키백과에 의하면 투렛증후군은 "신경학적인 유전병이며 순간적으로 어떤 행동을 하게 되거나 소리를 내는 등의 경련을 일으키는 것이 특징"이다. 또한 "일반적으로 유전되며, 아동기에 증세가 나타나기 시작한다. 투렛증후군 환자는 평범한 수준의 지능과 소득 수준을 지니고 있는 경우가 많고, 일반적으로 나이가 들수록 증세가 차츰 나아진다. 어른의 경우 투렛증후군에 심하게 시달리는 경우는 매우 드물고 모욕증 환자의 비율은 15퍼센트 미만"이라고 한다. 특히 "투렛증후군의 증세가 극히 심하여 생명을 위협하는 경우에는, 뇌 수술을 통해 이를 치료할 수도 있지만 대부분의 경우에는 굳이 수술을 할 필요가 없고, 약물 치료 등의 다양한 치료법을 통해 경련을 조절할 수 있다"고 한다. 결국 투렛증후군은 유전적인 질병이며, 이는 어떤 유전자 혹은 여러 유전자들이 이 질병에 관여하고 있다는 뜻이다. 또한 이 증후군은 신경학적인 질병이기 때문에 신경세포에 영향을 준다.

투렛증후군 환자들은 전혀 의도하지 않았는데도 욕을 하거나 팔 또는 턱을 움직일 수 있다. 〈앨리 맥빌Ally McBeal〉이라는 미국 드라마에는 이 투렛증후군에 걸린 한 여인이 등장하는데, 그녀는 가끔 자신도 모르게 욕을 내뱉거나 팔을 흔드는 행동을 보인다. 강박증이나 주의력결핍, 학습장애와 같은 현상이 동반될 수 있지만, 특수

교육을 통해 어느 정도 치료될 수 있다. 투렛증후군을 가진 아동들의 지능은 일반인과 크게 다르지 않고 실제 〈앨리 맥빌〉이라는 드라마에 등장하는 여인도 가끔 일어나는 발작을 제외하곤 일반인과 같은 삶을 살아가고 있었다.

중증 투렛증후군은 흔하지 않으며, 대부분의 경우 눈 깜빡거림이나 코를 씰룩거리는 등의 경미한 운동성 경련이나 불수의적으로 음란어를 내뱉는 외설증, 혹은 남의 말을 반복하는 반향언어증 등의 증상을 보인다. 투렛증후군 환자에게 일어나는 경미한 경련을 틱Tic이라고 부르는데, 어떤 연구에 따르면 정상 아동의 20퍼센트 가량에게 경미한 안면 틱 증상이 있다고 한다. 즉 틱 증상만으로 투렛증후군을 진단할 수는 없다는 뜻이다. 투렛증후군은 진단할 수 있는 혈액 검사나 임상적 검사가 존재하지 않기 때문에, 증상을 관찰하고 가족력을 조사하는 등의 오랜 관찰 후에야 진단할 수 있다. 하지만 이 증후군은 유전적이기 때문에 많은 생물학자들이 투렛증후군과 관련된 유전자를 찾기 위해 노력해왔다.

헌팅턴무도병처럼 단 하나의 유전자의 이상에 의해 유전병이 나타나는 경우는 극히 드물다. 투렛증후군도 그런 복합성 유전인자에 의한 질병으로 알려져 있다. 투렛증후군과 관련해 알려진 유전학적 지식은, 이 질병이 불완전 침투력을 지닌 상염색체 우성 형질이라는 것이다. 우성 형질이라는 말은, 아버지와 어머니로부터 물려받은 상동유전자 중 하나의 유전자에 투렛증후군과 관련된 유전자가 존재하면 무조건 자식에게서 투렛증후군이 나타난다는 뜻이다. 양쪽 부모로부터 모두 투렛증후군 관련 유전자를 받아야만 증세가 나타난다면 열성 형질이라고 말한다. 또한 상염색체성 유전이라는 말

범례

 = 완전 표출의
    침투도

 = 중간 표출의
    침투도

 = 최소 표출의
    침투도

 = 침투도 없음
    (따라서 표출이 없음)

100% 침투도, 여러 표현도

여러 침투도와 표현도

그림 3 유전학의 침투 개념. 어떤 질병이나 형질이 유전된다고 해서 단 하나의 유전자만 관련하는 것은 아니다. 따라서 멘델 유전학처럼 하나의 유전형이 하나의 표현형에 대응하는 경우란 좀처럼 찾기 힘들다. 불완전 침투는 다양한 유전자가 하나의 형질을 결정할 때 나타날 수 있는 경우의 수를 표현하는 방법이다. (출처: https://www.msdmanuals.com/professional/special-subjects/general-principles-of-medical-genetics/factors-affecting-gene-expression.)

은 투렛증후군을 유발하는 유전자의 돌연변이가 성을 결정하는 X 나 Y 염색체가 아닌 나머지 22개의 염색체들 중 어딘가에 위치하고 있다는 뜻이다. 불완전 침투는 조금 어려운 유전학적 개념인데, 간단히 말하면 비록 투렛증후군에 관련된 유전자가 우성 형질이기는 하지만 투렛증후군과 관련된 돌연변이 유전자를 가진 사람 모두가 투렛증후군에 걸리지는 않는다는 뜻이다. 최근의 연구에 따르면 뇌신경 전달 물질의 일종인 도파민이나 세로토닌, 노르에피네프린 등의 유전자 이상에 의해 투렛증후군이 나타날 수 있다고 한다.

투렛증후군과 미르 유전자

한 유전적 가계를 연구한 결과에 따르면, SLITRK1이라고 불리는 세포막에 존재하는 단백질 유전자의 이상이 투렛증후군을 유발한다. 이 가계의 일부 환자들에게는 SLITRK1 유전자의 단백질을 코딩하고 있는 부위에 이상이 생기는 것으로 알려져 있지만, 일부 가계에서는 mRNA의 단백질을 코딩하는 부위가 아니라 3′UTR 부위의 구아닌(G) 염기서열이 아데닌(A)으로 치환되어 질환이 나타나는 것 같다. 대부분의 유전 질환이 제대로 된 단백질이 만들어지지 못해 발생하는 반면, 투렛증후군 환자들 중 일부는 단백질의 아미노산 코드와는 상관없이 3′UTR의 염기서열 변화에 의해 질환이 발생하는 것이다. 미르는 mRNA의 3′UTR에 결합한다. 그리고 흥미롭게도 이 뒤바뀐 염기서열을 포함한 부위에 미르-189가 결합한다.

DNA나 RNA의 염기서열은 네 가지 염기의 조합으로 이루어진다. DNA의 티민(T)이 RNA에서는 우라실(U)로 바뀌는 것만 빼고는 A는 T 혹은 U, G는 시토신(C)과 언제나 결합한다. 따라서 유전체 전체를 대상으로 실험을 해보아도 언제나 A의 양과 T의 양은 동일하며, G의 양과 C의 양도 동일하다. 투렛증후군을 나타내는 한 가계에서는 3′UTR 단 하나의 염기서열이 바뀌는 돌연변이가 일어났다. 원래 G였던 염기가 A로 치환되면서, SLTRK1의 3′UTR과 미르-189 사이에 일어나던 G-U 염기쌍이 A-U로 바뀐 것이다. G는 원래 반드시 C와 결합하기 때문에, 이 결과는 원래의 느슨한 G-U 결합을 왓슨-크릭의 전형적인 A-U 결합으로 바꿔버린다. 염기서열 하나가 치환되는 돌연변이 때문에, mRNA와 미르 사이의 결합이 강해지는 셈이다.

이렇게 단순한 염기쌍의 변화로 인해 SLTRK1 유전자의 발현은 현저하게 줄어든다. 따라서 원래는 SLTRK1 단백질 내의 변화로 인해 짧은 단백질이 만들어져 나타나던 투렛증후군의 증상이, SLTRK1 단백질의 양이 줄어드는 현상 때문에 나타나게 된다. 단백질의 질적인 변화(돌연변이)로 인해 나타나는 표현형이, 줄어든 단백질의 양적 변화로 인해 같은 효과로 나타나는 셈이다.

유전병의 배후에 미르가 있다

미르 유전자와 관련된 표현형적 변이 중에 근육비대증이 있는데, 이 현상은 텍셀종Texel의 양에서 발견되었다. 텍셀종 양의 돌연변이는 GDF8이라고 알려진 마이오스타틴myostatin 유전자 위에 위치하는데, 이 유전자의 결손이 근육비대증을 유발하는 것으로 알려져 있다. 문제는 GDF8의 단백질을 코딩하는 유전자 부위에는 아무런 돌연변이가 발견되지 않았다는 데 있다. 결국 단백질의 질적인 변화가 아니라 양적인 변화에 의해 표현형적 변화가 나타날 수 있다는 의미다. 연구자들은 GDF8 유전자의 3′UTR 부위에서 G가 A로 바뀐 돌연변이를 발견했다. 이 단순 돌연변이로 인해 정상적인 양에서는 미르-1과 미르-206의 표적이 되지 않던 GDF8 mRNA가 이들 미르 유전자의 표적으로 바뀌게 되고, 결국 텍셀종 양에서 GDF8 단백질의 발현이 현저하게 줄어든다. 이렇게 감소한 GDF8 단백질의 발현이 결국 근육비대증을 유발하는 원인이다. 다시 한번 미르에 의한 유전자 발현, 즉 단백질의 질적인 변화가 아니라 양적인 변화가 거대한 표현형적 변화를 초래할 수 있음이 밝혀진 셈이다.

미르 유전자에 의한 유전자 발현의 조절이 이처럼 표현형적 변이에 큰 영향을 미칠 수 있다는 말은, 미르 유전자의 조절 능력이 종의 소진화에 매우 중요하다는 뜻이다. 진화의 원동력은 개체들 간에 나타나는 표현형적 차이다. 같은 종이라 하더라도 개체들은 서로 다른 유전자 조합을 지니고 있고, 이러한 차이는 환경에 의해 선택되어 결국 소진화를 거쳐 종분화라는 대진화로 이어진다. 자연선택이 가능하려면, 개체들 간의 이런 표현형적 변이가 전제되어야 한다. 오래전부터 표현형적 변이는 단백질의 아미노산 서열을 변화시켜야만 가능한 것으로 여겨져왔다. 하지만 유전체 지도가 완성되면서 단백질의 아미노산 서열을 변화시키는 질적 변화뿐 아니라 특정 조직이나 세포군에서 단백질의 양을 변화시켜 표현형적 변이가 유발될 수 있다는 게 알려졌다. 미르 유전자에 의한 유전자 조절은 가장 적은 변화로 많은 표현형적 변이를 만들어내는 방법이다. 게다가 단백질의 아미노산 서열을 변화시키는 것이 치사 돌연변이를 유발해 개체의 생존에 위험한 것과 달리, 미르 유전자에 의해 단백질의 양을 조절하는 것은 덜 위험한 방법일 수 있다. 세포도 그렇지만, 사회에서도 질적인 변화는 언제나 양적인 변화보다 모험적인 방법인 경우가 많다. 미르에 의한 유전자 발현 조절 회로의 변화는, 급격한 환경 변화에 대처하는 고등 생물의 전략으로 사용되기에 매우 적합한 조건을 갖추고 있다. 그리고 아마도 그 이유가, 환경의 변화에 따라 다양한 변화를 유동적으로 시도해야만 하는 고등 생물들이, 미르 유전자의 숫자를 급속히 팽창시킨 선택압인지 모른다.

아직 실험적으로 해결해야 할 과제가 많이 남아 있지만, 미르 유전자의 기능에 대한 연구는 지금까지 우리가 무시해왔던 유전자 조절 회로가 존재하고 있다고 말한다. 특히 매우 폭발적인 미르 유전자들의 증가와 고등 생물 몸 구조의 설계 변화가 동반되어왔다는 것은 의문의 여지가 없다. 미르 유전자의 폭발적인 증가 자체가 고등 생물 몸 구조의 설계 변화를 일으킨 직접적인 원인인지는 아직 확실하지 않지만, 앞으로의 연구들이 이런 의문점을 해소해줄 것이다. 중요한 사실은, 고등 생물 유전자들이 특정 미르 유전자들의 표적이라는 연구 결과들이 계속 쏟아져나오고 있다는 점이다. 결국 이러한 연구들이 모여 고등 생물 진화에서 미르 유전자가 어떤 역할을 했는지에 관한 큰 그림을 그리게 도와줄 것이다.*

정상적인 것과 병리적인 것의 차이

투렛증후군의 발병 원인 중 하나는 미르 유전자와 관련되어 있다. 모든 투렛증후군이 미르 유전자 때문에 발병하는 것은 아니지만, 어떤 가계에서는 분명 미르 유전자와 mRNA의 상호작용에 의해 증상이 나타난다. 증상의 원인을 안다는 것은 해당 질병을 치료할 가능성이 높아진다는 것을 의미한다. 하지만 과연 이 연구가 투렛증후군을 완치할 수 있는 치료제 개발에 큰 도움이 될 수 있을지는 미지수다.

사실 투렛증후군을 보이는 환자들 모두에게 치료가 필요한 것은 아니다. 경미한 경우 정상적인 생활이 가능하기 때문이다. 문제는

---

* 투렛증후군과 근육비대증에 관한 이야기는 다음 논문을 많이 참고했다. Niwa, R., & Slack, F. J. (2007). The evolution of animal microRNA function. *Current Opinion in Genetics & Development*, 17(2), 145-150.

투렛증후군에 효과적인 약물이 있기는 하지만 완치제는 여전히 존재하지 않는다는 데 있다. 약물 치료가 도움이 되는 것은 순간적인 증상 완화에 국한되어 있다. 또한, 약물 치료가 증상을 완화시킨다 해도 부작용이 뒤따른다는 보고가 많다.

미르 유전자의 변화로 인해 나타나는 투렛증후군을 진단하는 것은 매우 간단한 일이다. 하지만 치료는 어렵다. 만약 이 질병이 인간에게 나타나는 것이 아니라면, 아무 윤리적 논란도 없이 간단히 유전자 치료나 DNA 백신 등과 같은 방법을 시도해볼 수 있다. 단 하나의 염기서열 치환이 발병 원인이기 때문에, 그 염기서열을 어린 시절에 바꾸어줌으로써 유전적 질환을 미연에 방지할 수 있기 때문이다.** 하지만 인간을 대상으로 한 유전자 조작은 금지되어 있고 따라서 유전자 치료와 같은 방법으로 투렛증후군을 치료하는 일은 거의 불가능하다. 답을 알고 있음에도 현실적인 제약이 따르는 것이다.

비록 어렵긴 하지만 심리 치료로 투렛증후군 환자들이 사회적 편견을 극복하는 데 도움을 줄 수도 있다. 유전자의 독재는 매우 강력해서, 심리 치료가 투렛증후군을 완화시키지는 못하지만 투렛증후군 환자들은 가끔 일어나는 발작을 제외하고는 정상인과 다른 게 하나도 없다. 지능에도 아무런 이상이 없고, 질환 자체가 퇴행성인 것도 아니라서 나이가 든다고 심각해지는 것도 아니다. 문제는 우리가 투렛증후군을 바라보는 관점에 있다.

** 현재의 시각으로 첨언하자면 크리스퍼를 이용할 수도 있다.

과학이 모든 것을 치유하는 것은 아니다

원인을 안다고 해서 항상 치료가 가능하지는 않다는 딜레마는 많은 철학적 문제를 야기한다. 그것은 생명과학이 추구하는 원인에 대한 연구가, 언제나 우리가 원하는 실용적인 목표와 단기적으로는 일치하지 않을지도 모른다는 경제적 딜레마와, 또한 우리가 모든 질병을 의학적인 방법으로 완치해야만 하는가라는 윤리적 딜레마의 이중주다.

미셸 푸코의 명저 《광기의 역사》에 지대한 영향을 미친 의사이자 철학자인 조르주 캉길렘은 《정상적인 것과 병리적인 것》이라는 저서를 통해 인간의 역사가 언제나 정상에서 벗어난 것들을 재정의해 온 과정임을 보여준다. 어떤 때는 정상적이었던 것이 시대가 지나고 난 뒤에 보면 병리적인 것일 수도 있고, 한때는 병리적이었던 현상들이 다시 정상적인 것으로 여겨지기도 한다. 역사를 통해 의사들은 병리적인 것에 대한 규범들을 만들고 싶어했지만, 그 규범들은 문화적, 사회적 가치를 포함하고 있었다. 따라서 병리적인 것은 정상적인 것의 반대급부로 존재하는 것이 아니라, 시대 상황이 낳은 또 다른 정상일 뿐이다. 비록 캉길렘의 철학적인 조언이 매우 현학적이고 난해하기는 하지만, 간단히 말하자면 투렛증후군과 같은 미미한 증상이 반드시 질병이라고 규정될 필요는 없다는 뜻이다.

사회가 좀 더 관용하는 쪽으로 변화하면, 투렛증후군 환자들도 다른 사람들과 똑같이 대우 받을 수 있다. B형 간염을 가진 환자들을 대우하는 방법이 점점 더 포용적으로 변해가듯이, 정상과 비정상의 경계를 나누는 일은 그 사회가 지닌 문화적 능력에 달려 있는 것이다.* 투렛증후군을 지닌 아동들에게는 관용적이고 온정적인 환경이 필요하다. 그런 환경만 주어진다면 투렛증후군을 지닌 아동들이라도 다른 아동들과 똑같은 능력을 보여줄 것이다. 문제는 유전자가 아닌 환경과 문화다. 비록 생물학이 유전자를 대상으로 연구하고 실험을 진행하지만, 유전자가 모든 것의 해답이 되는 것은 아니다. 이 말은 과학이 모든 것의 해답이 아니라는 말과 같다. 투렛증후군처럼 경미한 유전적 증상을 지닌 이들을 치료하는 것이 언젠가는 가능해질지도 모르지만, 그 완치제를 개발하는 데 드는 비용과, 이들을 관용적으로 포용하는 사회를 조성하는 데에 드는 비용 중 어느 것이 더 경제적인지는 생각해볼 필요가 있다. 나아가 완치제를 개발함으로써 투렛증후군을 완벽한 병리적 현상으로 규정짓는 사회와, 그들을 그 자체로 포용하게 된 사회 중 어느 쪽이 더 건강하고 행복한 사회인지 가늠해보는 일도 중요하다. 다시 한번 말하지만 모든 것을 유전자로 해결할 수 있는 것은 아니다.

언제나 과학이 해답을 가지고 있는 것은 아니다. 이미 사회가 해답을 가지고 있을 수도 있다. 다만 우리가 그것을 실천하지 못하고 모든 해답을 과학에 떠넘기고 있는지도 모른다. 어느 쪽이 행복한 사회일지를 결정하는 것은 우리 몫이다.

---

* 예를 들어 한국 사회를 달구고 있는 동성애와 난민 문제도 마찬가지 관점에서 접근할 수 있다.

28

자연의 무정부주의

물리학에서 대중적으로 가장 유명하고 또 물리학을 심도 있게 공부하지 않은 독자라도 친숙하게 알고 있는 내용은 아마도 뉴턴이 발견한 세 가지 법칙일 것이다. '뉴턴의 운동 법칙'이라 불리는 세 가지 법칙들은 각각 관성의 법칙, 가속도의 법칙, 그리고 작용과 반작용의 법칙이라는 이름을 가지고 있다. 뉴턴의 운동 법칙은 이렇게 설명할 수 있다.

뉴턴의 제1법칙 관성의 법칙은 물체의 질량중심은 외부에서 힘이 가해지지 않는 한 움직이지 않거나 진행 방향을 따라 일정한 속도로 움직이려는 성질을 가진다고 가정하는 법칙이다. 제1법칙은 수학에서 문제를 해결하기 위해 설정하는 일종의 공리와도 같아서, 이후의 두 가지 법칙을 설명하는 지침서가 된다. 뉴턴의 제2법칙 가속도의 법칙은 질량을 가진 물체의 가속도가 힘에 비례한다는 것을 증명한다. 제2법칙에서는 뉴턴과 라이프니츠 사이에 발견의 우선권 논쟁이 분분한 미분이 사용된다. 뉴턴의 제3법칙 작용과 반작용의 법칙은 한 물체가 다른 물체에 힘을 가하면, 힘을 받은 물체는 크기는 같고 방향은 반대인 힘을 되돌려준다고 말한다. 제3법칙은 그 내용보다는 이 법칙으로부터 운동량이 보존된다는 함의를 아는 게 중요하다. 교양 있는 독자라 하더라도 제2법칙이 다루는 미분 수식 앞에서 잠시 한숨을 내쉴 수 있지만, 뉴턴이 세 가지 법칙을 발표했다는 것과 그것이 고전역학의 기본을 이룬다는 것쯤은 알고 있을 것이다. 심지어 많은 독자들이 고등학교 시절 이 세 가지 법칙의 이름만을 달달 외우기도 했을 것이다. 과학 교육에서도 해당 지식을 단순히 암기하는 것 자체가 중요할 때가 있다. 하지만 그러한 암기 교육은 그 사실들이 의미하는 함의와 함께 교육될 때 효과가 극대화된다. 제1법칙의 공리성과 제2법칙의 독창성, 제3법칙이 함의하고 있는 운동량의 보존이라는 철학적 의미가 함께 교육될 때 우리나라의 과학 교육도 앞으로 나아갈 수 있을 것이다.

중심 도그마와 유전자 발현의 조절 단계

생물학에도 뉴턴의 법칙과 같이 일반 대중에게 널리 알려진 법칙이 존재한다. 왓슨과 크릭의 발견 이후, 크릭에 의해 명명된 이 법칙은 어쩌면 물리학의 법칙보다도 더욱 법칙스러운 명칭인 도그마dogma라 불린다. 법칙law이라는 단어가 사법체계에서 차용된 용어이고, 또 법의 속성처럼 상대적인 이미지를 구현하고 있다면, 도그마는 이보다 더욱 보수적이고 절대적인 종교 용어다. 도그마는 가톨릭교회에서 사용되기 시작한, '교조' 혹은 '교리'라는 의미의 용어이다. 법이 시대적 상황에 맞추어 변화하는 것과는 달리, 종교적 교리는 변화하는 데 오랜 시간이 걸린다. 법이나 종교 모두 보수적인 색채를 지닌 제도들이지만, 종교가 더 보수적이다. 크릭은 훗날 아무 생각 없이 이 용어를 차용했다고 기술했지만, 아마도 크릭의 무의식 속에는 DNA의 디지털 원리를 이용해 생물학을 물리학처럼 견고한 과학으로 만들고 싶어하던, 생물학자의 열망 혹은 콤플렉스가 담겨 있었는지 모른다.

크릭의 중심 도그마는 'DNA → RNA → 단백질'로 이어지는 유전 정보의 전달 과정을 뜻한다. 2부에서 이 과정을 여러 번 다루었지만 다시 한번 복습해보는 것도 나쁘지 않겠다. DNA에서 RNA로 정보가 발현되는 과정을 '전사'라고 한다. DNA와 RNA는 모두 핵산으로 이루어진 친척 사이라서, 정보의 전달 과정은 그다지 복잡하지 않다. 책에 적힌 내용을 노트에 일목요연하게 정리하는 과정과 크게 다르지 않다고 생각해도 된다. RNA에서 단백질로 정보가 전달되기 위해서는 핵산이라는 DNA와 RNA의 기본 단위를 아미노산이라는 단백질의 기본 단위로 '번역'해야 한다. 기본 단위가 다른 핵산과 아미노산 사이의 정보 전달은 복잡하다.[*] 노트에 정리한 내용을 잘 기억하고 시험을 치루는 과정에 비유할 수 있을 것이다. 3개의 핵산이 하나의 아미노산을 코딩하는데, 이렇게 3개로 묶인 핵산의 염기서열을 코돈codon이라 부른다. 여기에 한 가지 내용을 더 추가하자면, DNA는 자기 자신을 다시 DNA로 복제할 수 있다. 물론 RNA를 유전체로 지닌 바이러스가 RNA를 복제하긴 하지

---

[*] 아마도 생명이라 불리기 위한 최소한의 조건이 번역 과정을 할 수 있느냐로 결정될 수 있을 것이다. 대부분의 바이러스가 전사를 위한 도구들은 지니고 있지만, 번역을 위한 도구는 숙주의 것을 빌리기 때문이다.

만 정보를 저장하고 후손에게 전달하는 데에는 안정된 이중나선 구조를 가진 DNA가 훨씬 유리하다.

바로 이 짧은 요약이, 20세기 중반 분자생물학이 발견한 가장 기본적인 공리다. 이 기본 공리로부터 생물학의 수많은 이론이 등장했으며, 그 이론들의 기초는 언제나 이 세 가지 물질이 지닌 관계로 회귀된다. 이런 정보 전달 과정이 실제로 세포에서 일어날 때, 이를 유전자 발현Gene Expression이라고 부른다. 모든 DNA가 RNA로 발현되는 것은 아니고, 모든 RNA가 단백질로 발현되는 것도 아니다. 실제 단백질로 발현되는 DNA는 유전체의 극소수에 불과하다. 따라서 세포가 단백질로까지 전달되는 정보를 발현시킬 때는 매우 세심한 주의를 기울일 수밖에 없다. 왜냐하면 잘못된 정보가 발현되었을 때 세포 전체에 위험한 결과가 초래될 수 있고, 단백질을 만드는 과정에서 많은 비용을 지불해야 하기 때문이다. 물론 DNA를 복제하는 데에도 많은 비용이 들고, DNA 복제의 오류는 돌연변이로 대물림되기 때문에 여기서 생기는 오류도 치명적일 수 있다.

DNA 복제 과정에서 오류를 줄이기 위해 DNA 복제효소에 오류 수정 기능이 존재하는 것처럼, DNA에서 RNA로, RNA에서 DNA로 이행되는 유전자 발현 단계에서도 치밀한 조절 기작이 함께 진화했다. 유전자 발현의 조절에서 나타나는 이러한 정교한 조절 과정 전체를 품질 관리Quality Control라고 부른다. 품질 관리는 전사와 번역 과정에만 존재할 뿐 아니라 단백질 자체의 성질을 변화시키거나 잘못된 단백질을 없애는 과정에도 사용된다. 결국 유전자 발현의 각 단계를 따라 여러 단계의 품질 관리가 수행된다. 각 단계를 각각 전사단계 조절Transcriptional Control, 전사후단계 조절Posttranscriptional Control, 번역단계 조절Translational Control, 번역후단계 조절Post-translational Control이라고 한다.

전사단계 조절은 얼마나 많은 양의 mRNA를 어떤 세포에서 만들 것인지를 관리한다. 전사후단계 조절은 만들어진 mRNA가 세포질로 나가 단백질로 번역되기 전까지 수행되는 품질 관리를 뜻한다. mRNA는 전사된 후 여러 가지 편집 과정을 거쳐 성숙한 RNA가 되기 때문에 이 과정을 통해 잘못 만들어진 불량품 RNA들은 반드시 제거되어야 한다. 번역단계 조절은 이렇게 만들어진 성숙한 mRNA로부터 얼마나 많은 양의 단백질을 어디서 생산할 것인지에 대한 관리다. 번역후단계 조절은 만들어진 단백질의 품질 향상을 관리한다. 번역 과정에서 혹여라도 있었을지 모를 오류를 미연에 방지하거나, 인산화 등을 통해 더욱 품질이 좋은 단백질을 만들어내는 과정이다.

미르에 의한 유전자 조절은 전사후단계 조절과 번역단계 조절 사이에 위치한다. 미르가 표적으로 삼는 mRNA들은 전사후단계에서 아무런 이상이 발견되지 않은 상태로 세포질로 흘러나온다. 즉 세포질로 나올 때까지 미르의 표적 RNA들은 품질 관리 부서에 의해 아무런 이상이 없다고 승인 받은 제품들이다. 세포질에는 수없이 많은 미르들이 원하지 않는 mRNA가 번역되는 것을 막거나 혹은 표적 RNA의 발현을 줄이기 위해 돌아다니고 있다. 이렇게 숨어 있는 미르들에 의해 전사후단계에서는 불량품 판정을 받지 않았던 mRNA들이 번역되지 못하는 일이 발생한다. 이 과정은 아주 깔끔해 보이지만, 한 가지 문제를 안고 있다.

미르가 보여주는 경제적 불합리성

애덤 스미스로부터 시작된 고전 경제학은 합리적으로 판단하는 개인을 가정한다. 고전 경제학의 소비자는 우리가 상상할 수 있는 것보다 훨씬 합리적인 개인으로 가정된다. 그리고 그 가정이 옳을 때에만 시장이 보이지 않는 손처럼 기능할 수 있다. 소비자들은 가격이 오르면 소비를 줄이고, 가격이 내리면 소비를 늘린다. 이렇게 합리적인 개인들이 모여 결정한 총량에 의해 시장은 보이지 않는 균형점에 이르고, 수요 공급 곡선이 완성된다. 노벨 경제학상을 받은 심리학자 허버트 사이먼과 인지심리학자인 게르트 기거렌처 등에 의해 각기 제안된 제한적 합리성 개념이 이미 고전 경제학의 가정을 위협하고 있지만, 모든 것의 인과관계를 해결하려던 뉴턴의 이상이 여전히 자연과학을 지배하고 있는 것처럼 애덤 스미스의 이상도 여전히 경제학에서 건재하다.

애덤 스미스가 가정한 개인이 주어진 상황에서 최선의 선택을 하는 합리적인 개인이라면, 미르는 애덤 스미스의 이론으로 설명할 수 없는 골칫덩어리다. 3부를 읽어나가면서 독자 중 누군가는 그런 의문을 던졌을지 모른다. 문제와 그 해답은 이미 글의 전반부에 제시되었다. 미르에 의한 유전자 조절 과정이 지닌 비합리성은, 바로 미르의 표적인 mRNA들이 아무런 제지도 없이 세포질까지 건강하게 나온다는 데 있다. 즉 미르가 발현을 억제하는 표적 RNA들은 미르를 만나기 전까지는 전혀 불량품으로 취급받지 않던 정상적인 제품들이다. 그리고 그 제품을 만들기 위해 세포는 엄청난 에너지를 소비한다.

어차피 번역되지 않거나 번역을 저해하게 될 미르의 표적 RNA

를, 세포는 도대체 왜 만드는 것일까? 미르 유전자가 발현되는 세포가 지닌 딜레마는 미르에 의해 어차피 단백질로 번역되지 않을 mRNA들이 잔뜩 만들어진다는 것이다. 이렇게 쓸데없이 생산된 mRNA들의 기능은 단백질로 번역된 후에 생긴다. 하지만 이들이 단백질이 되기 전에 미르가 번역을 막는다. 따라서 이렇게 만들어진 mRNA들이 세포에서 어떤 중요한 기능을 지니고 있을 것이라고 추측하기는 힘들다. 처음부터 만들지 않았으면 될 일이기 때문이다. 전사후단계 품질 관리에서 사라지는 RNA의 상당수는, RNA의 편집 과정에서 생산된 불량품이다. 좋은 제품을 만드는 과정에서는 어쩔 수 없이 불량품이 나온다. 대부분의 공장이 품질 관리를 하는 이유는 이런 불량품의 수를 줄이려 하기 때문이다. 그리고 유전자 조절의 품질 관리가 추구하는 목표도 같다. 그런데 미르의 표적 RNA는 불량품이 아니다. 여기서 문제가 생긴다.

  미르에 의해 번역이 저해되는 표적 RNA들은 멀쩡하게 생긴 완제품이다. 품질 관리의 목표가 불량품을 없애는 과정이라면, 미르에 의한 유전자 조절은 시작부터 미스터리이다. 도대체 왜 멀쩡한 RNA를 미르라는 유전자를 통해 억제할까? 미르에 의한 유전자 조절 회로는 도무지 합리적으로 보이지 않는다. 애덤 스미스가 미르에 의한 유전자 조절을 보았다면 아마도 이렇게 물었을지도 모르겠다.

  "아니 에너지를 낭비하며 세포가 필요로 하지도 않는 mRNA를 만들고 또 그걸 저해하는 RNA를 따로 만드는 이유가 무엇인가? 아예 처음부터 필요 없는 mRNA를 만들지 않거나, 전사단계에서 그 양을 줄이면 되는 것 아닌가?"

경제학적으로는 합리적인 의문이지만, 생물학적으로는 무지한 해결책이다. 생명체는 그런 식으로 앞을 내다보지 못한다. 생명의 진화는 온갖 장애물로 가득한 길을 걸으며 지팡이로 바로 앞에 놓인 장애물만 확인하며 천천히 걸어가는 눈먼 사람의 걸음걸이와 같다. 진화는 완벽한 설계도에 따라 착착 진행되는 공사가 아니라, 필요할 때마다 또 무언가가 고장 날 때마다 그 부분만 고쳐나가는 땜질의 과정이다. 미르에 의한 유전자 조절이 비합리적으로 보이는 이유도 바로 미르가 진화의 한 시점에 땜질의 일부로서 등장했기 때문이다.

눈먼 시계공이 펼치는 자연의 무정부주의

이렇게 그때그때 방향을 수정해나가며 이리저리 비틀거리는 진화의 모습을 리처드 도킨스는 '눈먼 시계공'이라고 적절하게 표현했다. 이 표현은 신학자 윌리엄 페일리가 신을 '시계공'에 비유한 것을 비꼰 말이다. 도킨스에 따르면 "생물학은 겉으로는 목적을 가지고서 설계된 것처럼 보이는 복잡한 것들에 대한 연구다. …(중략)… 자연선택은 눈먼 시계공이다. 눈이 멀었다는 것은 자연선택이 앞을 내다보지 못하고, 결과들을 계획하지 않고 목적을 가지고 바라보지 않기 때문에 그런 것이다. 그러나 살아 있는 자연선택의 결과물들은 마치 유능한 시계공에 의해 설계된 것처럼 보일 정도로 압도적으로 우리를 감동시키고, 우리가 설계와 계획이라는 환상을 갖도록 만든다".

시계공이 완벽한 설계도를 가지고 시계를 만들어나가는 과정을 정치 제도에 비유해보면, 모든 것이 독재자에 의해 결정되고 사회가 그 독재자의 부속품처럼 움직이는 전체주의를 떠올리게 한다. 반면 눈먼 시계공처럼 부품을 조립해나가는 진화의 과정은 설계도 없이 움직이는 무정부주의 사회를 보여준다. 진화는 무정부주의적으로 진행된다. 적어도 지능을 지닌 인간은 무정부주의에서 벗어나 민주주의라는 조금은 더 합리적인 사회를 창조해낼 수 있었지만, 생명의 진화 과정은 그런 설계도를 지니지 못했다. 그런 의미에서 생명의 진화 과정에는 잔인한 측면이 있다. 민주주의가 탄생한 배경에는 개개인의 권리와 존엄성이 중요하다는 인식이 있었다. 완벽하지는 않지만 미래를 예측하고 결정하는 정부의 존재는 위험으로부터 개인을 보호해준다. 하지만 눈먼 시계공에 의해 진행되는 진화의 과정은 일어나지 않은 위험을 무시한다. 그 위험에 대처하지 못한 개체는 사라지고 우연히 그 위험을 잘 넘긴 개체만 살아남아 후손에 유전자를 넘겨준다. 진화의 과정에 개개인에 대한 동정심 따위는 없다. 진화에는 위험을 예측하고 대비하는 정부가 없다.

하지만 도킨스가 지적했듯이, 아이러니하게도 생명체는 완벽한 설계도를 지닌 존재에 의해 만들어진 것처럼 보인다. 이 아이러니는 진화라는 과정이 지니고 있는 강력한 도구 때문에 비롯된 결과다. 그 도구란 다름 아닌 무한히 긴 시간이다. 비록 설계도가 존재하지 않지만, 무한히 긴 시간을 거쳐 결국 살아남은 종들은 마치 짧은 시간 내에 설계도에 따라 만들어진 합리적인 존재처럼 보인다. 바로 이 요약이, 도킨스가 눈먼 시계공의 비유를 통해 던지는 메시지다. 생명의 진화에는 무한한 시간이 존재한다. 무한한 시간과 개개인의 생존을 먼지처럼 여기는 자연의 잔인함이 결국 합리적인 것처럼 보이는 생명체들을 창조할 수 있다. 하지만 그 이면에 존재하는 기술이란 고작 땜질뿐이다. 그때그때 고장난 것을 대충 수리하는 땜질 기술 하나로 돌고래와 공작새와 인간이 탄생했다.

이제 애덤 스미스의 경제학이 미르의 비합리적인 행위에 대해 던진 의문이 해소된다. 생명의 진화가 가진 무한한 시간이라는 도구를 고려하면, 생명체가 가진 전략들이 비합리적으로 보이는 이유는 물론이고 그것이 합리적인 이유까지 모두 설명할 수 있다. 세포가 가진 전략도 마찬가지다. 그 전략들을 언뜻 바라보면 매우 비합리적인 측면을 관찰할 수 있다. 우리 눈이 지닌 망막의 구조나, 요도관의 비틀림뿐 아니라, 미르에 의한 유전자 조절도 모두 땜질의 흔적이라는 것을 고려해야만 그 비합리성을 이해할 수 있다. 하지만 결과적으로 그것은 합리적인 전략이다. 왜냐하면 그 전략이 잘 작동하고 결국 그 전략을 택한 종이 살아남았기 때문이다. 애덤 스미스의 경제학은 무한한 시간을 고려하지 못했다. 애덤 스미스의 연구 대상인 인간은 짧은 생애를 지닌 유한한 존재이기 때문이다.

결국 어떤 세포가 필요 없는 mRNA를 아예 만들지 않거나 전사 단계에서 조절하지 않고, 멀쩡한 mRNA를 생산한 후에 그걸 다시 미르로 억제하는 이유는, 그 전략이 완벽하지는 않지만 꽤나 효율적이었기 때문이다. 경제학적 관점에선 전사단계에서 조절하면 될 일을, 자연은 해당 mRNA를 군이 만들고 이를 저해하는 방식으로 해결했다. 따라서 그렇게 땜질을 해야만 했던 필연적인 이유가 반드시 존재할 것이다. 그리고 그 이유를 찾으려면, 좀 더 구체적이고 깊은 생리학, 분자생물학의 세계로 들어가야 한다. 이 의문은 "생명체가 도대체 필요하지도 않아 보이는 mRNA를 만드는 이유는 그것

이 효과적이었기 때문이었다"라는 진화학의 '그저 그런 이야기Just
So Story'를 통해서는 완벽하게 설명될 수 없다.* 그 대답에는 반드시
생리학적, 분자적 설명이 필요하다.

---

*   진화생물학, 특히 수학이나 통계학을 기반으로 하지 않는 인류학이나 심리학의 분
야에는 '그저 그런 이야기'를 통해 진화생물학을 욕 먹이는 과학자가 많다. 논문이나
제대로 된 논증이 아니라 대중서나 강연 등을 통해 '그저 그런 이야기'로 진화론을
파는 장사꾼들을 조심해야 한다. 그들은 진화생물학을 사랑하지 않는다. 특히 진화
생물학자로 훈련받지 않은 인문학자들의 진화론 이야기를 주의해야 한다. 대부분 사
기꾼이다. 진화생물학자들의 '그저 그런 이야기'가 왜 문제인지 알고 싶다면 다음의
훌륭한 글을 추천한다. 한빈. (2018a). 어떤 과학 대중화. 〈브릭과학협주곡〉; (2018b).
과학적 서사라는 소설. 〈브릭과학협주곡〉.

3부 숨겨진 분자

번역은 반역이다

전사후단계에서 힘들게 생산한 mRNA를 다시 억제하는 방식으로 유전자 발현을 조절하는 미르의 작동 방식은, 경제학적으로는 에너지 낭비가 맞다. mRNA를 만드는 데 사용되는 자원과 에너지를 합리적이고 경제적으로 사용하려면 필요 없는 mRNA를 만들지 않는 편이 가장 효과적인 전략이다. 이 딜레마는 눈먼 시계공처럼 작동하는 진화의 과정을 고려했을 때 해결된다. 진화의 과정에는 치밀한 설계도가 없다. 진화는 그때그때 필요한 부분을 필요한 만큼만 수선해나가는 땜질의 과정이다. 긴 시간과 개체의 안위를 고려하지 않는 자연선택에 의해 결국 생명체들은 완벽하지는 않지만, 주어진 환경에서 잠정적으로 그럭저럭 작동하는 시스템을 갖춘다. 하지만 이것은 진화생물학적 설명일 뿐이다.

생물학의 두 원인

모든 생물학적 현상에는 두 가지 원인이 있다. 구체적으로 그 원인은 '왜?'라는 질문에 대한 답으로 제공된다. 따라서 모든 생물학의 주제에 대해 '왜?'라고 질문한다면, 언제나 두 종류의 답변이 돌아온다. 예를 들어 "백인은 왜 하얀 피부를 가지고 있을까?"라는 질문에는 두 층위의 답변이 존재할 수 있다. 한 종류의 답은 아프리카를 떠나 유럽의 추운 지방으로 이동한 백인들은 아프리카에서처럼 자외선을 차단할 필요가 없었기 때문에 피부를 검게 만들 필요가 없었고, 결국 이러한 선택이 계속되어 피부색이 하얗게 변했다는 것이다. 이 표현을 다른 방식으로 변형할 수도 있다. 인간은 생활에 필요한 햇빛을 제공받아야 하므로 햇빛의 양이 아프리카에 비해 적은 북쪽으로 이동한 백인종은 좀 더 많은 햇빛을 받아야만 하는 선택압에 직면했고, 결국 흰 피부색을 지닌 개체들이 생존에 좀 더 유리했으며, 이러한 선택의 과정이 지속되면서 결국 대부분 백인종의 피부가 하얗게 변하게 됐다. 다른 종류의 답은 피부색을 결정하는 멜라닌 색소의 양이 증가하면 피부색이 검게 변하는데, 백인종에겐 이런 멜라닌 색소의 양이 줄어들었다는 설명이다.

전자의 설명 방식을 궁극인Ultimate Causation이라고 부른다. 이런 설명 방식은 진화론과 관련되며, 계통발생적 층위의 설명이다. 계통발생이란 종과 종 사이의 연속적인 진화 과정을 뜻하는 용어다. 후자의 설명 방식을 근접인Proximate Causation이라고 부른다.* 근접

---

*   궁극인과 근접인에 관한 많은 문서가 인터넷에 존재한다. 정확한 설명을 원하는 독자는 고인석 교수의 논문들을 참고하라. 고인석. (2009). 생물학적 인과와 물리학적 인과의 거리. 〈철학연구〉, 111, 2009, 79-98; (2005). 생명과학은 물리과학으로 환원되는가?. 〈범한철학〉, 39, 179-202; (2002). 올바른 과학적 설명이란 어떤 것인가. 〈철학〉, 70, 259-282.

인은 생리학과 관련되며 개체발생적 층위의 설명이다. 개체발생이란 한 개체가 수정란으로부터 성체가 되는 과정을 뜻하는 용어다.

궁극인에 대한 답은 실험실에서 재현하기 힘든 가설적 성격을 지니는 경우가 많다. 실험실에서 짧게는 수백만 년에서 길게는 수억 년에 이르는 진화의 과정을 재현할 수 없기 때문에 어쩔 수 없다. 따라서 위에서 예로 든 궁극인에 대한 두 설명들 중 무엇이 옳고 그른지, 혹은 둘이 모두 맞는지 틀린지는 과학자들이 공유하는 이론을 통해 합리적으로 결정할 수밖에 없다. 재현 가능한 실험이 불가능하기 때문에 해당 가설을 뒷받침할 수 있는 여러 정황적 증거들을 두고 가장 합당한 이론을 선택하는 방식으로 답이 제공되는 것이다. 그래서 진화생물학은 언제나 다양한 이론들이 경쟁하는 격투장이다.[**]

근접인에 대한 답은 거의 대부분 실험실에서 통제된 operational 실험으로 재현 가능하다. 예를 들어 백인종 멜라닌 색소의 양과 흑인종 멜라닌 색소의 양은 아주 간단한 생화학적 실험을 통해 측정할 수 있다. 근접인을 다루는 생리학은 풍부한 실험적 증거들을 포함하고 있기 때문에, 여러 이론과 가설이 오랜 기간 동안 논쟁하는 궁극인의 영역보다는 좀 더 쉽게 합의가 도출되는 경우가 많다. 근접

[**] 그런 맥락에서 진화생물학에 등장하는 치열한 논쟁을 다룬 여러 책을 읽으면 흥미로울 것이다. 다윈의 시대부터 진화생물학은 이론의 각축장이었다. 나의 책《플라이룸》에서는 의사이자 생리학자이며 다윈의 제자이기도 했던 로마네스의 이야기를 통해 그 논쟁을 조명했다. 다윈과 월리스의 논쟁을 자세히 다룬 헬레나 크로닌의《개미와 공작》이 우리나라에 번역되어 있다. 도킨스와 굴드의 논쟁을 다룬 책은 상당히 많이 소개되어 있으니 쉽게 찾을 수 있을 것이다.

인에 접근하는 방법의 확실성은 실험 가능한 대상을 다루는 생리학이라는 학문의 성격으로 나타난다.

하나의 생물학적 현상에 대한 가장 좋은 설명은 궁극인이 근접인을 통해 혹은 근접인이 궁극인을 통해 제공되는 방식이다. 두 가지 설명이 모두 제공될 때 비로소 한 현상에 대한 명확한 그림이 그려진다. 예를 들어 백인종의 피부가 하얀 이유는 "아프리카에서 북부 유럽으로 이동한 개체군들 중에서 자외선이라는 선택압으로부터 자유로워지고, 또 생활에 필요한 햇빛을 공급받기 위해서 자외선을 차단하는 효과가 있는 멜라닌 색소의 양을 조절하는 유전자 조절 회로에 변화가 생긴 개체들의 생존 효율이 높았다"는 방식으로 서술될 수 있다. 이처럼 두 층위의 설명이 동시에 제공될 때 생물학의 설명력은 완전해진다.*

조절 유전자를 조절하기

앞에서 살펴본 전사후 품질 관리 과정의 문제에서, 유전자 발현을 조절하는 미르의 비합리성을 설명한 방식은, 생물학의 두 가지 원인 중 궁극인만을 다룬 것이다. 그 궁극인이란 다름 아닌 진화의 과정은 땜질이고 최적화된 효율성을 추구하지 않는다는, 조금은 모호하고 추상적인 설명이었다. 현대 생물학은 분자생물학을 중심으로

---

* 나의 책 《플라이룸》의 대부분이 이 문제를 다루고 있다. 짧게 이해하고 싶은 독자들은 다음 글을 참고하라. 김우재. (2010). 진화·분자의 두 생물학 전통 위에 초파리 날다. 〈한겨레 사이언스온〉.

재편되었고, 이제 대부분의 경우 분자적 수준의 설명을 요구받는다. 또한 분자적 설명이 제공될 때, 생물학의 설명력은 넓어진다. 미르의 진화에 대해서도 분자적인 수준에서의 구체적인 설명이 제공될 때, 비합리적으로 보이는 미르의 기능에 대한 설명이 완전해질 수 있다.

미르의 작동 방식을 유전자 조절 회로의 관점에서 바라보면, 미르에 의한 조절 회로 추가는 그 자체로 고등 생물의 진화에 중요한 역할을 했을 가능성이 있다. 즉 미르라는 새로운 유전자 조절 회로가 생겨난 결과 자체가 미르의 존재 이유를 설명해줄 수도 있다는 뜻이다. 이런 관점은 고등 생물로 진화할수록 더 많은 수의 미르 유전자가 존재한다는 사실로 신빙성을 얻는다.

식물에도 미르 유전자가 존재한다. 식물에서 알려진 바에 따르면, 세포의 분화 과정에서 유전자 조절에 관여하는 단백질을 코딩하는 mRNA가 주로 미르의 표적이 된다. 세포 분화란 줄기세포로부터 새로운 형태의 세포, 예를 들면 간세포나 신경세포가 생겨나는 현상을 말한다. 식물의 다양한 미르들이 이런 세포 분화에 필수적인 것으로 알려져 있다. 핵심은 미르 유전자들이 조절 유전자들을 표적으로 삼는다는 데 있다. 일반적으로 유전자 발현의 조절에 관여하는 조절 유전자들은 그 양이 많지 않고, mRNA도 매우 불안정하기 마련이다. 조절 유전자는 연쇄 반응을 일으키며 세포의 운명을 결정하기 때문에 필요한 시기에 적당한 양을 짧은 시간 동안 발현시켜야 세포의 분화가 정상적으로 이루어질 수 있다. 적당한 시기에 적당한 양의 화력과 양념을 가해야만 맛있는 요리를 만들 수 있듯이, 조절 유전자를 조절하는 일은 개체의 발생에서 아주 중요한 품질 관리의 영역이다. 특이한 점은 식물의 세포에서 미르가 표적으로 삼는 조절 유전자들이, 분화 상태가 아닌 미분화 상태를 유지하는 데 필요한 단백질을 코딩하고 있다는 점이다. 즉 미르에 의해 해당 조절 유전자가 사라지면 세포가 분화를 시작하게 되는 시스템이다.

따라서 식물에서 세포 분화에 관여하는 미르의 기능은 매우 효율적이다. 왜냐하면 분화될 필요가 없는 줄기세포나 분화전 단계의 세포들이 불안정한 조절 유전자의 mRNA에 의존하지 않은 채, 단순히 미르를 발현시키는 방식으로 분화를 유도할 수 있기 때문이다. 이 방식은 여전히 필요하지 않은 조절 유전자의 mRNA를 만들고 이를 미르로 억제하는, 돌아가는 방식으로 보인다. 하지만 조절 유전자 하나를 더 추가해서 분화를 유도하는 방식에 사용될 에너지와 비교해보면 미르를 이용한 땜질이 더 효율적일 수 있다. 조절 유전자의 추가는 시한폭탄 하나를 회로에 더하는 것과 비슷하고, 차라리 그 에너지를 짧은 서열의 미르 유전자를 덧대는 방식으로 해결할 수 있다. 조절 유전자의 연쇄성을 생각해볼 때, 하나의 새로운 조절 유전자를 추가하기 위해서는 엄청나게 많은 다른 조절 유전자가 필요할 것이다. 대부분의 경우 세포 분화는 새로운 조절 유전자의 발현을 요구하기 마련이지만, 하나의 조절 유전자를 켜고 끄는 것으로 세포의 분화가 충분한 경우에 미르를 덧대는 방식은 매우 효율적인 해결책이 될 수 있다.[14]

전사보다 번역

그렇다고 해서 미르에 의한 유전자 조절의 발현이 세포의 분화 과정에만 효율적인 것은 아니다. 발생과 세포 분화는 미르가 적용될 수 있는 하나의 예에 불과하다. 또한 전사후단계에서의 유전자 발현 조절이 반드시 경제적으로 손실인 것은 아니다. 일반적으로 전사후단계에서의 유전자 발현 조절은 전사단계에서의 조절보다 '속도'와 '가역성'의 측면에서 효율적이라고 알려져 있기 때문이다. 유전자 발현의 단계를 다시 한번 머릿속에 그려보자. 유전자 발현은 DNA로부터 RNA가 전사되고, 이렇게 전사된 RNA가 성숙되는 과정을 거쳐, RNA가 단백질로 번역되는 과정을 통해 완결된다. 대부분의 유전자는 단백질로 번역되어야 그 기능을 발휘하기 때문에 전사단계를 조절하는 것보다는 번역 과정을 조절하는 것이 훨씬 빠르고 간편하다. 그래서 전사후단계 조절 혹은 번역단계 조절이 속도 측면에서 유리한 것이다.

연필을 생산하는 공장을 생각해보자. 공장의 기계들이 고장 나면 그날부터 공장에서는 연필을 만들 수가 없게 된다. 따라서 기계가 고장 나기 전까지 만들어진 연필만 소비자들에게 전달될 것이다. 이것이 번역 과정에서의 조절 과정이다. 이제 연필의 원료 중 하나인 흑연 광산이 파업을 하기로 했다고 하자. 흑연 광산의 파업이 연필 공장에 미치는 영향은 분명 크지만 연필 공장의 창고에는 그동안 비축해둔 흑연이 어느 정도 남아 있을 것이므로, 당분간 연필 공장에서는 연필을 생산할 수 있다. 이것이 전사단계의 조절 과정이다. 따라서 번역단계에서의 조절이 전사단계에서의 조절보다 즉각적이고 속도가 빠르다.

가역성에 대한 설명은 이보다 조금 복잡하다. 세포에서 일어나는 번역 과정의 조절은 대부분 번역에 관여하는 번역 인자들을 인산화phosphorylation시키면서 진행된다. 인산화 과정은 단백질의 특정 아미노산에 인산을 덧붙이는 작업으로, 세포의 인산화효소들에 의해 촉매된다. 인산화 과정이 중요한 이유는 단백질에 인산을 붙였다 떼었다 하는 반응이 가역적이고,* 그 가역적인 방법으로 단백질의 활성을 조절할 수 있기 때문이다. 인산화 과정은 새로운 단백질을 만들 필요 없이 단백질에 약간의 수선을 가함으로써 반응을 조절하는 매우 보편적인 방법이다. 물론 전사 과정의 조절도 이런 인산화에 의해 진행되는 경우가 있지만, 번역 과정의 가역성이 전사 과정보다 더 강하다고 생각된다. 왜냐하면 유전자 발현은 전사에서 번역으로 이어지는 연쇄 반응이고, 따라서 전사 반응이 가역적이라고 해도 이미 만들어진 mRNA에 의한 연쇄 반응은 피할 수 없기 때문이다. 반면 번역 과정은 직접적으로 단백질의 합성을 통제하기 때문에, 번역 과정의 가역성은 즉각적으로 유전자 발현의 가역성에 영향을 미치게 되어 있다. 아마도 한번 기름 값이 오르면 잘 떨어지지 않는 것을 전사 과정에서의 가역성에 유추해본다면 이해가 쉬울 것이다.

다시 조절 유전자로 돌아와서, 조절 유전자들의 단백질 양은 최적화된 범위를 가지고 있다는 것을 알아둘 필요가 있다. 한 나라에 공무원이 너무 많아도 안 되고 너무 적어도 안 되는 것처럼, 조절

---

* 세포에는 인산화효소만 있는 게 아니라 탈인산화효소도 존재한다. 인산화효소가 붙여놓은 인산기는 탈인산화효소에 의해 제거될 수 있다. 그래서 이 반응은 가역적이다.

유전자들도 일정 범위의 최적 수준에서 유지되어야 세포를 정상적인 상태로 유지시킬 수 있다. 게다가 조절 유전자가 연쇄적인 반응을 유도한다는 점을 생각해보면 조절 유전자의 양은 매우 좁은 범위 안에서 유지되어야 할 필요가 있다. 세포가 이처럼 좁은 범위의 단백질 양을 유지하는 게 그리 쉬운 일은 아니다. 예를 들어 설명해보자.

먼저 세포가 조절 유전자의 mRNA 하나를 이용해 단백질을 만든다고 가정해보자. 하나의 mRNA가 지나치게 많은 양의 단백질을 생산할 경우, 즉 최적화된 범위를 벗어나는 양의 단백질이 만들어질 경우, 미르에 의한 번역단계에서의 조절이 필요하게 된다. 만약 하나의 mRNA로부터 최적 수준의 단백질이 만들어진다 해도 세포가 이런 수준을 유지하는 것은 매우 어렵다. 왜냐하면 RNA라는 물질 자체가 지닌 불안정성으로 인해 세포가 이 하나의 RNA를 필요한 만큼 오랫동안 유지하는 게 불가능하기 때문이다. 따라서 몇 개의 mRNA를 만들고 동시에 번역단계를 조절하는 게 일정한 수준의 단백질 양을 유지하는 데 더 효과적인 방법일 수 있다. 조절 유전자처럼 정교함을 요하는 단백질의 경우, 양의 조절은 하나의 조절점, 즉 전사단계 혹은 번역단계만을 조절하는 것보다 하나 이상의 조절점, 즉 전사단계와 번역단계의 동시 조절을 이용하는 것이 안전하고 효율적이다. 그렇게 해야 단백질의 양이 요동치지 않고 일정한 수준을 유지할 수 있다.

땜질과 효율성: 궁극인과 근접인의 긴장 관계

이해력이 빠른 독자라면 앞에서 다룬 미르의 작동 방식에 대한 궁극인과 지금 다루는 근접인 사이에서 미묘한 긴장 관계를 느꼈을 것이다. 전사단계에서 앞을 내다보는 방식의 조절이 아니라 전사 후단계에서 땜질 방식의 조절이라는 점을 설명하면서, 앞에서는 이 방식의 비합리적인 측면에 초점을 맞추었다. 하지만 여기서는 미르의 분자적인 조절이 지닌 합리적인 측면에 초점을 맞추었다. 다시 말하자면 진화적인 측면에서 미르의 작동 방식은 그럭저럭 쓸 만한 것이지만, 생리학적 측면에서 미르의 작동 방식은 아주 훌륭한 것이 되어버린 셈이다.

진화론을 중심으로 하는 궁극인적 설명과 생리학을 중심으로 하는 근접인적 설명의 긴장 관계는, 이런 식으로 자주 상반된 시각을 내놓는다. 이런 긴장 관계의 예는 미르뿐 아니라 이전에 다룬 쓰레기 DNA에 대한 두 진영(진화학과 생리학)의 접근방식에서도 찾아볼 수 있다. 도킨스 같은 진화학자에게 쓰레기 DNA는 무임승차자이며 별다른 기능이 없는 부위이지만, 분자생물학자에게 쓰레기 DNA는 연구할수록 기능이 발견되는 보물섬 같은 부위다. 도대체 이러한 관점의 차이는 어디서 기인하는 것일까?

이에 대한 답은 쉽지 않다.* 또 이런 긴장 관계가 반드시 나쁜 것도 아니다. 생물학의 다른 분야가 보여주는 긴장 관계는, 과학의 분과 다양성을 보여주는 예일지도 모른다. 또 이런 학문적 분과 다양

---

* 이런 질문에 답하기 위해서는 과학철학의 기본적인 지식을 갖출 필요가 있다.

성은 그 긴장 관계를 통해 창발적 새로움을 낳을 수도 있다. 진화학과 분자생물학, 궁극인과 근접인을 다루는 생물학의 양대 진영은 학문적 전통의 차이로 인해 가끔 미묘한 긴장 관계를 유지하기도 하지만, 그러한 긴장 관계를 훌륭하게 통합시켜온 역사도 가지고 있다. 예를 들어 다윈의 자연선택 이론이 일본인 기무라 모토에 반박당한 적이 있다. 기무라는 유전자 차원의 돌연변이에는 다윈의 자연선택이 적용되지 않는다는 사실, 즉 진화의 중립가설Neutral Theory of Evolution을 제시했고, 다윈의 후계자들과 기무라가 서 있던 진영은 격렬한 논쟁을 벌였다. 기무라의 가설이 주크와 킹의 생화학적 데이터에 의해 지지되고 사실임이 밝혀졌을 때, 유전자 차원에서의 돌연변이는 반드시 선택에 영향을 미치지는 않는다는 가설이 진화론에 추가되었다. 학문 간 관점의 차이는 건강한 토론으로 이어지기만 한다면 언제나 두 학문에 도움이 되는 발전의 원동력인 셈이다.**

군이 이런 관점의 차이를 설명하자면, 두 학문이 다루는 대상의 차이를 주시할 필요가 있다. 진화학은 긴 시간을 다루는 학문이다. 긴 시간 속에서 구체적인 증거들은 무시되는 경향이 있다. 예를 들어 미르의 작동 방식이 아무리 비합리적으로 보이고 땜질 진화의 증거라고 해도, 분자생물학적 수준에서 그 작동 방식을 살펴보면 나름의 합리성이 나타날 수 있다. 또한 생리학 혹은 분자생물학은 현재를 다루기 때문에 큰 그림을 놓치는 경우가 있다. 현재를 구체

** 기무라의 중립가설을 둘러싼 갈등은 나의 글 '분자전쟁'을 참고하라.

적으로 다루는 과학자들은 현재 존재하는 생명의 작동 방식 속에서 언제나 목적성을 찾으려는 노력을 하기 마련이다. 아마도 그것이 마이클 베히와 같은 생화학자가 진화론을 거부하고 창조론을 주장하게 된 학문적 배경인지도 모른다.

생물학의 두 접근 방식이 서로 다르다 해도, 훌륭한 생물학자는 두 접근 방식 모두를 포괄적으로 고려해야 한다. 진화학의 지나치게 이론적인 측면에 사로잡혀, 생리학적인 구체성을 결여하는 관점도, 생리학의 구체적인 실험 데이터에 사로잡혀 진화학적 설명을 거부하고 지나치게 목적론을 추구하는 관점도, 모두 훌륭한 생물학자의 태도는 아니다.* 진화는 실험실에서 재현할 수 없지만 지금까지 수많은 과학자들에 의해 간접적으로 증명되고 지지되어온 사실이다. 진화론은 하얀 수염을 가진 할아버지가 지구를 이레 만에 창조했다는 신화나, 인간이 죽으면 윤회를 거듭한다는 신화보다는 더욱 풍부한 증거들로 지지되고 있다.

번역은 반역이고 반역이 아니다

외국 서적을 번역하는 전문 번역가들 사이에 유행하는 경구가 있다. "번역은 반역이다"라는 말이다. 독일의 철학자 아우구스트 빌헬름 슐레겔이 남겼다는 이 말은 번역이라는 행위에 담긴 복잡다단함을 고스란히 표현한다. 번역은 단순히 외국어를 우리말로 옮기는

---

* 비슷한 관점을 생물철학자 엘리엇 소버가 보여준 바 있다. Elliot Sober(2004).《생물학의 철학》(민찬홍 옮김). 철학과현실(원서 출판 1973).

행위가 아니다. 번역은 언어뿐 아니라 해당 작품이 지닌 문화적 맥락과 심지어는 역사적 맥락까지 고스란히 옮겨와야만 하는 어려운 작업이다. 예를 들어 빅토리아 시대의 작품 하나를 제대로 번역하려면 번역가는 그 시기의 문화와 시대상에 대한 공부를 반드시 선행해야 한다. 그것이 제대로 된 번역의 과정이지만 그래도 완전한 번역은 불가능하다. 그래서 번역은 반역이 된다.

문학작품의 번역에 비한다면 생명체의 번역 과정은 반역적 수준이라고까지 말하기는 힘들지 모른다. 비록 핵산의 정보를 완전히 다른 물질인 아미노산으로 옮겨 써야 하기는 하지만, 번역 과정에서의 오류는 거의 일어나지 않기 때문이다. 생명체는 거의 언제나 AUG는 메티오닌으로, TGA는 번역을 멈추라는 뜻으로 받아들인다. 다만 미르에 의한 번역 과정에서의 조절을 생각해보면 번역은 일종의 반역이다. 멀쩡한 mRNA를 만들어놓고, 그걸 쓸모없게 만들어버리기 때문에 반역이고, 전사 과정에서의 조절이라는 합리적이고 효율적인 시스템을 두고도 굳이 전사후단계에서의 조절이라는 길을 택했다는 의미에서 반역이며, 수십 년 동안 생물학자들이 상상도 할 수 없었던 마이크로 RNA들에 의한 광범위한 유전자 조절 방식이 과학자들도 모르게 숨어 있었다는 의미에서 또한 반역이다.

미르와 조율의 미학

미르가 존재하는 이유는, 특정한 시기에 특정한 세포에서 특정한 유전자의 발현을 조절하기 위해서다. 앞에서 미르가 유전자의 발현을 조절하며, 그 조절의 양상이 전사인자들에 의한 발현과는 달리 전사후단계 혹은 번역단계에서 일어난다는 점을 살펴보았다. 미르에 의한 유전자 발현이 가진 독특함을 더 잘 이해하기 위해서는 세포가 유전자 발현을 조절하는 방식에 대한 선이해가 필요하다.

벤저민 르윈의 《GENES》

대학에 들어가 일반생물학 혹은 분자생물학 과목을 수강하게 된다면 벤저민 르윈의 《GENES》라는 교과서를 받아들게 될 것이다. 생물학에 관련된 저널들 중 논문을 가장 출판하기 어렵다는 저널 〈셀〉을 창간한 벤저민 르윈은 탁월한 과학자이자 교과서와 저널 및 웹사이트를 통해 미국 과학의 발전에 크게 이바지한 인물이다. 《GENES》라는 책은 엄청나게 두꺼워서 들고 다니기도 힘들다. 대부분의 학생이 책이 하도 무거워 분철을 했는데, 방학이면 이 책으로 대학 여기저기서 스터디 모임이 성행하곤 했다. 그만큼 이 책은 현대 생물학을 공부하기 위한 초석이다.

10센티미터 가까이 되는 두께에 (비록 그림이 많지만) 글씨도 그다지 크지 않은 이 책을 읽어야만 유전자 발현을 제대로 이해할 수 있다면, 재미있게 미르 이야기를 읽던 독자들은 한숨을 내쉴지 모른다. 하지만 이전에도 이야기했듯이 평균적인 일반인이 과학을 이해하지 못한다면 그것은 설명하는 사람의 잘못이다. 풍부한 은유와 쉬운 단어의 선택은 난해하고 전문적인 용어로 가득 찬 과학 지식을 일반 독자의 뇌 속으로 용해시킬 수 있다. 또한 일반인의 생물학에 대한 지식이 전문가와 똑같을 필요도 없다. 더군다나 분자생물학의 핵심은 그다지 어렵지도 않다.

다만 일반 독자들이 알아두어야 할 중요한 사실이 하나 있다. 백번 듣는 것보다 한 번 보는 것이 낫다는 말처럼, 생물학에 대한 이해에는 반드시 실험실이라는 공간에 대한 경험이 필요하다는 점이다. 나 역시 대학에서 배운 교과서적인 지식을 몸으로 체득하는 데 꼬박 2년의 실험실 생활이 필요했다. 과학은, 적어도 생물학은 대학에서 교과서로 배워 얻어지는 두뇌의 지식이 아니라, 실험실이라는 공간에서 몸으로 배운 지식과 결부될 때 비로소 완전해진다.[*]

---

[*] 누구나 과학자가 될 수 있는 실험 공간 '타운랩'은 나의 이런 생각을 실천하려는 시도다.

예산과 추경예산, 그리고 예산의 집행

해마다 연말이 되면 정부와 국회는 예산안 편성을 두고 한바탕 격렬한 풍파를 겪는다. 예산안은 국가의 한해 살림살이를 가늠하는 중요한 계획이다. 예산안 편성에 따라 이듬해의 운명이 달라지기 때문이다. 예를 들어 국방비에 얼마를 지출할 것인가, 교육에는 어느 정도의 예산을 편성할 것인가의 문제는, 장기적으로 해당 분야의 운명에 막대한 영향을 미칠 수 있다. 예산안은 쉽게 변경할 수 있는 것이 아니기 때문이다. DNA로부터 RNA를 만드는 전사 단계의 유전자 발현을 한 해의 예산안 편성 과정에 비유할 수 있다. 긴 시간 단위의 조절이라는 점, 거대한 규모의 조절이라는 점, 한번 결정되면 되돌리기 어렵다는 점에서 이 둘은 유사하다. 세포가 어떤 mRNA를 발현시킨다는 말은 국가가 국방비에 몇 퍼센트의 예산을 쓰겠다고 결정하는 것과 동일하다.

일단 예산이 편성되면, 각 부서들은 편성된 예산을 어떻게 사용할지에 대한 구체적인 계획을 세워야 한다. 예산의 집행이 항상 예산안과 일치할 수는 없다. 언제 무슨 일이 생길지 정확히 예측할 수 없기 때문이다. 최대한 정확한 예측을 한다 해도 언제나 모든 일에는 오차가 발생하기 마련이다. 이런 때를 대비해 국가는 추경예산을 편성한다. 한 해의 예산심의가 끝난 후에 심의되는 추경예산은, 예산의 집행에 유동성을 준다. 번역단계에서 벌어지는 유전자 발현의 조절, 즉 예산이 이미 집행된 상황에서 미르에 의한 조절은, 전사단계 조절에 대한 일종의 추경예산안이다. 추경예산이라는 유동적인 제도가 예산안을 편성하는 과정에서 예측할 수 없던 위험을 예방하듯이, 번역단계에서 한번 더 유전자의 발현을 조절하는 방법도 세포의 유전자 발현을 더 잘 조절하는 시스템으로 기능한다.

여기서 끝나는 게 아니다. 예산을 편성하고 이후 추경예산을 편성한다 해도, 예산을 집행하는 기관과 부서의 행정이 효율적이지 않으면, 언제든 예산은 바닥나버릴 수 있다. 예산은 종이에 적히는 것에서 끝나는 게 아니라, 실제로 집행되어 국민들에게 사용될 때 가치를 지니게 된다. 국민은 국가 예산이 얼마인지에 대한 뉴스만으로는 별다른 느낌을 받을 수 없다. 몇 조 단위의 돈은 피부로 와닿는 정보가 아니기 때문이다. 마찬가지로 추경예산이 어떻게 편성된다고 해도 실제 국민들의 피부에 즉각적으로 와닿는 변화는 별로 없다. 다만 구청이나 동사무소에서 국민들을 위해 예산을 집행할 때 예산은 구체성을 띠게 되며 국민들의 피부에 와 닿는다. 이렇게 예산의 편성은 집행 과정에 이르러서야 비로소 의미를 가진다. 지방 및 관할 부서의 예산 집행은, 국가가 예산을 심의할 때 고려하기 어려운 함수들이다. 국가는 어떤 구청장이 얼마의 예산을 부도덕하게 횡령할지 알지 못한다. 국가는 어떤 지방 부서가 부도난 업체에 제품을 의뢰해 손해를 보게 될지 알지 못한다. 게다가 예산안에는 돈을 어떤 식으로 누구에게 사용하라는 자세한 항목도 적혀 있지 않다. 예산안에 맞게 예산을 사용하려면 어떻게든 수많은 지방관청과 부서를 조율해야 한다.

감사관 미르

예를 들어 어떤 지방의 군수가 공금을 횡령하고 기업으로부터 뇌물을 받았다는 정보가 입수되었다고 하자. 정부는 예산의 올바른 집행을 위해 해당 군수를 징벌해야 한다. 그리고 새로운 군수를 내려보내 사태를 마무리해야 한다. 이런 사태는 예산안을 짤 때는 존재하지 않은 변수이기 때문에, 국가는 변수를 통제하기 위한 또 다른 시스템 도입을 검토하게 된다. 예를 들면 감사원이나 검찰 같은 조직이 그것이다. 미르에 의한 유전자 발현 조절도 정확히 이런 방식으로 일어난다.

전사단계에서의 유전자 발현은 예산을 편성하는 것과 비슷하다. 전사단계의 조절은 큰 그림을 그린다는 측면에서 중요하지만, 언제나 발생할 수 있는 변수들 앞에 무력하다. 추경예산안은 번역단계의 조절과 같다. 추경예산안은 예산안보다 규모는 작지만 갑자기 돈이 필요한 곳에 필요한 예산을 적절히 집행할 수 있는 유동적인 방법이다. 문제는 예산의 집행이 종이에 쓰여진 그대로 이루어진다는 보장이 없다는 데 있다. 분명히 mRNA에는 어떤 단백질로 번역되라는 정보가 쓰여 있지만, 그 mRNA가 적절한 시기에 적절한 세포에서 발현되었는지 확인할 방법이 필요하다. 이런 확인 과정이 미르에 의해 일어난다. 미르는 예산안의 편성에서 혹시라도 있었을지 모르는 잘못된 정보들을 감시한다. 즉 미르는 예산의 집행 과정에서 예산을 최종 점검하는 감사관의 역할을 한다.

클라리넷 협주곡

이번엔 미르에 의한 유전자 조절을 조금 더 친숙한 음악에 비유해보자. 미르와 표적 유전자 사이의 관계, 그리고 그 상호작용에 의한 결과는 클라리넷 연주자에 비유할 수 있다. 우선 클라리넷이 하나의 mRNA라고 가정하자. 클라리넷의 구조는 복잡하지만 우리는 클라리넷의 음정을 조절하는 구멍들에만 초점을 맞추기로 한다. 구멍들이 뚫린 윗관과 아랫관은 mRNA의 기능을 조절하는 3′UTR 부분이다. 또한 여러 음정을 내기 위해 뚫려 있는 각각의 구멍들은 다양한 미르의 표적 서열이라고 가정하자. 구멍마다 다른 미르가 결합할 수도 있고, 같은 미르가 결합할 수도 있다. 구멍을 막는 마개들이 미르다. 마개들은 가끔 연결되어 있어서 하나의 마개만 눌러도 여러 구멍이 동시에 막히기도 한다. 즉 하나의 미르가 여러 유전자를 동시에 조절할 수 있다.

클라리넷이라는 악기가 발전되어온 과정을 생각해보면 미르에 의한 유전자 조절을 이해하는 데 도움이 된다. 현대 클라리넷은 하루아침에 발명되지 않았다. 클라리넷은 1700년경에 처음으로 선보였는데 그 이후 더 좋은 음질과 정확한 음높이, 그리고 음정 및 안정적인 억양을 위해 끊임없이 개선되어왔다. 무엇보다 중요한 문제가 운지법이었다고 한다. 하나의 악기가 완벽히 연주되기 위해서는 그 악기로 낼 수 있는 모든 음을 낼 수 있어야 하는 것이 당연하고, 따라서 적당한 운지법은 연주자가 악기를 완벽하게 소화하는 데 중요했을 것이다. 클라리넷은 구멍을 막기 위한 도구로 손가락이 아닌 마개를 사용한다. 클라리넷은 방식에 따라 뵘식 클라리넷과 뮐러식 클라리넷으로 나뉘는데, 뵘식 클라리넷의 핵심은 윗관과 아랫관의 마개를 연결해 윗관만 눌러도 아랫관의 마개가 막히게 만들었다는 점이다. 뮐러식 클라리넷은 당시 모든 음을 소화할 수 없어 다른 조성을 연주하려면 각각 다른 클라리넷을 사용해야만 했던 불편함을 덜기 위해 개발되었다. 뮐러식 클라리넷은 마개 수를 늘리면

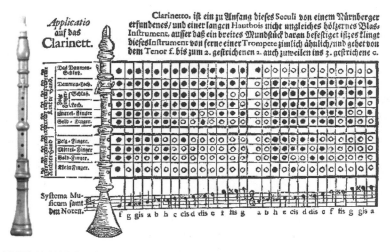

그림 4 완벽한 음을 조율하기 위해 클라리넷은 끊임없이 진화되어왔다. 특히 '반음'을 완벽하게 연주하기 위한 마개의 개발이 필수였다. 미르는 바로 이 클라리넷의 '반음' 조절을 위한 마개 같은 역할을 한다. (출처: http://www.the-clarinets.net/english/clarinet-history.html.)

서 연주가 불가능했던 반음까지 모두 연주할 수 있도록 마개의 디자인을 바꾸었다.

미르의 작동 방식을 클라리넷에 비유하는 이유가 바로 여기에 있다. 뮐러식 클라리넷이 만들어진 이유는 모든 음을 내기 위해서다. 뮐러식 클라리넷의 획기적인 마개 디자인, 즉 여러 구멍을 동시에 막는 구조가 없었다면, 클라리넷 연주자들은 여전히 어떤 반음을 낼 수 없었을 것이다. 미르가 조절하는 유전자 발현의 양상도, 클라리넷이 뮐러식 마개 없이는 연주할 수 없었던 이 '반음'과 같다. 마개가 없어도 클라리넷에선 소리가 난다. 손가락을 사용한다면 몇 가지 음정을 만들어낼 수도 있다. 문제는 구멍의 개수가 너무나 많아서 마개 없이는 모든 음을 연주할 수 없게 되어버린다는 데 있다.

　　　　　　　　　　　　　　　　　　　3부 숨겨진 분자

마개 없이 손가락만으로 모차르트의 클라리넷 협주곡을 연주한다고 생각해보자. 어떤 부분은 그럭저럭 괜찮을 것이다. 하지만 반음이 나오는 부분은 제대로 표현되지 못하고 결국 전체적인 오케스트라의 협연은 우스꽝스러워질 것이다. 바로 이런 오케스트라의 연주가 전사단계에서의 조절만으로 유전자 발현을 통제하려 했을 때 벌어질 일이다. 반음까지 완벽하게 모차르트 협주곡을 연주하기 위해서는 마개가 필요하다. 반음이 없어도 협주곡을 연주할 수는 있다. 다만 오페라하우스에서 공연할 수 없을 뿐이다. 오페라하우스에서의 공연, 즉 생사를 좌우하는 세포라는 공연장에서 반음은 개체의 생존에 치명적이었을 것이다. 미르는 바로 그 반음의 조율자다.

31

도약의 조건

분자생물학의 가장 기초적인 믿음 중 하나는 유전자가 일반적으로 단백질을 코딩하고 있다는 것이다. 하지만 2부에서 살펴보았듯, 이는 잘못된 중심 도그마의 잔재이고, 또 단백질 중심의 생화학 전통이 물려준 유산이다. 중심 도그마는 유전 정보가 DNA에서 RNA로 그리고 단백질로 흐른다고 명시하고 있지만, 실상 중심 도그마가 내포하는 의미는 유전 정보가 RNA를 '매개'로 DNA에서 단백질로 흐른다는 것이다. 이 말을 다시 표현하자면 유전자란 일반적으로 단백질과 동일시되는 무엇이며 유전학적 산출물은 거의 대부분 단백질에 의해 표현됨을 의미한다. 이런 결론은 박테리아와 같은 원핵생물에서는 거의 진실이다.

박테리아의 유산

유전자의 기능과 그 발현을 이해하기 위해 초창기 분자생물학자들이 선택한 첫 번째 도구는 박테리아였다. 왓슨과 크릭의 연구를 유전자 발현이라는 시스템으로 확장시킨 자코브와 모노의 연구도 박테리아에서 수행되었고, 1960년대 분자생물학을 주도했던 파지 그룹의 리더 막스 델브뤽의 주된 연구 주제도 박테리아와 박테리오 파지였다. 현재 우리가 가진 유전자에 대한 개념과 이해에는 박테리아의 유산이 잔존한다. 게다가 박테리아가 가진 유전자는 대부분 단백질을 코딩하고 있으며, 거의 유일한 예외는 번역 과정에 필요한 tRNA와 rRNA 등의 구조 RNA들뿐이다. 현재까지 수없이 많은 박테리아들의 유전체가 해독되었으며, 박테리아에는 많아야 1퍼센트 정도의 ncRNA가 존재한다고 알려져 있다. 따라서 적어도 원핵 생물에서 유전자란 곧 단백질로 표현되는 정보를 담고 있는 DNA 상의 부위이며, 이렇게 표현된 단백질이 세포를 구성하고 조절하는 거의 대부분의 역할을 담당하고 있다고 말할 수 있다.

과학은 가능하다면 언제나 단순한 법칙을 선호한다. 또한 과학자들의 특징 중 하나는 언제나 무언가를 일반화하고자 하는 경향이 있다는 것이다. 따라서 단세포생물인 박테리아에서 성공적으로 확립된 유전자에 대한 이해가, 다세포생물에도 비슷하게 적용될 것이라고 생각했던 과학자들의 기대는 당연한 것이다. 기대는 깨지라고 있는 것이다. 과학자들의 기대와는 달리, 진핵생물의 유전자는 박테리아와 완전히 다른 세계였다. 이미 살펴보았듯이, 발생학적 복잡성에 따라서, 즉 단세포생물에서 다세포생물로, 무척추동물에서 척추동물로, 포유동물에서 영장류로 갈수록 단백질을 코딩하고 있지 않은 DNA 부위(ncDNA)와 단백질을 코딩하고 있는 부위(cDNA)의 비율이 증가한다. 하지만 이런 증거에도 불구하고, 많은 과학자들은 고등 생물의 복잡한 유전자 조절은 더 많은 조절 단백질, 즉 전사인자와 DNA의 조절 부위인 프로모터의 조합으로 해결된다고 믿었다. 게다가 ncDNA의 98.5퍼센트 이상을 차지하는 부위가 트랜스포존 같은 이기적 DNA 또는 진화적 부산물인 쓰레기 DNA라는 증거가 존재했다. 이런 상황 어디에도 조절 RNA라는 개념이 비집고 들어갈 틈은 없었다.

복잡한 유기체 만들기

고등 생물, 즉 복잡한 유기체는 두 가지 층위의 연관된 프로그램을 필요로 한다. 먼저 단백질이나 기타 세포를 구성하는 물질처럼 구조적, 기능적 구성물을 지정하는 프로그램이 필요하다. 둘째 이런 구성물을 조직화해서 배열하고 기관이나 조직을 만드는 더 높은 층위의 프로그램이 필요하다. 두 번째 층위의 프로그램은 세포 간의 대화나 유전자의 기능을 조절하는 시스템을 포괄한다. 두 가지 프로그램은 반드시 함께 유전체 안에 쓰여 있어야만 한다. 비유하자면 회사가 운영되기 위해서는 상품을 생산하는 공장을 돌리는 노동자 외에도 생산된 상품을 수출하고 생산을 조절하는 경영진이 필요하다는 말이다. 산업사회가 고도로 발전할수록 상품의 생산보다는 기획과 마케팅 및 광고의 중요성이 늘어나는 것처럼, 복잡한 유기체가 진화하면서 두 번째 층위의 프로그램이 중요해졌다. 그 프로그램은 조절 회로다.

예쁜꼬마선충은 약 1000여 종류의 세포로 구성되어 있다. 인간은 이보다 훨씬 복잡한 약 10^{12}종류의 세포로 구성된다. 세포에 존재하는 조절 회로, 즉 앞에서 언급한 두 번째 층위의 프로그램이 세포의 다양성을 결정한다고 가정하자. 이렇게 가정했을 때, 기존의 분자생물학 패러다임은 단백질과 DNA상의 조절 부위의 상호작용만으로 세포의 다양성을 설명하려 했다. 실제로 많은 분자생물학자들이 이런 가정하에 고등 생물의 발생 과정에서의 복잡성을 연구해왔고, 또 많은 진전을 이룬 것도 사실이다.* 분자생물학에 관심이 많은 독자들은 현대 발생학의 연구들이 주로 전사인자와 DNA의 조절 부위인 프로모터를 중심으로 연구되어왔고, 또 지금까지 집적된 연구의 대부분이 이런 패러다임을 기초로 하고 있다는 사실을 쉽게 알아차릴 수 있다.

복잡성은 상호작용으로부터 창발하는 속성임에 틀림없다. 하지만 그것만으로 조직화된 복잡성을 모두 설명할 수 없다. 《다윈의 위험한 생각Darwin's Dangerous Idea》이라는 책에서 철학자 대니얼 데닛이 언급했듯이, 조합에 의해 무한한 경우의 가능성이 창발할 수는 있지만, 이렇게 창발한 대다수의 가능성들은 의미가 없거나 무질서한 경우가 태반이다. 따라서 진화와 발생 과정을 통해 끊임없는 시행착오를 거친, 생존에 의미를 부여하는 가능성만이 선택된다. 따라서 문제는 복잡성을 창출하는 데 있지 않다. 복잡성을 만드는 것은 단순한 조합으로도 가능하다. 더 중요한 것은 창출된 복잡성을 어떻게 유지하고 조절하느냐다. 복잡성을 통제할 수 없다면, 유기체는 생존할 수 없다.

---

* 전통적인 분자생물학의 패러다임은 DNA에서 단백질로 이어지는 과정에만 관심이 있었고, RNA는 단순한 매개자로 여겼다.

박테리아가 넘을 수 없던 선

단백질과 DNA의 상호작용으로 조절 회로의 복잡성을 설명하려고 할 때 예측되는 결과는, 네트워크에 존재하는 유전자의 개수에 비례해 조절의 양이 증가하는 모양이다. 이를 쉽게 설명하자면 전체 단백질 중 조절 단백질의 양은 유기체가 복잡해질수록 기하급수적으로 증가해야 한다는 뜻이다. 문제는 이런 비례 관계가 선형적이 아니라 비선형적이라는 데에 있다. 수학적으로는 2차방정식의 비례를 따르게 되는데, 이유는 간단하다. 새로운 조절 유전자 A가 회로에 추가되고 기능을 하기 위해서는 조절 유전자 A도 다른 유전자에 의해 조절을 받아야만 하기 때문이다. 조절 유전자가 이런 식으로 추가되는 회로는, 유전자의 수를 비선형적으로 증가시킬 수밖에 없다.

이러한 예측이 정확히 박테리아에서 관찰된다. 박테리아에서는 유전체의 크기가 커질수록 조절 유전자의 개수가 2차방정식의 스케일로 증가한다. 흥미로운 것은 유전체의 크기와 조절 유전자의 개수로부터 예측된 결과를 외삽하면 새로운 조절 유전자들의 숫자가 조절 모듈의 숫자를 넘어서는 지점이, 지금까지 알려진 가장 큰 박테리아 유전체의 크기와 같다는 점이다. 이 말을 요약하자면 박테리아의 세계에서 새로운 조절 단백질의 추가로 복잡성을 획득하려는 시도가 포화 상태에 도달했다는 의미다. 즉 단세포이며, 매우 단순한 구조를 지닌 박테리아의 복잡성은 환경적 요인이나 구조적, 생화학적 요인이 아니라 조절 회로의 과부하로 인한 상한선 때문에, 그 상태로 머물러 있었다는 말이 된다.

지구상에 최초의 박테리아가 생겨난 이후, 최초의 다세포생물이 생겨날 때까지 그렇게 긴 시간이 필요했던 이유는, 다세포생물이라는 복잡한 유기체가 탄생하는 데 필요했던 복잡한 조절 회로를 구상하기까지 오랜 시간이 걸렸기 때문인지도 모른다. 박테리아가 그 증거다. 박테리아의 방식으로 새로운 조절 단백질을 추가하면, 곧 한계에 봉착하게 된다. 유전체는 무한정 커질 수 없기 때문이다. 따라서 단백질의 조합에 기반한 조절 회로만으론, 박테리아 이상의 복잡성을 획득하기 어렵다. 이후 탄생한 진핵생물이 다세포생물로 진화하기 위해서는 박테리아가 직면했던 이 한계를 극복해야만 했을 것이다.

다양한 고등 생물의 유전체 해독이 진행되면서 여전히 많은 과학자들은 단백질을 코딩하고 있는 유전자에 눈을 돌렸다. 하지만 최근에서야 유전체의 산출물 중 98퍼센트 이상이 ncRNA라는 사실이 밝혀졌다. 이 말은 고등 생물이 단백질로 번역되지도 않을, 쓸데없이 많은 RNA들을 만들어내거나, 아니면 이렇게 전사된 RNA들에 우리가 알지 못하는 기능이 숨어 있다는 뜻이다. 만일 두 번째 가정이 옳다면 RNA는 고등 생물의 복잡한 조절 회로를 위해 새롭게 추가된 부품인 것이다.[*]

선진국의 조건

복잡한 유기체의 진화를 위해 조절 회로를 추가하는 방식은, 한 국

---

[*] 복잡한 유기체의 진화에서 조절 회로라는 프로그램이 필요하고, 이를 위해 ncRNA들이 역할을 했을 것이라는 내용은 다음의 논문을 참고했다. Mattick, J. S. (2004). RNA regulation: a new genetics?. *Nature Reviews Genetics*, 5(4), 316.

가의 경제가 발전하는 양상과 크게 다르지 않다. 예를 들어 후진국에서 개발도상국을 거쳐 선진국에 이르는 과정을 원핵생물로부터 진핵생물을 거쳐 다세포생물에 이르는 과정에 비유해보자. 조절 단백질을 지속적으로 추가하면 유기체가 어느 정도의 복잡성을 획득할 수 있다. 하지만 박테리아가 가진 유전체 크기의 상한선에 부딪히는 순간, 더 이상의 복잡성은 불가능해진다. 이는 후진국이 산업화를 거치는 과정과 유사하다. 다양한 천연자원과 농산물 등의 1차 산업을 이용해 발전하는 후진국의 상황은 조절 단백질을 지속적으로 추가해서 복잡성을 증가시키는 원핵생물과 다르지 않다. 하지만 이 방법에는 한계가 있다. 원핵생물의 유전체 크기가 그 한계라면 제한된 천연자원의 양이 또 다른 한계가 된다.

개발도상국으로 가기 위해선 해당 국가에서 생산되거나 혹은 수입할 수 있는 천연자원을 가공해서 2차 산물을 만들 수 있는 공장이 필요하다. 여기에는 새로운 기술력이 요구되고 많은 조건이 필요하다. 이 과정이 정확히 단세포 진핵생물이 새로운 조절자를 찾기 위해 소모한 시간과 같다. 어떤 상품이 국가의 발전에 도움이 될지는 시행착오를 거쳐야만 알 수 있다. 단세포 진핵생물도 새로운 조절자를 찾아 다세포생물로 진화하기 위해 엄청나게 다양한 시도를 했을 것이다. 대부분의 시도는 실패했고, 그중 일부가 다세포생물로 진화할 수 있는 새로운 조절 회로를 발견했다. 그 회로를 발견한 국가가 선진국으로 발돋움한다. 이것은 끊임없는 시행착오의 과정이며 진화의 한 양상이다.

원핵생물이 출현한 이래 그토록 오랜 시간, 즉 지구 역사의 대부분을 차지하는 시간 동안, 현재의 박테리아와 같은 방식으로 지내야 했던 이유는, 단백질을 기반으로 조절 회로를 추가해서 복잡성을 획득하는 데 한계가 있었기 때문이다. 그토록 많은 국가들이 선진국으로 발돋움하지 못한 채 개발도상국 지위에 머무르고 있는 이유와 이러한 개발도상국들 중 일부만이 선진국으로 진입하는 이유도 이와 비슷할 것이다. 선진국으로 진입하기 위해서는 새로운 조절자, 다시 말하자면 새로운 국가의 조절 회로가 필요하다. 그것은 새로운 정치 제도가 될 수도 있고, 산업이 될 수도 있다. 다세포생물, 즉 선진국으로 진입한 생물종은 이런 조절자를 발견했다. 바로 DNA와 단백질 사이를 매개하던 물질인 RNA였다.

대부분의 과학자는 국가를 경영하는 이론에 무지하다. 하지만 진핵생물이 ncRNA라는 새로운 조절자를 이용해 고등 생물로 진화할 수 있는 추진력을 얻었던 것처럼, 한 나라가 선진국 대열에 합류하기 위해서는 새로운 개념과 패러다임이 요구된다는 정도는 말할 수 있다. 조절 단백질의 추가로 획득할 수 있었던 복잡성에 한계가 존재했듯이, 1970~1980년대 방식의 산업화로 얻을 수 있었던 경제 발전에도 분명한 한계가 존재한다. 그것이 RNA라는 새로운 조절자가 우리에게 주는 작은 교훈이다. 미르는, 복잡한 유기체의 탄생과 함께 지구상에 나타났다. 그렇게 큰 역할을 했던 분자가, 21세기의 초반까지도 발견을 기다리며 조용히 숨어 있었다.

다시 만난 세계

월터 길버트와 인트론

박학의 대명사, 월터 길버트와 RNA

분자생물학의 탄생은 화학의 전통 속에서 단백질을 연구하던 일군의 과학자들과, 생명이 가진 신비한 힘에 경도되어 생명의 기능을 연구하던 생리학자들, 그리고 두 차례 세계대전의 와중에 생물학으로 발걸음을 옮긴 일군의 물리학자들의 합작으로 이루어졌다. 분자생물학은 탄생부터 학제간 연구였다. 미셸 모랑주의 책《분자생물학》은 이 과정을 자세히 그리고 있다. 생물학에 기여한 많은 물리학자들 중 크릭이 가장 유명할 것이다. 이중나선 구조를 규명한 크릭과 함께 노벨상을 수상한 모리스 윌킨스도 물리학자 출신의 인물이다. 우리가 눈여겨봐야 할, 하지만 일반에는 잘 알려지지 않은 다른 두 명의 물리학자 출신 과학자들이 있다. 파지 그룹을 이끌었던 막스 델브뤽과 'RNA 세계 가설'을 발표한 월터 길버트다.* 이 네 명의 과학자 모두 노벨상을 받았다.

월터 길버트는 하버드대학교의 경제학 교수였던 아버지와 아동심리학자인 어머니 사이에서 태어났고, 역시 하버드대학교에서 이론물리학을 전공했다. 당시 하버드에서 연구 중이던 왓슨의 영향으로 길버트는 물리학과 생물학을 오가며 연구를 진행했다. 그는 mRNA에 관심이 많았고, 자코브와 모노의 오페론 연구에서 중요했던 억제자repressor를 규명하는 쾌거를 이루었다. DNA 염기서열을 결정하는 것이 중요했던 당시, 그는 현재 주로 사용되는 프레더릭 생어의 방법과는 다른 독자적인 염기서열 해독 방법을 개발했고, 이론물리학자 출신답게 RNA 세계 가설을 제안하기도 했다. 그의 관심사는 생물학에 관련된 거의 모든 것이라 해도 과언이 아닐 만큼 넓었다. 특히 그는 1993년 에이즈를 유발하는 물질이 HIV가 아닐지도 모른다는 파격적인 발언도 했다.[**]

　　과학은 양화量化된 지식의 총화다. 따라서 양화된 데이터들이 넘쳐나는 분야에 종사하는 과학자들은 권위적이고 싶어도 권위적일 수 없다. 그게 과학이라는 분야의 미덕이다. 젊은 애송이가 권위 앞에 대적할 수 있는 유일한 방법은 언제나 재현 가능하고 철저하게 양화된 데이터로 승부하는 방법뿐이다. 따라서 사회의 다른 분야에 비해 과학자 집단에는 권위가 들어설 여지가 좁다. 이런 특징은 실험과학 분야에서 더욱 강하게 나타난다. 정치가 과학과 다르다면, 종교가 과학과 다르다면, 그리고 그것이 정치인과 종교인과 과학자를 구분짓는다면, 그것은 바로 과학의 이런 특징 때문일 것이다.

---

[*] 　막스 델브뤽에 관해서는 나의 글 '통섭의 경계'(웹진 〈크로스로드〉 2010년 6월 통권 57호)를 참고하라.

[**] 　물론 HIV 치료제가 개발되는 것을 보고 견해를 바꾸었다.

쪼개진 유전자

길버트가 소환된 이유는 RNA 때문이다. 물론 그는 RNA 세계 가설을 제안한 인물이지만, 이미 말했듯이 그의 관심사는 종잡을 수 없이 넓었다. 1978년 길버트는 〈네이처〉에 "유전자는 왜 쪼개져 있는가?"라는 제목의 글을 발표한다.[1] 이 글에서 처음으로 인트론intron이라는 단어가 등장한다. 여기서 그는 진핵생물의 유전자를 연구하던 과학자들이 발견한 현상을 언급한다. 원핵생물과는 달리, 진핵생물의 단백질을 코딩하고 있는 유전자 부위는 모두 단백질로 번역되지 않는다. 몇몇 바이러스에서도 발견된 이 현상을 현재 스플라이싱splicing이라고 부른다. 유전체상에서 단백질을 코딩하고 있는 유전자는 전사를 시작하는 프로모터 부위와 단백질로 번역되는 엑손exon, 그리고 단백질로 번역되지 않는 인트론으로 구성되어 있다.

길버트는 이렇게 구성되어 있는 진핵생물의 유전자를 모자이크라고 표현했다. 정확히 표현하자면 인트론이라는 침묵 중인(단백질로 번역되지 않는다는 의미에서) DNA의 매트릭스에 실제로 단백질로 번역될 엑손이 군데군데 박혀 있는 모자이크다. 진화론의 기본 가설을 제안한 인물답게 그는 이런 현상을 즉각적으로 진화에 적용한다.* 길버트는 인트론이 있기 때문에 하나의 유전자로부터 다양한 형태의 단백질이 발현될 수 있다는 사실을 간파했다. 현재 우리가 '선택적 스플라이싱'이라고 부르는 현상은 길버트가 제안한 경로를 그대로 따른다. 유전자가 단백질을 코딩하는 엑손과, 엑손과 엑손

---

* 길버트라는 인물은 물리학부터 생물학까지 대단히 박식한 인물이었다. 특히 분자생물학과 진화론을 오가는 그의 이론생물학자로서의 자질은 대단한 것이었다.

사이를 접합할 수 있는 인트론으로 구성된 모자이크 구조이기 때문에 하나의 유전자로부터 다양한 조합의 단백질이 발현될 수 있다. 길버트는 인트론의 이런 능력이 굳이 유전자를 복제하거나 심각한 돌연변이를 유발하지 않고도 진화를 가속할 수 있을 것으로 생각했다. 선택적 스플라이싱에 의해 하나의 유전자로부터 다양한 형태의 단백질이 나타날 수 있고, 그것은 유전체의 복잡성과 다양성을 증가시켜 진화를 가속한다. 즉 인트론은 얼어 있는 역사의 유물이고, 때가 되면 녹아서 기능하는 진화의 원동력이다. 길버트의 1978년 논문은 현재 대학에서 인트론과 선택적 스플라이싱을 공부할 때 학생들이 배우는 교과서에 실렸다.

길버트의 제안은 옥스퍼드의 생물물리학 강사였던 C. C. F. 블레이크에 의해 확장된다. 블레이크의 의견은 매우 간단하지만, 이를 이해하기 위해서는 단백질의 구조를 이해할 필요가 있다. 단백질은 구조와 기능을 지닌, 유전자 정보의 최종 산물이다. 단백질의 기능은 다양하다. 생명체가 살아갈 수 있는 이유는 아미노산의 조합으로부터 나오는 단백질의 다양성에서 나온다고 해도 과언이 아니다. 면역 반응을 유도하는 항체와, 산소를 운반하는 헤모글로빈, 소화 효소, 심지어는 머리카락을 이루는 물질도 모두 단백질이다. DNA는 ATGC라는 네 가지 염기서열의 조합으로 이루어진 중합체다. DNA는 이렇게 네 가지 염기를 디지털화된 방식으로 저장하는데, 그 덕분에 DNA가 유전물질일 수 있다. 단백질은 20여 가지의 아미노산으로 만들어지는 중합체다. DNA상의 정보는 염기의 순서가 중요하다. 정보가 디지털 방식으로 읽히기 때문이다. 하지만 단백질은 DNA처럼 선형적인 디지털 정보가 아니다. 단백질은 입체적

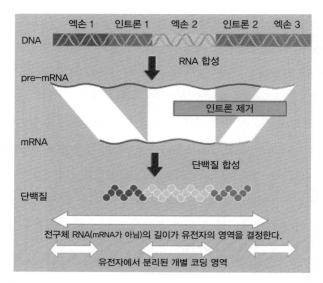

그림 1 인트론의 기능. 단백질을 코딩하는 유전자의 가운데 인트론이 모자이크처럼 박혀 있다. 선택적 스플라이싱을 통해 하나의 단백질 유전자에서 몇 가지 다른 종류의 단백질을 만들 수 있다. 인트론은 그래서 중요하다. (출처: https://www.studyblue.com/notes/note/n/chapter-4-the-interrupted-gene/deck/3621714.)

인 아날로그 정보를 통해 다양성을 획득한다.[2]

단백질이라는 조립 로봇

구조생물학은 단백질의 구조를 엑스선 회절을 이용해 밝히는 생물학의 한 분야다. 단백질의 기능은 DNA처럼 염기서열의 정보로부터 도출되지 않는다. 단백질의 기능은 구조에서 나온다. DNA와 단백질의 차이는 책과 그림의 차이와 비슷하다. 책은 문자로 쓰인 디지털 정보다. 그림은 물감으로 이루어진 아날로그 정보다. 책은 문자라는 단위로 이루어져 있으므로 복제가 쉽다. 하지만 그림은 그렇지 않다. 생물학에서 여전히 풀리지 않은 수수께끼 중 하나는 '접힘 문제folding problem'라는 것인데, 과연 아미노산의 배열만으로 단백질의 구조가 결정될 수 있느냐는 물음이다.[3] 한국계 과학자 피터 킴을 비롯한 수많은 천재 과학자들이 이 문제에 도전했지만 여전히 단백질의 구조를 컴퓨터를 이용해 풀지 못한다. 가장 큰 이유 중 하나는 20가지나 되는 아미노산의 조합이 컴퓨터로는 손도 대지 못할 만큼 엄청난 다양성을 창발하기 때문이다.* 만약 단백질의 구조를 결정하는 모든 정보가 아미노산의 배열 속에 쓰여 있다는 것이 밝혀진다면, 생물학은 정말 새로운 도약의 길에 들어서게 될 것이다.**

이렇게 구조가 중요한 단백질은 공처럼 단순하게 생긴 형태가 아니라 분역 혹은 도메인domain이라는 기능 단위의 연결로 되어 있다. 하나의 도메인은 기능의 단위다. 즉 단백질은 조립 로봇과 같다. 팔, 다리, 몸통, 머리를 조립하면 완성되는 조립 로봇처럼, 단백질은 도메인과 도메인의 연결로 완성되는 조립품이다. 블레이크는 DNA상의 엑손이 단백질상의 도메인에 해당된다고 제안했고, 이는 사실로

---

* 독자들 중 컴퓨터에 재능이 있고, 생물학에 흥미가 있는 사람은 이 문제에 도전해보는 것도 좋다. 최근에는 구조를 결정하기 위한 시민 생물학의 시도도 있다. 게임을 통해 과학자의 단백질 구조 결정을 도울 수 있다. 오철우. (2016). 디지털 온라인 시대, '변화하는 과학의 풍경' 둘. 〈한겨레〉.

** 2023년 현재, 구글의 인공지능 알파고가 개발되었고, 단백질의 접힘 문제는 부분적으로 해결되었다. 이제 단순한 단백질의 구조는 아미노산 서열만으로도 거의 정확하게 예측할 수 있다.

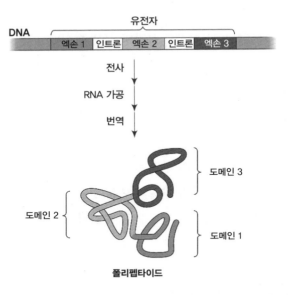

그림 2 엑손에서 도메인까지. 단백질을 코딩한 유전자의 엑손이 단백질 구조의 한 도메인이 된다. (출처: http://www.bio.utexas.edu/faculty/sjasper/bio212/proteins.html.)

증명되었다. 어린 시절 조립 로봇을 만들어본 독자라면 포장을 뜯고 조립 로봇의 각 부분이 붙어 있는 판형에서 로봇의 머리 및 팔다리를 뜯어내본 기억이 있을 것이다. 독자들이 뜯어내던 머리와 팔다리가 엑손이고, 뜯어낸 나머지 판형의 잔해가 인트론이다. 유전자는 그렇게 모자이크로 이루어져 있다.

이후 W. 포드 둘리틀을 비롯한 많은 과학자들에 의해 과연 인트론이 진핵생물이 탄생할 때부터 존재했는지, 아니면 진화의 과정에서 침입한 것인지에 대한 논쟁이 벌어졌다. 양 진영의 이론을 지지하는 증거들은 풍부하다. 진화론에 관한 대부분의 논쟁들처럼, 이 논쟁도 끝날 기미가 보이지 않는다.[4] 예를 들어 여전히 RNA가 먼저

였는지, 아니면 단백질과 RNA가 함께 출현했는지에 대한 답은 없다. 이론적 성격이 강한 영역에서의 논쟁은 말 그대로 언제나 논쟁적이다. 하지만 음미해볼 필요는 있다. 과학은 양화된 데이터를 얻는 데서 출발하는 학문이지만, 그 데이터가 이론과 연결되지 않으면 생명력을 상실하기 때문이다.

인트론의 존재 이유?

여전히 대부분의 과학자들과 생물학자들은 인트론의 존재 이유를 1978년 길버트가 제안했던 수준에서 이해하는 것으로 만족하고 있다. 인트론이 엑손 조합의 다양성을 증가시켜 복잡한 유기체의 출현에 이바지했다는 것이다. 만약 우리가 인트론의 출현 시기를 놓고 벌어지는 논쟁에서 벗어나, 진핵생물의 출현과 인트론의 존재 여부 사이의 강한 상관관계를 기정사실로 여긴다면, 하나의 의문이 떠오르게 된다. 그것은 바로 진핵생물의 진화에서 인트론을 탄생시킨 진화적 압력은 도대체 무엇이냐는 질문이다. 길버트는 이런 의문에 대한 답으로, 하나의 유전자로부터 다양한 조합의 단백질을 만드는 능력을 제안했다.

분자생물학이 도그마에 갇혀 방황한 시기를 다시 돌아볼 필요가 있다. 이 책은 그런 도그마가 깨지는 최신 현대 생물학의 동향을 소개해왔다. 길버트가 비록 RNA 세계 가설을 제안한 RNA 연구자이긴 해도, 여전히 그는 진화에서 유전자로 기능하는 물질은 단백질이라는 굴레에서 벗어나지 못하고 있다. 왜냐하면 그의 이론에서 인트론은 단백질을 만드는 엑손의 조력자로, 즉 단백질이라는 존재를 위해 봉사하는 수동적인 DNA의 한 부분으로 그려지고 있기 때문이다. 이런 관점을 뒤집을 필요가 있다. 엑손을 위해 존재한다고만 생각했던 인트론이, 사실은 다른 이유를 위해 존재하는 것일지 모른다.[5]

33

인트론의 존재 이유

앞서 살펴본 하나의 사실을 기억하면서 인트론에 대한 이야기를 시작해보자. 그건 바로 쓰레기 DNA로만 알려져왔던, 하지만 우리 유전체의 대부분을 차지하는 부위가 숨겨왔을지 모르는 새로운 기능에 관한 과학자들의 기대다. 유전체 2.0의 시대, 우리가 새로 알게 된 사실 중 하나는 단백질을 코딩하고 있는 유전체의 1.5퍼센트 부위만 RNA로 전사되는 것이 아니라, 우리 유전체의 절반 이상이 RNA로 전사된다는 것이다. 다시 한번 분자생물학의 중심 명제들을 살펴보도록 하자.

단백질은 아미노산의 배열을 무한대의 다양성으로 조합해서 다양한 구조를 만들 수 있고, 그 구조는 다양한 기능으로 나타난다. 따라서 단백질에 의한 세포 내 생화학적 기능은 매우 효율적이고 강력하다. 20세기 중반, 대부분의 생물학자에게 유전자의 최종 산물은 단백질이었고, 표면적으로 단백질에 대한 연구는 생물학의 모든 것이기도 했다. RNA가 새롭게 조명되기 시작한 시기는, 이렇게 중요한 단백질을 어디에서 얼마큼 만들어내는가, 즉 유전자 발현의

'조절'이 각광을 받으면서 시작되었다. 유전자 발현의 조절은 처음에는 DNA라는 물질에서 단백질로 직접 연결되는 것처럼 여겨졌다. RNA는 수동적인 매개자로 치부됐고, 유전자 발현에 대한 큰 밑그림은 DNA에서 단백질로 충분했다. 문제는 유전자 발현이 가장 먼저 연구된 생명체가 고등 생물이 아닌 박테리아라는 데 있다. 과학자들의 관심이 고등 생물로 옮겨가기 시작하자, 정교한 조절을 위해서 단백질 이외의 분자가 필요하다는 실험 결과들이 쏟아지기 시작했다. 외부 환경으로부터 상대적으로 안정적인 내부 환경을 유지하고 있는 고등 생물에게, 정교한 조절 시스템은 자연선택이 작동하는 선택압이었다. 새로운 조절 회로로 선택된 RNA는 세포의 유전자를 미세 조절하며 그 역할을 담당한다.

말이 되지 않는 이유

이야기의 지평을 미르에서 RNA라는 신비한 물질로 넓히면서, 우리는 인트론이라 불리는 유전체의 영역을 탐사하기 시작했다. 인트론을 설명하기 위해, 단백질을 코딩하고 있는 유전자를 모자이크로 비유했다. 단백질에 해당하는 DNA 부위는 단백질로 번역되는 엑손과 단백질로 번역되지 않는 인트론으로 나뉜다. 인트론은 박테리아 같은 원핵생물에는 존재하지 않고, 진핵생물 이후부터 존재하는 특이한 유전체의 영역이다. 노벨상을 수상한 월터 길버트는 인트론은 선택적 스플라이싱을 통해 하나의 유전자로부터 여러 버전의 단백질을 만들 수 있게 해주는 다양성의 도구라고 해석했다. 실제로 진핵생물은 하나의 유전자로부터 스플라이싱 변이체Splicing Variants

4부 다시 만난 세계

라고 불리는, 전체적으로는 비슷하지만 아미노산의 수와 배열이 조금 다른 단백질들을 만들어낸다. 그리고 이 가설은 정설로 굳어졌다. 인트론은 진핵생물이 단백질의 다양성을 획득하는 도구이며 이를 통해 진핵생물은 원핵생물보다 더 복잡한 구조를 유지할 수 있다고 가정되었다.

이런 가설 속에서, 인트론은 수동적인 조절자가 된다. 즉 인트론은 조연이고, 결국 단백질로 번역되는 엑손의 영역이 주인공이다. 인트론은 엑손과 엑손 접합의 조합을 결정하기 위한 쐐기와 같은 역할을 할 뿐이다. 예를 들어보자. 고대에는 바위와 같은 단단한 물체를 부수기 위해서 나무로 된 쐐기를 이용했다. 바위에 조그만 구멍을 내고 나무 쐐기를 박은 후 그곳에 물을 흘려넣으면 나무가 물을 흡수해 팽창하는 힘으로 결국 바위가 갈라진다. 인트론은 바위 중간중간에 박힌 쐐기와 같은 역할을 한다. 어떤 곳에 쐐기를 사용하느냐에 따라 쪼개지는 바위의 크기가 달라진다. 결국 나무 쐐기의 기능은 바위를 쪼개는 것이다. 나무 쐐기 자체가 건물의 일부로 사용되지는 않는다. 건물을 짓는 데 필요한 재료는 바위 덩어리이다. 하지만 비유는 비유일 뿐이다. 실제로 유전체 위에 그려진 인트론과 엑손의 크기는 나무 쐐기와 바위의 비유와 정반대다. 평균적으로 유전체에 새겨진 하나의 유전자는 약 95~97퍼센트의 인트론과 3~5퍼센트의 엑손으로 이루어져 있다. 아주 조그만 바위와 엄청나게 큰 나무쐐기를 상상하면 된다. 하지만 그 상상은 쉽지 않다.

상상이 어려운 이유는 그런 구조가 비상식적이기 때문이다. 단백질로 번역되는 엑손이 그렇게 중요하다면 왜 유전자의 대부분이 인트론으로 도배되어 있는지 이해하기 어렵다. 월터 길버트의 가

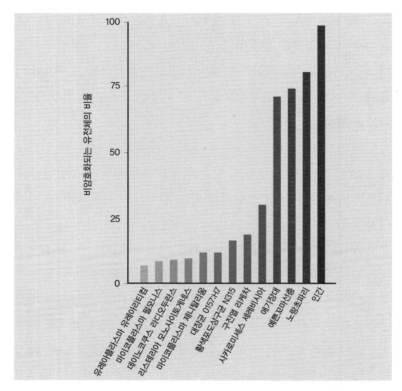

설 속에서 인트론은 그 자체로는 어떤 기능도 갖지 않는 것으로 되어 있다. 인트론이 RNA로 전사되는 이유는 단지 다양한 단백질 조합을 만들기 위해서일 뿐이다. 스플라이싱 후 인트론 조각은 사라진다. 의문이 뒤따른다. 전사처럼 에너지를 많이 소비하는 과정이 결국 스플라이싱 후 사라질 97퍼센트의 유전체를 만들어낼 합당한 이유가 있느냐는 것이다. 그것이 하나의 유전자로부터 기껏해야 한

두 종류의 단백질을, 그것도 기능면에서 크게 다르지도 않은 단백질을 만들어내기 위해서라면 효율성이 떨어지는 시스템으로 보이기 때문이다. 과연 인트론 자체에는 아무런 기능도 없는 것일까? 진화는 오랜 시간 동안 많은 개체를 희생시켜 환경에 가장 적합하고 효율적인 방법을 찾아낸다. 비효율적인 방법을 고수하는 개체는 도태된다. 상식적으로 판단하면, 제한적으로 단백질의 다양성을 만들 뿐인 인트론의 존재는 말이 되지 않는다.

RNA의 도전

인간유전체계획의 완성과 마이크로어레이 같은 기술의 발달은 유전체를 바라보는 새로운 시각을 제공한다. 최근에 밝혀진 가장 놀랍고 신비한 사실은 인간 유전체의 절반 이상이 전사된다는 것이다. 단백질을 코딩하고 있는 부위는 겨우 1.5퍼센트에 불과한데, 인간 유전체의 절반이 전사되는 이유는 무엇일까?

이상한 실험 결과를 얻었을 때 과학자는 두 가지 경우의 수를 가정하곤 한다. 첫째, 실험이 잘못되었으니 다시 해보자는 경우다. 만약 그렇게 다시 실험을 했는데도 같은 결과가 나온다면 둘째, 기존의 이론이 왜 데이터를 설명하지 못하는지 탐정이 되어 수사한다. 인트론의 존재 이유도 그런 수사선상에 올릴 수 있다. 우선 전사된 인트론이 그 자체로 우리가 아직 알지 못하는 방식으로 세포의 신호 전달 및 대사에 관여하고 있다고 가정하자. 만약 그렇다면 몇 가지 예측이 가능하다.

첫째, 고등 생물은 단백질과 RNA라는 두 가지 물질을 동시에 생산해서 더욱 정교하게 유전자 발현을 조절할 수 있다. 기존의 가설은 하나의 유전자에서 만들어져 세포를 조절하는 물질은 단백질뿐이라고 가정하지만, 새로운 가설은 전사된 RNA도 그 자체로 기능을 가지고 세포를 조절한다고 예측한다.

둘째, 만일 이런 RNA 신호가 고등 생물의 정교한 세포 조절에 도움이 되었다면 진화적인 이익을 얻었을 것이고, 고등 생물로 갈수록 더 많은 ncRNA들이 발견될 것이다. 또한 좀 더 복잡한 조절이 필요한 고등 생명체는 단백질을 위해서가 아니라, RNA 신호만을 위한 유전자를 더 많이 보유하고 있을 것이다. 이런 예측은 최근에 알려진 데이터와 일치한다. 복잡한 진핵생물은 단순한 진핵생물보다 인트론이 더 길다. 게다가 포유류에서 전사되는 RNA의 절반 이상이 ncRNA라고 보고되었다. 어떤 ncRNA를 만드는 유전자의 경우, 그 RNA가 인트론에서 만들어지며, 해당 RNA가 보유한 엑손은 단백질로 번역되지 않고 제거된다. 인트론을 위해 엑손이 희생되는 일이 생기는 것이다.

셋째, 이렇게 만들어진 RNA 신호들은 다양한 경로를 통해 염색체의 구조, 전사, 선택적 스플라이싱, 번역 및 RNA의 안정화에 영향을 미칠 것이다. 미르의 발견과 RNA 간섭 현상의 발견은 이런 예측에 들어맞는다.

넷째, 이렇게 만들어지는 RNA는 단백질처럼 생화학적인 반응을 촉매하는 것이 아니라 조절의 기능을 가질 것이다. 물론 어떤 RNA는 효소의 기능을 보유하고 있지만 대부분의 RNA는 그렇지 않다. 만일 그렇다면 헤모글로빈을 만드는 유전자의 인트론은 산소를 운반하는 기능을 가지는 것이 아니라, 헤모글로빈 유전자의 발현을

310

조절하거나 발생학적 조절을 담당하게 될 것이다. 이런 시스템은 매우 효율적인 피드포워드feed-forward 시스템이다. 일반적으로 피드포워드 시스템은 실행에 옮기기 전에 결함을 미리 예측해 행하는 제어 방식을 의미하는데, 생명체의 항상성 유지나 시스템의 견고성을 유지하는 곳에서 자주 발견된다. 이러한 피드포워드 시스템은 외부 환경의 소음으로부터 생명체 내부의 환경을 안정하게 유지하는 데 매우 큰 도움을 줄 수 있다.

마지막으로 이런 RNA들은 염기서열에 의한 신호 전달 체계를 가질 것이다. 즉 이런 RNA가 표적으로 삼는 분자는 단백질이나 지질이 아니라 다른 DNA나 RNA가 될 것이라는 뜻이다. 따라서 ncRNA에 의한 신호 전달은 하나의 디지털 시스템이다. ncRNA는 염기서열이라는 디지털화된 신호 체계에 의해 신호를 전달하고 이를 통해 유전자 발현을 조절한다. 미르와 기타 ncRNA에 의해 알려진 사실들이 이 예측과 정확히 일치한다.

이런 디지털 시스템은 유전자 발현 및 세포 내 시스템 조절의 정밀화, 즉 고등 생명체의 요구에 완벽히 부응하는 시스템이다. 3부에서 설명했듯이,* 고등 생물로 가는 지름길은 변화하는 환경에 대응해서 다양한 조절 방식을 획득하는 것이었으며, 단백질의 네트워크만으로 부족했던 이 간격이 ncRNA에 의한 신호로 채워지게 됐다. 게다가 22개의 염기서열만으로 유전자 발현의 노이즈를 제거하고 더욱 정교한 조절을 통제하는 미르의 존재는, 왜 고등 생물이

* 이 책의 30장과 31장을 참고하라.

단백질로 번역되지도 않는 그 많은 부위를 RNA로 만들어내는지에 대한 의문에 종지부를 찍을 수 있는 결정적인 단서가 된다.[6]

새로운 결과, 새로운 시각

이러한 예측을 뒷받침하는 증거가, 비교유전체학의 발전과 대규모 기능유전체학의 결과들에서 속속 등장하고 있다. 척추동물의 비교유전체학 연구에서는 단백질 영역보다 인트론의 영역이 더욱 잘 보존되어 있다는 연구 결과가 등장했다. 진화론적 사고에 의하면 중요하지 않은 DNA 부위에 발생하는 돌연변이는 중립적이고 해롭지 않으므로 종간에 보존되지 않고, 단백질의 중요한 부위를 코딩하는 DNA 부위의 돌연변이는 개체에 매우 해롭기 때문에 잘 보존되어야 한다. 하지만 척추동물의 CFTR와 SIM2 유전체 부위를 대상으로 한 비교유전체학의 연구에서, 가장 잘 보존되어 있는 부위는 인트론 부위로 밝혀졌다. 이 말은 이 부위가 진화적 압력에 놓여 있다는 뜻이다.[7]

인간의 질병과 연관되어 있는 ncRNA가 속속 발견되고 있다. 폐암, 전립선암을 비롯해서 질병을 유발하는 유전자의 7퍼센트가 ncRNA의 돌연변이에서 비롯된다. 특히 쥐의 유전체 연구에서 나온 결과를 통해, 수천 개의 정체를 알 수 없는 전사된 RNA의 존재가 입증되었다. 이들 중 상당수가 안티센스 방향으로 놓여 있다.*

---

* 17장에서 설명했듯이 단백질을 만드는 정상적인 방향을 센스라 부르고 그 반대 방향을 안티센스라 부른다. 즉 미르는 모두 센스인 mRNA에 대해 안티센스의 방향성

게다가 인간 전사체의 약 20퍼센트 정도가 안티센스와 연관되어 있다고 한다. 안티센스에 의한 유전병은 여러 종류가 보고되어 있고, 특히 유전적 각인 현상과 밀접한 연관이 있다고 알려져 있다.[8]

안티센스에 의한 조절뿐 아니라 센스 RNA에 의한 유전자 발현 조절 현상도 속속 보고되고 있다. 인간 유전체에는 2만여 개에 달하는 '가짜 유전자pseudogene'가 있다. 이런 가짜 유전자는 단백질을 만들지 못하지만, 단백질을 만드는 유전자와 매우 비슷한 염기서열을 가진다. 유전자의 복제 과정에서 만들어진 부산물 혹은 과거의 유물로만 알려져 있던 이런 가짜 유전자가, 실제 유전자의 발현을 조절한다는 보고가 잇따르고 있다.

일반적으로 RNA-RNA 혹은 RNA-DNA 사이의 결합은 DNA-DNA의 이중나선 결합보다 강한 힘을 필요로 한다. 이 말은 ncRNA에 의한 조절이 DNA-DNA의 결합보다 상대적으로 유연할 수 있다는 뜻이다. RNA-RNA 결합은 DNA-DNA 결합보다 미스매치mismatch된 상태, 즉 딱 들어맞지 않는 상태로도 잘 유지된다.** 이는 정보의 저장이라는 기능을 위해 특화되었기 때문에 미스매치를 허용하지 못하도록 진화한 DNA와, 이러한 정보의 저장으로부터 자유로운 RNA 사이의 중요한 차이이며, 이런 차이로부터 RNA는 고등 생물의 정교한 조절 네트워크를 위한 물질로 선택될 수 있었다.

을 가진다. mRNA의 일부분이 5′-ATGC-3′로 되어 있다면 이를 표적으로 하는 미르의 염기서열은 5′-GCAT-3′라는 뜻이다.

**   27장에서 투렛증후군을 다루며 G-U 결합에 대해 말한 적이 있다. DNA-DNA에서 G는 반드시 C와 결합한다.

또한 RNA를 세포 내 조절 네트워크의 물질로 사용한 진화적 전략은, 새로운 물질을 탐색할 필요 없이 존재하는 것을 새롭게 이용함으로써 창발emergence을 만드는, 생명체 진화에서 가장 흔히 보이는 전략이기도 하다. 펭귄이 헤엄치기 위해 지느러미를 만들지 않고 날개를 이용한 것처럼 말이다.

역사의 주인공은 바뀐다

콜드스프링하버의 두 금속상

제임스 왓슨이 세운 뉴욕 콜드스프링하버 연구소에는 4.5미터에 이르는 거대한 분자 모형의 금속상이 세워져 있다. 흔히 이중나선이라 불리는 날씬하고 질서정연하고 완벽한, 그래서 생명의 비밀을 푸는 물질이라 불리는 DNA 조각상이다. 이 금속상은 정말 금빛으로 번쩍이는데, 그 광경이 압도적이다. 왓슨이 DNA의 이중나선 구조를 발견한 과학계의 영웅으로 기억되고 있으니, DNA가 금으로 장식되어 콜드스프링하버의 상징이 되는 것도 무리는 아니다.

주의 깊은 과학자라면 이중나선 금속상이 세워져 있는 강당 너머 항구가 내려다보이는 연구소 언덕의 잔디밭에 놓인 어떤 조각상을 발견할 것이다. 그곳엔 강당에서 보던 질서정연하고 웅장했던 이중나선 구조와는 대조적으로 마치 씹다 만 껌처럼 생긴 덩어리가 움직이는 리듬체조 리본 같은 모습으로 깔린 금속 레일 위에 고정되어 있다. 생물학에 익숙한 이들은 이 구조가 RNA를 타고 움직이는 리보솜임을 쉽게 눈치 챌 수 있다. 하지만 금방 DNA가 연상되는 이중나선 구조 금속상과 달리 정체를 알기 힘든 이 금속상을 보고 유전 정보의 번역 과정을 떠올리는 사람은 별로 없다. 게다가 이 금속상의 하이라이트는 리보솜이다. mRNA로 추측되는 구부러진 레일은 화려한 리보솜이라는 기차가 달리도록 돕는 보조 기구쯤으로 묘사되고 있다. 이는 지난 50년간 생물학자들이 DNA와 RNA에 대해 가지고 있던 인식을 상징적으로 보여준다. 20세기 중반의 생물학자에게, DNA는 생명의 비밀이었고 RNA는 정보의 운반자에 불과했던 것이다.

왓슨과 크릭 이후

하지만 지난 몇 년간 과학자들은 그들이 가장 좋아하고 사랑했던 분자의 역할을 재고하기 시작했다. 거의 50년간, 과학자들은 분자생물학의 중심 도그마에 따라 유전 정보는 DNA에 담겨 있고 이 정보는 RNA를 통해 단백질로 번역된다는 것에 의심을 품지 않았다. DNA상의 정보량에 작은 변화가 생기는 것으로 진화가 가능하다는 이론도 정설이었다. 하지만 이러한 DNA상의 정보가 유전 현상의 유일한 결정인자가 아니라는 사실이 확실해졌다. 즉 유전자 결정론이(유전자를 DNA로만 가정했을 때) 생물학 내부에서부터 깨지기 시작했다는 뜻이다. 그리고 그 양상이 나타나게 된 본질은 '본성 대 양육'이라는 전통적인 구도가 아닌, 또 다른 분자 RNA를 통해서였다. 이제 과학자들은 '유전 정보'를 도대체 어떻게 정의해야 할지 난감해한다. DNA상의 정보만으로 충분했던 과거의 정의는 이제 속속 등장하는 새로운 발견들을 설명하지 못한다. 유전자를 정의하는 단순하고 명쾌한 생화학적 해결책은 없다.

게다가 진화라는 과정이 DNA상에 무작위로 발생하는 돌연변이가 세대를 넘어 유전되는 방식으로만 일어나는 것도 아니라는 사실이 밝혀졌다. 2009년은 다윈 탄생 200주년이 되는 해였다. 하지만 다윈과 멘델이 만나 겨우 근대적 종합을 이루어 지금까지 지속되어온 진화생물학은, RNA라는 분자의 등장을 통해 구조조정이 진행 중이다. 이러한 모든 일의 중심에 RNA가 있다. DNA의 사촌 격으로 미천한 정보 운반자로만 여겨졌던 RNA가 어쩌면 진화와 유전이라는 생물학의 주요 주제들에서 DNA와 맞먹을 만큼 중요한 기능을 가지고 있다는 사실이 밝혀지기 시작했다.

유전학과 RNA

여전히 논쟁 중인 주제이긴 하지만, 식물에서는 오래전부터 알려져 왔던 의사돌연변이paramutation가 포유동물에서도 일어난다는 결과가 2006년 〈네이처〉를 통해 발표되었다.* 의사돌연변이란 멘델의 제1법칙을 위반하는 사례로, 서로 독립적으로 유전되어야 할 대립 유전자 간에 상호작용이 일어나는 현상을 말한다. 즉 한쪽 부모에서 유래한 유전자가 나머지 한쪽에서 유래된 유사한 유전자의 활동

---

* Rassoulzadegan, M., Grandjean, V., Gounon, P., Vincent, S., Gillot, I., & Cuzin, F. (2006). RNA-mediated non-mendelian inheritance of an epigenetic change in the mouse. *Nature*, 441(7092), 469. 쉬운 설명은 Chandler, V. L. (2007). Paramutation: from maize to mice. *Cell*, 128(4), 641-645을 참고하라. 한국어로 된 뉴스는 '유전자 없는 형질도 유전된다' 〈한겨레〉(2006.05.26.)를 참고하라.

에 영향을 미치고 이런 상호작용의 결과가 유전되는 현상이다. 이에 대해서는 다시 자세히 언급할 기회가 있을 것이다. 이 발견의 중요성은 기존의 패러다임으로는 설명되지 않는 이러한 유전 현상이 RNA에 의해 발생한다는 것이다. RNA가 유전물질일 가능성이 제기된 것이다.

또한 인간과 침팬지의 두뇌에서 발현되는 유전자들 중 매우 중요하다고 밝혀진 HAR1F라는 유전자가 단백질을 코딩하지 않는다는 사실도 밝혀졌다. 이는 인간의 두뇌가 침팬지와 다른 이유가 단백질이 아닌 RNA 때문일 수도 있다는 뜻이다.[9]

이런 여러 발견으로 인해, 분자생물학 교과서는 빠르게 수정되고 있다. RNA는 우리가 생각했던 것보다 훨씬 강력한 유전적 기능을 지니고 있을지도 모른다. 20세기 후반까지도, 유전학의 주인공은 DNA였다. 유전되는 물질은 DNA밖에 없다고 알려져 있었기 때문이다. 하지만 RNA가 유전 현상에 직접적으로 개입한다면 유전학 교과서뿐 아니라 진화생물학 교과서도 새로 쓰여야 할지 모른다. 진화란 결국 오랜 세대에 걸쳐 일어난, 대물림이 모여 이루어지는, 유전학의 확장에 다름 아니기 때문이다. 유전학과 진화생물학은 따로 떼어놓고 생각할 수 없다. 진화의 근대적 종합은 다윈과 멘델을 하나로 묶기 위한 작업이었다. 유전학에서 새롭게 조명되는 RNA의 역할은 결국 진화생물학에도 영향을 미칠 것이다. 문제는 RNA가 얼마나 강력한 힘으로 진화의 흐름을 결정하느냐는 것뿐이다.

유전학의 오래된 그림은 간단하고 이해하기 쉽다. 그리고 과학자들의 착각은 단순한 것이 아름답다는 이념에서 비롯된다. 오스트리아의 수도사 멘델이 원자론의 영향을 받아 가정했던 '입자'와 같은 추상적 유전자 개념은, 에이버리를 거쳐 왓슨과 크릭을 통해 완성되었다. 카드를 섞는 식으로 유전되는 멘델의 유전자는 DNA라는 물질로 구성되었음이 밝혀졌다. 멘델의 유전학은 유전자의 조합이 두 조각의 찰흙을 뭉치는 것과는 판이하게 다르다고 우리를 설득한다. 분리의 법칙과 독립의 법칙은 유전자가 섞이지 않는 당구공 같은 것이라고 가르친다. DNA라는 이중나선의 실체가 밝혀진 후에도 멘델의 법칙은 변하지 않았다. 비멘델적 유전 현상들이 발견되긴 했지만, 대부분 미토콘드리아를 통한 모계유전이었고, 이 또한 DNA가 그 중심에 놓여 있었다. 중심 도그마는 멘델과 왓슨-크릭을 거쳐 완성되었고 멘델의 입자는 DNA상에 놓인 유전자, 그중에서도 단백질로 번역되는 정보를 지닌 부분으로 축소되기 시작했다.

인간유전체계획과 RNA

인간유전체계획은 많은 것을 뒤바꾸는 계기가 되었다. 단백질이 유전자의 본질이라는 오래된 생각에도 불구하고 98퍼센트의 DNA에는 단백질로 번역되는 정보가 없다는 것이 밝혀졌다. 사람들은 이를 쓰레기 DNA라고 부르기 시작했다. 이들 중 일부는 프로모터promoter나 인핸서enhancer 등의 유전자 발현을 조절하는 부위로 밝혀졌지만 나머지 부분의 기능은 신비에 쌓여 있었거나 과학자들의 흥미를 끌지 못했다.

98퍼센트의 쓰레기 더미를 발견했음에도 불구하고 중심 도그마는 흔들리지 않았고, 유전학은 DNA에 관한 학문이라는 테제도 바뀌지 않았다. 이런 철옹성은 점진적인 발견들에 의해 무너지기 시작했다. 어떤 RNA는 단백질로 번역되지 않는다. 이미 세포 내 RNA 양의 대부분을 차지하는 rRNA와 tRNA의 존재는 잘 알려져 있었다. 하지만 이들은 DNA의 정보가 단백질로 번역되기 위해 사용되는 수동적 운반자일 뿐, 능동적인 조절자로 인식되지 않았다. 세포의 상태를 결정짓는 주요 인자들은 단백질이라고 암묵적으로 가정되었다. 유전자 발현의 조절 역시 전사인자Transcription Factor라고 불리는 단백질에 의해 설명되었다. 따라서 미르의 발견은 당시의 과학자들에겐 믿을 수 없는 사건이었다. 고작 22개의 짧은 염기서열로 이루어진 RNA가, 단백질처럼 복잡한 구조를 가진 분자만 담당할 수 있다고 여겨진 유전자 발현을 조절한다는 것은 믿기 힘들었다. 미르는 그렇게 중심 도그마와 유전학에서 DNA의 위치를 무너뜨리며 등장했다.

고등 생물의 진화에서 미르는 그 어떤 유전자들보다 혁신적으로 증가한 유전자군이었음이 밝혀졌다. 박테리아에는 미르와 같은 조절 RNA가 없다. 진핵생물, 그중에서도 다세포생물군에서 최초로 등장하기 시작하는 미르는 고등 생물로의 진화에서 유전자 발현의 정교한 조절이 중요한 이슈였으며, 이러한 압력이 RNA라는 물질을 조절자로 사용하면서 해결되었다는 것을 보여준다. 미르가 가진 기능이 무엇이든 인간은 미르 없이는 존재할 수 없는 것처럼 보인다.

RNA에 의한 유전자 발현의 조절은 표현형이 RNA를 통해 유전될 수 있다는 사실을 알고 나면 놀라운 일도 아니다. 많은 논란 속에서 과학자들은 때때로 유전 정보가 DNA라는 유전체 속에만 저장되는 것이 아니라, RNA에도 저장되어 유전될 수 있을 것이라고 이야기하기 시작했다. 컴퓨터의 정보가 모두 하드디스크에만 담기는 것이 아니라 RAM이나 캐시메모리 체계에도 담겨 있듯이 어떤 정보들은 DNA가 아닌 RNA에도 담겨 있을 수 있다는 것이다. 그리고 RNA에 담긴 정보는 유전되어 역전사reverse transcription를 통해 다시 DNA 속으로 끼어들 수 있다. 역전사는 HIV와 같은 역전사 바이러스를 통해 처음 발견되었고 중심 도그마가 무너지게 된 첫 번째 발견이었다. 특히 정자 속에 엄청난 양의 RNA가 존재한다는 점은 이러한 가설에 신빙성을 더해준다.

ENCODE 프로젝트와 RNA

ENCODE 프로젝트는 이런 발견들에 종지부를 찍었다. 지금까지 쓰레기 DNA라는 취급을 받아왔던 98퍼센트의 DNA 대부분이 RNA로 전사된다는 사실이 밝혀졌다.* 이들 중 일부는 미르와 같은 조절 RNA일 것이다. 어떤 RNA들은 매우 짧은 단백질을 만드는 유전자일지 모른다. 여하튼 과학자들의 예상을 뛰어넘는 이 엄청난 양의 RNA들은 이제 TUFs(기능이 알려지지 않은 전사인자Transcripts of Unknown Function)라고 불린다. 이들의 기능을 알아내는 일은 향후 수십 년간 생물학자들이 풀어야 할 숙제가 될 것이다.

　ENCODE 프로젝트가 밝혀낸 또 한 가지 중요한 사실은 DNA상의 정보가 RNA로 전달되는 전사 과정이 예상처럼 정확하거나 단순하지 않다는 것이다. 어떤 유전자는 여러 유전자를 짜맞춰 mRNA

＊　물론 결과는 좀 과장된 방식으로 발표됐다.

를 만들고, 어떤 유전자는 다른 유전자와 융합하는 모습도 보여준다. 즉 유전체를 일종의 도서관으로 비유하자면, 이 도서관에서는 책 속의 한 페이지가 다른 책 속으로 섞여 들어가는 일이 종종 발생한다는 것이다. 즉 이 도서관에서는 제대로 된 책을 읽기가 매우 어렵다. 어쩌면 우리가 유전체라는 거대한 도서관을 읽어온 방식이 처음부터 잘못된 것이었는지 모른다. 아니 유전체를 애초에 도서관에 비유했던 방식 자체가 잘못이었는지 모른다.

이런 발견들이 우리에게 던지는 의문들 중 가장 중요한 것은 도대체 이제 유전자를 어떻게 정의해야 하느냐는 질문이다. 어쩌면 DNA라는 물질의 발견에 도취되어, 이를 통해 유전자라는 추상적 존재의 물질적 실체를 알아냈다는 승리에 취해 있는 동안, 자연은 우리를 비웃고 있었는지도 모른다. 유전자는 멘델이 생각했듯이 '입자'와 같은 것이 아니라 형체를 알 수 없는 연기 같은 것일 수도 있다. 유전자가 단순히 DNA의 일부라는 사고방식은 섣부른 것인지 모른다.

우리는 DNA와 RNA가 상호작용을 통해 진화라는 과정을 주도해 왔다는 것을 알고 있다. 게다가 이미 많은 과학자들은 진화의 초기에 'RNA 세계'가 존재했을 것이라고 예상하고 있었다. 하지만 유전 정보의 보존이라는 지위를 DNA에 박탈당한 RNA는 유전 정보의 운반자라는 지위로 격하되었다. 하지만 분명 RNA는 그 초기의 강력함을 잃지 않고 있다. 우리는 생명의 초기에만 RNA 세계가 있었다는 사고방식을 버려야 한다. 사실 우리는 여전히 RNA 세계 속에 살고 있다.

'DNA는 생명의 책'이라는 말과, '중심 도그마'라는 표현에서 풍기는 위계적 구조, 즉 DNA가 RNA나 단백질의 상위에 존재한다는 관념은 재고되어야 한다. 특히 유전자라는 개념은, DNA라는 생명의 책에 쓰여 있고 단백질을 코딩하는 일부의 영역이라는 차원에서 벗어나, RNA를 포함하는 더욱 광범위한 개념으로 수정될 필요가 있다. 과학에서 때로는 단순한 이론이 중요할 때도 있다. 하지만 이론은 언제나 새로운 발견에 의해 수정될 운명으로 태어난다. 뉴턴의 고전역학이 상대성이론과 양자역학의 발견에 길을 내주었듯이 분자생물학과 진화생물학도 이 새로운 발견에 길을 내주어야 할 때가 곧 도래할지 모른다.

시계, 도서관, 컴퓨터

인간이 가진 상상력의 한계가 어디쯤일지 가늠하기는 힘들다. 아인슈타인이 두뇌의 10퍼센트도 사용하지 않았다는 말에는 근거가 없다. 그리고 하늘 아래 새로운 것은 없다. 역사 속에 등장하는 당대 최고의 지성이라 불리던 학자들이 사고하던 방식을 현대의 관점으로 살펴보면 이는 자명해진다. 인간의 두뇌는 현대 사회를 위해 진화한 기관이 아니다. 200만 년 전 아프리카 초원에서 살아남기 위해, 그리고 집단 내에서 생존투쟁을 위해 진화한 두뇌의 형태는 그 당시나 지금이나 크게 변하지 않았다. 말하자면, 인류는 어른 옷을 걸친 아이처럼, 두뇌가 진화했던 환경과 동떨어진 상태의 새로운 환경에 놓여 있는 셈이다. 그리고 바로 이 딜레마가 '진화의학' 혹은 '다윈의학'의 기본적인 출발점이 되는 가설이다.[*]

---

[*] 진화의학에 관해선 다음을 참고하라. 김우재. (2005). 구체적 사례를 통해 본 진화의학의 가능성. 〈과학과 철학〉(2005년 10월). 그리고 조지 윌리엄스와 랜돌프 네스의 책 《인간은 왜 병에 걸리는가》도 우리나라에 번역되어 있다.

4부 다시 만난 세계

인간 상상력의 한계: 도구의 제한

인간 상상력의 한계가, 진화에 의해 다듬어진 두뇌와 주어진 상황 혹은 단서라는 물리적 환경에 의해 제한된다는 사실은 진화심리학이나 인지심리학, 혹은 진화의학을 자세히 알지 못해도 추론할 수 있는 가설이다. 200만 년 전 우리 조상에게는, 복잡한 환경으로부터 얻은 정보를 단순화하고 추상화해서 저장하는 일이 생존 투쟁의 일부였다. 결국 상상력도 우리의 조상들이 겪은 역사적 경로에서 자유롭지 못하다. 생명체는 그런 역사를 현명하게도 DNA라는 물질 속에 저장해 전달해왔다.

인간의 상상력이 유전자와 환경의 제약을 받기 때문에, 인간은 비유나 은유를 통해 개념에 대한 이해를 넓히려 할 때 자신의 한계를 경험한다. 윌리엄 페일리 주교가 《자연신학》을 통해 신이 생명을 창조했다고 주장했을 때, 그가 사용할 수 있는 최고의 비유는 '시계'였다. 사막을 지나다가 발견한 돌맹이는 하나도 놀랍지 않지만, 만약 시계를 발견했다면 그것은 놀라운 일이다. 만일 한 여행자가 사막을 여행하다 시계를 발견한다면, 그는 이 시계가 사막 속에서 탄생했다고는 믿지 않을 것이다. 그 여행자는 그 시계를 만든 시계공이 있다고 믿게 될 것이다. 이게 바로 페일리의 '시계공 논증'이다. 도킨스는 페일리의 비유를 '눈먼 시계공' 논증으로 비판한다. 하지만 여기서 중요한 것은 그게 아니다. 도대체 페일리는 왜 '시계'라는 비유를 사용했을까? 이유는 간단하다. 시계는 페일리가 살던 시대에 가장 복잡한 기계였기 때문이다.

페일리의 시계 이전에도 이미 데카르트 시대부터 생명체를 비유하는 데 '기계'가 사용되었다. 만화 〈공각기동대〉의 모티브가 된 데

카르트 철학의 '기계 속의 유령'은, 17세기 생명을 바라보던 한 천재 철학자의 사고 역시 당시 기술력의 정점이었던 기계라는 테두리에 갇혀 있음을 보여준다.

이런 일은 계속 반복되었다. 생명체에 대한 관심이 인간 두뇌의 신비로 옮겨가면서, 두뇌는 일종의 계산기로 비유되기 시작했다. 허버트 사이먼 등의 인지과학자가 등장해 인간의 두뇌를 컴퓨터에 비유하던 시기와, 계산기와 컴퓨터가 비약적인 속도로 발전한 시기는 정확히 겹친다. 결국 인간의 마음이 도구를 만들고, 그 도구가 다시 인간의 마음을 제한하는 역사가 반복되고 있는 셈이다. 이런 역사 속에서 생명체와 인간의 두뇌는 현재 우리가 아는 가장 앞선 기술인 '컴퓨터'로 비유되기 시작했다. 그런 패러다임 속에서 인지과학이 탄생했고 생물정보학이 발전했다.[10]

생명체라는 컴퓨터

문제는 생명체를 컴퓨터에 비유하는 행위가, 연구를 위한 개념적 도구의 범위를 넘을 때 생긴다. 즉 생명체가 정말 컴퓨터와 같은 방식으로 작동한다고 생각하는 순간, 답이 없는 질문 속으로 뛰어들게 되어 있다. 생명체가 컴퓨터와 같은 방식으로, 즉 계산 가능한 문제들을 다루는 방식으로 움직이는지 아닌지 말해줄 수 있는 사람은 없다. 대답할 수 있다면 좋겠지만, 그것은 과학이 다루어야 하는 문제는 아니다. 형이상학의 영역이기 때문이다. 과학은 컴퓨터 비유가 과학자들이 가진 문제들을 해결하는 데 얼마나 많은 도움이 되었는지에 더 관심이 많다. 과학은 실용주의의 정신을 사랑한다. 문제의 해결에 그 비유가 도움이 된다면 끝이다. 그리고 컴퓨터 비유가 더 이상 들어맞지 않는다면, 그 비유를 포기하고 다른 비유를 찾으면 그뿐이다. 독단은 집착에서 온다. 생명체가 컴퓨터의 비유로 완벽하게 설명되는가에 집착하는 태도는, 문제 해결의 도구와 문제 해결이라는 목적을 뒤바꾼, 즉 수단과 목적이 전도된 사고방식이다. 생명체는 컴퓨터처럼 작동할 수도, 아닐 수도 있다. 하지만 그런 비유가 유용한 이유는, 그 비유가 과학자에게 산적한 어떤 문제를 해결해주기 때문이다. 아무 문제도 해결해주지 못하는 비유는 무의미하다.

컴퓨터의 급속한 발달과 DNA라는 디지털 정보의 발견은, 생명체를 컴퓨터로 비유하기에 완벽한 환경을 제공했다. 분자생물학이 시작되던 시기에, 많은 물리학자들이 생물학으로 넘어왔다는 점을 기억해야 한다. 크릭과 같은 물리학자 출신이 주도한 연구 그룹은, 조지 가모프 같은 암호학자와 더불어 당시 약진 중이던 '정보이론Information Theory'의 많은 개념들을 차용해왔다. 정보이론 혹은 사이버네틱스와 분자생물학의 발전은 매우 흥미로운 주제이고 재미있는 역사다. 여기서는 우선 정보의 입력과 출력으로 대변되는 당대 정보이론의 핵심 개념에서 생물학의 많은 개념이 진화해나왔다는 사실만 기억하자.*

---

* 미셸 모랑주의 《분자생물학》에 정보이론과 분자생물학의 관계를 다룬 챕터가 있다.

DNA의 시대: 도서관과 컴퓨터의 비유

생명체를 무언가에 비유하고자 하는 시도는 점점 한계에 봉착하고 있다. 특히 대중에게 RNA에 대한 연구에서 시작해, 분자생물학의 중심 도그마를 흔들고 있는 현대 생물학의 연구를 설명하는 작업에 마땅한 비유가 존재하지 않는다는 것은 난감한 일이다.

인간유전체계획이 시작되기 전, DNA는 빨랫줄이나 실타래처럼 정보를 담지 않은 사물에 비유되곤 했다. 왜냐하면 DNA의 이중나선 구조가 설명의 핵심이었기 때문이다. 이후 전사와 번역 과정에 관한 연구가 활발해지고, 인간유전체계획이 본격화되면서 가장 자주 사용된 비유는 '도서관'이었다. 도킨스도 자신의 책에서 유전자를 도서관에 비유하곤 한다. 이 비유 속에서 유전체는 도서관으로, 각 유전자는 책으로 비유된다. 책 속에 쓰인 글자들이 염기서열이다. 도서관 비유는 DNA가 분자생물학의 주인공으로 활약하던 지난 50년간 그 역할을 다했다. 기록을 저장하는 도서관의 역할과 유전 정보를 저장하고 전달하는 DNA의 역할은 너무나도 잘 들어맞았고, 아주 실용적으로 DNA의 역할을 설명할 수 있었다.

유전 정보의 저장이 아니라 유전 정보의 발현을 다루려면 새로운 비유가 필요하다. 지금까지 분자생물학을 공부하면서 어느 교과서나 논문에서도 도서관의 비유를 뛰어넘는 비유를 보지 못했다. 아마도 유전자 발현이 갖는 유기체적인 성격과 디지털적인 성격을 모두 아우를 수 있는 도구가 아직 우리에게 없기 때문인지 모른다. 이해가 잘 되지 않는다면 우리가 지금까지 배운 지식을 컴퓨터에 비유해보면 된다.

굳이 DNA에서 RNA와 단백질을 거쳐 벌어지는 유전자 발현 시스템을 컴퓨터에 비유하고자 한다면, DNA로 이루어진 유전체를 어디에 비유해야 할지가 매우 난감해진다. DNA는 일종의 정보 저장고다. DNA의 이러한 저장 기능과 정보의 전달 기능을 생각한다면 하드디스크가 가장 적당한 비유가 될 테지만, 그러기에는 주처리장치(CPU)를 DNA에 비유하고자 하는 욕망이 앞선다. DNA로부터 나온 정보가 번역되어 단백질로 전이되는 과정을 컴퓨터에 비유하는 것도 쉬운 일은 아니다. 하드디스크 속의 정보를 DNA의 정보로 비유했을 때 그 정보로부터 나온 산출물은 소프트웨어가 된다. 결국 단백질은 컴퓨터를 운영하는 운영체제 등의 소프트웨어가 되는 셈이다. 하지만 생명체에서 단백질이 담당하는 기능은 단순히 소프트웨어처럼 정보를 표현하고 조절하는 것만이 아니다. 단백질은 일종의 하드웨어이기도 하기 때문이다. 예를 들어 키보드나 모니터 등의 하드웨어도 굳이 비유하자면 생명체에서 단백질에 의해 기능이 수행되는 부분들이다. 하지만 하드디스크 속의 정보들이 키보드로 변한다고 상상하기는 어렵다. 이게 유전자 발현 과정이 디지털 정보의 이동이자 유기체로 구성된 물질의 이동이기도 한 이유로, 우리의 상상력이 제한되는 광경이다. 컴퓨터 비유는 유전자 발현을 설명하기에 적절한 도구는 아니다.

특히 정보의 일종이기도 하면서 조절자의 기능도 가지고 있는 RNA를 설명하려면, 컴퓨터는 더더욱 도움이 되지 않는다. 소프트웨어와 하드웨어의 중간쯤에 위치한 물질을 상상할 수 없기 때문이다. 이런 비유가 가능하려면 하드디스크의 자기테이프 일부분이 컴퓨터 속을 돌아다니며 전원 스위치를 켰다 껐다 한다고 상상해야 한다. 게다가 그 자기테이프는 할 일을 하고는 금방 사라져버린다.

새로운 비유를 기다리며

시간이 허락할 때마다 도서관의 비유만으로는 모두 설명하기 힘든, 현대 생물학의 개념을 쉽게 이해할 수 있게 도와줄 비유를 찾기 위해 노력하고 있다. 여전히 그런 비유를 찾을 수 있을지는 미지수이지만, 그것이 RNA가 도서관 비유에서 벗어나 새로운 자리를 찾기 위한 첫 걸음일지도 모른다. 사실 RNA를 중심으로 하는 새로운 비유는 과학자들의 발견이나 노력이 아니라, 빠르게 발전하는 기술들에서 어느 순간 자연스럽게 등장할 수도 있다.[*]

---

[*]   그것이 소셜미디어가 될지 블록체인이 될지는 잘 모르겠다.

36

과학에는 법칙이 없다

인간 유전체를 이루는 30억 개의 염기쌍 중에서, 단백질로 번역되는 정보의 양은 1.5퍼센트뿐이다. DNA와 단백질을 중심으로 연구되어온 생물학의 관점 속에서 나머지 98.5퍼센트의 정보는 쓰레기 DNA로 치부되었다.[11] 이런 견해는 1976년 출판된 리처드 도킨스의 《이기적 유전자》를 필두로 과학자 사회에 급속히 확산되었다. 과학자들이 교과서가 아닌 교양서를 통해 생각을 바꾸는 경우는 별로 없는데 도킨스의 책은 좀 달랐다. '이기적'이라는 형용사 덕분에 그의 책은 과학자 사회에 널리 퍼졌다.

프랜시스 크릭이나 W. 포드 둘리틀처럼 유명한 과학자들이 도킨스의 견해에 동참했다. 이후 진행된 인간유전체계획은 LINE(Long Interspersed Nucleotide Elements)이나 SINE(Short Interspersed Nucleotide Elements)과 같은 반복서열이 인간 유전체의 40퍼센트 이상을 차지하고 있다는 사실을 밝혀낸다. 유전자 수준에서의 선택은 스스로의 복제와 전파만을 목적으로 삼는 유전자들의 치열한 생존 경쟁의 전장이라는 사고방식이 과학자 사회에 널리 퍼졌고, 이런 관점에서 인간 유전체 대부분을 차지하는 반복적 염기서열은 유전자의 이기성을 보여주는 증거로 받아들여졌다.

C값 역설과 RNA

역설paradox이란 언뜻 보면 일리가 있는 듯 보이지만, 분명히 모순되어 있거나 잘못된 결론을 이끄는 논증이나 사고실험 등을 일컫는 말이다. 유전체에 기생하는 것처럼 보이는 엄청난 양의 이기적 유전자들 외에도, 인간유전체계획은 'C값 역설' 혹은 'C값 수수께끼c-value enigma'라 불리는 문제를 발견했다.[12] C값은 정자나 난자에 존재하는, 즉 생식세포에 존재하는 DNA의 양을 의미한다(예를 들어 인간의 C값은 30억이다). 'C값 역설'이란 유전체의 크기와 유기체의 복잡성 사이에 그 어떤 상관관계도 존재하지 않는다는 사실에서 출발한다. 즉 고도로 진화한 복잡한 유기체, 인간의 C값은 심지어 단세포생물에 불과한 아메바 같은 원생생물의 어떤 종보다작다. 유기체의 복잡성은 유전체의 크기와는 아무런 상관도 없었던 것이다.*

   C값 역설을 만드는 주요 원인은 유전체 대부분을 차지하는 반복서열의 엄청난 양이다. 이런 반복서열들은 종분화를 거치며 크게 증폭되거나 감소될 수 있다고 알려졌다. 그 결과로 나타나는 현상은, 근연종 간에 보이는 C값의 엄청난 차이다. 예를 들어 같은 곤충

---

*   26장에서 이미 C값 역설에 대해 설명했다.

이지만 초파리는 메뚜기의 100배나 되는 C값을 보이고, 식물에서도 밀은 쌀보다 40배나 되는 C값을 보인다. 한 종이 겪은 선택압이 어떻게 유전체의 크기에 영향을 미치는 것인지, 또한 이처럼 엄청난 양으로 존재하는 반복서열의 기능은 무엇인지에 관해, 아직 확실하게 내려진 결론은 없다.

앞서 인간과 쥐의 유전체 70퍼센트 이상이 RNA로 전사된다는 ENCODE 프로젝트의 결론을 살펴보았다. 앞에서 언급된 C값 역설과 이 사실을 병합하면 반복서열의 존재 이유를 추론해볼 수 있다. 핵심은 유전체를 구성하는 반복서열의 대부분이 RNA로 전사되고 있다는 점이다. 게다가 이렇게 전사된 RNA의 대부분이 단백질로 번역되지 않는다. 만약 유전체의 반복서열들이 이기적이라면, 기능도 갖지 않는 RNA를 만드는 데 개체의 에너지를 소비하게 만드는 이런 행위는 이기성의 극단이라 부를 수 있다. 하지만 언뜻 이해하기 힘들다. 아무리 이기적인 기생생물이라도 숙주와 호흡을 맞추지 못하면 자손을 남길 수 없기 때문이다. 실제로 단백질을 만드는 데 필요한 에너지의 몇 배를 사용하면서까지 이런 쓰레기 DNA를 가지고 있을 필요가 있는지, 그런 이기적 유전자를 감당하는 일이, 비적응적이지는 않았는지 생각해볼 필요가 있다. 단순히 이기적 유전자의 속성으로 치부하기엔, 반복서열의 양과 이를 RNA로 전사하는 데 필요한 에너지의 양이 만만치 않다.

최근엔 단백질로 번역되지 않는 ncRNA의 일부가 기능을 가지고 있다는 사실이 밝혀졌다. 이미 살펴보았듯이, 미르는 유전자 발현을 조절하는 미세 조절자로 기능한다. 고등 생물일수록 많은 수의 미르 유전자를 지니고 있다. 복잡한 유전자 발현의 네트워크를 유지하기 위해 RNA를 사용하는 것은 매우 현명한 방법이었다. 유전자 조절을 위해 지속적으로 새로운 단백질을 네트워크에 추가하는 방식으로는, 박테리아 같은 원핵생물의 복잡성을 넘어설 수 없다. 진핵생물이 등장하고 다세포생물이 등장하는 시점에는 거친 환경에 좀 더 효과적으로 적응하기 위해 매우 정교화된 유전자 조절 체계가 진화할 필요가 있었다. 환경은 예측할 수 없으므로, 고도로 안정된 견고한 유전자 조절 시스템을 지니는 것은 생존을 위한 또 하나의 전략이 될 수 있다. 견고한 유전자 조절 시스템의 구축은 환경의 변화로부터 상대적으로 안정된 항상성homeostasis를 확보하는 영리한 전략이다.

굴절적응이라는 개념

진화는 경제적인 게임이다.* 진화의 과정에서 나타나는 새로운 도약들이 언제나 무에서 비롯된 것은 아니다. RNA를 유전자 조절에 이용하며 정교한 시스템을 구축한 것은 '온고지신'의 해법이다. RNA는 DNA와 단백질에 정보 저장과 다양한 기능 수행이라는 전문화된 기능을 내주기 전까지는, 그 두 가지 기능을 모두 가지고 있는 물질이었다. RNA는 지구상에 최초로 등장한 복제자였으므로 언

---

*   그래서 진화생물학은 경제학과 밀접한 관계를 맺으며 발전한다. 예를 들어 '협력의 진화'라는 주제는 경제학과 맞물려 있다. 이런 연구에 관한 한국의 전문가는 경북대학교 경제학과의 최정규 교수다. 그의 책 《이타적 인간의 출현》은 경제학으로 진화생물학에 접근하는 좋은 시작이다.

제나 존재했으며 또 유기체가 쉽게 이용할 수 있는 물질이었다. 공자는 《논어》의 〈위정편〉에서 "옛것을 배워 새것을 알면 이로써 남의 스승이 될 수 있다"라고 했다. RNA가 유전자 조절에 사용되기 시작한 과정은 바로 이 '온고지신'의 방법이 적용된 사례다.

진화 과정에서 보이는 온고지신의 해결책을 '굴절적응exaptation'이라 부른다.[13] 예를 들어 펭귄의 날개는 날기 위해 진화했지만 나중에는 헤엄치는 데 사용되었다. 미르를 비롯한 조절 RNA의 진화는 굴절적응의 결과다. DNA의 정보를 단백질로 전달하는 수동적인 물질이었던 RNA가, 어느 순간 유전자 발현의 능동적인 조절자로 사용되기 시작했기 때문이다. RNA를 유전자 조절 네트워크에 밀어넣는 순간, 단백질의 네트워크만으론 불가능했던 고도의 복잡성이 출현했다. '굴절적응'은 고생물학자 스티븐 제이 굴드와 엘리자베스 브르바에 의해 고안된 개념이다. 굴드의 이름은 국내에도 널리 알려져 있다. 고생물학자이자 탁월한 과학저술가로서 굴드는 여전히 우리 곁에 건재하다.**

** 굴드의 《다윈 이후》는 내가 진화학에 관심을 가진 계기가 된 책이다. 《풀하우스》에서 "진화란 진보가 아니라 다양성의 증가"라는, 생명을 바라보는 새로운 관점을 제시한 굴드는 《인간에 대한 오해》에서는 우생학의 역사를 파고들며 과학과 사회의 관계를 탐구하는 사회학자로 변신한다. 하지만 그의 대표작이며, 그의 전공이기도 한 고생물학의 발견을 기술한 《생명, 그 경이로움에 대하여》에서는 학자로서의 풍모를 여지없이 드러내기도 한다.

확실성과 불확실성의 사이에서

언젠가 굴드는 자신이 생각하는 자연을 이렇게 표현한 적이 있다.[*]

자연은 놀라울 정도로 복잡하고 그 어떤 가능성도 일어날 수 있을 만큼 다양하다.

언제나 '다양성'과 '우연성'을 화두로 진화론을 해석했던 굴드의 이런 언명이 새로운 것은 아니다. 비록 모두는 아닐지라도 굴드는 일부 생물학자들이 공유하고 있는 자연에 대한 이미지를 대변하고 있다. 생물학자들은 물리학에 대한 동경과 생물학적 복잡성 사이에서 갈등한다. 그것은 확실성과 우연에 대한 갈등이다. 따라서 생물학은 물리학과 같은 확실성의 과학정신을 추구하면서도, 물리학이 해결하지 못하는 생명의 경이를 풀어내야 하는 난관에 봉착한다. 그리고 이러한 난해함은 굳이 도킨스와 굴드의 논쟁을 다루지 않더라도 생물학 역사의 곳곳에서 다양한 방법으로 표현된다.

굴드의 자연관은 "생명이라는 문제에 대한 깨끗하고 명료하며 일반적인 답을 원하는 이들은 그 답을 자연이 아닌 다른 곳에서 찾아야 할 것이다"라는 말에서 극에 달한다. 확실성 추구라는 과학의 속성과 불확실성이라는 생명의 속성 사이에서 고민하는 생물학자에게, 굴드는 후자를 대변하는 인물로 읽혀왔고 그렇게 해석되었다.

---

[*] 2009년, 다윈 탄생 200주년의 붐을 타고 굴드의 《다윈 이후》가 재출간되었다. 〈내추럴 히스토리〉에 연재되었던 여러 에세이들을 묶은 이 책은 생물학을 전체적으로 조망하고자 하는 독자들이 반드시 읽어야만 하는 고전 중의 고전이다.

도킨스와의 논쟁에서도 언제나 그는 과학을 왜곡하는 인물로 그려졌고, 때로는 지나친 과장으로 진화론을 오용한다고 지탄받았다. 아마도 그의 급진적인 성향 때문일 테지만, 굴드의 글은 그가 적응주의와 격렬한 싸움을 벌일 때를 제외하고는 언제나 중립적이었다. 그는 논쟁을 위해 극단에 섰다. 극단에서 그의 어법은 거칠었고 오해를 살 만한 여지가 넘쳤다.

도킨스가 유전체의 엄청난 부위를 점유하고 있는 반복적 염기서열이 '이기적 유전자'일 것이라고 선언했을 때, 굴드는 "나는 모든 반복적 염기서열이 이기적이라고 믿지 않는다"라고 선언했다. 일군의 분자생물학자들이 반복적 염기서열을 적응주의적 관점에서 해석하려고 했을 때, 그는 "나는 이런 적응주의적 설명이 모든 반복적 염기서열의 존재를 설명할 수 있다고 생각하지 않는다. 그렇게 치부해버리기엔 그러한 DNA들이 너무나 많고 너무나 무작위적으로 흩어져 있기 때문이다"라고 답했다.** 전투에 임하기 전의 그는 언제나 겸손하게 중립적인 입장을 지켰다.

반복적 염기서열에 대한 해석

분명 어떤 반복적 염기서열들의 존재는 이기적인 복제의 결과로 보

** 적응주의자인 도킨스가 유전자를 다루면서 반복적 염기서열을 '쓰레기 DNA'로 치부해버린 점과, 굴드가 오히려 반복적 염기서열을 일종의 적응주의적 관점에서 해석하려 했던 점은 연구해볼 만한 가치가 있다. 유전형과 표현형 사이에서 굴드와 도킨스의 이미지는 뒤바뀐다.

인다. 그렇다고 모든 반복적 염기서열이 단순히 이기적인 DNA가 더 많은 자손을 남기기 위해 복제된 것은 아니다. 숙주가 자손을 남기지 못하게 만드는 기생체는 곧 멸종할 수밖에 없다. 따라서 이기적인 DNA도 개체의 생존에 해를 끼칠 만큼 복제될 수는 없다. 그렇다고 그 모든 반복적 염기서열이 어떤 목적을 위해 적응된 결과로 보이지도 않는다. 굴드의 말처럼 그렇게 치부하기엔 그 양이 지나치게 많다.

사실 이 문제에 대한 답은 이미 일본의 유전학자 기무라 모토에 의해 제시되어 있었다. '중립 가설'은 유전체에 발생하는 대부분의 돌연변이가 해롭지도 이롭지도 않은 중립적이라는 점을 간파했다. 중립 가설은 적응주의에 위협이 된다는 이유로 오랫동안 무시되었지만 결국은 사실로 판명되었다. 논쟁의 원인은 표현형의 수준에서 뚜렷하게 나타나는 자연선택이 유전형의 수준에서 나타나지 않는다는 비정합성이, 당시 진화학계를 지배하고 있던 늙은 과학자들을 불편하게 만들었기 때문이다. 그것이 이미 언급된 '분자전쟁'의 한 축이다.[*]

결국 논쟁의 원인은 '반복적 염기서열'이라는 대상을 단 하나의 원리로 해석하려는 과학자들 간의 분쟁이었다. 생물학적 현상 앞에 '모든'이라는 수식어가 붙는 순간, 치열한 논쟁은 뻔한 결말을 맞는다. 챔피언은 반드시 도전자의 도전을 방어해야 한다. 이 상황이 물리학에서 벌어졌다면 편했을 것이다. 반복적 염기서열의 존재를 아

---

[*]   이 책의 29장과 35장을 보라.

름다운 단 하나의 수식으로 정식화할 수 있다면, 논쟁은 불필요했을지 모른다. 하지만 생물학자들은 '기능'을 다룰 때 자신도 모르게 이미 '목적'을 전제하고 있다. 물리학에는 이런 '목적론'적 해석이 전무하다. 그리고 생물학의 법칙은 영원할 수 없다. 심지어 물리학에서도 마찬가지다. 이제 '모든'이라는 수식어를 지우기로 한다. 바로 그게 물리학과는 달리, 생물학이 언제나 이론 간의 논쟁을 해결해온 방식이기 때문이다.

법칙 없는 과학

'모든'을 지운다는 의미는, 생물학에서 법칙을 지운다는 뜻이다. 굴드는 초지일관 생물학에는 "법칙이 존재하지 않는다"고 주장한 생물학자다. 반복적 염기서열의 존재는 모든 방향에서 연구될 수 있다. 굴드가 '이기적인 DNA'라는 개념과 싸운 이유는 그것이 '이기적'이기 때문이 아니라 '이기적'이지 않을 가능성마저 지워버리는 획일성 때문이었다. 굴드는 유전자의 '이기성'과 싸운 것이 아니라 '모든'이라는 수식어와 싸웠던 것이다. 이미 위에서 살펴보았듯이 굴드는 반복적 염기서열에 대한 양 진영의 해석에 모두 회의적이었고, 그의 입장은 중립에 가까웠다. 그럼에도 불구하고 그가 '이기적 유전자'의 반대편에 설 수밖에 없었던 이유는 그 반대편에 누구도 서지 않았기 때문이다.

따라서 고생물학자였던 굴드가 반복적 염기서열이라는 유전체학의 영역에 뛰어든 것은 우연이 아니다. 그리고 그는 단순히 구호를 외치는 것에 안주하지 않았다. 위르겐 브로지우스라는 분자생물학자와의 팀워크를 통해 이러한 굴드의 생각은 연구로 승화된다. 이 논문을 통해 굴드가 유전체에 존재하는 반복적 염기서열이라는 미스터리에 대해 어떤 생각을 가지고 있었는지 알 수 있다.

과학자는 어떤 태도로 자연을 대해야 하는가?

'적응주의adaptationism'라는 말에는 오해의 소지가 다분하다. 굴드가 비판하는 것처럼 극단적인 '적응주의자'는 존재하지 않기 때문이다. 굴드가 적응주의라는 이름으로 비판했던 태도는, 진화의 역사 속에서 전체적인 결과를 분석하려는 노력을 포기하고 모든 표현형들을 적응이라는 하나의 편협한 관점으로 바라보는 데 안주하던 학자들의 안이함이었다. 그가 1979년 유전학자 리처드 르원틴과 함께 발표한 저 유명한 '스팬드럴' 논문은[14] 반대편 학자들에게도 받아들여질 만한 발언들로 가득 차 있음에도 불구하고 특유의 급진적인 방식 때문에 갈등이 일어났다.

적응주의는 그에 대한 비판을 통해 명확히 이해될 수 있다. 적응주의에 대한 가장 명확한 비판은 "코는 안경을 걸치기 위해 진화했다"라는 명제다. 굴드는 스팬드럴 논문을 통해 진화적 역사의 다양한 결과물을 모조리 적응의 결과로 해석하는 진영에 비판을 가한다. 굴드는 여기서 더 나아가 우리가 보고 있는 많은 형질이 실제로는 적응의 결과가 아니라 '진화적 부산물'에 불과하다는 급진적인 견해로 나간다. 이런 굴드의 급진성이 반대편 진영의 심기를 건드린 측면이 강하지만, 굴드의 견해는 이제 널리 받아들여지고 있다. 사실 이 논쟁에는 논쟁 같지 않은 측면도 있다.

적응주의자라고 해서 항상 모든 진화적 형질이 부산물일 가능성을 배제하는 것은 아니다. 그들이 적응주의자라 비판받았던 것은 적응에 의한 결과를 연구하는 게 쉽고 효율적이기 때문이다. 특히 다윈의 자연선택을 최고의 메커니즘으로 여기는 학문적 풍토에서, 적응주의적 사고는 필연적인 측면이 있다. 하지만 이미 다윈도 인지했듯이, 생물의 많은 형질은 적응만으론 설명하기 힘든 측면이 있다. 문제는 과학자들이 주어진 상황에서 가장 설명하기 쉬운 것들에 천착한다는 데에 있다.

마찬가지로 굴드가 많은 형질이 적응의 결과임을 부정하는 것도 아니다. 다만 그는 진화학의 방법론이 지나치게 한쪽으로 편중되어 있으며, 따라서 적응의 결과로 설명되지 않는 형질이 지나치게 무시되고 있음을 지적한 것이다. 따라서 이 논쟁은 어찌 보면 진화생물학이라는 학문이 표현하는 사실에 관한 것이라기보다는 학문적 방법론에 관한, 혹은 학자들의 편향성에 관한 것이다.

유전체 속에서 역할이 뒤바뀌는 굴드와 도킨스

그래도 이런 논쟁의 과정에서 '굴절적응'이라는 개념이 탄생한 것은 생산적인 일이다. 굴절적응이란 앞에서 소개했듯이, "처음에는 특정 목적에 적응된 것이지만 나중에는 변화된 다른 목적에 유용하게 되는" 진화의 결과다. 예를 들어 새의 깃털이 체온 유지를 위해 진화했다가, 나중에 날기 위해 사용된 것이 굴절적응의 예다. 이런 예는 끝도 없이 제기될 수 있다. 고래의 지느러미는 고래의 조상이 육상에서 생활하던 당시에는 걷기 위한 기관이었고, 펭귄의 날개는 날기 위해 진화한 기관이며 박쥐의 날개도 원래는 걷기 위해 진화된 다리의 일부다.

'이기적 유전자'라는 제목으로 분자생물학자인 척하지만, 도킨스는 동물행동학을 전공한 자연사 전통의 학자다. 콘라드 로렌츠와 함께 노벨상을 수상했던 니코 틴버겐의 제자인 도킨스는, 분자생물학의 급속한 발전에 영향을 받은 윌리엄 해밀턴과 로버트 트리버스 그리고 조지 윌리엄스의 유전자 선택 이론을 종합한 이론가다. 흥미로운 사실은 이런 유전자 선택설이 다루고 있는 유전자의 개념이 모호하다는 데 있다. 한마디로 말해 유전자 선택설은 개체 선택설을 유전자까지 강하게 밀고 들어간 이론이다. 예를 들어 혈연선택으로 시작한 해밀턴의 이론은 개체 수준에서 보이는 형질의 기저에 유전자가 존재함을 잘 설명할 수 있었다. 이런 해밀턴의 혁명적 연구가 진화학에 유전자라는 구체적 개념을 도입한 것은 사실이지만, 그 혁명은 유전자가 DNA라는 것 이외의 구체적 사실을 명시하고 있지 않다. 해밀턴에게 유전자란, 개체선택을 가능하게 하는 기저의 물질 이상도 이하도 아니었기 때문이다.

여전히 모호했던 유전자 개념은 해밀턴의 친족 선택 이론을 설명하는 도구로는 충분했다. 문제는 도킨스가 이 관점을 더 밀고 나가 결국 개체 선택의 기저에 '유전자의 이기성'이 자리잡고 있다는 형이상학을 정초한 데서 비롯된다. 특히 해밀턴의 이론 속에서 단백질을 코딩하고 있는 부위라고 명확히 규정되지 않았던 유전자 개념이,

도킨스의 시대를 지배했던 중심 도그마와 겹치면서 단백질을 중심으로 이해되기 시작했던 것이다. 해밀턴의 모호한 유전자는 순식간에 단백질 중심으로 변질되었고, 유전자의 복제라는 이기성을 관념으로 삼은 도킨스에게 단백질로 번역되지 않는 유전체의 나머지 부위는 유전자의 이기성에 의해 창출된 쓰레기로 보이기 시작한다.

역설은 여기에 있다. 굴드와 르원틴이 비판하는 완고한 적응주의자가 비록 존재하지 않는다 해도, 그래서 세련된 적응주의자가 판치는 시대라 해도, 개체를 중심으로 한 선택에서 적응주의를 유전자로 밀고 나갔을 때는 더 많은 적응의 결과를 발견할 수 있어야 한다. 이는 단백질로 번역되지 않는 부분들에서, 적응주의자들이 적응의 결과를 찾기 위해 노력했어야 한다는 뜻이다. 결과는 반대로 나타났다. 도킨스는 쓰레기 DNA에서 적응의 결과를 찾으려는 노력은커녕 그것을 부산물로 취급했다.

중심 도그마를 전제한 유전자 선택설은, 설명하기 쉬운 형태로 유전자를 규정하는 실수를 저질렀다. 게다가 유전체에 누적되는 대부분의 돌연변이가 중립적이라는 기무라의 정설도 이들의 선택에 영향을 미쳤을 것이다. 결국 선택에 노출되는 유전자를 단백질 중심으로 재편하는 것은 영리한 전략이다. 그렇게 설명할 수 없는, 나머지 유전체의 부위는 유전자의 이기성이 낳은 '부산물' 혹은 쓰레기가 되었다. 유전체에 남겨진 논코딩 부위를 설명하면서, 도킨스는 굴드가 되고, 굴드는 도킨스가 된다.

도킨스의 이기적 유전자가 지닌 이러한 내재적 모순은 첫째, 도킨스가 '이기성'이라고 명명한 유전자의 속성으로부터 비롯되는 필연적 결과이고 둘째, 다윈의 자연선택을 유전자 수준에서 정의하려고 할 때 비롯되는 비극의 결과다. 이미 기무라 모토, 잭 레스터 킹과 토머스 주크스의 중립 가설로 인해 유전체 수준에서 자연선택은 포기되어야 했다. 하지만 도킨스를 비롯한 적응주의자들은 이런 유전체학의 성과에 무감각했다.* 데카르트가 '힘'을 거부했던 곳, 칸트가 '목적론'을 거부했던 지점에 도킨스가 서 있다. 도킨스의 '이기적 유전자'라는 이념은, 심사숙고 없이 유전체의 전 영역을 '이기적인 쓰레기 DNA'로 규정지어버렸다. 게다가 당대에 유명했던 분자생물학자들이 모두 도킨스의 편이었다. 매클린톡에 의해 발견된 트랜스포존은 이런 이념에 더욱 확고한 신빙성을 제공했다. 과학의 세속화는 끝날 수 없는 역사다. 어쩌면 그것이 과학이라는 학문이 객관과 주관의 사이에서, 사실과 가치의 사이에서 지속적으로 진보하는 역동성을 설명해주는 것인지 모른다. 계급투쟁으로 문명의 진보를 예측했던 마르크스의 이론처럼, 과학의 내부적 모순은 끊임없이 과학을 진보시키는 원동력일지 모른다.

유전체 명명에 관하여

굴드와 브로지우스가 1992년 〈미국국립과학원회보〉(PNAS)를 통해 발표한 논문은,[15] 유전자라는 개념의 탄생과 이 개념의 진화를 다루

---

* 사실 온갖 DNA 염기 해독 방법론과 통계학, 컴퓨터과학으로 무장한 과학자들이 유전체학을 통해 진화생물학으로 진출하기 전까지, 이 두 전통은 그다지 만날 기회를 얻지 못했을 것이다. 유전체학과 진화생물학의 갈등과 만남, 그리고 융합은 내가 다루지 못하지만 매우 흥미로운 과학사의 연구 주제다. 거기엔 해커와 컴퓨터과학자와 진화생물학자가 모두 등장한다.

면서 시작된다. 1992년은 미르가 발견되기 이전이었고 당시의 생물학은 단백질을 중심으로 하는 유전자의 개념이 독주하던 분야였다. 하지만 엑손과 인트론 및 조절 유전자를 중심으로 하는 유전자 개념은 당시로서도 지극히 협소한 개념이라고 생각될 수 있었는데, 굴드와 브로지우스는 이렇게 협소한 유전자 개념에 문제를 제기한다. 유전체의 대부분을 이루는 반복적 염기서열은 당시로서는 기능이 밝혀지지 않은 부위였고, 기능을 중심으로 하는, 따라서 가장 확실한 기능을 나타내는 단백질을 중심으로 한 DNA의 부위만이 연구의 대상으로 채택되곤 했다. 이런 조류 속에서 기능을 알 수 없는 유전체의 대부분을 차지하는 이 부위는 유사유전자 혹은 쓰레기 DNA로 명명되었다.

특히 한시적으로는 적응에 의해 선택된 기능을 가지지 않는 것처럼 보이는 형질들이 특수한 상황에서 이점으로 작용할 수 있다는 '굴절적응' 개념을 선보였던 굴드의 관점은 유전체에도 적용될 수 있었다. 적응된 형질만으로 진화생물학을 건설하려 했던 적응주의자들에 대한 굴드의 비판이, 기능이 있는 것으로 보이는 소수의 유전자를 중심으로 유전체를 설명하려는 시도를 둘러싼 비판에 곧바로 적용될 수 있다. 굴드의 관점에서 유전체 대부분의 영역, 즉 기능이 없고 쓰레기로 보이는 부위는 쓰레기라기보다는 (적응에 의한 결과는 아니지만) 다른 기능을 위해 우연히 적응된(굴절 적응된) 결과이거나 이런 굴절적응을 위한 레퍼토리일 수 있다.

잊혀진 이름이 되어버렸지만, 이 논문은 바로 이런 목적을 위해 '누온nuon'이라는 새로운 용어를 제시한다. 누온은 DNA 및 RNA를 가리지 않고, 구분 가능한 모든 염기서열을 뜻하는 용어다. 이미 대부분의 용어가 정착되어 있던 당시에 이런 획기적인 시도가 보수적인 생물학자 사회에 받아들여졌을 리 만무하다. 우리가 주목해야 할 지점은 그런 개념을 고안하게 된 배경이다.

누온이라는 생소한 용어가 등장하게 된 배경에는 단백질 중심으로만 해석되던 유전자의 개념이 무너지고 있던 당시의 여러 발견들이 있다. 굴드의 논문에는 1992년 당시의 시점에서 쓰레기로 치부되던 유전체 영역의 쓸모를 보여주는 모든 연구 결과들이 수록되어 있다. 예를 들어 반복적 염기서열로 취급되던 Alu 서열로부터 BC200과 같은 ncRNA가 전사된다는 사실을 비롯해 다양한 짧은 RNA들의 새로운 기능이 소개되고 있다. 특히 역전사에 의한 RNA 편집과 미토콘드리아 유전자가 세포핵 속으로 전이된 역사를 통해, 역전사가 새로운 유전자를 창출하는 기제일 수도 있다는 가설을 이야기한다.

특히 역전사에 의해 RNA가 DNA로 구성된 유전체에 새로운 레퍼토리를 제공할 수도 있다는 기존 연구들은, 유전자를 단순히 DNA에 한정되는 개념으로 묶는 것이 어쩌면 불가능할 수도 있다는 문제의식의 배경이 된다. 특히 유사유전자나 쓰레기 DNA라는 개념이 진화생물학을 지배하게 되면서 발생하는, 유전체의 95퍼센트 이상을 차지하는 부위에 대한 의도적인 무시가 이 논문이 지적하고 있는 주요한 논점이다.

분자생물학의 용어를 새롭게 뒤바꿈으로써, 유전체학에서 이루어지고 있던 당시의 발견들을 포섭하려 했던 이 야심찬 시도는 결국 실패로 끝난다. 새로운 용어를 도입하는 문제에 당시의 생물학자들은 관심이 없었다. 그리고 그보다 더 중요한 실패의 원인은 굴드의 이 논문이 너무 빨리 쓰였다는 것이다. 만약 미르가 등장하는 1993년을 지나 RNA 간섭 현상이 밝혀지고 유행하는 시기에 이 논문이 쓰였다면, 1992년에 쓰였을 때보다는 더 열광적인 환호를 받았을지 모른다. 그런 의미에서 이 논문은 스팬드럴 논문의 성공과는 대조적으로 참담한 실패작이다. 하지만 유전체의 대부분이 쓰레기라는 관점을, 당시로서는 최신의 과학적 발견들을 살피며 통찰력 있게 전개했다. 특히 이기적 유전자라는 개념으로 유전체를 마음대로 재단하는 하향적top-down 혹은 이론 주도적 관점을 비판하고, 있는 그대로의 데이터들을 토대로 이론을 구축해나가는 상향적bottom-up 혹은 실험 주도적 관점을 제시했다는 점에서 이 논문의 의미를 되새길 필요가 있다.

굴드는 다재다능한 과학자였다. 그렇게 관심사가 넓었던 과학자가, 다양한 학자들과 짝을 이루며 여러 분야를 넘나들었다는 것은 놀라운 일이 아니다. 그는 유전학자였던 르원틴과 함께 스팬드럴 논문을,[16] 브르바와 함께 굴절적응에 관한 논문을 썼다.[17] 펍메드에서 굴드의 논문을 검색해보면, 그가 정말 다양한 분야의 학자들과 함께 전문적인 논문을 끊임없이 발표했다는 점에 놀라게 된다. 특히 RNA를 연구하던 브로지우스는 굴드와 논문을 발표한 이후 다양한 논문들을 통해 유전체학과 진화학을 종합시키는 데 많은 공헌을 했다.[18]

연역의 도킨스, 귀납의 굴드

실상 도킨스와 굴드를 대비하는 것은 그다지 적절한 일이 아니다.

4부 다시 만난 세계

물론 둘 다 대중적인 작가로 유명하지만, 굴드는 죽을 때까지 학자로 살았던 반면 도킨스는 학자가 아니라 사상가로 살아가고 있기 때문이다.《이기적 유전자》의 성공 이후 대중서 집필과 강연 및 종교 비판에 몰두했던 도킨스와는 달리 굴드는 지속적으로 연구를 수행했는데, 이러한 점은 그들이 발표한 학술논문을 비교해보면 금세 판명 난다.[19]

도킨스와 같은 과학자가 필요하다는 점은 인정한다. 하지만 그런 과학자만 있어선 안 된다.* 과학의 지속적인 발전에 끊임없이 관심을 가지고 이를 종합해나가려 했던 굴드에게서 과학자로서 배울 점이 더 많다. 도킨스는 과학 커뮤니케이터로 정말 훌륭한 사람이지만 그를 과학자의 모델로 삼는 순간 과학은 끝난다. 과학은 도킨스 같은 과학자가 아니라 굴드 같은 과학자의 연구들이 모여 실험실에서 발전하기 때문이다.

게다가 도킨스는 공부에도 게으르다.《이기적 유전자》이후 진화생물학계에서 중요한 사건들인, 이보디보Evo-devo(진화발생생물학Evolutionary Developmental Biology)를 비롯해 시스템생물학 및 기능유전체학 모두가 그의 관심에서 비껴나 있다. 하지만 굴드는 죽는 순간까지 이런 연구에 대한 관심을 줄이지 않았다.《이기적 유전자》가 출판된 1976년에 도킨스의 과학자로서의 관심은 멈춰 있지만, 굴드의 과학자로서의 관심은 이보디보가 탄생하고, 유전체학의 결과들이 혁명적 결과들을 내어놓는 2000년까지 지속되었다. 도킨

---

* 한국에 그런 과학자가 너무 많아진 것은 불행이다. 게다가 그들 모두 연구보다는 어떻게 대중의 관심을 끌 것인지에 관심이 많아 보인다.

스는 복잡계에 관한 물리학의 연구가 자기조직화라는 관점으로 자연선택을 위협할 때 이를 반대하는 데 급급했지만, 굴드는 발생학에 대한 관심으로 이를 비판적으로 수용했다. 굴절적응이 탄생한 배경에도 진화적 결과들이 보여주는 다양성을 겸허히 수용하려는 그의 관점이 녹아 있다. 실상 굴드와 도킨스를 구분하는 것은, 이론이 보여주는 단순한 세계관에 안주하던 과학자의 모습과 측정량이 이론을 제한하기 때문에 끊임없이 자신의 이론을 새로운 데이터와 비교하고 이를 종합하는 현대 과학자의 모습, 바로 그 차이다.

생명은 단 하나의 원리에 귀속되지 않는다는 굴드의 관점은, 이론은 과학을 지배하는 것이 아니라 언제나 측정량에 의해 제한 받아야 한다는 소박한 과학의 상식을 지켜나간 과학자의 삶의 태도다. 종교의 지배에서 벗어나야 한다고 독설을 내뿜는 도킨스가, 스스로의 이론에 갇혀 이제 오히려 그에게서 과학자의 모습을 찾아보기 힘들다는 것은 아이러니다. 유전체를 차지하고 있는 대부분의 DNA 염기서열에 대한 굴드의 새로운 해석이 현대 유전체학에 의해 의미 있는 것으로 판명되는 지금, 자연을 이해하려는 과학자의 여정에서 과학자는 어떤 태도로 자연을 대해야 하는지에 관해 굴드와 도킨스는 많은 이야기를 전해준다.

RNA 넥타이를 맨 과학자들

이중나선의 구조를 발견한 프랜시스 크릭과 제임스 왓슨의 별명은 '트레오닌threonine'과 '프롤린proline'이다. 재치 넘치는 물리학자 리처드 파인만은 '글리신glycine'이라고 불렸다. 파지 그룹을 만든 물리학자 출신의 생물학자 막스 델브뤽은 '트립토판tryptophan'이었고, 선충연구로 생물학의 새 장을 개척한 시드니 브레너는 '발린valine'이었다.

1950년대를 주름잡았던 생물학자와 물리학자, 화학자를 한자리에 모으고 이들에게 우스꽝스러운 별명을 지어준 인물은 이론물리학자 조지 가모프다. 가모프 자신은 '알라닌alanine'이었다.[20]

빅뱅 이론을 만든 낭만적 물리학자

가모프가 과학자들에게 지어준 별명은 기초 아미노산의 이름들이다. 가모프는 위트가 넘치는 과학자로 알려져 있는데, 그는 당시 생명체를 구성하는 주요 아미노산 20개의 이름에 한 명씩의 과학자들을 배정하고, 이들을 'RNA 타이 클럽RNA tie club'이라고 불렀다. 이 외에도 DNA를 구성하는 4개의 염기에 해당하는 원로 과학자들도 있었다. 이들은 각자의 별명을 새긴 넥타이를 만들었고 모임이 있을 때마다 그 넥타이를 매고 나타났다.

1953년 4월 〈네이처〉에 'DNA 이중나선의 구조'를 발표한 왓슨과 크릭은 같은 해 5월 30일 'DNA 구조의 유전학적 함축'이라는 논문을 〈네이처〉에 재발표한다. 이 논문에는 "정확한 염기서열은 유전 정보를 갖고 있는 암호"라는 말이 적혀 있었다. 이 논문을 읽은 노벨 물리학상 수상자 루이스 알브레즈가 가모프에게 이 논문을 건네줌으로써 RNA 타이 클럽의 역사가 시작된다.

조지 가모프는 현재 빅뱅 이론이라고 불리는 우주 창조의 가설을 최초로 창안한 인물로 알려져 있다. 그는 1904년에 러시아에서 태어났다. 레닌그라드대학교에 입학한 가모프는 1928년 알파붕괴의 메커니즘에 대한 이론을 만들면서 물리학자로 이름을 알리기 시작한다. 그는 1933년 브뤼셀의 원자물리학회에 참석한다는 명분으로 정치적으로 불안정했던 러시아를 떠나 미국으로 망명했다.

1948년에 이르러 그가 제자인 랠프 앨퍼와 함께 발표한 이론이 현재 우리가 잘 알고 있는 빅뱅 이론의 효시가 된다. 가모프의 재치는 이 논문에서도 빛을 발한다. 논문에 아무런 기여도 하지 않은 그의 친구 한스 베테를 공저자로 넣은 것이다. 이유는 단 하나였다. 그들의 이름을 연결하면 '앨퍼-베테-가모프'가 되는데, 가모프는 그의 이론이 '알파-베타-감마' 이론으로 불리기를 원했던 것이다. 이 정도면 과학을 가지고 노는 낭만주의자라 말하지 않을 도리가 없다.

과학에서 이론과 실험의 상호작용

왓슨과 크릭이 논문을 발표했던 시기에 이미 가모프는 저명한 물리학자였다. 특히 그는 파지 그룹을 만들고 분자생물학의 발전에 크게 기여한 물리학자 막스 델브뤽의 친구이기도 했다. 양자역학의 발전에 크게 기여한 닐스 보어가 '빛과 생명'이라는 주제로 생물학에 대한 관심을 표명한 것이 1932년이었고, 보어와 마찬가지로 양자역학의 주된 공헌자 중 한 명인 슈뢰딩거가 저 유명한 "생명이란 무엇인가"라는 제목으로 강연을 했던 것이 1942년이었으니, 막스 델브뤽이라는 이단적 물리학자를 친구로 두고 있던 가모프의 생물학에 대한 관심은 조금 때늦은 감이 없지 않다.

하지만 유전암호의 해독이 눈앞에 다가선 시점에 가모프가 생물학에 관심을 가지게 되었던 것은 생물학자들에게는 행운 그 이상이었다. 가모프는 왓슨과 크릭의 논문을 본 즉시 그들에게 편지를 보냈다. 편지의 내용은 아래와 같다.

왓슨과 크릭 박사에게.

나는 생물학자가 아니라 물리학자입니다. 하지만 이번 5월 30일자 〈네이처〉에 실린 당신들의 논문을 읽고 매우 흥분되어 있습니다. 나는 그 논문이 생물학을 '정확한' 과학의 일원으로 만들어줄 것이라고 생각합니다. 나는 9월까지 영국에 머물 계획인데 당신들과 대화를 나눌 기회가 있었으면 합니다. 그전에 몇 가지 질문을 하고 싶습니다. 만약 당신들이 생각하는 것처럼 각 유기체가 숫자 1, 2, 3, 4로 표현될 수 있는 각기 다른 4개의 염기에 의해 규정되는 그런 것이라면 말입니다. 그렇다면 이건 대수학의 조합론을 이용한 이론적 연구가 가능하다는 이야기가 되거든요. 아주 흥미로운 일이 아닐 수 없습니다. 나는 이게 가능하다고 생각하는데 당신들은 어떻게 생각하는지요?

가모프는 유기체를 구성하는 물질들의 기저에 4개의 유전자 암호가 존재한다는 사실, 그리고 이 암호의 조합으로 각각의 유기체가 가진 개성이 드러난다는 사실에 고무되었던 것 같다. 게다가 4개의 염기가 어떻게 조합되느냐에 따라 생명을 지배하는 유전자의 비밀이 드러난다고 하는 디지털적 관점은, 이론물리학자였던 가모프가 생물학에 뛰어들기엔 최적의 조건으로 보였던 것이다.

사실 DNA의 이중나선 구조를 밝히기는 했지만, 왓슨과 크릭 모두 유전자 암호가 어떻게 단백질로 번역되는가에 대한 해답을 가지고 있지는 않았다. 따라서 둘은 가모프의 편지에 당황했다. 가모프는 즉시 '다이아몬드 코드'라는 아이디어로 유전자 코드의 가능성을 타진했다. DNA 이중나선 구조의 안쪽에 존재하는 틈에 20개의 아미노산이 직접 결합하는 방식으로 단백질 합성이 이루어질 것이라는 제안이었다. 물론 그 이론은 틀린 것으로 밝혀졌지만 4개의 염기와 20개의 아미노산만으로 생명의 비밀을 풀 수 있으리라는 기대는 과학자들 사이에서 널리 퍼지기 시작했다.

물론 유전암호가 해독되는 과정은 매우 험난했다. 2부에서 언급했듯이, 유전암호의 완전한 해독은 1961년부터 니렌버그 그룹이 실험을 통해 밝힐 때까지 요원한 일로 남아야만 했다. 그렇다고 해서 과학자들, 특히 가모프나 크릭과 같은 이론과학자들이 손을 놓고 있지는 않았다.

가모프는 이후 '조합 암호'라는 새로운 방식을 제안했다. 염기들의 순서가 아니라 조합에 의해 아미노산의 서열이 결정된다는 아이디어였다. 가모프만이 아니었다. 4개의 염기로부터 20개의 아미노산을 결정하는 다양한 이론들이 제안되었다. 결국은 모두 틀린 것으로 판명되었지만, 많은 과학자들이 이 난제에 달려들었다. 가모프가 이러한 열광적 노력들의 불씨를 당겼다.

유전암호의 해독 과정은 과학에서 이론과 실험이 어떻게 작동하는가에 대한 아주 좋은 예다. 특히 이론이 일종의 지침서 기능을 하고, 다시 실험이 이론에 수정을 요구하는 식의 상호작용을 알 수 있다. 4개의 염기와 20개의 아미노산이라는 단순한 사실로부터 엄청난 이론과 가설들이 등장했다는 말은, 측정량과 이론이 연결되는 방식이 다양할 수 있음을 반증한다. 또한 이 모든 이론들이 결국 니렌버그의 실험에 의해 폐기 처분되는 과정은, 이론이 측정량에 의해 제한 받는다는 과학의 소박한 세속화 과정을 보여준다. 이론도 실험도 독립적으로는 완벽하지 않다. 이론과 실험은 복잡한 방식으로 상호작용한다.

술 마시는 과학자들, 그리고 한국의 과학문화

가모프의 암호 이론이 흥미로운 것은 사실이지만, 사실 더욱 흥미로운 것은 가모프가 RNA 타이 클럽을 이끌어간 방식이다. 가모프는 어떤 정형화된 세미나를 통해 클럽을 운영하지 않았다. 한국의 권위적이고 유교적인 문화에서는 상상하기 어렵겠지만, 가모프는 클럽의 멤버들을 모아놓고 테이블에 둘러 앉아 시가를 입에 물고 보드카를 마시며 카드를 치면서 유전암호의 해독을 논의했다. 어찌 보면 과학자들끼리 모여 논다고 비난 받을 수도 있는 일이었지만, 생물학의 운명을 바꾼 두 과학자가 나온 서구에서는 그런 낭만이 허용되었다.

가모프는 술을 과학적 아이디어를 위한 자양분으로 여겼다고 한다. 그는 위스키를 특히 좋아했고, 언제나 술을 달고 다니는 인물이 었는데 그의 별명은 '위스키-트위스티'였다.*

과학자는 영화에서는 미친 사람으로, 현실에서는 진지한 인물로 만 그려지기 일쑤다. 아마도 그건 과학자들의 문화, 과학이 하나의 문화였던 서구의 문화적 파장이 과학계 이외의 사람들에게 제대로 전달되지 않았거나, 특히 대한민국에는 아예 전달될 기회가 없었기 때문일 것이다. 대한민국의 과학계는 너무나 진지하기만 하다.

사실 가모프만이 아니다. 통계역학의 창시자였던 루트비히 볼츠 만은 연구를 마친 저녁에는 거의 선술집으로 가 동료들과 이야기를 나누며 술을 즐겼다고 한다. 그곳에서 많은 아이디어들이 솟아나왔 고, 또 그가 적이라고 생각한 에너지 일원론자들이 술집에 등장하 면 전쟁과 같은 논쟁을 즐겼다고 한다. 그런 낭만적인 과학자들의 삶이 19세기에는 살아 있었다.

게임이론을 확장시켜 노벨 경제학상을 수상한 존 내시의 일대기 를 그린 영화 〈뷰티풀 마인드〉에도 내시와 동료들이 술집에 모여 "애덤 스미스"를 연호하며 잔을 부딪치는 장면이 나온다. 영화를 주

---

* 가모프의 기행에 대해서는 다음을 참고하라. Nanjundiah, V. (2004). George Gamow and the genetic code. *Resonance*, 9(7), 44-49.

4부 다시 만난 세계

의 깊게 본 독자들은 기억이 날 것이다. 게다가 이 영화에서 내시는 동료들이 술집에 들어오는 여자들에게 말을 거는 모습을 바라보며 '내시 균형'에 관한 기본 틀을 세우는 것으로 설정되어 있다. 놀랍지 않은가? 술집에서의 노벨상 아이디어라니 말이다.

왓슨이 세운 콜드스프링하버 연구소에서 열린 학회에서 이런 분위기를 경험해본 적이 있다. 그곳의 작은 펍은 밤늦게까지 과학에 대해 이야기하는 과학자들로 언제나 붐볐다. 교수와 학생의 구분도 없고 모두가 한데 모여 너무나 자유롭게 자신의 연구에 대해 이야기하는 그런 분위기였다.

그렇다고 과학자들이 꼭 술을 마셔야 한다는 말은 아니다. 즐기는 것이 좋아하는 것을 이기는 법이라는 공자의 말이 대한민국의 과학계에서는 참으로 어렵다는 이야기를 하고 싶은 것이다. 대한민국 과학계에는 낭만이 없다. 과학문화란 대중들이 과학을 이해하는 문화보다는, 먼저 과학자들이 과학을 즐길 수 있는 문화적 기반을 갖추는 데서 시작하는 것은 아닌지 생각해본다.

가모프와 통섭

가모프가 보여주는 학제간 연구 방식은 통섭이 화두가 된 요즘 우리에게 많은 것을 생각하게 한다. 사실 가모프의 시대를 돌아보면, 이제야 통섭이라는 말로 학문의 융합을 말하는 우리의 현실은 뒤늦은 감이 없지 않다. 물론 통섭이라는 말이 인문학과 과학이라는 '두 문화' 사이의 간극을 메우겠다는 시도로 이해되고 있지만, 사실 이질적인 두 문화 사이의 간극을 메우는 일은 그리 쉬운 게 아니다.

우리에게 통섭은 너무나 섣부른 시도일지도 모른다.

두 문화 사이의 간극을 메우기 위해서는 연습이 필요하다. 서구의 과학자들은 물리학과 화학, 생물학과 심리학, 화학과 생물학의 상호작용을 통해 이런 연습 과정을 거쳤다. 학제간 연구라는 개념도, 통섭이라는 개념도 모두 서구에서 만들어져 수입되는 것은 우연이 아니다. 우리가 해야 할 일은 이미 앞서 있는 그 문화를 황새 따라가는 뱁새처럼 쫓아가는 것이 아니라, 차근차근 기초를 다시 건설하는 것이다. 통섭보다는 과학 분과들 간의 대화가 가모프와 같은 인물에 의해 시작되는 것이 더욱 중요하지 않겠는가 하는 생각을 해본다. 대한민국 과학계에는 가모프와 같은 낭만주의자가 좀 필요하다.

가모프에 대한 이야기를 다 풀고 나니 여전히 풀리지 않는 미스터리가 있다. 도대체 왜 클럽의 이름을 'RNA 타이 클럽'이라고 지었을까? 가모프가 클럽을 만든 1954년에는 DNA에서 단백질로의 정보 전달 과정을 매개하는 RNA의 기능이 제대로 알려지지도 않았던 때인데 말이다. 가모프가 생물학을 잘 알지 못해서 그런 것인지는 모르지만 재미있는 우연이다. RNA 타이 클럽의 꿈은 이미 이루어졌고, 이제 생물학은 다시금 RNA라는 물질을 재발견하고 있으니 말이다.

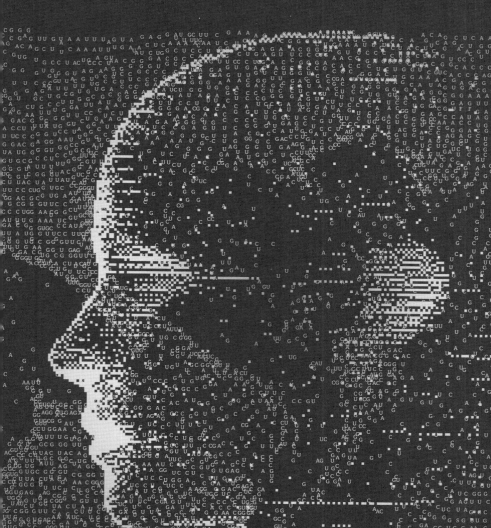

39

바버라 매클린톡과 트랜스포존

최근 들어 과학자들은 그동안 쓰레기 DNA라고 불리던 부위의 중요성을 새삼 깨닫고 있다. 단백질을 코딩하고 있지 않다는 이유로 무시되어왔던 염색체의 쓰레기 부위들이 유전자의 발현을 조절하거나 염색질의 구조를 변화시키는 데 매우 중요하며, 미르와 같은 ncRNA를 전사함으로써 세포의 활성을 미세 조절한다는 것이 알려졌기 때문이다.

최근에는 이기적 유전자의 대표적인 예로 알려진 트랜스포존 중 일부도 세포에 활성화된 트랜스포존이 지나치게 많이 존재하지 않도록 기능한다는 사실이 밝혀졌다. 트랜스포존은 옥수수를 연구하던 바버라 매클린톡에 의해 처음으로 세상에 그 존재를 드러냈다.

트랜스포존(전이인자)의 발견[1]

매클린톡은 81세의 나이에 노벨상을 수상한 여성 과학자다. 이블린 폭스 켈러라는 과학철학자가 《생명의 느낌》이라는 제목으로 그녀의 전기를 펴냈는데, 이 책에는 여성 과학자로서의 그녀의 신비로운 모습이 기술되어 있다. 예를 들어 매클린톡은 옥수수와 대화를 할 수 있다고 말하곤 했는데, 그것이 사실이든 아니든 과학적 발견이 이루어지는 방식은 매우 다양하다는 사실만 기억하자. 매클린톡이 신비주의자였든 아니든, 그녀의 방식이 과학적 발견 과정의 예외 사례이든 아니든 상관이 없다는 말이다. 과학적 발견은 발견을 주도한 과학자에게서 끝나지 않는다. 발견은 다른 과학자들에 의해 검증 받고 재현되어야 한다. 매클린톡의 이론은 그렇게 검증되는 과정을 거쳐 살아남았다. 그리고 그 업적을 인정받아 그녀는 노벨상을 수상할 수 있었다. 물론 그녀가 장수했다는 것도 노벨상 수상의 주된 요인이었다.

사실 매클린톡의 발견은 그녀의 신비주의적인 성향 때문이 아니라, 그녀의 꼼꼼하고 세밀한 연구 자세로부터 비롯된 것으로 보인다. 매클린톡은 1944년 옥수수 씨앗에 나타나는 모자이크 패턴을 연구 주제로 삼았다. 1948년 그녀는 모자이크 패턴을 결정하는 데 중요한 영향을 끼치는 2개의 유전자좌를 발견한다. 당시는 지금처럼 유전자의 염기서열을 결정하는 방법이 존재하지 않았다. 모건을 비롯한 유전학자들은 주로 염색체를 다양한 화학물질로 염색한 후 (염색체라는 이름이 거기에서 비롯되었다. DNA는 염색이 잘되는 성질이 있다) 현미경 아래에서 나타나는 염색체의 줄무늬를 관찰하는 것으로 유전학 연구를 수행했다. 세포가 분열하기 직전에 나타나는 염색체의 줄무늬 패턴이 당시로서는 유전자의 존재를 증명하는 유일한 방법이었다. 당시의 과학자들은 유전자가 DNA인지 단백질인지도 알지 못했다. 다만 염색체가 유전의 핵심 인자라는 사실만이 알려져 있었다.

여러 가지 돌연변이를 교배하고, 그 염색체를 현미경 아래서 세심히 조사하는 것은 인내심을 요구하는 작업이다. 매클린톡은 다양한 교배실험으로 분리자Dissociator(Ds)와 활성자Activator(Ac)라는 유전자좌가 상호작용한다는 것을 알아냈다. 분리자는 활성자가 존재할 때 옥수수의 9번 염색체에서 다른 곳으로 자리를 옮기고, 그 결과 염색체에 분절이 일어난다.

그녀는 분리자의 이동으로 인해 옥수수 씨앗에 색소를 만드는 유전자가 활성화된다고 생각했다. 분리자는 평소에는 색소 유전자의 발현을 막고 있는데, 활성자에 의해 분리자가 이동하면서 억제되고 있던 색소 유전자가 발현된다는 것이다. 옥수수 씨앗에서 분리자가 이동하느냐 아니냐는 활성자가 있어도 무작위로 일어난다. 따라서 옥수수 씨앗에 모자이크 패턴이 나타난다. 분리자와 활성자라는 유전자좌가 존재하고 그 둘의 상호작용이 관찰되며, 상호작용이 옥수수 씨앗의 색깔로 표현되는 것은 사실이었지만, 분리자로 인해 색소 유전자의 발현이 조절되리라는 것은 가설에 불과했다.

그녀는 이러한 내용을 〈미국국립과학원회보〉에 발표했다. 이후 발견이 계속되면서 그녀는 1951년 "염색체의 조직화와 유전적 발현"이라는 제목으로 콜드스프링하버 연구소에서 발표를 하게 된다. 그녀의 회고에 따르면 대부분의 사람들은 멘델의 유전법칙에도 맞지 않고, 이해하기도 어려운 그녀의 발표에 별 관심이 없었고, 심지어는 매우 적대적이었다고 한다. 유전자 조절이라는 개념은 당시로서는 과학자들이 상상하기 어려운 것이었다.

여성 과학자로서 그녀의 삶은 이처럼 결코 평탄하지 않았다. 이

매클린톡은 특유의 세심한 성격으로, 현미경만을 이용해 이동 유전자의 존재를 밝혀냈다.

후 1960년대에 이르러 프랑스의 프랑수아 자코브와 자크 모노에 의해 오페론 가설이 발표된다. 오페론으로 인해 유전자 발현의 조절이 과학자들의 관심사로 떠오르면서 그녀의 연구가 재조명되기 시작했다. 그전까지 과학자들은 염색체와 유전자가 조절될 것이라는 생각을 거의 하지 않았다. 프랑스에서 시작된 조절 유전자 연구는 결국 매클린톡의 잘 알려지지 않았던 연구를 재조명하는 계기가 되었고, 1960년대와 1970년대를 거치면서 박테리아와 효모에서 트랜스포존이 발견되고, 그녀가 발견한 옥수수의 분리자가 클로닝되면서 염색체를 자유롭게 오가는 트랜스포존의 존재가 과학자들에게 인정받기 시작한다.

piRNA의 발견[2]

고등 생물에서 생식세포는 발생의 초기 단계에 격리된다. 아우구스트 바이스만의 연구로 널리 알려진 이 현상은 획득형질의 유전을 부정하는 근거로 사용되기도 한다. 트랜스포존과 같은 전이인자들은 염색체 이곳저곳을 뛰어다니며 자신을 염색체 속에 쑤셔넣는다. 트랜스포존과 같은 이기적인 인자들의 지나친 활성화는 개체의 생존에 도움이 되지 않는다. 특히 생식세포에서 트랜스포존이 날뛰는 것을 막는 방향으로 진화가 이루어졌다. 생식세포를 이기적 유전자의 횡포로부터 방어하기 위해 생명체들은 다양한 방법을 고안했다.

DNA 메틸화가 그런 방어기제 중 하나로 알려져 있다. APOBEC라는 효소가 역전사 트랜스포존을 막기 위해 진화했다는 것도 알려져 있다. RNA 간섭에 의한 역전사 트랜스포존 억제도 마찬가지로 잘 알려져 있다.

트랜스포존은 옥수수에서 처음으로 발견되었지만, 트랜스포존의 횡포를 억제하는 마이크로 RNA인 파이 RNApiRNA는 초파리에서 발견되었다. 알렉세이 아라빈을 비롯한 연구진은 초파리의 각 발생 단계마다 발현되는 미르 유전자를 찾고자 했다. 미르는 보통 22개 내외의 짧은 RNA 조각으로 이루어져 있는데, 연구진은 24~29개의 RNA 조각으로 이루어진, 미르보다 조금 긴 RNA 무리를 발견한다. 이 짧은 RNA들은 미르에서 발견되는 5′ 말단 부위의 특징이 없었다. 새로운 종류의 마이크로 RNA를 발견했다는 생각에 연구진은 이 짧은 RNA 조각들이 염색체의 어떤 부위에 맞아떨어지는지 조사하기 시작했다.

24~29개로 이루어진 이 짧은 RNA들은 염색체의 반복적 염기

서열이나 트랜스포존과 이중나선을 만들 수 있었다. 2003년, 초파리에서 발견된 이 특이한 RNA들은 rasi(repeat-associated small interfering) RNA라는 긴 이름을 갖게 된다. 그것이 piRNA라는 신기한 발견의 시작이었다.[3]

돌연변이로부터

PIWI 단백질, piRNA의 단짝*

piRNA를 이해하기 위해서는 먼저 PIWI(P-element Induced WImpy testis)라는 단백질의 기능을 알아야 한다. 파이(pi)라는 수식어가 PIWI 단백질에서 유래한 것이기 때문이다. PIWI 단백질은 초파리 줄기세포의 비대칭 세포분열Asymmetric cell division 현상에 대한 연구에서 그 존재가 밝혀졌다.

줄기세포의 분열은 대칭 세포분열Symmetric cell division과 비대칭 세포분열로 나뉘는데, 대칭 세포분열이란 모세포가 같은 종류의 두 딸세포로 분열하는 것을 말하고, 비대칭 세포분열이란 모세포가 서로 다른 두 종류의 딸세포로 분열하는 것을 말한다. 결국 대칭 분세포열의 결과는 모세포와 같은 두 개의 딸세포, 비대칭 세포분열의

---

* 다음 논문을 참고했다. Siomi, M. C., Sato, K., Pezic, D., & Aravin, A. A. (2011). PIWI-interacting small RNAs: the vanguard of genome defence. *Nature reviews Molecular Cell Biology*, 12(4), 246.

5부 혁명의 분자

결과는 모세포와 같은 종류의 딸세포 하나와 모세포와는 조금 다른 딸세포 하나가 된다. 대칭 세포분열은 DNA에서 DNA가 만들어지는 복제와 같은 방식인 셈이고, 비대칭 세포분열은 DNA에서 RNA가 만들어지는 전사인 셈이다.

PIWI 단백질은 수컷의 정자 형성 과정과 암컷 초파리의 생식줄기세포 형성에도 매우 중요한 것으로 밝혀졌다. 수컷과 암컷 모두에서 생식계에 깊이 관여하고 있는 단백질로 밝혀진 것이다. PIWI 단백질은 미르와 siRNA의 표적이 되는 mRNA를 찾을 수 있도록 도와주고, 또 직접 미르와 siRNA와 결합하는 단백질인 아고너트의 원시적인 형태를 띠고 있다.

아고너트와 PIWI 단백질의 유사 관계

아고너트라는 단백질의 이름은 애기장대를 연구하던 식물유전학자들이 찾은 돌연변이의 이름에서 따온 것이다. 생물학, 특히 유전학 분야의 돌연변이들에는 재미있는 이름이 아주 많다. 수많은 돌연변이들을 만들고 그 표현형을 분석해야 하는 유전학 분야의 전통이라고도 할 수 있다.

아고너트가 미르와 같은 마이크로 RNA들과 결합해 기능하기 때문에, PIWI도 마이크로 RNA들과 결합할 것이라고 예상할 수 있다. 앞에서 언급했듯이, 이 예상은 사실로 드러났다. 미르보다 조금 긴 piRNA들의 존재가 밝혀진 것이다. 초파리에서 처음으로 밝혀진 piRNA는 rasiRNA라고 불리는데, 이 책에서는 PIWI 단백질과 결합하는 RNA라는 뜻에서 무척추동물과 척추동물 모두의 생식계에서 밝혀진 이 마이크로 RNA들을 piRNA라고 부르도록 하겠다.*

piRNA의 특징

piRNA에는 몇 가지 흥미로운 특징이 있다. 첫째, piRNA는 미르나 siRNA보다 더 길다. 다양한 종류의 미르와 siRNA들이 밝혀졌지만 그 길이는 거의 일정한 것으로 알려져 있는데, 이것으로 piRNA는 미르나 siRNA와는 구별되는 새로운 형태의 RNA임을 알 수 있다.

둘째, 대부분의 piRNA들이 유전체의 특정한 부위에서 발현되는 것으로 밝혀졌다. 이 유전체의 과열점에는 수천 개의 piRNA들이 몰려 있는 것으로 추정되며, 결국 대부분의 piRNA들이 유전체의 아주 좁은 부위로부터 만들어진다는 것이다.

셋째, piRNA에는 미르와 siRNA에서 보이는 5′말단 부위의 고리형 2차 구조가 보이지 않는데, 이는 piRNA가 미르나 siRNA와는 다른 종류에 속한다는 이론에 신빙성을 더해준다. 이는 piRNA의 생성 과정이 미르나 siRNA의 생성 과정과 구별된다는 뜻이기도 하다.

넷째, 17퍼센트 정도의 piRNA가 LINE이나 SINE 같은 반복적 염기서열 및 트랜스포존 부위와 겹치는데, 이는 piRNA가 트랜스포존으로부터 유전체를 방어하기 위해 진화했다는 이론에 신빙성을 더해준다.

---

*   이 책의 24장도 참고하라.

생식세포를 보호하라

초파리의 생식계에서만 4000여 개의 piRNA가 밝혀졌다. 초파리의 유전자 개수가 1만 4000여 개로 알려져 있으니, 4000종류나 되는 piRNA의 다양성은 대단한 것이다. 유전체를 트랜스포존이라는 이기적 유전자의 횡포로부터 보호하기 위해 piRNA가 진화했다는 가설 역시 초파리 연구에서 나온 것이다.

초파리라는 모델 동물은 100년의 역사를 자랑한다. 거의 대부분의 유전자 기능이 초파리 돌연변이로부터 밝혀졌을 정도로 초파리에서 돌연변이를 통해 수행했던 연구들은 분자생물학 연구의 중추로 기능해왔다. 초파리의 대부분 유전자들은 돌연변이를 지닌 계대로 유지되고 있다. 이러한 대규모 돌연변이 계대를 만드는 데 기여한 것이 P-인자P-element라는 트랜스포존의 일종이다. PIWI 단백질의 P는 P-인자에서 따온 것이다.

초파리에는 PIWI 단백질과 비슷한 오버진Aubergine이라는 단백질이 있는데, 이 단백질이 P-인자의 이동을 막는 것으로 밝혀졌다. P-인자와 같은 트랜스포존은 염색체의 이곳저곳으로 뛰어다니는데, 오버진 유전자에 돌연변이가 유발되면 P-인자의 유동성이 증가하기 때문이다.

PIWI 단백질은 집시gypsy라는 초파리에 기생하는 역전사 바이러스의 유동성에 영향을 미친다. 역전사 트랜스포존들의 유동성도 PIWI와 오버진 단백질에 의해 영향을 받는다. 이러한 트랜스포존들의 유동성을 PIWI와 오버진이 막는 데는 기존에 알려진 RNAi나 미르와 결합하는 단백질들이 필요 없다는 것도 밝혀졌다. 즉 지금까지 알려진 것과는 다른 방식으로 PIWI 단백질과 piRNA가 기능한다는 뜻이다.

　미르의 존재가 알려지고, siRNA와 관련된 단백질들의 기능이 밝혀지면서 과학자들은 유전자 발현을 조절하는 마이크로 RNA의 비밀을 조금은 이해하게 되었다고 생각했다. 하지만 생식세포에서 트랜스포존의 이기적이고 마구잡이식 증식을 억제하기 위해 진화한 piRNA의 작동 방식과 생성 방식은 여전히 미스터리다. 모든 것이 막연할 때, 과학자들은 모델을 만든다.

41

플라멩코와 집시의 춤

발견의 역사는 언제나 우연이 강력히 지배하는 공간이다. 원래 협심증 치료제를 개발하려던 어떤 회사의 연구진은 임상치료 과정에서 한 약물이 발기부전에 효과가 있다는 사실을 우연히 발견하고 이 상품으로 일약 대기업으로 성장한다. 모두가 아는 비아그라의 탄생이다. 물론 piRNA의 발견과 비아그라의 발견에는 연구 과정에서 혼탁해지고 누적되어가는 데이터들을 놓치지 않고 면밀하게 파고든 연구진의 노력이 숨어 있다. 자연이 과학자들에게 선사하는 수줍은 신비의 가능성을 놓지 않고, 약간의 우연과 행운을 바라는 것, 아마도 그것이 과학의 역사에서 자주 우연으로 보이는 발견이 나타나는 이유일지 모른다.

염색체의 방랑자 집시

앞에서 piRNA에 대한 연구는 트랜스포존, 즉 염색체의 여기저기를 자유롭게 이동하는 전이인자의 존재와 밀접하게 연관되어 있다고 말했다. piRNA가 전이인자의 이동을 조절하리라는 최초의 실험적 근거는 집시 인자라는 유전자좌에 대한 연구로부터 나왔다.

이미 살펴본 것처럼 유전학자들은 표현형의 특징에 따라 독특한 작명을 하기로 유명하다. 집시는 무척추동물에서 처음으로 발견된 역전사 바이러스에 붙여진 이름이다. 집시란 이곳저곳을 떠돌아다니는 유럽의 유랑민족이다. 숙주에 기생하면서 숙주가 죽을 때까지 생을 함께하는 역전사 바이러스이자, 그 유전체는 역전사 전이인자이기도 한 DNA 서열에 집시라는 이름을 붙여준 학자의 미학적 감수성은 참으로 탁월하다. 초파리의 강력한 유전학적 스크리닝으로 1995년 집시 인자의 유동성을 조절하는 염색체의 영역이 발견된다. X염색체상에 존재하는 이 유전자좌를 연구진은 플라멩코flamenco라고 이름 붙였다. 플라멩코는 집시들이 추는 춤의 이름이다. 과학자들은 아니, 적어도 초파리 유전학자들은 결단코 무미건조한 사람들이 아니다.

실제로는 해당 유전자좌가 발견된 것이 아니고, 해당 유전자좌에 돌연변이나 결손이 있는 초파리 계대에서 집시 전이인자의 유동성이 증가된다는 것이 밝혀진 것이다. 유전학에서 돌연변이의 표현형 명칭은 대부분 유전자의 이름으로 사용되곤 한다. 유전자 복제 기술이 발달하기 이전부터 모건에 의해 유전학의 연구 재료로 사용된 초파리의 세계에는 여전히 매우 혼동되는 개념이 많다. 비록 표현형적 돌연변이로 유전자의 이름이 명명되곤 하지만, 결국에는 그 표현형이 한 유전자에 의해 나타난 것이 아니었음이 밝혀지는 일도 비일비재하고, 실제로는 해당 돌연변이가 생긴 위치에서 아무런 RNA도 전사되지 않는 경우도 있다. 다시 한번 말하지만 유전학이

라는 분야에서 유전자라는 개념은 처음부터 모호한 것이었다.[*]

　1995년 플라멩코가 발견된 후 많은 연구가 진행되었지만 플라멩코 돌연변이에서 결손이 일어난 부위에는 전이인자를 억제할 수 있는 염기서열이 발견되기는커녕 오히려 또 다른 종류로 보이는 다양한 전이인자들의 염기서열만이 밝혀지곤 했다. 2004년이 되어서야 한 연구팀에 의해 플라멩코에 의한 집시 전이인자의 억제에 PIWI라는 단백질이 관여한다는 사실이 밝혀졌다. 수없이 많은 교배와 분석을 통한 초파리 유전학의 강력함 덕분이다. 광대한 돌연변이 계대를 보유한 초파리 유전학은, 주의를 기울이고 시간을 투자하면 반드시 유전자 간의 상호작용에 대한 단서를 제공한다. 다만 필요한 것은 끝없는 교배와 표현형 분석뿐이다. 그래도 초파리 유전학자들의 교배를 통한 스크리닝은 존 설스턴이 예쁜꼬마선충의 세포지도를 그리기 위해 1년 반 동안 암실에 틀어박혀 있었던 것보다는 행복한 일인지 모른다. 과학자의 일상 대부분은 획기적인 결과를 기다리는 인고의 시간인 경우가 많다. 아마도 그래서 과학자들의 일상이 드라마로 만들어지지 않는 것인지도 모른다.

piRNA와 전이인자의 연결고리

2003년 piRNA가 발견되고, 2007년에 이르러서야 piRNA를 전사하는 유전자좌의 상당수가 플라멩코 유전자좌의 염기서열과 일치

---

[*]　이 책의 18~20장에 기술된 유전자 개념의 변화를 참고하라.

한다는 사실이 밝혀졌다. 염기서열의 일치 결과는 간접적인 증거에 불과하다. 같은 해 율리우스 브레네케를 비롯한 연구진이 piRNA 유전자좌가 PIWI 단백질을 경유해서 플라멩코의 유동성을 조절한 다는 믿을 만한 결과를 내놓음으로써 piRNA가 전이인자의 무절제 한 복제를 조절하고, 이러한 조절에 PIWI 단백질이 함께한다는 가 설이 힘을 얻을 수 있었다. 결정적인 증거는 플라멩코 돌연변이에 서는 piRNA의 발현 양이 줄어들고, 반대로 집시 전이인자의 발현 은 늘어난다는 점이었다. 플라멩코 유전자좌는 집시처럼 무절제한 전이인자의 발현을 억제하는 piRNA들의 저장고였던 셈이다.

　브레네케를 비롯한 연구진은 여기서 한 걸음 더 나아가 더욱 흥 미로운 사실을 발견했다. 염색체의 말단에는 텔로미어telomere라는 부위가 존재하는데 DNA 복제가 거듭될수록 염색체가 짧아지는 것 을 방지하기 위한 일종의 뚜껑인 셈이다. 초파리의 X염색체 텔로미 어와 인접한 부위에는 X-TAS라고 불리는 유전자좌가 있는데, TAS 라는 반복적 염기서열로 도배되어 있는 부위다. 이들은 piRNA의 상당수가 이 부위의 염기서열과 일치한다는 것을 발견했다. 흥미로 운 것은 X-TAS의 일부분은 예전부터 초파리의 트랜스포존인 P-인자의 유동성을 조절하는 것으로 알려져 있었다는 점이다.[4]

　piRNA가 전사되는 것으로 보이는 유전자좌 근처에 트랜스포존 인 P-인자가 자리잡고 있다는 사실은 더 놀랍다. P-인자는 트랜스 포존이기도 하지만 일종의 프로모터로도 사용되는데 프로모터란 DNA에서 RNA가 전사되는 시작점을 뜻한다. 즉 P-인자의 무분별 한 복제를 막는 piRNA들이 P-인자에 의해 전사되는 역설적인 현 상이 벌어지는 셈이다.

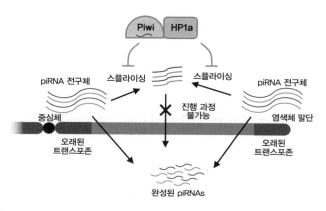

그림 2 piRNA와 트랜스포존, 그리고 텔로미어의 관계. (출처: http://resou.osaka-u.ac.jp/en/ research/2018/20180627_1.)

P-인자의 난입과 초파리의 대응*

P-인자는 현재 초파리 돌연변이의 대부분을 만들 수 있도록 해준 고마운 트랜스포존이다. 방사선을 쪼이거나 화학약품을 처리해 돌연변이를 만들던 모건의 시대를 거쳐, 이제 유전학자들은 P-인자를 염색체 이곳저곳에 끼워넣어 돌연변이를 만든다. 중요한 사실은 드로소필라 멜라노가스테르라고 불리는 노랑초파리 일족에 치명적인 돌연변이를 유도하는 P-인자가 전염된 것이 채 50년도 되지 않은 일이라는 점이다.

* 다음 논문을 참고했다. Siomi, M. C., Saito, K., & Siomi, H. (2008). How selfish retrotransposons are silenced in Drosophila germline and somatic cells. *FEBS Letters*, 582(17), 2473-2478.

이 말은, 초파리의 생식세포에서 무분별한 복제를 일으키는 일종의 병원균인 P-인자가 발생한 지 채 50년도 지나지 않아서, 초파리 개체군 내에서 이에 대항하는 piRNA들을 P-인자에 의해 전사되도록 배치했다는 뜻이다. 기생체와 숙주 간의 진화적 군비경쟁이 얼마나 역동적이고 빠른 시간 안에 일어나는 과정인지 짐작할 수 있게 하는 대목이다.*

P-인자가 생식세포에 난입하는 질병은 초파리들에게는 에이즈와 같은 무서운 병이다. 아마도 초파리라는 종에게 P-인자의 출현은 인류가 흑사병으로부터 살아남았던 역사와 비견될 수 있을지도 모른다. 그래서인지는 몰라도 piRNA를 이용한 전이인자의 억제에는 강력한 증폭 과정이 수반된다. piRNA는 처음에 전사되면 표적으로 삼는 전이인자와는 안티센스인 상태가 된다. 앞에서 배운 것을 다시 복습하자면 안티센스란 AGTC로 이루어진 염기서열이 서로 마주보고 염기짝을 이룰 수 있다는 뜻이다. 따라서 5′-AGTC-3′의 안티센스는 5′-GACT-3′이 된다. 이 상태의 piRNA에 PIWI 단백질이 달라붙어서 piRNA를 표적까지 인도하고 piRNA와 염기짝을 이룬 전이인자 염기서열의 앞뒤를 자른다.

여기까지는 일반적인 siRNA의 작용 기작과 동일하다. 신기한 것은 이렇게 잘린 전이인자의 염기서열이 아고3(AGO3)라는 단백질과 다시 달라붙는다는 점이다. PIWI에 의해 잘린 표적 전이인자의 염기서열은 piRNA의 센스 형태일 것이 틀림없다. 아고3는 이처럼

---

* P-인자의 발견 과정과 이를 둘러싼 진화적 군비경쟁의 이야기도 흥미로운 현상이지만 이 책의 범위를 벗어난다.

잘린 센스 형태의 새로운 piRNA, 즉 PIWI에 의해 잘리기 전에는 그저 전이인자의 전사체였던 RNA를 자신의 몸에 붙이고 이번에는 이 RNA에 대한 염기짝을 찾는 여행을 떠난다.

DNA는 이중나선이고 양방향으로 전사가 가능하므로 이론상으로는 piRNA 유전자좌도 센스와 안티센스 두 종류의 전사체를 만들 수 있다. 아고3는 처음에 PIWI와 달라붙었던 piRNA 전사체와는 반대 방향에서 전사된 전사체를 찾아, 자신이 데리고 있던 센스 형태의 piRNA를 결합시킨다. 그리고 PIWI가 했던 것처럼 염기쌍을 이룬 RNA 이중나선의 앞뒤를 잘라낸다. 앞의 과정과는 정반대로 이번엔 처음 PIWI와 달라붙었던 것과 같은 안티센스 형태의 piRNA가 만들어진다. 이 piRNA들은 당연히 PIWI와 결합하고 다시금 전이인자를 찾아 나선다. 이 과정이 무한 반복된다. 전이인자가 만든 전사체가 사라질 때까지.

유기체의 유전자 조절 회로에는 이와 같은 무한 루프가 준비되어 있는 경우가 흔하다. 예를 들어 박테리아에 의해 피부가 감염되었을 때 면역세포들은 전사인자를 발현시키고, 전사인자는 염증 반응을 촉발시킬 수 있는 분비 단백질을 급하게 생산한다. 면역세포에서 분비된 분비 단백질은 주변 세포나 스스로를 자극해 해당 전사인자를 활성화시키는 신호전달경로를 자극한다. 이러한 식으로 박테리아가 사라질 때까지 무한 루프가 돌아가는 것이다.

초파리의 생식세포를 공격해서 수컷을 불임으로 만드는 P-인자의 등장은, 50년도 채 안 되는 시간 사이에 P-인자의 바로 곁에서 P-인자가 활성화될 때 함께 활성화되어 P-인자가 사라질 때까지 무한 루프를 반복하는 piRNA라는 방어기제를 만들어냈다. 자연이란 경이로운 것이다. 특히 진화의 가속 페달을 밟는 기생체와 숙주 사이의 군비경쟁과 성선택은 다윈이 말했듯이 놀랄 만한 생명의 경이다.[5]

42

파이 이야기

생식세포 유전체를 안정적으로 후손에게 물려주기 위해서는 P-인자와 같은 전이인자의 무분별한 복제를 억제하는 일은 중요하다. 유전자의 입장에서 보면 개체의 안위보다는 안정적으로 후손에게 유전자를 물려주는 일이 훨씬 중요하기 때문이다. 인류의 수명이 증가하면서 암이나 퇴행성 신경질환과 같은 선진국형 질병이 증가하는 것은 우연이 아니다. 200만 년 전 플라이스토세의 아프리카에서 진화해온 우리의 선조들은 암이나 퇴행성 신경질환으로 사망하지 않았다. 오히려 그들의 생존을 위협했던 것은 전염병이나 사고로 인한 사망이었을 것이다. 인류의 수명이 지금처럼 획기적으로 증가한 것은 얼마 되지 않았다. 따라서 생식기 이후에 나타나는 질병들은 자연선택에 강하게 노출되지 않는다. 중요한 것은 후손을 생산할 수 있는 시기까지 개체와 생식세포를 건강하게 유지하는 일이다. 만약 대부분의 개체가 이 시기 동안 성공적으로 후손을 생산할 수 있었다면 기술의 발전으로 인해 비정상적으로 증가한 인류의 수명은 오히려 짐이 될 뿐이다. 그것이 40대 이후 인류의 대부분이

성인병으로 고생하는 진화학적인 설명이고, 우리가 웰빙과 건강과 장수에 그토록 관심을 갖게 되는 이유다.

　piRNA는 생식세포의 유전체를 이기적인 전이인자로부터 보호한다. 노랑초파리라는 종에서 최근에야 전염된 P-인자에 대항하기 위해 piRNA가 진화했다는 사실은 생식세포를 지킨다는 것이 유기체에게 얼마나 중요한 것인지를 간접적으로 시사하는 사건이다. 특히 piRNA는 전이인자를 완전히 억제하기 위해 강력한 무한 루프를 사용한다는 것이 알려졌다. 생식세포 유전체의 안정성이 유기체의 번식에 얼마나 중요한 일인지, 유전자의 입장에서 자신을 안정적으로 복제하는 것이 얼마나 강력한 선택압에 놓여 있는 것인지를 시사하는 대목이다.

핑퐁 모델

piRNA를 코딩하고 있는 유전자좌로부터 전사된 RNA는 PIWI 단백질과 결합한다. 이렇게 형성된 piRNA-PIWI 복합체가 전이인자에 결합하면, RISC라는 단백질 복합체에 의해 전이인자가 절단된다. piRNA에 의한 전이인자 억제 시스템이 강력한 이유는 이렇게 절단된 RNA 조각이 다시 아고3라는 단백질과 복합체를 형성해서 전이인자를 소멸시킬 수 있는 더 많은 piRNA-PIWI 복합체를 만드는 데 기여한다는 사실 때문이다. 브레네케 연구진은 이를 핑퐁 모델ping-pong model이라고 이름 지었다.[6]

　전이인자의 전사체인 RNA를 PIWI 단백질의 인도에 따라 piRNA의 전사체와 결합시켜 소멸시키는 것으로 끝나지 않고, 절단된 전이인자의 조각을 더 많은 piRNA를 만드는 데 사용하는 모양새는 마치 탁구를 치는 것처럼 보인다. 핑퐁 모델은 다음과 같은 네 가지 실험적 증거에 의해 지지된다.

첫째, PIWI와 오버진 단백질은 안티센스 piRNA와 결합하고, 아고3 단백질은 센스 piRNA와 결합한다.

둘째, PIWI와 결합하는 piRNA의 대부분이 5′ 부위에 우리딘(U)을 포함하고 있는 반면, 아고3와 결합하는 piRNA의 대부분은 5′ 부위에 아데닌(A)을 포함하고 있다. 아데닌과 우리딘은 상보적 결합을 할 수 있는 핵산 짝이다.

셋째, 아고3와 결합하는 piRNA 앞부분 10개 정도의 염기서열이 PIWI와 결합하는 piRNA 앞부분 10개의 염기서열과 상보적으로 결합할 수 있는 서열로 이루어져 있다.

넷째, PIWI, 아우버진, 아고3 모두 자신과 결합한 piRNA의 앞부분 10개 정도의 염기서열을 자를 수 있는 절단효소의 기능을 지닌 단백질들이다.

물론 핑퐁 모델은 현재까지 나온 실험적 증거들을 이용해 세운 모델일 뿐이다. 여전히 이 모델로 설명할 수 없는 예외들이 존재한다. 예를 들어, piRNA에 의해 증폭된 순환 루프가 어떻게 조절될 수 있는지는 알려져 있지 않다. 전이인자는 대부분 양방향으로 전사가 가능하기 때문에, 굳이 아고3를 이용해 다시 전이인자를 절단할 piRNA 조각을 만들지 않아도, 이미 생식세포 안에는 PIWI와 결합할 수 있는 충분한 양의 거푸집이 존재할 가능성이 있기 때문이다.

여전히 핑퐁 모델만으로는 설명되지 않는 많은 실험적 결과들이 남아 있지만, piRNA에 의한 전이인자 억제 시스템은 RNA라는 분자가 유기체의 생화학적 항상성을 유지하는 데 매우 중요하다는 점을 반증하는 중요한 발견임이 틀림없다.

유전적 기억 장치

미르의 발견이 예쁜꼬마선충에 대한 연구에서 촉발되었던 것처럼, piRNA도 초파리를 연구하던 과학자들에 의해 그 기초가 정립되었다. 시드니 브레너가 인간의 생물학에는 별다른 도움이 되지도 않을 것처럼 보였던 예쁜꼬마선충을 모델 동물로 연구를 시작했을 때 비웃었던 대부분의 과학자들은, 훗날 시드니 브레너에 의해 세포사멸 연구가 시작되고 그가 노벨상을 수상했을 때에야 그 비웃음을 멈추었다. 과학의 성과물들은 본질적으로 그 적용 가능성이 예측 불가능하다는 점에서 무정부주의적이다. 정부의 도움 없이는 연구가 불가능하고 국민의 세금으로 과학자들의 연구가 지원되는 지금, 인류의 복지에 아무런 도움도 되지 않아 보이는 연구를 지원하라고 강요하는 것도 무의미하지만 본질적으로 예측 불가능한 과학적 발견의 적용 가능성을 무시하고 몇몇 분야에만 지원을 집중하는 것도 무의미한 일이다.

기초 과학에 대한 투자는 일종의 보험과 같다. 암보험이나 사망보험에 가입하는 사람은 예측 불가능한 미래에 대비하고자 하는 것이다. 기초 과학의 가치는 보험 조건에 기재된 사건(암 혹은 사망)이 발생하지 않음에도 불구하고 보험에 가입하는 것이 가치 있는 이유와 같다. 인간은 미래를 정확히 예측하지 못한다. 이런 본질적인 예측 불가능성에 대한 최선의 대비는 할 수 있는 한 최대한의 다양성을 보장하는 것이다. 미래에 대한 예측 불가능성은 다양성에 대한 투자에 의해 상쇄될 수 있다. 나는 그것이야말로 기초 과학의 가치요, 나아가 노벨상에 이르는 지름길이라 믿어 의심치 않는다.*

예쁜꼬마선충과 초파리, 인간에 대한 연구 모델로서는 부족해 보이는 소위 하등 생물로부터 RNA의 새로운 역할이 밝혀졌다. 유전자의 기능에 대한 대부분의 연구는 초파리를 연구하던 학자들로부터 나왔다고 해도 과언이 아니다. 초파리에서 밝혀진 유전자의 기능을 기초로 쥐와 인간을 대상으로 한 연구가 가능한 이유는 모든 생물종이 진화의 역사라는 나뭇가지 위에 매달려 있기 때문이다. piRNA의 경우도 마찬가지다. 초파리에서 밝혀진 사실들은 즉시 생쥐나 어류를 모델 동물로 연구하는 과학자들에 의해 재확인되었다.

비록 PIWI 단백질의 기능은 초파리와 생쥐에서 약간 다른 것으로 판명되었지만, 미르와는 다른 종류로 확인된 piRNA들이 PIWI와 결합한다는 사실은 모든 종에 공통적인 것으로 밝혀졌다. 특히 piRNA가 생식세포에서 주로 발현되는 RNA 조각들인 점도 대부분의 종에서 공통적이다.

이러한 사실들은 새로운 모델 동물로 각광을 받고 있는 제브라피시에 대한 연구에서도 드러난다. ZIWI라고 불리는 제브라피시의 PIWI 유사단백질은 대부분의 기능에서 초파리의 PIWI 단백질과 겹친다. 제브라피시의 piRNA들도 정소와 난소 같은 생식세포에서 발현된다. 비록 현재까지 생쥐를 대상으로 한 연구에서는 수컷의 정

---

* 이 책의 23장도 참고하라.

소에서만 piRNA의 발현이 확인되었지만, 초파리와 제브라피시의 연구에서는 수컷과 암컷의 생식세포 모두에서 piRNA의 발현이 관찰되었다. 비록 진화의 가지에서 갈라져 나온 지 오래되었지만, 생식세포의 유전체적 안정성을 유지하기 위해 진화한 piRNA와 PIWI 단백질의 기능은 대체적으로 보존되어 있는 것으로 생각된다.

브레네케 연구진은 piRNA가 전사되는 유전체의 빈발 지역이 전이인자에 노출되었던 당시에 대한 일종의 유전적 기억 장치라고 설명했다. 초파리의 생식세포에서 발견되는 piRNA들은 유전체의 특정 부분에서 집중적으로 발현되는데, 아마도 그곳에서 P-인자에 의한 유전체 불안정성이 시작되기 때문으로 보인다. 특히 piRNA가 발현되는 유전체 부위는 염색질의 상태를 결정하는 것과도 연관된 것으로 보이는데, 이는 전이인자의 발현을 억제하고 piRNA의 발현을 증가시켜야 하는 필요에 의한 것일 수도 있다. 전이인자에 대한 방어기제로서 piRNA의 실체가 우리 앞에 그 모습을 드러낸 것은 채 5년이 되지 않았다. 이기적 유전자가 유전자들의 의회에 의해 효과적으로 견제되는 모습은 인간 사회의 모습을 닮았다.

piRNA의 다른 기능

포유류 piRNA들의 대부분이 초파리와는 달리 전이인자의 염기서열과 짝을 이루지 않는다는 사실은, 포유류의 piRNA들이 단지 전이인자의 발현을 억제하는 것이 아니라, 새로운 기능을 가질 수도 있음을 시사한다. 이러한 예측이 가능한 이유 중 하나는, 초파리 같은 무척추동물과는 다른 진화적 역사를 가진 포유동물의 유전체가 매우 효과적으로 대부분의 전이인자의 무차별적 복제를 억제해왔기 때문이다. 포유류는 항온동물이라 여러 기생생물에게 좋은 숙주가 될 수 있다. 그 결과 포유류는 아주 효율적인 면역체계를 진화시켰다. 전이인자의 경우도 비슷하게 유추해볼 수 있다. 무척추동물과 공통조상으로부터 분기된 이후에, 비록 piRNA에 의한 전이인자 억제라는 구조는 보존되었을지 모르지만, 포유류는 독자적으로 전이인자를 효과적으로 억제할 수 있는 체계를 진화시킨 것이다.

따라서 piRNA는 포유류에서 일종의 굴절적응 과정을 거쳤을 수 있다. 굴절적응이란 이미 소개되었듯이 스티븐 제이 굴드에게서 체계화된 진화생물학의 개념으로, 일종의 온고지신적 해결책을 뜻한다. 날기 위해 진화했던 조류의 날개가 펭귄에게서는 헤엄치는 데 사용되는 것이 좋은 예라고 할 수 있다.

따라서 포유류의 piRNA는 생식세포에서 전이인자를 억제하는 것뿐 아니라 다른 기능을 위해 사용될 가능성이 존재한다. 붉은빵곰팡이를 이용한 연구에서 이러한 추측의 단서가 포착되었다. 곰팡이에는 '감수분열 침묵meiotic silencing'이라는 현상이 존재한다. 곰팡이는 영양기에는 홑-배수체 혹은 반수체haploid(염색체가 쌍이 아니라 반수만 존재하는 현상. 배수체는 2N, 반수체는 N으로 표시되며 인간의 경우 생식세포가 반수체의 염색체를 지닌다)였다가, 생식기가 되면 일시적으로 배수체diploid가 되는 생활사를 가지고 있다. 세포질은 하나인데 여러 개의 핵을 갖게 되는 이 시기에 짝을 찾지 못한 염색체 부위는 전사가 철저히 억제되는 것으로 알려졌다. SAD-1, SMS-2, SMS-3 과 같은 단백질이 관여하는 이 과정 역시 마이크로 RNA들을 이용한 전사억제 기제가 사용된다.

곰팡이에서 발견된 감수분열 침묵은 포유류의 감수분열 과정에서도 발견된다. 즉 포유류의 piRNA가 전이인자의 복제를 침묵시키는 것뿐 아니라, 감수분열 과정에서 제대로 짝을 찾지 못한 염색체의 전사를 억제하는 데도 관여할지 모른다는 단서가 포착된 것이다.

piRNA 연구의 미래

piRNA의 기능에 대한 연구는 이미 대단한 성과를 이루어냈다. 생식세포에서 치명적인 전이인자를 억제하는 piRNA의 기능을 찾아냈기 때문이다. 특히 포유류의 piRNA들은 전이인자 억제 이외의 다른 기능을 담당하는 것으로 보인다. 후손을 만드는 데 중요한 생식세포에서도 아주 작은 마이크로 RNA들이 유기체를 보호하고 있다. RNA라는 분자는 누차 이야기했듯이 우리가 생각했던 것보다 훨씬 더 중요한 기능을 가지고 있을지 모른다.

전이인자와 숙주의 공진화

전이인자는 숙주의 유전체 안에서 기생하고 번성한다. 유동성을 가지게 되었을 때, 전이인자는 단백질을 코딩한 유전자의 발현을 방해하고, 그 결과로 전사 조절 네트워크의 상태를 바꾸기도 하며, 염색체에 절단을 유발하고 나아가 대규모의 염색체 재조합을 일으키기도 한다.

전이인자의 이러한 부정적 특성은 세포로 하여금 전이인자의 활동으로부터 자신의 유전체를 보호해야 할 선택압으로 작용한다. 따라서 일종의 DNA 기생체인 전이인자로부터 숙주 자신의 DNA를 구별하는 것은 사소한 일이 아니다. 전이인자의 종류는 다양하다. 유전체 속에서 스스로를 복제하고 끼워넣는 전략 역시 다양하다. 세포, 특히 후손을 만드는 데 직접 관여하는 생식세포의 수준에서는 반드시 이처럼 다양한 전이인자에 대한 분자적 '기억'이 필요하다. 이는 침입자로부터 숙주를 보호하는 면역세포에서 분자기억의 기제가 발견되는 것과 같은 이치다.

전이인자의 분류학

전이인자는 그 구조와 유동성 전략에 따라 몇 종류로 구분된다. 가장 쉬운 분류법은 역전사 과정을 이용하는 역전사-전이인자retro-transposon와 DNA-전이인자DNA transposon로 구별하는 것이다. 전자는 복제 과정에서 RNA로 전사된 후 숙주의 염색체에 끼어들기전 역전사되는 과정을 거친다. 이들은 역전사 바이러스와 비슷하게 LTR(long terminal repeat. 유전자 말단 부위에 존재하는 상대적으로 긴 반복적 염기서열)을 지닌 종류와, 그렇지 않은 종류(non-LTR)로 나뉜다.

LTR을 지니지 않은 역전사-전이인자는 길이와 기원에 따라 LINE과 SINE으로 나뉜다. LINE과 SINE 중 일부는 다른 인자들의 도움 없이 염색체 사이를 뛰어다니는데, 그 이유는 자신의 염기서열 안에 DNA 결합단백질과 역전사효소 등을 코딩하고 있기 때문이다.

LTR이라 불리는 전이인자들은 HIV와 같은 역전사 바이러스와 구조적으로 상당히 비슷하다. 이들은 자신을 복제해서 염색체의 다른 곳으로 이동시키는 데 필요한 단백질들을 코딩하고 있다. 역전사 바이러스도 마찬가지다. 이들이 역전사 바이러스와 다른 점은 대부분 LTR의 경우 바이러스의 껍질이 되는 단백질이 코딩되어 있지 않다는 점뿐이다.

가끔 껍질 단백질까지 가지고 있는 LTR 전이인자가 존재하는데, 이미 살펴본 집시가 그런 종류다. 세포 사이를 건너 전염될 수 없는 LTR과는 달리, 집시는 껍질 단백질로 자신을 포장하고 세포와 세포 사이를 건너 뛰어 전파된다. 이쯤 되면 역전사 바이러스와 역전사-전이인자의 경계가 매우 희미하다는 것을 알 수 있다.

DNA-전이인자는 역전사-전이인자와 복제 과정에서 큰 차이를 보인다. 역전사-전이인자는 RNA로 자신을 발현하는 전사 과정과 염색체로 끼어들기 전의 역전사 과정을 거치기 때문에 원본을 그대로 둔 채 새로운 복사품을 만들 수 있다. 반면, DNA-전이인자에게 복제란 스스로를 잘라서 다른 곳으로 이사하는 것이다. 역전사-전이인자의 복제는 복사-붙여넣기copy-and-paste, DNA-전이인자의 복제는 오려내기-붙여넣기cut-and-paste라고 생각하면 된다.

이렇게 잘라 넣는 과정이 완벽하지 못하기 때문에 DNA-전이인자가 이동한 주변엔 반복적 염기서열의 상처가 남는다. DNA-전이인자들 중에는 전이효소transposase를 코딩한 종류도 있고, 다른 유전자로부터 전이효소를 빌려 이동하는 종류도 있다.

숙주와 전이인자 간의 상호협력

전이인자의 종류가 다양한 것만큼이나 진핵생물의 유전체에서 전이인자가 차지하는 비율과 정도도 종마다 다양하다고 알려져 있다. 예를 들어, 포유류의 경우 유전체의 절반 이상이 전이인자로 구성되어 있다. 반면 초파리는 겨우 5퍼센트 정도의 유전체가 전이인자인 것으로 알려져 있다. 식물학자들이 모델로 사용하는 애기장대는 지금까지 알려진 대부분의 전이인자를 지니고 있지만, 효모는 단 한 종류의 전이인자만을 가지고 있다. 초파리의 전이인자는 대부분 LTR과 non-LTR로 구성되어 있지만, 포유동물의 경우에는 대부분 SINE과 LINE이다.

우리의 유전체를 가득 메우고 있는 전이인자에 관한 연구가 전이인자의 해로운 영향만을 다루고 있는 것은 아니다. 이미 쓰레기

DNA에 관한 연구를 통해 언급한 바 있듯이, 전이인자의 존재도 무의미한 이기성의 말로를 보여주는 것만은 아니다. 숙주와 전이인자 간의 이와 같은 상호 협력적인 관계는 전이인자에 관한 매클린톡의 최초 연구에서도 발견할 수 있다. 매클린톡은 전이인자가 조절자로서 가지는 기능에 주목했다. 비록 전이인자의 과잉 활성화가 숙주에게 해로울 수 있지만, 적절한 수준에서 전이인자를 조절하는 숙주의 방어기제는 이 둘의 관계가 우리의 생각보다 훨씬 협력적일 수 있음을 시사한다. 자신을 복제하는 것만을 유일한 생존의 목적으로 삼는 듯 보이는 전이인자가 숙주에게 어떤 도움이 되는지 살펴보도록 하자.

유전체 수준에서 어떻게 종분화speciation가 일어나는지는 진화생물학자들에게도, 분자생물학자들에게도 주요한 관심사 중 하나다. 예를 들어 초파리의 P-전이인자의 활성화가 생식적 불임을 유도할 수 있다는 것이 알려져 있다. 생식적인 고립이 종분화의 필수적인 부수 과정이기 때문에 전이인자의 활동이 이와 관련 있으리라는 예상이 가능하다. 만약 지리적으로 고립된 한 종에서 전이인자가 활성화되고, 해당 종이 이에 적응하게 된다면 고립된 종은 공통조상과 생식적으로 격리될 수 있다. 종분화의 분자적 기제가 많이 알려져 있지만 전이인자가 이 과정에 관여할 가능성도 배제할 수 없다.

전이인자 길들이기

인류의 인구수에 버금갈 정도로 많은 개체수를 자랑하는 애완동물인 개는 야생의 늑대로부터 유래했다. 말도 마찬가지다. 인류는 야생마를 길들여 가축화했다. 인류는 거칠고 다루기 어려운 야생동물을 가축화해왔다. 야생마처럼 거칠고 다루기 힘든 전이인자도 가축화할 수 있을까? 실제로 그런 일이 일어났던 것처럼 보인다.

염색체의 말단 부위를 텔로미어라고 부른다. DNA 복제 과정은 한번 복제할 때마다 언제나 프라이머primer의 길이만큼 DNA가 짧아지는 '말단부 복제 이상end-replication problem'을 겪게 된다. 개체의 수명이 텔로미어의 길이에 따라 결정된다는 이론도 있지만 조금 과장된 면이 있고, 중요한 것은 개체가 필요한 만큼 염색체 말단부의 길이를 유지해야 한다는 압력 아래 놓여 있다는 점이다.

포유류는 이 문제를 해결하기 위해 텔로머라아제telomerase라는 효소를 지니고 있다. 텔로머라아제는 복제할 때마다 염색체의 말단 부위를 반복적 염기서열로 채우게 되는데, 그 결과 포유류의 텔로미어에는 특별한 흔적이 남게 된다. 반면 초파리의 텔로미어에는 이러한 흔적이 존재하지 않는다. 초파리의 염색체는 '말단부 복제 이상'을 전이인자의 일종인 non-LTR을 이용해 해결하는 것으로 보인다. 이 현상은 야생마를 길들여 경주마로 만든 가축화 과정처럼 골칫덩어리 전이인자의 활성을 섬세하게 조절해서 유기체가 내재적으로 지닌 문제를 해결한 좋은 예다. 일반적으로 유전체를 불안정하게 만드는 전이인자가 반대로 유전체의 안정성에 기여하게 되는 것이다. '진화는 땜질'이라는 프랑수아 자코브의 말을 되새기게 하는 대목이다.

다세포 진핵생물에게 각 세포 및 조직별로 유전자 발현을 다르게 하는 작업은 매우 중요하다. 필요에 따라 유전자의 수를 늘리는 일은 전이인자의 복제 과정을 이용하면 간단하게 해결될 수 있다. 복제만이 아니라, 염색체의 특정 부위를 제거하거나 재배열하는 일도 전이인자에 의해 이루어졌다는 사실이 인간내생레트로바이러스Human Endogenous Retroviruses(HERVs)에 대한 연구에서 밝혀졌다. 4퍼센트에 이르는 인간 유전자에서 전이인자의 염기서열이 발견된다는 보고도 있다. 전이인자들 가운데 상당수가 유전자 발현에 영향을 미치는 인자들을 포함하고 있기 때문에, 전이인자의 위치에 따라 유전자 발현 네트워크에 변화가 생기기도 한다. 외부 침입자에 대항하기 위해 염색체 재조합을 이용하는 면역세포도 전이인자의 활성을 사용한다. 항체의 엄청난 다양성은 염색체 재조합을 통해 창출된다. 이 다양성의 창출에 전이인자가 사용되는 것이다.[7]

이기적인 전이인자를 길들인 마이크로 RNA들

침입자를 탐지하기 위해 자기와 비자기를 구분하는 것이 면역계의 가장 기본적인 알고리즘이다. 전이인자로부터 염색체를 방어하는 기제도 자기와 비자기를 구분하는 것에서 시작된다. 기본적으로 면역세포들은 자기를 인식하는 세포들을 세포자살로 유도함으로써 자기와 비자기를 구분한다. 전이인자와 숙주 염색체의 DNA 염기서열을 어떻게 자기와 비자기로 구분하느냐는 문제는 여전히 연구 중이지만, 이 과정에 piRNA가 사용된다는 점은 분명해 보인다. 우리는 piRNA에 의한 전이인자의 조절을 이미 살펴본 바 있다.

이 외에도 진화의 역사에서 전이인자와 숙주의 상호작용을 통해 가축화가 진행되었다는 증거는 다양하게 존재한다. 초파리에서 시작된 최근의 연구는 이러한 길들이기 과정이 piRNA와 같은 마이크로 RNA에 의해 주도되었다는 사실을 보여준다. piRNA는 전이인자를 숙주의 필요에 따라 사용하기 위한 일종의 채찍인 셈이다.

특히 RNA 간섭과 관련된 분자적 기제가 진핵생물 전반에 걸쳐 보존되어 있다는 사실과 더불어 이 과정에 필수적인 단백질 아고너트가 전이효소와 매우 닮았다는 사실은, 전이인자가 숙주의 염색체 속에서 정착한 과정과 이를 조절하는 숙주의 방어기제가 함께 공진화했음을 잘 보여준다. 전이인자 조절기제의 진화적 기원이 무엇이든 간에, 어떤 식물 종에서는 유전체의 99퍼센트를 차지하기까지 하는 이 골치 아픈 이기적 DNA는 진화의 역사 속에서 숙주를 위협하기도 했고, 길들여지기도 했다. 어떤 종은 과도한 전이인자의 활동으로 인해 멸종했을지도 모르고, 전이인자를 효과적으로 조절했던 종들만이 현재까지 살아남은 것인지도 모른다.

진화적 군비경쟁이라 불리는 숙주-기생체 간의 게임은 회충과 인간 사이에서만 벌어지는 것이 아니다. 우리의 유전체 속에서도 치열한 전쟁과 회유와 협상이 벌어지고 있다. 끝없이 유전체를 위협하는 전이인자는 진화의 역사 속에서 진핵생물의 조상들과 긴 협상을 진행해왔다. 진핵생물의 염색체는 끈질기게 지속되는 전이인자의 복제를 인정하고, 효율적으로 전이인자를 길들이는 데 성공한 것 같다. 게다가 전이인자들이 가진 몇 가지 특성들은 유전체의 유지 및 외부 환경에 대한 숙주의 적응에도 큰 도움이 된 것으로 보인다. 아주 작은 RNA들이 이런 길들이기 과정의 중심에 있었다. 유전체를 위협하는 전이인자로부터 인류를 구해낸 것은 RNA였는지도 모르겠다. 어쩌면 우리는 RNA에 생명을 빚지고 있는 것이다.[8]

암과 미르

암을 진단하는 전략과 치료하는 전략 사이에는 공통점이 있다. 실은 공통점이랄 것도 없이 매우 간단한 한 가지 문제만 해결될 수 있다면 암이라는 질병의 조기 진단과 치료는 이루어질 수 없는 목표가 아니다. 암세포가 정상 세포와 어떻게 다른가.

조직검사와 종양 제거술 및 화학요법으로 이루어지는 외과적 시술 이외에, 유전자 검사를 통한 암 진단과 치료는 정상 세포에 돌연변이가 일어나 발생한 암세포의 특징을 규명하고자 하는 노력의 집합이다. 도대체 정상 세포와 암세포는 어떻게 다른가. 좀 더 일찍 그 차이를 알아낼 수는 없는가. 정상 세포는 죽이지 않고, 암세포만 죽일 수 있는 완벽한 치료제를 개발할 수는 없는가. 그것이 암 연구자들의 숙원이자 그들을 움직이는 원동력이다.

미르, 암과의 전선에 뛰어들다

2009년 6월 〈셀〉에 생쥐를 대상으로 한 획기적인 연구 결과가 발표되었다.[9] 존스홉킨스대학교 의과대학의 연구자들이 수행한 실험은 아주 간단한 아이디어에서 시작되었다. 연구진은 간암을 유발하도록 유전자가 조작된 생쥐를 사용했다. 이 생쥐의 간에 암이 발생하면 정상 세포에서는 풍부하게 발현되던 miR-26a가 간암 세포에서 사라진다는 것이 알려져 있었다. 연구진은 독성이 없도록 유전자 조작된 바이러스에 miR-26a 유전자를 집어넣고, 이 바이러스를 생쥐에 감염시켰다.

간암 세포와 정상 세포 사이에 나타나는 유전자 발현의 양상은 매우 다르다. 몇 개의 유전자에만 돌연변이가 일어난다고 해도 유전자 발현의 네트워크가 연쇄작용을 일으키며 요동치기 때문이다. 그래서 암 연구자들은 암세포와 정상 세포의 유전자 발현을 다르게 만드는 가장 중요한 유전자 혹은 마스터 유전자를 찾고 싶어하는 것이다.

놀라운 사실은, miR-26a를 가진 바이러스에 감염된 생쥐 10마리 중 단 2마리에서만 간암이 발생했다는 것이다. 바이러스에 감염되지 않았거나, miR-62a를 가지지 않은 바이러스에 감염된 생쥐에서는 모두 암세포가 나타났다. 아주 작은 마이크로 RNA를 주사하는 것만으로 암이 발생하지 않은 것이다. 더욱 중요한 사실은 정상 세포에는 별다른 지장 없이 암의 발생이 억제되었다는 사실이다.

인간에게 적용하기까지는 더 많은 연구와 노력이 필요하겠지만, 특별한 종류의 미르를 암의 진단과 치료에 사용할 수 있다는 가능성에 한 걸음 다가서게 된 것은 틀림없는 사실이다. 암과의 전쟁에 갑자기 조그만 RNA가 뛰어든 것이다.

발생학과 종양학

1990년 암브로스 그룹에 의해 미르의 존재가 발견된 이래, 미르는 줄곧 정상적인 발생 과정에서의 역할을 중심으로 연구되어왔다. 넓은 관점에서 보자면 성체가 된 후 발생하는 암세포는 일종의 배아와 같다. 복제의 속도와 여러 단계를 거치며 분화하는 양상에서 암세포와 정상적인 발생 과정에는 큰 유사점이 존재한다. 암 연구자들이 미르 연구에 주목하게 된 것은 우연이 아닌 셈이다.

악성종양의 성장은 정상 세포로서의 정체성을 잃는 과정으로 표현할 수 있다. 정상 세포에 돌연변이가 일어나고, 세포분열이 비정상적으로 증가하며 세포사멸이 조절되지 않으면 악성종양이 되는 것이다. 비정상적인 세포의 발생에 미르가 관여하고 있다는 첫 번째 증거는 예쁜꼬마선충과 초파리에서 나왔다. 유전자의 기능에 대해 인류가 알고 있는 대부분의 지식이 언제나 그래왔듯이, 미르와 암의 관계에 대한 연구도 아주 작은 벌레와 조그마한 곤충에서 시작되었던 것이다.

가장 먼저 알려진 미르인 lin-4가 사라진 선충은 특정한 계대의 세포 분화를 망가뜨린다. 이렇게 분화가 망가진 세포들의 모습은 정상 세포에서 벗어난 악성종양을 닮았다. 초파리의 밴텀bantam이라는 돌연변이의 원인은 한 종류의 미르 때문인데, 닭의 한 종류의 이름을 딴 이 미르(밴텀)에 돌연변이가 발생하면 초파리의 몸 크기가 작아진다. 이는 밴텀이라는 미르가 세포의 분열을 촉진하고 세포사멸을 막는 역할을 하기 때문이다. 이외에도 초파리에서 발견된 miR-14와 함께 밴텀은 세포사멸에 중요한 여러 효소들의 발현을 조절하는 것으로 알려졌다.

선충과 초파리에서 미르와 암의 상관관계가 밝혀진 이후, 암 연구자들은 암 환자들의 조직표본에서 이를 재확인하고자 했다. 말초 B세포종양B-cell chronic lymphocytic leukemia에서 miR-15와 miR-16-1의 손실로 인한 이상이 발생한다는 것이 밝혀졌다. 일반적으로 세포의 분열을 억제하거나 세포사멸을 유도하는 유전자 중 중요한 것들을 '종양억제인자tumour suppressor'라고 부르는데, miR-15와 miR-16-1이 말초B세포종양에서 그러한 역할을 담당한다는 것이다.

2004년에는 암이 발생할 때 빈번하게 이상이 발생하는 염색체 부위와 미르의 관계가 밝혀졌다. 무려 절반이 넘는 미르가 암의 발생과 직접적으로 관계가 있다고 알려진 바로 그 염색체 부위에 위치하고 있었다.[10] 이 결과만으로 결론을 내릴 수는 없지만, 많은 수의 미르들이 암의 발생과 깊은 상관관계에 놓여 있는 것이다.

곧장 진단학자들이 미르를 이용한 암 진단의 가능성을 타진하고자 나섰다. 아직 더 많은 연구가 필요하지만, 미르의 발현 양상이 암세포를 진단하는 데 유용하게 사용될 수 있다는 가능성이 조심스럽게 제기되고 있다. 어쩌면 암 발생의 역사는 미르의 발현에 투영되어 있는지도 모른다.

세포의 종류에 상관없이, 암세포의 발생과 관련된 미르들의 절반이 정상 세포보다 암세포에서 매우 적게 발현되는 것으로 알려졌다.[11] 이는 상당수의 미르들이 세포의 분열을 억제하고 분화를 조절하는 데 관여한다는 뜻이다.

하지만 좋은 일이 있으면 나쁜 일도 있는 법이다. 세포의 다양한 생명 활동을 조절하는 미르의 역할이 반드시 세포의 분열을 억제하기만 하는 것은 아니기 때문이다. 그렇긴 하지만 상당수의 미르들이 세포의 분열과 분화를 조절하는 것으로 암세포의 발생에 영향을 미치는 것만은 분명하다.

암 치료의 조건

인류의 조상들이 진화했던 환경을 급격히 변화시킨 문화적 힘을 지닌, 그럼에도 불구하고 조상들과 크게 다르지 않은 유전체를 지닌 인간이라는 종에게 암은 불가항력적인 질병일지도 모른다. 하지만 언제나 그래왔듯이, 인간은 자연에 순응하기보다는 자연을 변화시키고 거스르려 하며, 많은 실패에도 불구하고 조금씩 문명을 진보시켜왔다. '암과의 전쟁'이라는 슬로건도 의학의 발전으로 암이라는 자연적 재해를 피해보겠다는 인류의 춤사위일지 모른다.

미르를 이용한 암의 진단

암의 치료에서 가장 중요한 첫 단추는 조기에 암을 발견하는 것이다. 조직검사나 내시경, 자기공명영상장치(MRI)와 같은 외과적 진단을 비롯해서 유전자 검사와 단백질 검사 등이 암의 조기 진단을 위해 개발되었다. 전이 단계로 넘어가기 전, 암의 징후가 나타나는 그 시점에 암을 진단할 수 있다면 암과의 전쟁이 그리 비관적인 것만도 아니다. 미르의 연구를 암 진단학에 이용하려는 시도도 이러한 패러다임 위에 놓여 있다.

미르와 암의 진단에 관한 연구들은 최근 몇 년 사이 엄청난 속도로 발전하고 있다. 특히 생명과학 연구에서 의학적 응용의 중요성이 점점 커지는 현대 사회에서, 암과 관련된 연구는 좋은 표적이 되기 때문이다. 많은 생물학자들이 어떻게든 자신의 연구를 암과 연결시키고자 한다. 특히 대부분의 연구비가 정부로부터 흘러나오는 현대 거대과학의 구조는 이러한 현상을 더욱 고착화시킨다. 과학의 다양성이라는 측면에서 볼 때 불행한 일이기는 하지만, 어쩔 수 없는 현실이기도 하다. 어쨌든 미르라는 물질은 특히 암과의 높은 관련성 덕분에 최근 암 연구의 주류를 이루고 있다고 해도 과언이 아닐 것이다.

2005년 예쁜꼬마선충의 세포사멸 연구로 시드니 브레너와 함께 노벨상을 수상한 로버트 호비츠 교수가 포함된 〈네이처〉의 연구에서, 미르를 이용한 암 진단의 획기적인 전기가 마련되었다.[12] 연구진은 217종류의 포유류 미르들을 분석했는데, 이들은 암 조직이 포함된 337종류의 조직 표본을 사용했다. 이들 조직 안에 어떤 미르가 얼마나 많이 존재하는지를 마이크로어레이라는 대단위 분석법으로 조사한 것이다. 연구진은 미르의 대단위 분석을 통해, 각 조직별로 존재하는 미르의 종류와 양이 암의 진행 단계와 암의 종류를 구별하는 데 상당히 유용할 수 있다는 것을 밝혀냈다. 특히 정상 조직과 비교했을 때 일반적으로 암 조직에서 미르들의 발현이 대부분 억제되어 있다는 점은 미르가 종양억제인자로 기능하는 경우가 더 흔하다는 것을 의미한다. 종양에서 미르들이 잘 발견되지 않는다는 것은, 미르가 평소에는 종양을 억제하고 있다는 것을 의미하기 때문이다. 따라서 발암 유전자로서의 미르의 기능들이 알려지고 있지만, 미르는 일반적으로 세포의 증식을 정교하게 조절하는 종양억제인자로 기능하고 있을 가능성이 높다.

적은 숫자, 높은 효율성

이 발견과 더불어 연구진은 mRNA의 프로필보다 미르의 프로필이 전이 이전의 암을 진단하고 분류하는 데 더욱 효과적이라는 사실을 발견했다. 마이크로어레이는 일반적으로 세포나 조직의 mRNA들에 형광물질이 달린 상보적 염기 조작을 붙게 만들어 해당 조직의 mRNA의 양을 정량화하는 방법을 말하는데, 미르도 RNA이기 때문에 이러한 방법으로 분석이 가능하다. 중요한 점은 단백질을 만드는 일반적인 mRNA의 분석보다 미르를 분석하는 것이 암의 진단에 더욱 효과적일지도 모른다는 것이다. 217종류의 미르들을 분석하는 것이 1만 6000개나 되는 mRNA를 분석하는 것보다 더 정확하게 암의 징후를 알려준다. 경제적으로도 충분히 연구의 타당성이 존재하는 셈이다. 게다가 오래된 조직이나 포름알데하이드로 고정된 조직에서도 미르는 mRNA보다 훨씬 안정적으로 오랫동안 남아 있다.

발생 과정에서 미르들의 프로필이 순차적으로 변한다는 것이 알려져 있듯이, 암의 진행 단계에서 미르들의 프로필이 변한다는 것도 놀라운 일은 아니다. 기본적으로 암은 발생 과정의 배아세포와 같은 세포들로부터 유래하기 때문이다. 암이나 배아의 발생 과정이나 모두 줄기세포로부터 유래한다는 점에서는 같다. 따라서 예쁜꼬마선충에서 밝혀졌듯이 일반적으로 각 발생 단계마다 특별한 종류의 미르들이 발현되어 세포의 분열을 억제하고, 세포를 마지막 분화 단계로 이끈다는 점도 암에서 동일하게 적용될지 모른다. 그렇다면 미르의 발현이 줄어 있는 암 조직이 의미하는 것도 분명하다. 불특정한 상황에서 미르의 발현이 줄어들게 되면 그 세포는 암 줄기세포로 변한다. 이러한 대단위 분석은 기원을 알지 못하는 여러 종류의 암을 분류하고 분석할 새로운 가능성을 열어주는 것은 물론, 암 진단을 조금 더 정확하고 빠르고 값싸게 만들어 조기 진단을 가능하게 할 것이다.

이러한 대단위 분석으로 모든 것이 끝나는 것은 아니다. 각각의 미르가 개별 암을 진단하는 데 얼마나 유용하게 사용될 수 있는지에 관한 더욱 세밀한 조사가 필요하다. 그리고 만약 개별 암을 진단할 수 있는 미르들의 조합을 알게 된다면 암 진단학에서 크나큰 도약이 될 것이다. 예를 들어 CLL에서의 miR-155, miR-221, miR-222와, 폐암에서의 let-7a, 췌장암에서의 miR-196a-2, 대장암에서의 miR-21 등이 활발히 연구되고 있으며 이러한 지속적인 연구가 암 진단에 큰 도움을 줄 수 있을 것이다.

미르를 이용한 암 치료의 장점

진단을 넘어 암의 치료에서 미르를 이용하려는 시도들도 활발하다. 미르를 이용한 암 치료에는 몇 가지 장점이 존재한다. 우선 한 종류의 미르가 여러 개의 표적 RNA의 발현을 조절한다는 점을 들 수 있다. 즉 미르를 암 치료의 표적으로 삼게 되면 미르가 억제하는 여러 종류 단백질들의 발현도 덩달아 조절할 수 있게 되는 것이다. 이는 한 종류의 미르의 활성을 조절하는 것만으로도 암의 진행과 관련된 생리적 경로를 차단할 수 있다는 뜻이 된다. 미르는 언제나 피라미드의 위쪽에 존재하는 조절자이기 때문이다.

두 번째로 miR-155, let-7a, miR-21, miR-17-92 군집은 여러 종류의 고형암에서 함께 불균형 상태가 되는데, 이러한 미르들을 재활성화할 수 있는 방법만 개발할 수 있다면 다양한 종류의 고형암 환자들의 치료에 이를 응용할 수 있다.[13]

마지막으로 생쥐를 대상으로 한 실험에서 콜레스테롤로 처리한 미르의 상보적 염기서열이 표적 미르의 발현을 매우 효과적으로 억제한다는 연구 결과가 있다. 만약 효과적인 전달 수단만 존재한다면 미르의 발현을 억제하거나 다시 발현시킬 수 있는 것이다. 뒤에서 이러한 기술의 개발에 대해서 자세히 알아보겠다.

암 치료에 대한 환상은 언제나 조금 과장된 면이 있다. 종양억제인자인 Rb나 p53라는 단백질이 처음 발견되었을 때에도 이 단백질들에 대한 연구와 저해제만 개발하면 암이 치료될 것으로 많은 이들이 착각했다. 하지만 생물학에서의 분자에 관한 연구와 그것을 의료라는 복잡한 영역에 적용하는 일은 일직선상에 놓여 있지 않다. 우리의 몸은 세포 하나하나보다 복잡하며, 세포 하나하나도 어쩌면 세상보다 복잡하다. 그럼에도 불구하고 어떻게든 암이라는 질병을 정복하려는 과학자들과 의학자들의 노력은 집요하게 계속된다. 그리고 현재는 미르가 그 중심에 있는 셈이다. 줄기세포에서 배운 것처럼 너무 많은 것을 기대하는 태도도, 너무 비관하는 태도도 바람

직하지 않다. 과학자들이 전해주는 바를 정확히 가감 없이 듣고, 이에 대한 가능성을 타진하고, 임상연구에서의 실용성을 평가해보는 데 드는 비용과 시간은 우리의 인내심을 요구한다. 그렇게 인내심을 가지고 조금씩 전진하다보면 자연은 우리에게 암이라는 질병으로부터 벗어날 방법을 알려줄지도 모른다.

RNA 치료제로서의 가능성

산소가 발견되었을 때, 이를 발견한 화학자들의 만류에도 불구하고 많은 의사들은 산소가 만병통치약인 것처럼 선전하곤 했다. 필수 아미노산이 발견되었을 때에도 아미노산을 이용한 건강 비법이 성행했다. 비타민도 마찬가지다. 노벨 화학상과 평화상을 모두 거머쥐었던 라이너스 폴링은 생전에 비타민C 예찬론자로 미국에서만 수천만 명의 신도를 모은 바 있다.[14] 나아가 대한민국도 줄기세포라는 만능 치료제의 광풍에 휩싸여 심각한 과학 스캔들을 겪었다. 게다가 제대로 된 임상치료 결과도 없는데 강남의 부유층에게 태반주사와 줄기세포는 불로장생의 묘약으로 통했던 듯하다.

공학이 물리학의 직접적인 응용이 아니듯, 의학도 생물학으로부터 바로 외삽되는 분야가 아니다. 과학에서의 성과를 의학에 적용하기 위해 FDA와 같은 여러 기관에서 까다로운 심사를 하는 이유도 바로 이 때문이다. 상대성이론이 발견되었다고 해서 시간여행이 가능해지지 않는다는 것을 잘 아는 이들도, 유독 건강과 관련된 생물학과 의학 사이의 괴리에 대해서는 쉽사리 납득하지 않는다. 시황제의 욕망은 우리 모두의 것인지도 모르겠다.

유전자의 발현을 미세 조절하는 미르와 유전자를 침묵시킬 수 있는 siRNA가 발견된 이후 생물학은 'RNA의 시대'라고 불릴 정도로 급변했다. 연구자들은 앞다투어 미르의 기능과 그 적용 가능성의 연구에 뛰어들었고, 그 결과 미르는 이제 생물학 연구에서 기본 중의 기본이 되어버렸다. 특히 세포가 스스로 합성하는 미르와는 달리, 원하는 단백질의 합성만을 억제할 수 있는 siRNA의 발견은 생물학을 확 뒤바꾸어놓았다. 이제 생물학자들은 '유전자 결손 생쥐 Knock-out mice'에서나 가능하던 연구를 세포 수준에서도 연구할 수 있다. 안티센스 RNA를 이용해서 유전자 발현을 억제할 수 있었던 식물학 연구자들도 이젠 siRNA를 이용해 연구하기 시작했다. 전이인자를 이용해서 모든 유전자의 돌연변이를 보유하고 있었던 초파리 연구자들도 VDRC라는 빈의 초파리연구센터를 통해 이제 모든 유전자에 대한 siRNA 초파리 계대를 분양 받을 수 있다. RNA는 대중에게 널리 주목을 받지는 못했지만, 생물학의 판도를 완전히 바꾸어놓았다.

미르라는 세포의 미세 조절자가 암세포를 정상 세포와 구별하는 아주 괜찮은 표적이 될 수 있다는 것은 이미 살펴보았다. 미르가 암세포를 구별하는 표적이 될 수 있다면, 그다음으로 연구자들이 관심을 갖게 되는 것은 미르를 이용해 암을 치료하는 것이다. 여전히 갈 길이 멀지만 〈네이처〉를 비롯한 최근의 유명 저널들은 미르 혹은 siRNA를 이용한 질병 치료를 다룬 논문들을 매우 비중 있게 게재하고 있다.

유전자 치료, 줄기세포 치료라는 개념

RNA를 이용한 질병 치료를 이해하기 위해서는 '유전자 치료Gene Therapy'와 '줄기세포 치료Stem Cell Therapy' 개념을 알아야 한다. 실제로 RNA를 이용한 질병 치료가 이 두 가지 방식에 유전자 발현의 조절자로서 RNA의 기능을 덧씌운 것이기 때문이다.

유전자 치료란 1980년대에 기원한 것으로, 간단하게 말해서 결함이 있는 유전자를 지닌 채 태어난 사람에게 정상적인 유전자를 주입해서 치료하는 방법을 말한다. 결국 유전자 치료의 궁극적인 목표는 살아 있는 세포의 유전적 상태를 변형시켜 유익한 치료 결과를 얻는 것으로, 결함이 있는 유전자를 대체하거나 감염성 질환이나 종양에 대항하는 특정 기능을 가지는 유전자를 세포 내로 도입하는 방법을 사용한다.[15] 유전자 치료는 특히 유전병에 대한 치료법으로, 많은 연구가 진행되었지만 유전자 전달 방식으로 채택된 아데노바이러스의 치명적인 결함과 이로 인한 환자의 사망 등으로 연구가 지지부진한 상태다. 윤리적 논란은 두말할 나위가 없을 것이다. 줄기세포 치료란 노화가 진행된 기관이나 조직을 환자 자신의 줄기세포를 이용해 치료하는 방식을 말하는 것으로, 황우석 박사가 연구하던 분야라고 생각하면 이해가 쉬울 것이다.

이러한 두 가지 치료법을 하나로 묶은 것이 '유전자 변형 줄기세포 치료'라는 개념이다. 이제는 별로 사용되지 않는 오래된 유전자 치료법, 즉 환자의 체내에 직접 유전자를 주입하는 방식을 생체내in vivo 유전자 치료라고 하고, 일단 환자에게서 추출한 줄기세포에 유전자를 주입하고 그 줄기세포를 다시 환자에게 주입하는 방식을 생체외ex vivo 유전자 치료라고 한다. 후자를 다른 말로 '유전자 변형

줄기세포 치료'라고도 부른다.

유전자-줄기세포 치료가 효과를 발휘하려면 여러 가지 난관을 극복해야 하는데 그 첫 번째 관문이, 도입된 유전자가 부작용 없이 효과적으로 발현되느냐의 여부다. 두 번째 관문은 도입된 유전자가 원하는 장기나 조직에서만 발현될 수 있도록 특이성을 부여하는 일이고, 세 번째 관문은 치명적인 면역 반응을 유발하지 않은 채 반복적으로 유전자-줄기세포 치료가 가능해야 한다는 것이다. 아직까지 성공적인 사례가 많이 발표되고 있지는 않지만, 희망을 걸어볼 만한 사례도 있다.

2009년 〈랜싯Lancet〉에는 레버선천성흑내장Leber congenital amaurosis (LCA)이라는 유전성 망막 변성을 지닌 어린아이의 시력을 유전자 치료로 개선시킨 결과가 발표되었다.[16] RPE65라는 유전자의 결함으로 유발되는 이 질병의 생쥐 모델에서 이미 유전자 치료의 효과가 입증되어 있었기 때문에 어느 정도 예상은 할 수 있었던 일이지만, 아데노바이러스를 직접 주입하는 구세대 유전자 치료법을 통해 유전적 망막 손실로 고통 받는 이들을 도와줄 수 있다는 사실은 상당히 고무적이다. 특히 이 실험은 어린아이와 어른 모두를 대상으로 진행되었는데, 어린아이일수록 치료의 효과가 좋았다고 한다. 희귀한 유전병으로 고통 받는 아이들에게 유전자 치료는 작은 희망의 씨앗이 될 수도 있는 셈이다.

유전자 치료의 관건: 특이성

유전차 치료든 유전자-줄기세포 치료든, 유전자를 이용한 치료에서 최대 관건은 '원하는 목표에서만 부작용 없이' 발현이 이루어지게 만드는 것이다. 예를 들어, 위장암을 치료하기 위해 어떤 유전자를 위장암 세포에 발현시키려고 할 때 가장 이상적인 조건은 위장암 세포에서만 발현되고 다른 곳에는 부작용이 없는 유전자를 안정적으로 발현시키는 것이다. 이를 '특이성 문제'라고 부르자. 암 치료에 사용되는 항암제나 방사선이 환자에게 고통스러운 이유는 암세포만 죽이는 것이 아니기 때문이다. 정상 세포도 항암제나 방사선에 의해 죽는다. 멀쩡한 세포가 함께 죽으니 환자에게 고통이 뒤따르는 것이고, 따라서 환자가 어느 정도 건강하지 않으면 이러한 화학 요법과 방사선 요법은 사용할 수 없다.

암 연구자들이 애타게 찾고 있는 것이 바로 암세포만을 골라 죽이는 방법이다. 지난 수십 년 동안 항원-항체 반응처럼 특이성이 매우 높은 효과적인 운반체를 찾는 방법들이 개발되어왔다. 특정 조직이나 세포에서만 발현되는 유전자 프로모터를 바이러스 유전체에 집어넣는 방법부터 바이러스의 외피에 특정 세포에만 존재하는 수용체에 대한 리간드ligand를 넣는 법까지, 특이성에 대한 연구자들의 여정은 다사다난했다. 미르는 유전자 치료에서 이처럼 '특이성 문제'로 고민 중이던 연구자들에게 흥미로운 소재였다. 20개 정도의 염기로 이루어져 있고, 염기쌍끼리의 상보적 결합이 아주 강한 특이성을 보여주는 생물학적 발견 중 하나이기 때문이다.

암 치료의 희망을 찾아

암을 치료하는 가장 좋은 방법은 암세포만을 골라 파괴하는 약을 개발하는 것이다. 하지만 말이 쉽지 기술적으로는 어려운 일이다. 암세포를 찾아내는 일은 명동 한복판에서 군중 속으로 숨어 든 범죄자를 찾아내는 일과 같다. 범죄자를 색출하는 일을 경찰이 담당하듯, 우리 몸속의 면역계도 일반인과 범죄자를 구분하려고 불철주야 순찰 중이다. 범죄가 발생하면 전과가 있는 이들을 대상으로 수사망을 좁히듯이, 면역계도 전과가 있는 세포들을 찾아내 체포한다. 몽타주를 배포해서 범인의 인상착의를 알리는 것처럼, 면역계도 우리 몸의 정상 세포들과 비슷한 공조수사를 한다. 문제는 암세포가 지능범이라는 것이다.

면역계의 수사망을 벗어나 일단 몸속에 자리잡은 암세포는 이미 진화한 세포군이다. 무한 분열 능력을 얻었을 뿐더러, 세포사멸로부터도 벗어난 상태고, 면역계를 속이는 법까지 갖춘 경우가 비일비재하기 때문이다. 게다가 어느 정도 덩치를 키운 다음에는 다른 형태의 암세포가 되어 몸의 이곳저곳으로 전이되어 면역계를 다시 한번 교란시킨다. 몸집이 커져서 더 이상 숨기가 불가능하다고 생각될 때에는 아예 뻔뻔하게 자신을 드러내고 면역계와 한판 결투를 벌이기도 한다. 이 시기쯤 되면 면역계는 몸의 치안을 유지하지 못한다. 암세포는 지능범이자 폭력조직이기도 하다.

특이성 문제

따라서 어느 정도 진행된 암세포를 제거하기 위해서는 이미 망가진 우리 몸의 면역계에만 의존할 수는 없다. 외과적 절제술이건, 화학 치료건, 방사선 치료건, 외부의 도움 없이 지능적인 암세포로부터 벗어나는 것은 불가능에 가깝다. 그리고 이러한 치료에서 가장 이상적인 조건은 정상 세포는 그냥 놔둔 채 암세포만을 제거하는 것이다. 하지만 암세포를 식별하는 일은 쉽지 않다. 결국 암세포도 정상 세포를 구성하는 물질로 이루어져 있기 때문이다. 암세포라고 해서 유전체에 존재하지도 않는 단백질을 발현하는 것은 아니다. 특이성, 그것이 암 치료의 가장 중요한 화두인 이유다.

현재 암의 종류별로 발현이 증가되거나 억제된 미르들을 프로파일링하는 작업이 진행 중이며, 상당한 성과를 거두고 있다. 이러한 연구들을 통해 암세포에 특이한 미르의 존재가 확실히 밝혀진다면 다양한 방식으로 암세포만을 죽이는 방법을 개발하는 것이 가능하다. 물론 다분히 이론적이긴 하지만 시도할 수 있다면 시도해보는 것이 과학자의 사명일 것이다.

미르의 광범위한 표적들을 질병 치료에 이용하기

다양한 형태의 질병에서 미르들의 비정상적인 발현 양상이 관찰된다. 만약 이러한 질병들의 일차적인 원인이 미르로 인한 것이거나 미르와 관련된 유전자 발현 경로에 의한 것이라면, 미르의 발현을 정상적인 상태로 되돌림으로써 해당 질병을 치료할 수 있다. 특히 한 종류의 미르는 다양한 단백질의 mRNA를 조절하기 때문에, 한 종류의 단백질만을 표적으로 삼아왔던 기존의 치료제보다 광범위한 치료 효과를 얻는 것이 이론적으로는 가능하다. 또한 미르의 발현 양상이 정상적이지만 mRNA의 발현 양상이 비정상적인 질병의 경우에도 미르는 치료제로 사용될 수 있다. 미르가 mRNA의 발현을 조절할 수 있기 때문이다. 부족한 미르를 보충해주거나, 과발현된 mRNA를 억제하는 미르를 보충해주는 방법으로 비정상적인 세포의 상태를 정상으로 되돌리는 일이 이론적으로는 가능하다.

이러한 치료가 가능하기 위해서 넘어야 할 벽은 과연 미르의 비정상적인 발현이 질병의 직접적인 원인인지, 아니면 질병으로 인해 미르의 발현이 비정상적으로 변화한 것인지를 알아내는 것이다. 상관관계가 인과관계를 말해주는 것은 아니기 때문이다. 하지만 이 경우에도 미르를 질병의 표적으로 삼는 것은 유의미한 결과를 도출할 가능성이 있다. 어느 경우에라도 다양한 조합의 미르를 이용해 유전자 발현의 네트워크를 조절함으로써 세포의 상태를 되돌릴 수 있다. 그만큼 미르가 유전자 발현을 조절하는 방식은 미세하지만 광범위하다.

RNA 간섭 기술을 응용한 유전자 치료가 활발하게 연구되고 있고, 그중 몇몇은 임상실험에 들어간 상태다.[17] 그러나 RNA 간섭 역시 완벽한 기술은 아니라서, 목표로 했던 표적 이외의 단백질의 발현을 억제할 수도 있다. 이를 탈표적 효과off-target effect라고 부른다. 이러한 기술상의 난점이 반드시 장애가 되는 것은 아니다. 위기를 기회로 이용할 수도 있다. 이미 다양한 종류의 질병에 대한 유전자 발현 양상에서 밝혀진 것처럼, 비정상적인 세포들은 한 종류가 아닌 다양한 종류의 단백질들이 비정상적으로 발현됨으로써 나타난다. 따라서 전략을 수정하는 것이 현명할지 모른다.

첫 번째 방법은 앞에서 설명한 것처럼, 비정상적인 세포들에서 발현이 억제되어 있거나 과발현되어 있는 미르들의 상태를 정상으로 되돌리는 것이다. 앞서 살펴보았듯이 아데노바이러스를 사용하거나 리포솜 등의 지질로 미르를 발현하는 DNA를 포장해서 세포에 유입시킬 수 있다. 이 방식은 원하는 세포에 원하는 단백질을 발현시킨다는 유전자 치료에 미르를 간단히 접목시킨 것이다. 원하는 미르를 발현시키려면 미르를 포함하는 유전자를 바이러스의 유전체에 끼워넣으면 되고, 원하는 미르를 억제하려면 AMO(anti-miRNA oligonucleotide)라고 부르는 미르와 상보적인 염기서열을 끼워넣으면 된다.

두 번째로 생각해볼 수 있는 것은, 인공적인 미르를 만들어 질병을 치료하는 것이다. 미르가 발견되기 이전에 의학자들과 생물학자들이 질병의 프로파일을 만들기 위해 사용했던 것은 mRNA였다. 물론 대단위의 mRNA 프로파일을 알 수 있는 마이크로어레이 기술이 발견되기 전에는 단백질을 이용한 프로파일도 사용되고 있었다. 어찌 되었든 질병에 특이한 mRNA 혹은 단백질들의 프로파일이 존재한다면 이처럼 비정상적인 단백질들을 공통적으로 억제할 수 있는 인공적인 미르를 디자인할 수도 있다. 이를 위해서는 컴퓨터과학자들과의 공동 연구가 필수적이다.

특히 과발현된 미르를 억제하기 위해 개발된 AMO 기술은 안정적인 발현을 위해 2-O-메틸 올리고뉴클레오타이드2-O-methyl oligonucleotide나 잠금핵산locked nucleic acid(LNA)이라 불리는 화학적으로 변형된 염기를 사용한다. 적어도 세포와 생쥐를 이용한 연구에서는 AMO를 이용해 과발현된 미르를 매우 효과적으로 억제할 수 있음이 밝혀져 있다.

암세포 구별에 특이성을 더해주는 미르

앞에서 언급한 방법들은 비정상적인 세포에 미르를 주입하는 방식으로 미르의 발현 상태를 정상적으로 만드는 매우 직접적인 유전자 치료 개념이었다. 하지만 미르를 이용한 다른 방식의 치료도 생각해볼 수 있다. 단순히 미르를 일종의 세포 구별자로만 사용하는 것이다.[18]

바이러스나 소포체를 이용한 유전자 치료 기술은 이미 30년 이상의 역사를 가지고 있다. 따라서 암세포와 정상 세포의 세포막 단백질의 차이를 이용해 원하는 세포에만 바이러스를 침투시키는 기술도 상당히 진전된 상태다. 하지만 여전히 난제가 남아 있다. 바로 특이성 문제다. 예를 들어 독성을 나타내는 단백질을 모두 제거한 바이러스를 유전자 치료의 벡터로 사용한다 하더라도, 이러한 바이러스가 신경세포에 감염되면 신경세포에 해를 끼칠 수 있다. 또한 바이러스가 암세포가 아닌 정상 세포에 감염되어 세포사멸을 유도하는 단백질을 발현하게 된다면 심한 부작용이 나타날 우려도 있다.

이러한 부작용들에서 벗어나는 방법은 유전자 치료에 좀 더 많은 특이성을 주는 것이다. 미르가 여기 사용될 수 있다. 예를 들어 일반적으로 암세포는 미르의 발현이 줄어들어 있음이 알려져 있다. 따라서 암세포를 표적으로 하는 바이러스의 유전체에 세포사멸 단백질을 끼워넣고, 정상 세포에서 다량으로 발현되는 미르의 표적 염기서열도 끼워넣는 것이다. 이렇게 되면 혹시라도 바이러스가 정상 세포에 감염된다 할지라도 세포사멸 단백질을 발현하는 mRNA에 존재하는 표적 염기서열 덕분에 정상 세포에서는 그 단백질의 발현이 억제된다. 즉 미르가 아니라 미르의 표적 염기서열을 일종의 세포 구별자로 사용하는 것이다.

미르는 유전자 발현의 미세 조절자에 불과할 뿐이지만, 광범위한 유전자 발현 네트워크와 연결된 미르의 특징은 인류가 암과 진행 중인 싸움에서 작은 희망이 될지도 모른다. 너무 큰 희망은 언제나 그렇듯이 독이 될 뿐이다.

혁명의 분자, 분자의 혁명

도그마, 독재자, DNA

이중나선의 발견은 즉시 분자생물학에 하나의 도그마를 만들었다. 크릭은 가톨릭에서 사용되던 도그마라는 표현을 사용해 DNA에서 단백질로 흐르는 정보의 흐름을 절대불변의 진리로 표현하고 싶어 했다. 도그마라는 말은 종교 용어다. 특히 어떤 종류의 증명도 요구하지 않는다는 의미를 가진, 현대적 의미에서는 부정적으로 사용되는 단어다. 훗날 크릭은 이 용어의 사용을 후회하지만, 도그마라는 말이 남긴 상처는 크릭이 생각했던 것보다 더 깊었다. DNA는 독재자이자 모든 것을 관장하는 절대적 분자로 생물학자들과 일반인들의 뇌리 속에 파고들었다. DNA의 D는 Dictator, 즉 독재자의 이미지를 각인시킨다.

이후 정보의 흐름이 한 방향으로만 흐르지 않는다는 사실이 밝혀지기 시작했다. RNA로부터 DNA가 만들어지는 역전사 과정이 바이러스에서 발견되면서 중심 도그마의 위용은 흔들렸다. 생물학에는 언제나 하나의 이론으로 포섭되지 않는 예외들이 널려 있다. 따라서 역전사 과정을 하나의 예외로 보는 관점과 중심 도그마는 공존할 수 있었다.

그리고 프리온이라는 괴물이 발견되었다. 단백질은 후손에게 정보를 전달할 수 없다는 것이 중심 도그마의 진리였음에도 불구하고, 프리온은 스스로를 복제하는 단백질임이 밝혀졌다. 게다가 효모에 대한 연구는 프리온이 획득형질의 유전에 관여하는 분자일 수 있음을 말하고 있다.* 일반화될 수는 없지만 중심 도그마는 생물학이라는, 많은 예외가 존재하는 다양성의 세계에서 상대성 이론이나 양자역학과 같은 절대불변의 진리가 되지 못했다. 생명의 세계는 경이롭고 다양한 시도로 점철된 진화의 역사가 보여주는 흔적의 집합체다. 길고 긴 진화의 역사에서 얼마나 다양한 시도들이 있었고, 그중 얼마나 많은 시도들이 여전히 살아남아 있는지 우리는 알지 못한다. 생물학자들은 그러한 다양성 앞에서 주눅 들고, 그럼에도 불구하고 일반 원리들을 찾아나가려는 모순된 존재들이다.

중성자의 발견과 RNA의 재발견

자연은 놀라움으로 가득 차 있다. 겨우 100년 전에 처음으로 원자의 존재가 밝혀졌을 때, 원자는 단지 전자와 양성자로 이루어져 있

---

*   2016년 사망한 수전 린드퀴스트의 연구는 프리온과 후성유전학을 연결한다. Patino, M. M., Liu, J. J., Glover, J. R., & Lindquist, S. (1996). Support for the prion hypothesis for inheritance of a phenotypic trait in yeast. *Science*, 273(5275), 622-626.

다는 것이 정설이었다. 전자와 양성자만으로도 당시 알려져 있던 원자의 특성이 대부분 설명되었기 때문이다. 하지만 1932년 제임스 채드윅에 의해 중성자가 발견되면서 그동안 잘 설명되지 않았던 부분들이 명확해졌다. 중성자는 알려져 있지 않은 존재였다.[19]

RNA의 역할이 새롭게 밝혀지고 있는 최근의 생물학은 물리학에서 중성자가 발견되었던 그 시대에 비견되곤 한다. 크릭의 도그마에서 RNA의 위치는 DNA의 정보를 단백질로 전달하는 수동적인 분자로 그려졌다. 정보의 전달과 복제는 DNA가, 유기체를 유지하는 다양한 기계적 기능들은 단백질이 가지고 있다. RNA는 이 과정을 매개하는 전령에 불과했다.

중성자의 발견과 RNA의 발견은 적절한 비유는 아니다. 그 존재가 알려져 있지 않았던 중성자와는 달리, RNA는 이미 DNA의 구조가 발견되기 전부터 존재가 알려져 있었기 때문이다. 발견된 것은 RNA라는 분자가 아니다. 과학자들은 RNA의 새로운 기능들을 발견했다. 이제 RNA는 생물학자들의 생각을 지배하던 중요한 두 분자인 DNA 및 단백질과 같은 지위를 점유하게 되었다. RNA에게 그러한 지위를 선사한 것은 RNA의 '조절자' 기능이다.

유기체 복잡성의 역설

인간유전체계획이 우리에게 선사한 가장 큰 선물은 인간의 유전자 수가 보잘것없다는 점이었다. 유전자의 개수로 유기체의 복잡성을 설명하려던 20세기 생물학자들의 관점은 크릭의 도그마와 무관하지 않았다. 당시의 분자생물학자들은 단백질을 만드는 유전자를 중심으로 연구를 진행했기 때문이다. 돌연변이란 단백질을 만드는 DNA 부위에 생긴 이상을 뜻하는 것으로 이해되었다. 생쥐를 이용한 실험들은 단백질을 코딩한 유전자들을 제거하는 방식으로 생명체를 연구해왔다. 단백질은 강력한 기능을 가지고 있었고, 그것을 연구하는 것만으로도 유기체의 복잡성은 충분히 설명될 것으로 기대되었다. 특히 DNA-단백질의 패러다임 안에서 분자생물학의 놀라운 발전이 이루어졌다. 모두가 만족했다. 유기체는 DNA와 단백질의 상호작용 속에 피어나는 꽃이었다.

유전자의 개수로 유기체의 복잡성을 설명하기 어렵게 되자, 과학자들은 즉시 두 가지 대안을 제시했다. 가장 먼저 등장한 것은 조절유전자의 다양성에 초점을 맞추는 것이었다. 유전자의 개수보다는 어떻게 유전자를 조절하느냐가 유기체의 복잡성을 결정하는 핵심적인 요소라는 것이다. 당연히 DNA의 전사를 조절하는 프로모터와 이곳에 달라붙는 단백질인 전사인자들에 대한 연구가 활발하게 이루어졌다.

조절에 대한 강조는 네트워크에 대한 유비를 이끌어낸다. 당시 발전하던 복잡계과학과 컴퓨터과학자들이 DNA와 단백질의 패러다임 안에서 분자생물학자들이 이루어낸 성과들을 모델링하기 시작했다. 이들은 주로 프로모터와 전사인자에 초점을 맞추었다. 특히 막 개발되어 생물학자들을 흥분시켰던 DNA칩 기술이 있었다. 광범위한 대량의 전사체 프로파일들이 쏟아져나왔다. 과학자들은 학제간 연구를 통해 유기체의 복잡성을 설명해냈다.

유기체의 복잡성을 유전자의 개수로 측정하고자 했던 시도 이전에는 C값 역설이라 불리던 문제가 있었다. 유전체의 크기와 유기체의 복잡성 사이에 그 어떤 상관관계도 존재하지 않는다는 것이 역설의 핵심이었다. C값 역설과 비교되는 유전자 개수의 역설을 'G값 역설' 혹은 'N값 역설'이라고 부른다. G는 유전자gene를, N은 숫자number를 뜻한다.

결국 유기체의 복잡성은 복잡성에 걸맞아 보이는 유전체의 '크기'로도, 단백질을 코딩하는 유전자의 '수'로도 표현될 수 없는 미지의 존재가 되었다. 과학자들은 아주 모호한 해답 속으로 빠져들었다. 부분의 합은 전체가 아니라는 창발성의 화두가 그것이다. 하지만 부분의 합이 전체가 아니라는 언명은 그 자체로 아무런 해답도 주지 못한다. 부분들의 상호작용을 탐구하고 그 네트워크 속에서 어떻게 유기체의 복잡성이 창발하는지를 연구하지 않고서는 어떤 단서도 얻을 수 없다.

조절자 RNA의 재발견

과학자들이 유기체의 복잡성을 조절과 네트워크 속으로 밀어넣고 있을 때, RNA가 수줍게 등장했다. RNA는 단백질의 번역을 조절하는 조절자라고 자신을 광고했다. 처음에는 누구도 그 사실을 믿지 않았다. 단백질의 양을 조절하는 것은 주로 전사인자라는 단백질 그 자신이었고, RNA가 조절하는 것에 비해 훨씬 강력한 동력을 지니고 있었기 때문이다.

하지만 선충과 식물에서 시작된 RNA 간섭에 대한 연구는 초파리와 생쥐 그리고 인간으로 확장되면서 그 광범위한 영향력을 드러내기 시작했다. RNA에 의한 유전자 발현의 조절은 과학자들이 상상했던 것보다 강력했다. 게다가 우리 유전체의 대부분이 전사된다는 사실은 이러한 결론에 쐐기를 박았다. 어쩌면 유기체의 복잡성을 결정하는 '조절'과 '네트워크'의 중심에 RNA라는 분자가 있을지도 모른다는 생각이 과학자들 사이에 조금씩 퍼져나가기 시작했다.

1953년 이후, RNA라는 분자의 역할이 새롭게 밝혀지기까지 60여 년의 세월이 걸렸다. RNA의 재발견으로 과학의 발전을 돌아볼 수 있다. 과학자들이 얼마나 이미 발견된 단서들만을 가지고 세상을 일반화하기를 좋아하는지는 C값 역설과 G값 역설에서 드러난다. 반면, 그 풀리지 않는 문제들을 인정하고 이를 보완해줄 새로운 발견들에 열려 있는 과학의 성격도 찾아볼 수 있다. 과학자들은 보수와 진보의 복합체다. 그들은 기존의 패러다임 속에서 사고하면서도 끝없이 새로운 발견에 목매는 존재들이다.

중성자의 발견과 RNA의 재발견은 물리학과 생물학의 차이를 보여주기도 한다. 새로운 물질의 '존재'로 혁명이 이루어진 물리학과는 대조적으로, 생물학에서는 존재하던 물질의 새로운 '기능'에 의해 혁명이 이루어졌다. 두 학문의 차이는 우리가 생각하는 것보다 크고 다르다. 생물학의 '기능'이라는 개념은 물리학에는 존재하지 않는 것이기 때문이다.

에드먼드 버클리는 이렇게 말한 적이 있다. "대부분의 문제들에는 많은 해답이 있거나, 아예 해답이 없다. 하나의 해답이 있는 문제는 거의 존재하지 않는다." 어쩌면 하나의 해답을 찾아가는 물리학과, 그 물리학을 경외하면서도 다양한 답에서 만족하는 생물학은 그렇게 다른 것인지도 모르겠다. 그리고 RNA도 그 다양한 해답의 하나로 역사에 기록될지 모른다.

그럼에도 불구하고 RNA가 우리에게 보여준 것은 혁명이었다. 더이상 발견될 것이 없어 보이던 생물학계에 RNA라는 분자는 언제나 자연이 우리의 상상을 벗어나 있는 존재임을 다시금 드러낸다. RNA의 R은 Revolution의 R이다. RNA는 적어도 지금 생물학자들에게는 혁명의 분자다.

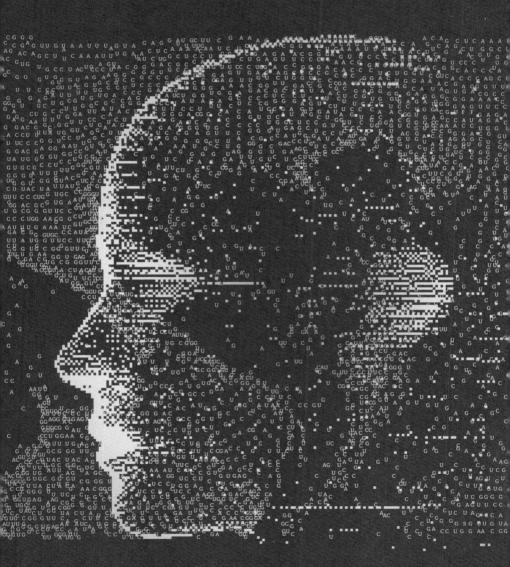

6부
___

환경의 인지 조율사

48

인간다움이란 무엇인가?

인간을 인간답게 만드는 것은 무엇일까? 인터넷에서 유명한 어느 익명의 서평가는 "인간을 인간답게 만드는 것은 무엇인가"라는 질문을 던지는 것 자체가 그 답이라는 모호함으로 우리를 조롱하며, 그 모호함을 거창하게 하이데거의 존재론으로 가리려 한다. 그리고 그에게 '인간다움'의 대답은 윤리학과 미학의 차원에서 구해질 수 있는 것이다.

다양한 분야에서 연구 중인 학자들의 답을 들어볼 수도 있다. 찰스 파스테르나크가 엮은 《무엇이 우리를 인간이게 하는가?》라는 책에서 15인의 석학들은 제각각의 대답들을 내어놓는다. 석학들이 내놓은 답은 아래와 같다.

1장: 모방 – 수전 블랙모어
2장: 기억, 시간, 언어 – 마이클 코벌리스, 토머스 서든도프
3장: 인간과 유인원의 차이 – 로빈 던바
4장: 원시인류와 언어 – 마우리치오 젠틸루치, 마이클 코벌리스

어쩌면 다 맞는 이야기일지 모른다. 또한 인간만이 가진 특징을 찾으려는 시도는 진화라는 연속적인 과정 속에서 불가능한 일일지도 모르겠다. 신이 만든 피조물로서의 인간을 상상하던 중세 서양에서는 '존재의 대사슬'이라는 프레임 속에서 인간의 지위가 자연 속에 자리잡았다. 그곳에서 인간은 침팬지보다는 조금 높은 곳에, 천사보다는 조금 낮은 곳에 앉아 있는 어정쩡한 존재다. 다윈의 등장 이후 고정된 '존재의 대사슬'이란 존재하지 않는다는 사실이 밝혀지고 나서도, 선형적 진화에 대한 환상은 많은 사람들을 사로잡았다. 허버트 스펜서는 적자생존을 사회에 적용시켜 사회진화론을 탄생시켰고, 결국 스티븐 제이 굴드가 말했던 '서열화'라는 서구 사상의 전형적인 패턴 속에 인간이라는 존재의 특징을 함몰했다.

세상에 존재하는 사물들을 분류하고 그 분류를 서열화하는 능력도 어쩌면 인간 고유의 것인지 모른다. 그렇다면 서열화의 능력은 인간다움인 것이고, 스펜서는 가장 인간적인 사상을 가장 인간적인 방법으로 창안한 셈이 될지도 모르겠다. 본성과 양육의 해묵은 논쟁은 '인간다움'의 기준을 두고도 또다시 반복될 수 있다. 인간다움은 본성 속에 모두 각인되어 있는 것인지, 아니면 우리의 모든 능력은 빈 서판일 뿐인지를 두고 치열한 논쟁이 벌어진다 해도 놀랄 만한 일은 아니다. 자연과학과 인문학이라는 두 문화를 사이에 둔 지난 세기의 지긋지긋한 반목은 대한민국에서 에드워드 윌슨의 《통섭》을 인문학과 자연과학의 화해쯤으로 생각하게 만드는 촌극을 연출하기도 했으니 말이다. '이분법', 다시 한번 굴드가 지적한 서구의 오래된 지적 전통의 악습은 계속된다.

본성과 양육, 그리고 두 문화

데이터가 제한하지 않는 이론과 가설의 영역에서는 언제나 소설과 같은 무궁무진한 상상력의 나래가 펼쳐지기 마련이다. 물론 이런 무한한 상상력이 반드시 나쁘다는 것은 아니다. 소설이라는 명칭에 부정적 의미가 따라붙게 된 것은 내 잘못이 아니다. 프랑수아 자코브가 잘 지적했듯이 과학자들에게도 '밤의 과학'을 즐기는 시간이 있다. 물론 밤의 향락에 중독되는 것이 건강에 해롭듯이 '밤'에만 과학을 하겠다고 우기는 것 역시 별로 좋은 태도는 아니다. 치열하고 어쩌면 보수적으로 데이터의 제한을 받아야 하는 '낮의 과학'과 자유로운 '밤의 과학' 사이에서 과학자들은 과학을 진화시켜나간다. 밤에만 하는 과학이 좋은 과학이 아니듯, 낮에만 하는 과학도 좋은 과학은 아니다. 어쩌면 대한민국의 과학계에는 연구와 논문에만 몰두하는 '낮의 과학자들'보다 다양한 분야에 관심을 가지고 통학과 통섭과 융합을 향해 나아가는 '밤의 과학자들'이 필요한지도 모르겠다. 지나치게 일률적인 기준으로 개인을 판단하는 이 땅에서 진짜 과학이 꽃피기 위해서는 '괴짜'들이 당당하게 한편에 자리잡을 수 있어야 하는 것인지도 모른다.

충분한 양의 데이터가 확보되어 있지 않을 때, 정상적인 과학자들은 파격적인 이론을 내놓지 않는다. 기존의 이론이라는 권위에 도전하는 꿈이야 모든 과학자가 꾸는 것이겠지만, 그렇다고 권위에 대한 도전이 아무렇게나 이루어지는 것은 아니기 때문이다. 따라서 "무엇이 인간을 인간답게 하는가"라는 질문에 현장의 과학자들이 그다지 많은 대답을 내놓지 않았다는 것도 이상한 일은 아니다. 과학자들의 학문적 보수성은 과학의 미덕일 수 있다. 물론 모든 과학자들이 그렇다는 뜻은 아니다. 과학을 과학으로 만드는 시스템은 보수적이지만, 과학자들 사이에는 언제나 변이가 존재하기 마련이다.

다시 한번 질문을 되짚어보자. "인간을 인간답게 만드는 것은 무엇인가?" 이 질문을 쉽게 풀면 "인간과 다른 종의 차이는 무엇인가?"가 될지도 모르겠다. 그렇다면 중요해지는 것은 '차이'의 정도, 즉 인간은 다른 종과 얼마나 다른지가 되겠다. 또 한 가지 중요한 사실은 '다른 종'을 무엇으로 규정하느냐는 것인데, 오랫동안 연구되어온 진화학을 토대로 비인간 호미니드non-human hominid, 즉 인간과 가장 가까운 과거에 진화의 가지에서 갈라져나온 근연종을 기준으로 삼는 것이 합당한 자세일 것으로 보인다.

인간과 근연종의 차이는 셀 수 없을 정도로 많다. 잘 알려져 있는 이족 보행 능력, 털이 없는 피부, 상대적으로 큰 두뇌, 언어 습득 능력, 의식의 존재, 상대적으로 늦은 발생 속도, 모방 능력, 수명의 연장, 복잡한 문화를 만드는 능력 외에도 수영을 배울 수 있는 능력, 마라톤을 할 수 있는 지구력 등도 거론되곤 한다. 물론 이 외에도 더 많을 수 있다.[1] 하지만 이러한 차이들은 대부분 상대적인 것일 뿐 절대적인 것이 아니라는 사실도 속속 알려지고 있다. 그리고 인간의 근연종에 대한 표현형 연구가 진행될수록 그 차이는 점점 더 좁혀질지도 모른다. 이제 우리는 한 세기 전만 해도 인간의 고유한 능력이라 믿었던 언어 습득 능력의 잔재가 유인원에게 남아 있다는 사실과, 심지어 조류에게도 방언이 존재한다는 사실을 알고 있다. 자연과학만이 아니라 인문, 사회과학에서도(인문, 사회과학은 철저히 인간과 인간을 둘러싼 환경만을 탐구의 대상으로 한다) 상대적으로 인간에 대한 연구가 풍부한 까닭에 우리는 유인원들의 삶에 대해 잘 알지 못하고, 따라서 인간과 유인원의 차이를 말할 만한 데이터도 부족한 셈이다.

RNA는 '인간다움'이라는 주제를 조율할 수 있을까?

그럼에도 불구하고 '인간다움'이라는 것이 존재한다면 그것은 우리의 몸, 그리고 몸을 둘러싼 환경 모두에 존재할 것이다. 특히 인간 유전체계획의 완성 이후 사라져버린 유전체적 우월성은 인간과 침팬지를 다르게 만드는 그 무엇인가가 있다 해도 미묘한 차이일 것이라고 예측하게 만든다. 따라서 인간다움을 논하는 데 있어 생물학자의 시선으로 유전체를 파고든다 해서 '유전자 환원론'이라는 딱지를 붙이는 것은 조금 보류해주었으면 한다. 염색체의 숫자도, 유전체의 양도, 단백질을 근거로 한 유전자의 숫자도 결국 인간을

6부 환경의 인지 조율사

침팬지로부터 완전히 가를 만한 답을 주지 못했기 때문이다. 더불어 유전자의 숫자나 유전체의 크기 같은 단순한 비교로는 드러나지 않는 이 작은 차이에서 생물학자들이 창발성이나 네트워크와 같은 이론 혹은 유전자 네트워크의 조절이라는 주제에 관심을 가지게 된 것처럼, 어쩌면 작은 차이에서 비롯되는 인간이라는 존재의 고유성(만약 그런 것이 있다면)은 인문, 사회과학자들이 절대적으로 신봉하는 문화와 사회의 역할에 숨 쉴 틈을 마련해주는 것이기도 하다. 즉 인간과 침팬지보다 더욱 유전적으로 먼 근연종들 사이에서도 잘 발견되지 않는 인간의 독특함을 유전학적으로 설명하려는 시도로 인문사회과학의 과업이 무너지지는 않는다는 말이다.

이미 살펴본 것처럼, RNA의 재발견은 생명과학자들의 사고를 변화시키고 있다. 이제 더 이상 환원주의에 목을 매는 생물학자도 없으며, 환원주의를 경시하는 생물학자도 없다. 적어도 생물학이라는 학문적 영역에서 본성과 양육의 이분법은 해결되었다. 남은 것은 여전히 생물학자들을 유전자 환원주의의 화신이라고 여기는 인문, 사회과학자들의 태도뿐이다. RNA라는 물질이 중심 도그마를 부수며 유전자 발현 네트워크의 조절만으로도 엄청난 후성유전학적 차이를 만들 수 있음을 보여주었듯이, 다시 RNA는 그 방식 그대로 본성 대 양육의 구도 속에 오래도록 침잠되어 있었던 '인간다움'의 의미를 되새기게 해줄지 모른다. 어쩌면 RNA라는 초라한 물질이 서열화와 이분법의 벽을 깨고 본성과 양육의 틀을 부수며, 인문학과 자연과학의 깊은 골을 메우는 역할에 작은 도움을 줄 수 있을 것이다.

단백질 너머의 과학

이제 과학 교양도서에서 빠지지 않는 에드워드 윌슨의《자연주의자》와 제임스 왓슨의《이중나선》을 함께 읽어본 독자가 있는지 잘 모르겠다.《자연주의자》에서 윌슨은 스스로 "분자전쟁"이라 부른 젊은 신진 분자생물학자들과의 갈등을 그리고 있다. 하버드대학교에 부임했던 오만하고 들뜬 풋내기 제임스 왓슨과의 갈등은 윌슨이 연구를 진행하던 1970~1980년대의 상황을 잘 묘사하고 있다.

하지만 윌슨이 묘사했던 것처럼 그 갈등이 정치적인 것만은 아니었다. 실제로 일어난 갈등의 내부에는 생물학계의 개념적 변화가 존재하기 때문이다. 모랑주가 잘 지적했듯이,* DNA라는 확고한 근거를 지닌 생물학의 등장으로 개체나 집단 수준에서 확립된 진화 현상이 분자 수준으로 옮겨가는 것에 대한 실질적 불안이 있었다.

---

* 관심 있는 독자들은 미셸 모랑주의《분자생물학》마지막 장을 참고하기 바란다. 모랑주가 꽤나 자세히 분석했는데도 이러한 갈등의 양상을 국내 학자들이 언급한 적은 거의 없다. 마치 아무런 갈등이 존재하지 않는 것처럼.

이러한 환원주의적 공격은 생물학을 자율적이고 통합적인 학문으로 만들고자 노력해왔던 진화생물학자들의 노력을 무산시킬지 모른다는 불안감을 조성했다. 그들에게 분자생물학이란 생물학을 물리학과 화학으로 환원시키려는 노력으로 보였기 때문이다.

실제로 분자생물학의 많은 도구와 이를 바탕으로 한 데이터들이 진화생물학자들에게 유용하게 사용될 여지가 있었음에도 불구하고, 진화의 기작을 이해하는 데 있어 분자생물학은 거의 기여를 하지 못하고 있었다. 이는 분자생물학이라는 분야와 진화생물학이라는 두 분야가 결합되지 못하고 있었기 때문이다. 따라서 윌슨이 묘사한 '분자전쟁'은 이처럼 결합되지 않은 상태의 두 분야에서 나타나는 일종의 표현형일 뿐이다. '통섭'이라는 용어로 사회과학을 포섭하고자 했던 윌슨도 그 자신이 속해 있던 학문적 전통에 대한 위협에는 긴장할 수밖에 없는 평범한 사람이었던 셈이다.

1퍼센트의 차이, 그리고 조절 유전자

그럼에도 분자생물학이 선사한 도구들은 진화를 이해하는 데 꾸준히 사용되어왔다. 특히 인간과 영장류의 차이를 밝히는 데 있어 분자생물학이 제공한 '유전적 거리'에 관한 분자 수준의 데이터는 매우 유용했다. 그리고 지금까지도 진화생물학과 분자생물학의 얕은 수준의 결합은 이러한 방법론을 통해 이루어지고 있다.*

단백질의 아미노산 서열을 기초로 밝혀진 인간과 침팬지의 차이는 겨우 1퍼센트에 불과했다. 이러한 결과는 당시로서는 조금 놀라운 일이었고, 앨런 윌슨은 이를 통해 '조절 유전자'의 중요성을 강조하게 되었다.[2] 이후 계속된 연구에서 염색체의 복제와 결손 등을 포함해 계산하면 대략 4퍼센트 정도의 차이가 존재한다는 결과가 등장했고, ncRNA를 비롯한 다양한 유전자들에서 나타나는 차이도 발견되었다. ncRNA들은 후성유전학적 풍경을 만드는 데 중요하고, 유전자 발현을 조절하는 분자이므로 앨런 윌슨의 예측은 여전히 유효하다. 조절 유전자들의 기능을 생각하지 않고 단순히 염기서열을 비교하는 것만으로 인간과 침팬지의 차이, 나아가 인간의 유일함을 증명하려는 것은 불가능에 가깝다.

단백질을 넘어

단백질의 아미노산 서열을 기초로 인간과 침팬지의 차이를 밝히는 작업에는 Ka, Ki, Ks라는 지표들이 동원된다. Ka는 기능적으로 중요한 변이, 즉 아미노산 서열의 변화를 의미하고, Ki와 Ks는 중립적 변이, 즉 아미노산으로 번역되지 않는 부위의 변화(Ki) 혹은 DNA의 염기서열은 변했지만 아미노산의 염기서열은 변하지 않은 경우 (Ks)를 의미한다. 이러한 고전적인 방법론을 토대로 다른 조직보다 두뇌의 단백질에서 인간과 침팬지의 차이가 두드러진다는 결과들이 도출되었다.

물론 이러한 분자적 차이를 이용한 연구들이 도움이 되는 것은 사실이지만, Ka/Ki 혹은 Ka/Ks를 이용해 데이터를 해석하는 일은

---

*　여전히 두 학문 간에는 건너지 못하는 학문적 전통의 차이가 존재한다. 이에 관해서는 훗날 설명할 일이 있을 것이다.

신중해야 한다. 예를 들어, 단백질을 코딩하는 염기서열들이 기능적으로 등가라는 가정은 잘못된 것이다. 진화의 과정에서 어떤 단백질은 다른 단백질보다 분명히 더 중요하기 때문이다. 바로 이러한 한계 때문에 인간의 두뇌에 존재하는 유전자들이 더 빠른 속도로 진화했다는 분자유전학적 결과들에 대한 논쟁이 존재하고 있는 것이다.[3] 두뇌에 대한 집착은 인간의 지위를 설명하는 데 있어 빼놓을 수 없는 독특한 측면이다.

포유류 단백질의 절반 이상이 선택적 스플라이싱이라는 과정을 통해 조립된다. 스플라이싱(접합) 과정의 돌연변이는 심각한 유전병을 야기하기도 하고, 종마다 다른 특징을 가지기도 한다. 하지만 단백질의 염기서열을 기초로 하는 고전적인 비교에서 선택적 스플라이싱은 전혀 고려되지 않고 있다.

단백질을 근거로 인간과 침팬지의 차이를 설명하고자 하는 시도의 한계는 이뿐만이 아니다. 앞에서 설명했던 것처럼 모든 단백질의 기능이 똑같이 중요하지도 않지만, 기능적으로 중요한 염기서열이 모두 단백질인 것도 아니기 때문이다. 이러한 염기서열에는 조절 유전자 부위(프로모터, 인핸서), 3′UTR이라 불리는 mRNA의 말단 부위, 그리고 단백질로 번역되지 않는 ncRNA 등이 포함된다. 최근의 한 연구에서는 중요한 결손 돌연변이의 상당수가 바로 이 조절 부위에 집중되어 있다는 보고가 있었다.[4] 저자들에 의하면 인간과 침팬지 유전자들의 조절 부위는 진화적으로 잘 보존되어 있지 않을 뿐 아니라, 진화 과정 중에 많은 조절 부위에 결손이 생겼다고 한다.

중립은 중립적인가

적응적 선택adaptive selection/positive selection이란 자연선택의 한 가지 유형으로, 특정한 표현형이 선호되어 그 방향으로 군집의 유전자 풀, 혹은 대립유전자들의 빈도가 옮겨가는 현상이다. 이 현상을 분자유전학적으로 밝히는 작업이 중요한 이유는 인간과 침팬지의 차이를 설명할 수 있는 좋은 근거가 되기 때문이다. 적응적 선택을 분자 수준에서 밝히기 위해서는 상대적으로 중요하지 않다고 여겨지는, 즉 중립적인 돌연변이들을 가려내는 작업이 필요하다. 문제는 여기에 있다. 과연 어떤 염기서열이 중립적이라고 말할 수 있는가? 선택이 잘못된 것이라면 문제는 생각보다 심각해진다.

단백질이 생물학을 지배하던 시기에 분자진화학이 탄생했다. 단백질을 코딩하는 유전자를 제외한 다른 부위들의 중요성은 간과되었다. 단백질의 시대에, 분자진화학자들은 적응적 선택의 지표를 구하기 위해 인트론, ncRNA 등을 포함한 단백질 이외의 염기서열들을 '중립적'이라고 가정할 수밖에 없었다. 따라서 적응적 선택으로 판명된 현재의 연구 결과들이 모두 진실이라고 이야기하기는 어렵다. 중립 진화를 겪었다고 가정했던 염기서열들이 실제로는 중립적이지 않을 수도 있기 때문이다.

인간 가속화 유전자

이러한 추측을 뒷받침하는 결과들이 속속 등장하고 있다. 데이비드 하우슬러 연구팀은 2006년 발표한 논문에서 다른 모든 종에서는 아주 잘 보존되어 있지만 인간에게는 그렇지 않은 49개의 염기서열을 찾아냈다.[5] 아마도 인간에게서 좀 더 빠른 속도로 진화했을 것이라고 예측되는 이 부위들은 "인간가속부위Human accelerated regions(HARs)"라고 명명되었는데, 이들 중 대부분이 단백질을 코딩하지 않는다. 대신 HARs는 유전자의 발현을 조절하는 부위 혹은 신경의 발생에 중요한 유전자 근처에 놓여 있다. 단백질을 코딩하는 부위는 49개 중 단 2개뿐이다.

HARs 중에는 지금까지 연구되어온 그 어떤 유전자보다 빠른 속도로 진화한 것으로 보이는 염기서열이 존재한다. HAR-1이라고 명명된 이 부위는 약 118개의 염기서열로 구성된다. 놀라운 사실 중 하나는 침팬지와 닭이 공통조상에서 갈라져 나온 지 3억 년이 넘었음에도 불구하고 이 부위에 염기서열 단 2개의 차이만이 존재한다는 것이다. 침팬지와 닭, 즉 영장류와 조류 사이에 HAR-1의 차이는 없다. 더욱 놀라운 사실은 HAR-1이라는 염기서열에서 인간과 침팬지의 차이가 닭과 침팬지의 차이보다 크다는 점이다. 인간과 침팬지는 무려 18개의 염기서열이 다르다. 인간과 침팬지는 공통조상에서 갈라져 나온 지 겨우 600만 년이 넘었을 뿐이다.

아직 놀랄 일이 더 남아 있다. HAR-1의 기능은 거의 알려져 있지 않지만, 이 염기서열이 단백질을 코딩하고 있지 않다는 것은 분명하다. 그렇다고 해서 HAR-1이 전사되지 않는 유전자인 것도 아니다. HAR-1은 ncRNA로 발현된다. 이 짧은 118개의 염기서열이 RNA로 전사되면 머리핀 모양의 구조로 접히게 된다. 여기서 끝나는 것이 아니다.

HAR-1은 임신 약 7~19주 사이에 태아의 두뇌에 존재하는 카할-레치우스Cajal-Retzius 세포라는 곳에서 발현된다. 카할-레치우스

세포는 대뇌피질의 발생 과정에 중요하다고 알려져 있다. 이 세포들로 인해 대뇌피질의 단층이 형성되기 때문이다. 이 모든 일련의 발생 과정 후에 카할-레치우스 세포는 세포사멸에 의해 사라진다. HAR-1은 릴린reelin이라는 단백질과 동시에 발현된다는 것이 밝혀졌는데, 릴린이 바로 대뇌피질의 단층화에 중요한 단백질이다.

물론 HAR-1이라는 짧은 RNA가 릴린이라는 단백질의 발현 혹은 기능을 조절하는지 여부는 아직 불투명하다. HAR-1은 두뇌뿐 아니라 정소나 난소에서도 발현된다고 알려져 있기 때문에 생식기관의 진화에 있어서의 역할도 간과할 수는 없다. 하지만 인간이라는 종에서 가장 급격한 변화를 보이는 49개의 염기서열들 중 가장 빠르게 진화했을 것이라고 예측되는 곳이 RNA로 발현된다는 사실은 흥미롭다.

단백질의 시대에는 인간의 유일함을 설명하는 도구로 사용된 방법론들 또한 그러한 사고로부터 자유롭지 않았다. 사고의 제한은 아마도 도구의 제한 혹은 지식의 불충분으로부터 비롯되었을 것이다. 하지만 과학은 유연하다. 단백질의 시대에는 보이지 않았던 RNA라는 물질이 생물학을 변화시키고 있고, 인간과 침팬지의 차이를 설명하는 데도 RNA가 중요한 역할을 하고 있다.

50

두뇌 속 RNA

유전자 발현의 미세 조절자, 미르가 발견된 이후 미르라는 물질 없이 진행되던 모든 생명과학 분야의 연구는 미르의 기능을 찾는 일에 집중되었다. 발생학자들이 가장 먼저 미르를 연구 주제로 삼기 시작했다. 최초로 발견된 미르가 예쁜꼬마선충의 발생 과정을 조절하는 기능을 가지고 있었기 때문에 이는 당연한 수순이었다. 암 연구처럼 많은 돈이 투자되는 분야도 없다. 당연히 암을 연구하는 학자들이 미르와 암의 발생에 관한 연구에 뛰어들었고 많은 것을 발견했다. 암의 발생 과정이 태아의 발생 과정과 유사한 측면이 있기 때문에 당연한 수순이었다.

21세기 과학의 새로운 화두는 '뇌과학'이다. 당연히 엄청난 수의 신경생물학자들이 미르와 뇌 활동의 상관관계를 조사하기 시작했다.[6] 또 엄청난 발견이 있었다. 분자진화학도 예외가 아니었다. 미르의 존재를 예측할 수 있는 프로그램이 개발되고, 진화의 계통수를 그리기 시작했을 때, 진화의 역사에서 미르의 존재가 중요한 역할을 했을 것이라는 추측이 가능해졌다. 이제 도대체 미르가 무엇을 할 수 없는지가 의문인 세상이 되었다.

진화발생생물학과 미르 유전자

진화발생생물학은 생명체의 형태학적 변이의 다양성에 주목하는 발생학이 오랫동안 따로 발전해오던 진화론과 하나로 엮인 분야다. 발생학은 분자생물학의 도움으로 형태를 결정하는 유전자들, 예를 들어 혹스 유전자Hox gene family를 발견했는데, 형태에 관심을 갖는 발생학자들에 이르러서야 이 '발견'이 '발전'으로 이어졌다. 발생학이 분자생물학 및 유전학의 도움으로 장족의 발전을 거듭하면서 형태에 관여하는 많은 유전자들이 진화적으로 보존되어 있다는 비교 유전체학의 결과들이 등장했다. 초파리에서 처음으로 발견된 혹스 유전자는 쥐는 물론 사람에게서도 발견된다.

진화발생생물학이 기존의 진화론과 다른 결정적인 이유는, 형태학적 변이의 다양성이 단순히 유전체의 염기서열에 의존하지 않기 때문이다. 발생학이 진화론과 결별하게 된 결정적인 계기가 바로 여기에 있다. 형태장 이론에 의존했던 과거의 발생학자들은 발생 과정에서 보이는 태아의 역동적인 모습을 유전자 코드만으로는 설명할 수 없다고 생각했다. 하지만 유전학과의 만남이 발생학자들의 이러한 생기론을 유전자 조절이라는 개념으로 정식화시킨다. 형태장 개념은 유전자 조절이라는 분자생물학적 개념으로 부활하게 된다. 그렇게 여러 학문으로부터 다양한 도구와 개념을 수입한 발생학이 진화론과 만나 탄생한 것이 진화발생생물학이다. 명칭에서 알수 있듯이, 진화발생생물학은 기본적으로 발생학적 패러다임의 지배하에 놓여 있다.*

따라서 발생 과정에서 중요한 조절 기능을 담당하는 미르가 진화발생생물학의 관심을 받는 것은 우연이 아니다. 미르는 발생 과정에서 특히 중요하게 작동하며, 마치 수면 위에 이는 파문처럼 잔잔하게 유전자 발현 네트워크 속으로 퍼져나간다. 단 한 종류의 미르가 조절할 수 있는 유전자의 개수는 보통 수십에서 수백 개에 달한다. 진화의 과정에서 유전자 조절의 변화를 중시하는 진화발생생물학은 혹스라는 중요한 유전자를 찾아 지평을 넓혔고, 이제 미르를 통해 새로운 역사를 쓰고 있다.[7]

인간 두뇌의 진화에서 RNA의 역할

유전자 발현의 조절에서 RNA의 역할이 속속 밝혀지면서, 신경생물학자들도 인간 두뇌 활동에서 RNA의 역할에 관심을 갖기 시작했다. 신경망의 가소성을 유지하는 데 있어 전사체와 환경의 상호작용은 필수적이기 때문이다.[8] 다양한 미르들이 이러한 조절 과정에 관여한다는 것이 밝혀져 있다.[9]

예를 들어 신경세포의 발생 과정에서 RNA에 의한 유전자 발현

---

* 나는 전통적인 발생학이 분자생물학적 도구의 도움으로 유전학과 결합하여 발생유전학으로 변해가는 과정에서 진화론이 발생학에 포섭된 것을 진화발생생물학의 역사로 본다. 여러 견해가 있지만 주류 생물학계는 션 캐럴 등의 견해에 동의할 것이다. 다음의 논문에서 이에 관해 짧게 다루고 있다. 장대익. (2005). 이보디보 관점에서 본 유전자, 선택, 그리고 마음: 모듈론적 접근. 학위논문(박사)-서울대학교 대학원: 과학사·과학철학 협동과정, 2005.

조절은 매우 중요하다. 신경세포들의 발생 과정뿐 아니라, 신경세포가 제자리를 찾고, 서로 연결되고, 스스로를 유지하는 데 있어 RNA를 매개로 한 후성유전학적 조절 방식이 점차 그 베일을 벗고 있다. 현재까지 알려진 대부분의 ncRNA들이 이러한 조절 과정에 관여한다. 인간의 두뇌가 가진 인지 과정의 신비는 RNA의 도움 없이는 불가능한 것인지도 모른다. 두뇌 활동에 필요한 미세한 조절, 그러한 조절을 안정성을 유지하면서 수행하는 데 RNA처럼 적당한 물질은 없다.

초파리의 혹스 유전자군은 몸의 축이 발생하는 순서대로 염색체상에 배열되어 있다. 혹스 유전자는 몸의 앞과 뒤, 위와 아래에 중추신경계를 제대로 배열하는 데 필수적이다. 미르-309/3/286/4/5/6는 몸의 앞쪽, 즉 머리가 될 부분에서만 발현이 억제된다. 이 미르들에 의해 조절되는 단백질이 발현될 가능성을 열어주는 셈이다. 혹스 유전자들의 mRNA에도 미르에 의해 조절되는 염기서열이 달려 있다. 예를 들어, 혹스4와 혹스5의 mRNA는 미르-10에 의해 발현이 조절된다. 혹스 유전자군이 배열된 염색체의 사이사이에도 엄청난 수의 미르 유전자들이 숨겨져 있다. 이들의 발현이 혹스 유전자의 발현에 어떠한 영향을 미치는지에 대한 다양한 연구가 진행 중이다. 미르-196에 의한 혹스B8의 조절이 대표적인 예가 된다. 미르가 발현되고 완성되는 데 필요한 다양한 효소들도 신경세포의 발생과 유지 및 안정에 관여한다. 아고너트, 다이서 등의 효소가 결핍된 초파리와 생쥐는 제대로 된 신경망을 갖출 수 없다.

신경세포의 유지 및 보수에 사용되는 미르의 존재도 속속 밝혀지고 있다. 예쁜꼬마선충의 lsy-6는 die-1이라는 전사인자를 조절함으로써 신경세포가 정체성을 유지하는 데 도움을 준다. 생쥐의 미르-124a와 미르-9은 신경줄기세포가 신경세포 혹은 교질세포glial cell 중 어떤 종류로 분화하는지를 결정하는 데 중요한 역할을 한다. 신경세포 분화의 마지막 단계에서도 수없이 많은 미르들이 미세한 조절을 통해 신경의 발생 과정을 완성하는 데 기여한다.

신경가소성 연구는 신경세포들의 연결이 역동적으로 변화하는 과정을 연구하는 분야다. 신경가소성에 의해 장기기억이 가능해지고, 이를 위해서는 다양한 유전자들의 발현 및 억제 과정이 필요하

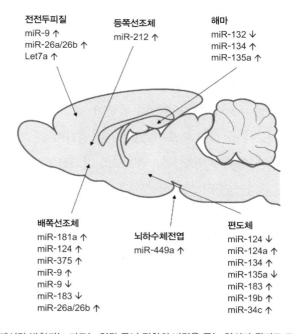

그림 1 뇌에서만 발현되는 미르는 인간 두뇌 진화의 비밀을 푸는 열쇠가 될지도 모른다. (출처: Doura, Menahem & Unterwald, Ellen. (2016). MicroRNAs Modulate Interactions Between Stress and Risk for Cocaine Addiction. *Frontiers in Cellular Neuroscience*. 10.)

다. 여기서도 미르의 역할이 중요하다고 알려져 있다. 특히 신경세포의 가지에서도 국소적 번역 과정local protein synthesis이 일어난다는 것이 알려지면서 미르의 역할이 주목 받고 있다. 미르는 mRNA가 단백질로 번역되는 과정을 억제하기 때문이다. 미르-134는 두뇌의 해마 부위에서 주로 발현되며 Limk1이라는 인산화효소의 발현을 억제한다. 특히 미르의 운송과 완성에 관여하는 단백질들이 신경가소성에서 중요한 역할을 담당한다는 사실은, 뇌과학의 꽃이라 할 수 있는 신경가소성 연구에 미르가 중요한 위치를 차지할 것이라는 추측을 가능하게 한다.[10] 신경세포의 발생과 가소성에 대한 연구에서 이제 미르는 빼놓을 수 없는 대상으로 자리잡았다.

인간에게 유일한 미르 유전자들

두뇌의 기능에 미르에 의한 유전자 발현이 중요하다면, 인간의 두뇌가 진화하는 과정에서 미르 유전자들의 역할이 큰 기여를 했을 가능성이 있다. 인간과 침팬지의 두뇌에서 발현되는 유전자들의 패턴을 비교, 분석하는 연구는 지금까지 주로 단백질을 중심으로 이루어져왔다. 최근 들어 조절 유전자들에 대한 관심이 고조되면서 관심이 이동하고 있지만 두뇌의 진화에서 미르의 역할에 대한 연구는 초기 단계에 있다. 하지만 주목할 만한 연구가 하나 있다.

유진 베레지코프를 비롯한 연구진은 2006년 〈네이처〉에 인간과 침팬지의 두뇌에서 보이는 미르들의 다양성을 조사한 논문을 출판했다. 인간유전체계획 이후 염기서열을 읽는 기술은 비약적으로 발전해왔다. 이러한 기술적 도약에 힘입어 미르 유전자들의 염기서열을 읽고 예측하는 기술도 비약적으로 발전했다. 과거에는 상상도 할 수 없었던 대량의 염기서열 해독이 가능해진 것이다.[11] 연구진은 영장류 이상에서만 발견되는 다양한 미르 유전자들을 찾아냈다. 또한 인간의 두뇌에서만 발현되는 것으로 보이는 51종류의 미르 유전자가 발견되었다. 인간에게는 존재하지 않고 침팬지에만 존재하는 25종류의 미르 유전자의 존재도 발견되었다.

447종류의 새로운 인간 미르 유전자가 예측되었는데, 이중 절반 이상이 영장류 이상에서만 진화적으로 보존되어 있었다. 침팬지에서 발견된 새로운 미르 유전자들도 비슷한 패턴을 보였다. 인간과 침팬지에서 공통으로 보이는 미르 유전자들 가운데는 진화 과정에서 복제 수가 늘어난 경우가 종종 관찰된다. 인간과 침팬지의 미르 유전자 종류와 유전자 수의 차이는 유전자 발현의 차이를 설명하는 데 도움이 될 수 있다. 서로 다른 종류의 미르와 인간 혹은 침팬지에서 다른 정도로 발현되는 미르의 존재가 인간과 침팬지 두뇌의 유전자 발현 차이를 설명할 수 있다면, 또 다른 유전자 발현의 조절 모듈이 추가되는 것이다. 두뇌와 같이 섬세한 기관은 더 많은 조절 모듈이 필요하기 때문이다.[12]

비록 많은 종류는 아니지만 인간 혹은 침팬지에게서만 나타나는 미르의 존재는 미르 유전자들이 여전히 활발한 진화의 과정 속에 놓여 있음을 간접적으로 드러낸다. 인간에서만 나타나는 새로운 미르 유전자들은 적은 양이 발현되는 것으로 보이는데, 이는 적은 양의 새로운 미르 유전자가 빠르게 진화한다는 뜻으로 해석될 수 있다. 아마도 유전자 조절 네트워크에 큰 부담을 주지 않는 미르가 적응적 선택 과정에서 유리한 것인지도 모른다. 적은 양이 발현되어야 전체 시스템에 큰 영향을 미치지 않을 것이기 때문이다. 새로운 미르 유전자들은 이런 방식으로 조절 시스템에 차곡차곡 쌓여나가는 것 같다. 이런 방식으로 추가된 미르 유전자들은 시스템에서의 역할이 중요해지면 복제 수가 늘어나는 방식으로 확장되고, 필요가 없어지면 사라지는 방식으로 자연선택될 것이다.[13]

생물학적 복잡성은 조절 요소들의 확장에 의해 가능하다. 박테리아에서 진핵생물로, 진핵생물에서 다세포생물로 도약이 일어날 때마다 이러한 조절 유전자들이 추가되는 과정이 있었다.[14] RNA가 이러한 시스템의 조절 능력을 보강하는 데 필수적인 역할을 했다는 점은 이미 살펴보았다. 최근에는 척추동물의 진화에서도 RNA에 의한 조절 기능이 필수적이라는 연구 결과가 등장했다.[15] 미르가 유전자 조절 네트워크를 세밀하게 조절할 수 없었다면 지구 위에는 박테리아만이 가득했을지도 모를 일이다. 스티븐 제이 굴드는 《풀하우스》에서 진화의 테이프를 거꾸로 돌리면 지구는 곤충과 꽃으로 가득 찬 세상이 될지도 모른다고 했다. 곤충과 꽃으로 지구가 가득 차려면 미르가 필요하다.

51

인지과학과 분자유전학의 조우

인지과학은 1950년대에 등장한 튜링 기계이론의 바탕인 정보처리 관점에서 마음을 연구하려는 흐름 속에 탄생했다. 컴퓨터라는 도구의 등장이 인지과학의 탄생에 일종의 유비로 기여했는지는 논란의 여지가 있지만, 인지과학은 마음을 일종의 정보처리 과정으로 바라본다.[16] 철학의 주제였던 인식론과 존재론을 심리학에 포섭하고자 하는 노력의 일환으로 여전히 인지과학은 흥미로운 연구 분야임이 틀림없다.*

인간의 많은 특징들 가운데 하나인 인지능력은 근연종 가운데서도 가장 탁월하다고 말할 수 있다. 대니얼 데닛에 따르면, 환경의 단서들을 인지하고 이를 이용해 판단을 내리는 능력은 인간에게 유일한 능력인지 모른다. 데닛은 《마음의 진화》에서 진화적 발달 과정에서 차례로 다윈 생물, 스키너 생물, 포퍼 생물, 그레고리 생물이

---

* 특히 인지과학을 국내에서 활성화시키는 데 크게 기여한 성균관대학교 심리학과 이정모 교수의 노력을 잊어서는 안 된다. 그는 2018년 작고했다. 그의 명복을 빈다.

탄생했다고 말한다. 인간은 그레고리 생물인데 이러한 종의 특징은 외부 환경을 내부 환경, 즉 자신의 두뇌에 옮겨놓을 수 있다는 것이다. 중요한 것은 어떤 생물이든 인지능력이 고도로 발달하기 위해선 환경과 상호작용할 수 있는 생리적 기제가 필요하다는 것이다.

신경가소성은 환경의 변화에 따라 신경세포들이 연결을 강화하거나 약화하는 역동적인 과정을 연구하는 분야다. 한 가지 작업을 반복적으로 훈련하면 뇌의 특정한 신경회로가 강화된다. 그 회로에 놓인 신경세포들 간에 연결 강도가 세지고 더 쉽고 빠르게 전기신호가 전달될 수 있는 것이다. 반대로 오랫동안 해당 회로를 사용하지 않으면 신경세포들 간의 연결 강도는 약해진다. 신경세포 수준에서 가소성은 이런 방식으로 설명될 수 있다.

인지과학과 후성유전학

분자생물학자들은 조금 더 구체적인 설명을 갈구한다. 신경가소성에 중요한 분자들은 무엇이며, 외부 환경은 어떻게 신경세포에게 전달되는가? 신경세포의 연결을 강화하는 분자적 기제는 무엇이며, 약화하는 데 필요한 것은 또 무엇인가? 인지과학자들과 같은 분야를 연구하는 것으로 보이지만, 사실 분자생물학자들에게 신경가소성이란 분자들의 기능을 연구하는 데 필요한 하나의 주제일 뿐이다. 복잡한 철학적 주제들과 논쟁들은 철학자들에게 맡겨두고 실험실의 과학자들은 인지 과정에 필요한 분자들의 기능을 밝힌다.

막스 델브뤽의 말처럼 "신경세포의 전기적 신호 전달 과정에 대한 이해가 깊어진다고 해서 우리가 의식과 같은 것을 안다고 가정할 수는" 없을 것이다.[17] 그럼에도 불구하고 과학자는 자신이 가진 도구로 끊임없이 자연을 두드리는 수밖에 없다. 그 도구의 한계를 충분히 인정하고, 이론의 외삽이 영역 특수성을 가진다는 상식을 인정만 한다면, 분자생물학자들의 인지과학에 대한 최근의 도전들은 두 학문의 융합에 도움이 될 것이다. 물론 지금으로선 두 학문의 대화는 단절되어 있다. 인지과학자들은 분자생물학의 언어에 익숙하지 않고, 반대편도 마찬가지다. 대화가 단절되는 가장 큰 이유는 그들이 다루는 대상의 수준이 상이하기 때문이다. 대화가 언제쯤 가능해질지는 미지수지만, 어디에서 누군가는 그러한 원대한 작업을 꿈꾸고 있을지 모를 일이다.

후성유전학이 인지과학에 중요한 이유는, 전자가 환경과 유전자의 상호작용을 다루는 데 최적의 분자적 기제들을 발견해두었기 때문이다. DNA 메틸화에 따른 유전자 발현의 조절이 가장 대표적인 예다. 환경의 신호들은 메틸화에 변화를 주는 방식으로 유전자 발현에 영향을 미치고, 그렇게 바뀐 유전자 발현의 패턴은 세포와 조직의 기능적 변화를 유발한다. 신경세포도 이러한 분자적 기제의 조절 범위 안에 있다.

미르에 의한 유전자 발현의 조절도 환경과 유전자 발현의 상호관계에 기여한다. 다양한 환경 신호들은 특별한 미르 유전자들의 발현을 통해 유전자 발현 네트워크를 통째로 미세 조절할 수 있다. 현재 환경 신호가 어떻게 미르 유전자들의 발현을 조절하는지에 관한 많은 연구들이 진행 중이다.

RNA 편집이라는 현상

메틸화와 미르 유전자가 유전자 발현을 조절함으로써 신경세포의
활성을 제어한다면, 아예 유전자의 염기서열 정보를 뒤바꿔버리는
경우도 있다. RNA 편집이라는 현상은 DNA에서 mRNA가 전사된
후 mRNA의 염기서열을 치환하거나 새로운 염기서열을 삽입하는
방식으로 전사된 유전자가 수행할 명령을 뒤바꾼다. 예를 들어 A라
는 단백질을 만들기 위해 전사된 mRNA가 RNA 편집 후에는 A의
기능을 저해하거나 A보다 기능이 개선된 단백질로 재탄생할 수 있
다는 뜻이다. 대통령이 내린 명령이 상황에 맞지 않아서, 해당 명령
을 수행하는 서울시장이 상황에 맞게 수정하는 경우를 생각해보자.
대통령을 DNA에, 명령을 RNA에, 서울시장을 RNA 편집효소에 비
유하면 쉽게 이해할 수 있을 것이다. 명령이 조금 수정되었다고 해
도 대통령이 바뀌지 않듯이, RNA 편집이 이루어지더라도 DNA의
정보는 바뀌지 않는다.

RNA 편집이라는 현상은 식물에서 활발히 연구되었지만 최근에
는 동물에서도 상당히 중요한 기능을 담당하는 것으로 알려져 있
다. 진화적으로는 최근에 기원한 것으로 생각되는데, 원핵생물보다
는 진핵생물에서 더욱 풍부하게 발견되기 때문이다. 하지만 박테리
아가 조상인 세포 내의 소기관 미토콘드리아와 엽록체에서도 발견
되는 것이나 바이러스에서도 발견되는 것으로 보아 상당히 일반적
인 분자적 기제일 가능성도 있다.

자세한 분자적 기제에 대한 설명은 지루하고 불필요할 것이다.
예를 들어 RNA 편집은 RNA 분자가 서로 염기쌍을 이루고 있는 부
위에서 일어난다. 시티딘(C)이 우리딘(U)로 변하는 과정과, 아데노

신(A)이 이노신 inosine(I)라는 독특한 뉴클레오사이드로 치환되는 과정이 RNA 편집의 분자적 과정의 일부다. 때로는 치환이 아닌 삽입이 일어나기도 한다. mRNA뿐 아니라 tNRA, rRNA에서도 편집이 일어난다는 것은 잘 알려져 있다. 이론적으로는 모든 RNA 분자가 편집 과정을 거칠 수 있는 것이다.[18]

두뇌의 RNA

RNA 편집은 RNA의 선택적 스플라이싱처럼 단백질 분자의 다양성을 확보하는 과정이다. 제한된 유전자를 가지고 복잡한 세포와 조직, 개체의 기능을 조절하기 위해서는 하나의 유전자를 다양한 방식으로 연동할 수 있는 능력이 필수적일지 모른다. 하나의 단백질이 편집이나 접합을 통해 기능이 다른 단백질로 재탄생하게 됨으로써, 복잡한 유기체는 환경에 적응할 수 있는 유연성을 확보할 수 있다.[19]

편집의 또 다른 장점은 이렇게 확보된 다양성을 통해 환경에 효과적으로 대처할 수 있다는 점이다. 환경의 정보가 유전학적 혹은 후성유전학적 정보와 교차하는 분자적 기작의 바닥에 RNA가 존재한다. 이는 RNA 편집 과정이 환경과 유전의 상호작용에서 중요한 기능을 담당할지 모른다는 것을 암시한다. RNA는 환경의 변화에 따라 발현되며, 후성유전학적 조절의 중추이기 때문이다.

RNA 편집은 척추동물의 진화 과정에서 획기적으로 도약한 것으로 보인다. 그뿐 아니라 포유류가 분기되었을 때에도, 영장류가 분기되었을 때에도 RNA 편집 과정에 관여하는 유전자들의 수가 증폭되었다. 특히 인간은 가장 많은 수의 전사체가 RNA 편집 과정을 거치는 것으로 알려져 있다.[20] 특히 두뇌에서 RNA 편집이 가장 활발히 일어난다는 사실은 고등동물의 인지 과정에 RNA 편집 과정이 분자적 기반을 제공할 가능성을 보여준다. 여기에는 두 종류의 RNA 편집효소가 알려져 있는데, ADAR이라고 알려진 RNA 편집효소는 인간의 유전체에 3개나 존재하며, 그중 ADAR3는 두뇌에서만 발현된다.

52

유전자와 환경의 조율

유전과 환경의 이분법은 오래되고 지루한 논쟁이지만, 여전히 양극단에 선 학자들 간의 논쟁은 계속되고 있다. 이제 유전자 결정론을 강하게 주장하는 생물학자는 거의 존재하지 않는다. 지난 반세기 동안 생물학은 유전자의 기능을 연구하는 과정에서 환경이 유전자의 기능을 제어하는 방식을 함께 연구해왔기 때문이다. 예를 들어 발생학의 발전은 유전자가 언제 어디에서 어떤 세포의 분화와 증식을 조절하는지를 연구하며 진보해왔다. 하지만 발생학의 주요 패러다임 중 하나는 그 유전자가 외부 신호에 반응하는 양상을 전제하고 있다. 환경으로부터 적절한 신호가 주어지지 않으면 유전자는 제대로 기능하지 못한다. 어린 아이는 부모로부터 언어를 습득할 기회를 놓치면 언어를 구사할 수 없다.

일란성 쌍생아 연구는 유전자 결정론에 대한 강력한 옹호의 기반을 제공하기도 한다. 일란성 쌍생아에서 동일하게 나타나는 유전형과 표현형의 관계는 서로 무관한 사람들 사이에서 나타나는 현상과 비교되어 유전자의 기능을 부각시킨다. 우리 몸이 어느 정도 가지고 태어난 유전자의 기능에 종속된다는 것은 당연한 일이다. 하지만 생명은 그렇게 단순한 현상이 아니다. 생명은 항상성을 유지하기 위해 끊임없이 환경과의 조율을 시도하도록 진화해왔기 때문이다. 따라서 유전자 결정론은 '가소성'이라는 장벽을 만난다. 가소성을 발현시키는 유전자들도 DNA에 새겨진 정보들이지만, 이들은 환경의 정보를 인지하고 이를 조율하기 위해 존재한다. 유전자의 기능이 전혀 변하지 않는다는 '불멸성'의 신화가 유전자 결정론자들의 가장 심각한 오해다. 유전자의 기능은 환경과의 궁합이 맞아떨어질 때에만 실행될 수 있다. 맹모삼천지교 고사는 유전자와 환경의 관계에 대한 일종의 비유가 된다.

그렇다고 모든 것이 환경에 의해 결정된다고 생각할 수는 없다. 예를 들어 외모나 눈동자 색깔과 같은 형질은 분명히 유전자의 영향을 강하게 받는다. 하지만 상대적으로 유전자가 제어할 수 없는 영역도 존재한다. 유전자는 주어진 역할을 충실하게 이행하지만, 개체가 놓일 환경을 예측할 수는 없기 때문이다. 따라서 유전자에 의해 통제될 수 없는 환경에 적응하기 위해 가소성을 선호하는 진화가 이루어졌을 가능성을 무시할 수 없다. '진화력'에 대한 연구들은 유전자와 환경의 관계 속에서 더 이상 자연선택과 같은 개체의 수동적인 역할만을 강조하지 않는다. 환경을 어떻게든 예측해보려는 방식으로 유전자들은 진화해왔다.

유전자의 양적인 조절과 질적인 조절

환경의 신호를 잡아내 자신의 내부를 조율하려는 생명체의 시도는 다양한 생리적 기제로 존재한다. 시각, 청각, 후각, 촉각 등의 기관들이 모두 그러한 시도를 위해 존재하는 것임이 틀림없다. 분자생물학자들은 그러한 생리학적 표현형의 기저에 놓인 분자적 기제를 찾으려 노력해왔다. 예를 들어 다양한 단백질 수용체들이 환경의 정보를 세포 안으로 전달한다는 것은 잘 알려져 있다. 세포막의 단백질 수용체로 전달된 외부의 신호 전달 물질들은 세포 내부의 신호 전달 과정을 통해 유전자의 발현을 조절한다. 이것이 지금까지 가장 널리 알려져온 유전자와 환경의 조율에 대한 분자적 기제다. 생명체가 빛을 인지하는 과정, 맛과 냄새를 인지하는 과정 등이 대표적인 예다. 때로는 세포막이 아닌 세포 내부에 인지 센서가 존재하는 경우도 있다. 생명체가 열을 감지하는 경우가 대표적인 예다.

하지만 '환경 → 수용체 → 신호 전달 → 유전자 발현의 조절'이라는 패러다임은 유전자의 불멸성과 수동성을 전제로 하고 있다. 위의 패러다임에서 유전자는 환경의 자극이 오면 자동으로 발현되는 일종의 자동기계로 보이기 때문이다. 특히 유전자 속의 정보는 불멸성을 유지한다고 전제되고 있다. 실제로 많은 분자생물학의 연구들이 위의 패러다임 속에서 진행되어왔다. 유전자의 기능은 변하지 않는 것으로 가정되어 있고, 그 기능을 끄고 켜는 것을 환경이 담당한다는 식이다. 즉 환경은 유전자의 양적인 조절에만 관여할 뿐 질적인 측면을 변화시키지는 못한다. 유전자의 질적인 측면이란 유전자가 가진 정보를 의미한다.

미르에 의한 유전자 발현의 조절도 유전자의 양적인 측면을 조절하는 것이다. 환경에 적응하는 유기체를 돕기 위해 유전자의 발현을 미세 조절하는 기능을 지녔지만, 미르는 유전자의 정보를 바꾸지는 못한다. 단지 유전자를 많이 혹은 적게 발현시킬 수 있을 뿐이다. 사실 이러한 양적 조절만으로도 생명체는 환경에 훌륭하게 적응할 수 있다. 유전자의 질적인 조절은 정보를 뒤바꾸는 일종의 도박일 수 있기 때문이다. 돌연변이는 진화의 원동력으로 간주되곤 하지만, 생명체에게 DNA의 정보를 바꾸는 일은 목숨을 건 게임일 수 있다. 이는 생명체들이 얼마나 보수적으로 DNA의 정보를 유지하기 위한 기제들을 진화시켜왔는지를 보면 알 수 있다. 세포는 DNA의 복제 과정의 오류를 보수하기 위해 상당히 많은 양의 에너지를 투자한다. 복제 과정뿐 아니라 전사 과정의 오류, 번역 과정의 오류들도 발견되는 즉시 억제되거나 제거된다. 유전자의 정보를 지키는 일은 생명체에게 그만큼 중요한 일이다. 암세포가 DNA의 돌연변이에 의해 나타난다는 것만 봐도 이는 자명한 일이다. 유전자의 질적인 측면, 즉 정보의 보존만을 놓고 볼 때 생명은 보수적이다.

유전자 정보의 변경: 진화적 척도와 생리학적 척도

하지만 유기체가 도박을 해야 할 때도 있다. 외부 환경에 대한 정보가 거의 예측 불가능할 때 유전자의 정보 변화는 돌연변이와 암세포에 대한 위험을 감수하고라도 실행해야 할 필수적인 과정이 된다. 외부 물질들의 다양성은 상상을 초월하고, 면역계는 자기와 비자기를 구별하기 위한 방식으로 진화해왔다. 따라서 이처럼 원천적으로 예측 불가능한 외부 물질들의 다양성으로부터 유기체의 내부를 수호하는 일을 하는 면역세포들에서 DNA 재조합이 빈번하게 일어난다는 것은 이상한 일이 아니다. 면역세포들이 엄청난 다양성을 지닌 항체를 만들 수 있는 것은 바로 유전자의 질적인 측면인 DNA의 정보 자체를 뒤바꾸어버리기 때문이다. 면역세포뿐 아니라 생식세포에서 일어나는 염색체 재조합도 숙주와 병원균의 군비 경쟁의 결과라는 가설이 있다. 양성생식의 기원이 바로 이 전쟁의 결과물이라는 것이다. 그렇게 본다면 유전자의 정보를 지키려는 보수성은 환경의 예측 불가능성이라는 장벽 앞에서는 잠시 보류해야만 한다고 이해할 수 있다. 면역세포와 생식세포에서 일어나는 유전자 정보의 질적인 변화는 유전자와 환경의 복잡한 관계를 이해하는 데 중요한 예가 된다.

그럼에도 불구하고 진화가 가능하기 위해서는 유전자의 정보가 돌연변이에 의해 변경되어야만 한다. 하지만 그 과정은 점진적이고 긴 시간을 거쳐 완성되는 것이기 때문에 면역세포나 생식세포에서 일어나는 변화와는 다르다. 개체의 생존 기간 동안 일어나는 유전자 정보의 변화는 가능한 한 억제되어야 한다. 즉 유전자의 정보는 생리학적 시간에서 바라보면 보수적으로 유지되고, 진화적 시간이라는 척도에서 바라보면 진보적으로 유지된다. 앞에서 언급했듯이 생리학적 시간에서 유전자의 정보를 변화시키는 일은 도박을 감행할 만한 가치가 있을 때만 수행된다.

법원과 RNA 편집 과정

진화적 척도에서 유전자의 정보가 바뀌는 현상은 시대가 바뀌면서 법이 개정되는 일과 유사하다. 헌법은 모든 법의 최상위 법이지만, 시대의 흐름이 요구하면 헌법도 개정되어야만 한다. 하지만 법이

대체로 보수적이듯이 유전자의 정보도 보수적이다. 국회에서 하는 일은 진화의 과정에서 일어나는 유전자 정보의 질적인 변화로 비유될 수 있다. 즉 진화의 척도에서 유전자가 보수적으로 천천히 변화하는 과정과 유사하다는 뜻이다.[*]

하지만 이처럼 보수적인 법률 체계도 모든 사건을 예측할 수는 없다. 법안은 하나지만 모든 사건이 동일한 것은 아니기 때문이다. 따라서 법안을 효과적으로 적용하기 위해 법원이 존재한다. 법원은 법안 자체를 뒤바꾸지는 못하지만, 상황에 맞게 법을 적용하기 위해 노력하는 기관이다. RNA 편집이라는 과정은 정확하게 법원이 하는 일에 비유될 수 있다. RNA의 정보는 DNA에서 비롯된 것이지만, RNA 편집 과정은 이 정보를 적절하게 수정해서 상황에 맞게 변화시킨다. 그렇다고 해서 DNA의 유전 정보가 변하는 것은 아니다. 잠재적으로 존재하는 RNA의 정보만이 조금 수정될 뿐이다.

앞서 기생생물과의 군비 경쟁이라는 예측 불가능한 압력 속에서 유전 정보의 질적인 변화가 일어나는 예가 있다고 했는데, 면역세포와 생식세포가 대표적이다. 하지만 RNA 편집 과정은 어떤 환경적 예측 불가능성에서 비롯된 것인지 명확하지 않다. 유전자의 질적인 변경을 감수하고라도 유지해야만 하는 환경적 요소는 무엇일까? 많은 연구자들은 그것이 뇌의 인지 과정과 관련이 있을지도 모른다고 생각하고 있다.

---

[*] 물론 진화의 척도에서도 캄브리아기의 대폭발과 같이 매우 빠르게 유전자의 정보가 변경되는 일이 있다. 시민혁명과 같은 예로 이를 이해하면 쉬울 것이다.

RNA 편집과 두뇌의 진화

RNA 편집을 담당하는 효소들을 ADAR라고 부른다. 이 효소들의 발현이 강하게 나타나는 곳은 신경계라고 알려져 있다. 특히 ADAR3라는 효소는 두뇌에서만 발현되는 특징을 가지고 있다. 따라서 유전 정보의 흐름을 RNA 수준에서 질적으로 뒤바꾸는 RNA 편집 현상이 신경계에서 중요한 역할을 할 것이라는 추측이 가능하다.

RNA 편집이 학습과 같은 외부 신호에 따라 두뇌의 기능을 조절할 수 있는 몇 가지 가능성이 존재한다. 첫째, 신경들 간의 신호 전달을 담당하는 단백질들의 아미노산을 조금 수정해서 기능을 강화하거나 약화시킴으로써 신경계의 전체적인 네트워크를 미세 조절할 수 있다. 미르가 해당 단백질들의 유전자 발현 양을 조절하여 미세 조절을 한다면, RNA 편집은 유전자의 질적 정보를 수정함으로써 기능하는 셈이다. 둘째, 미르들의 염기서열을 수정함으로써 특정 미르의 특이성을 강화하거나 약화하는 방법으로 가능할 수 있다. 미르도 RNA이고 RNA 편집이라는 현상으로부터 자유롭지 않기 때문이다. 미르는 표적이 되는 mRNA의 말단 부위에 붙어서 단백질 번역 과정을 저해한다. 미르와 mRNA 사이에는 염기 간의 상보적 결합이 일어나는데, 보통 정확히 일치하지는 않는다. RNA 편집 과정은 미르의 염기를 수정해서 이 상보적인 염기 결합의 특이성을 높이거나 낮출 수 있다. 셋째, 두뇌에서 기능하는 다양한 ncRNA들의 정보를 수정하는 것이 가능하다. 두뇌에는 단백질로 발현되지 않지만 신경계의 기능을 조절하는 다양한 종류의 ncRNA들이 존재하는 것으로 알려져 있다. RNA 편집 과정이 그러한 RNA들을 표적으로 삼게 되면 다양한 조절 기작이 가능해진다.

ADAR 효소들의 발현과 세포 내에서의 위치는 다양하다고 알려져 있다. 특히 ADAR 효소들 자체도 선택적 스플라이싱 과정을 통해 하나의 유전자로부터 조금씩 다른 기능을 가진 단백질들로 선택적으로 번역된다. 더욱 중요한 사실은 ADAR 효소들의 발현이 환경 신호에 상당히 민감하게 반응한다는 것이다. 예를 들어, 세로토닌의 편집을 담당하는 ADAR 효소들은 외부 신호에 따라 활성이 변하는 것으로 알려져 있다.

예쁜꼬마선충과 초파리, 그리고 생쥐를 대상으로 한 ADAR 효소 돌연변이 연구로 RNA 편집 과정이 두뇌의 인지 과정과 행동에 매우 중요한 역할을 한다는 것이 알려졌다. ADAR이 기능하지 못하면 신경 퇴행이 심각하게 초래된다는 결과도 있다. RNA 편집효소의 활성이 제대로 조절되지 않으면 신경계의 발달에도 장애가 생긴다.

RNA 편집 과정이 환경에 민감하게 반응한다는 단서는 ADAR2 효소가 촉매 부위에 IP6 혹은 파이틱산phytic acid라는 물질을 가지고 있다는 데 있다. 파이틱산은 식물들이 인산을 저장할 때 사용하는 반응 물질인데, 동물들은 식물의 씨앗이나 견과류 등을 통해 이를 섭취한다. 신경신호 전달물질인 글루타민이나 세로토닌의 수용체들이 RNA 편집 과정의 주요 표적이라는 사실도 환경의 신호를 신경계에 전달하는 RNA 편집 과정의 기능을 짐작하게 해준다.

영장류의 쓰레기 DNA와 RNA 편집 과정

최근 들어 알려진 사실 중 하나는 생쥐보다 인간에서 A-I로의 염기 전환이 더욱 빈번하게 일어난다는 것이다. 이러한 RNA 편집 과정은 90퍼센트 이상이 Alu라는 염색체 부위에서 발생하는데, Alu는 잘 알려진 쓰레기 DNA의 일부다. 특히 A-I 전환이 일어나는 Alu 부위는 mRNA의 논코딩 부위인 UTR이 되는 것으로 알려져 있다. Alu라는 반복적 염기서열이 영장류의 진화 과정에서 폭발적으로 증가했다는 것은 우리 염색체의 약 10퍼센트가 Alu로 이루어져 있다는 사실에서 알 수 있다. 물론 Alu의 기능에 대해서는 더 많은 연구가 필요하지만 다음과 같은 추측을 해볼 수 있다.

(1) RNA 편집 과정은 두뇌에서 가장 활발하며 두뇌의 기능에 매우 중요하다.
(2) 인간은 생쥐보다 2배 이상 많은 RNA 편집 과정을 보인다.
(3) 인간에서 증가된 편집 과정은 주로 Alu 부위에 집중되어 있다. 이러한 Alu 부위는 영장류에 특이적인 염기서열이다.
(4) 영장류는 진화 과정 중에 인지능력의 폭발적 증가를 겪었다.

따라서 영장류 진화에서 증가한 Alu 부위가 진화의 잔재일 수도

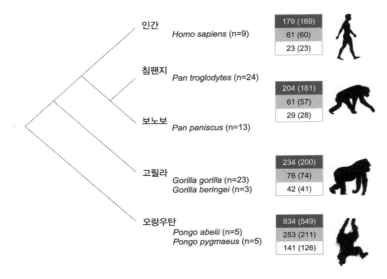

인간
Homo sapiens (n=9)

179 (169)
61 (60)
23 (23)

침팬지
Pan troglodytes (n=24)

보노보
Pan paniscus (n=13)

204 (181)
61 (57)
29 (28)

고릴라
Gorilla gorilla (n=23)
Gorilla beringei (n=3)

234 (200)
76 (74)
42 (41)

오랑우탄
Pongo abelii (n=5)
Pongo pygmaeus (n=5)

834 (549)
253 (211)
141 (126)

그림 2 영장류의 ncRNA. 영장류에는 수많은 ncRNA가 있다. 이들이 영장류를 영장류답게 만드는 것인지도 모른다. (출처: https://phys.org/news/2016-05-specific-non-coding-rna-human. html.)

있지만, 인지능력을 최대화하려는 일종의 적응적 선택일 가능성도 배제할 수 없는 것이다. 만약 이러한 가설이 맞다면, 호미니드의 인지능력 향상과 Alu 부위의 비정상적인 증가, 그리고 RNA 편집 과정의 연관을 우연으로 보기 어려울 것이다.[21]

환경과의 인지 조율 도구 RNA

RNA 편집 과정이 수정하는 염기서열은 단백질로 번역되는 코딩 부위에만 한정되는 것이 아니다. mRNA들이 지니고 있는 UTR이라는 논코딩 부위와, RNA 접합 과정이 일어나기 전에 존재하는 인트론에서도 활발하게 RNA 편집이 일어난다. 이러한 부위들 중 상당수가 영장류에 특이적인 Alu 부위에서 비롯된 것이다. 따라서 RNA 편집 과정이 단백질의 생화학적인 활성에만 영향을 미친다고 보는 것보다 전체적인 단백질 네트워크에 영향을 미친다고 보는 편이 올바를 것이다.

특히 상당수의 미르들이 Alu 부위에 코딩되어 있고, 두뇌의 기능과 발생 과정에 미르들이 중요한 기능을 담당하고 있다는 점, RNA 편집 과정이 미르들을 표적으로 삼는다는 점은 RNA 편집 과정과 미르의 특이성이 함께 두뇌의 기능을 미세 조절하는 데 기여하고 있다는 추측을 가능하게 한다. 이러한 추측을 뒷받침이라도 하듯, RNA 편집효소가 미르의 번역 과정 저해에 영향을 미친다는 결과들이 속속 발표되고 있다.

실제로 인간의 유전체에서 RNA 편집의 표적이 되는 단백질들을 조사해보면 상당수가 신경계의 발생 과정이나 두뇌의 가소성과 연관되어 있다는 것을 알게 된다. 아직 많은 연구들이 필요하지만, RNA 편집 과정은 환경으로부터 전해지는 신호들을 인지해서 다양한 표적들을 질적으로 미세 수정함으로써 신경계의 네트워크가 환경과 조율되는 하나의 방법으로 사용되는 것 같다. 또한 미르의 양적인 미세 조절과 더불어 RNA 편집 과정의 질적인 미세 조절은 함께 시너지 효과를 나타내기도 한다. 두뇌의 엄청난 가소성은 RNA라는 물질에 달려 있는 것인지도 모른다.

DNA에 환경을 기록하기

RNA 편집 과정은 외부 환경의 예측 불가능한 변화에 적절히 대응하기 위해 사용된다. 특히 외부 환경의 변화에 맞춰 신경 간의 연결을 강화시키거나 약화시켜야 하는 신경계에서는 RNA 편집이 더더욱 중요한 분자적 기제로 작동할 수 있다. RNA 편집을 담당하는 효소들의 발현은 외부 신호에 매우 민감하게 반응한다. 편집효소들의 표적이 되는 단백질과 RNA들은 많은 경우 신경 간의 연결을 조절하는 기능을 담당하고 있다. 따라서 두뇌의 가장 중요한 특징 중 하나인 가소성은 RNA 편집이라는 과정을 통해 더욱 강화되고 조율될 수 있다. 이 과정이 중요한 이유는 유전자 발현이라는 양적 조절을 통해서가 아니라, 유전자의 염기서열을 수정하는 질적 조절을 통해서 RNA 편집 과정이 작동하기 때문이다.

생명체에게 유전체의 정보를 보존하는 일은 중요하다. 자외선에 노출되었을 때 우리의 피부에서는 즉시 DNA 수리효소들이 작동하기 시작한다. 유전체의 염기서열이 마구 뒤엉키게 되면 세포가 죽거나 불사의 암세포로 발전할 가능성이 높아지기 때문이다. 따라서 선택적 이점이 존재하지 않는 한, 대부분의 세포들은 유전체의 정보를 변화시키려 하지 않는다. 대부분의 세포에서 유전체의 정보는 매우 보수적으로 유지된다.

RNA 편집 과정은 이러한 유전체 정보의 보수성에 흠집을 내는 기제다. 하지만 RNA 편집 과정이 유지되고 선택될 수 있었던 이유는 유전체의 정보가 RNA 수준에서만 수정되기 때문일지 모른다. RNA의 수명은 짧다. 특히 RNA는 DNA의 정보를 잠정적으로 전달하는 역할을 수행한다. 따라서 RNA 수준에서 염기서열을 수정하는 방법으로 외부 환경의 변화를 감지하려는 생명체의 전략은, 암과 같은 위험을 피하고 유전체의 정보를 보존하면서도 외부 환경에 능동적으로 대처하는 효율적인 전략일 수 있다.

환경의 정보를 DNA로 기록하는 것이 가능할까?

앞에서 소개했듯이, 암 유발 가능성이 있는 돌연변이에 노출될 위험을 감수하고라도, 생명체가 유전체의 정보를 수정하는 경우가 있다. 면역계의 세포들이 그렇다. 예측 불가능할 정도로 다양한 외부 물질들에 대응하기 위해서 면역세포들은 염색체 재조합을 비롯해 다양한 방법을 동원해서 유전체의 염기서열을 수정한다. 외부 항원으로부터 개체를 보호해야 한다는 선택압이 돌연변이로 인한 암의 발생이라는 위험을 감수할 기틀을 마련해준 셈이다.

재미있는 사실은 RNA 편집의 표적이 되는 많은 단백질들 중에 DNA 복제 과정의 오류를 수정하는 효소들이 끼어 있다는 것이다. 생명체가 유전체 정보를 보존하는 데 있어 가장 신중을 기하는 때는 세포가 분열할 때일 것이다. 세포가 분열하기 위해서는 유전체의 정보가 복제되어야만 하기 때문에, 이 과정에서 오류를 최소화하는 것이 DNA 수리효소들의 가장 큰 목표가 된다. RNA 편집 효소들은 바로 이 효소들을 표적으로 삼는다.

면역계의 세포들은 DNA 수리효소들이 정확히 작동해야만 위험을 감수하고서라도 유전체의 정보들을 수정할 수 있다. 원하는 부위에 국소적으로 일종의 돌연변이를 일으키는 면역세포들로서는 이러한 기제가 과도하게 활성화되어 다른 부위에까지 돌연변이를 유도하는 것을 막아야만 하기 때문이다. 따라서 면역세포들은 DNA 수리효소들에 일어나는 돌연변이에 매우 민감하게 반응한다. 흥미로운 사실은 신경세포들에서도 DNA 수리효소들의 돌연변이가 세포의 생존에 매우 중요하다는 것이다.[22]

하지만 DNA 수리효소들에 발생하는 돌연변이에 면역세포와 신경세포들이 민감한 이유를 조금 다르게 생각해볼 수도 있다. DNA 수리효소들은 반드시 DNA 수준에서만 작동하는 것은 아니기 때문이다. DNA의 정보가 RNA로 전사되는 과정을 감시하는 수리효소들도 존재한다. APOBEC 계열의 수리효소들은 면역세포의 DNA 재조합 과정을 관리하는데, DNA뿐 아니라 RNA의 염기서열도 수정할 수 있다고 알려져 있다. 게다가 면역세포들의 DNA가 항체의 다양성을 창출하기 위해 수정되는 과정은 RNA 수준에서도 일어난다. 즉 RNA에서 수정된 정보가 DNA로 재부호화recoding되는 것이다.

RNA 수준에서 수정된 정보를, DNA에 거꾸로 기록하는 재부호화 과정은 주로 APOBEC 효소들에 의해 수행된다. 또한 이 효소들은 인류의 진화 과정에서 적응적 선택을 거쳤다는 증거가 있다. 즉 무슨 이유인지는 모르지만 APOBEC 효소들이 매우 빠르게 인간의 유전체 속에 자리잡았다는 것이다.

신경세포에서도 가능할까?

면역계의 경우, 이러한 분자적 기제가 필요하다는 것은 충분히 납득 가능하다. 면역세포들의 유전체는 어떤 위험을 감수하고서라도 항체와 수용체의 다양성을 획득하기 위해 노력해왔기 때문이다. 면역세포에겐 외부의 다양하고 예측 불가능한 물질들에 대한 대응이 선택압이 된다. 하지만 신경세포들에서까지 이러한 기제가 필요하다는 것은 잘 납득이 가지 않는다. 바로 이 지점에서 인간과 같이 고도의 인지능력을 지닌, 특히 엄청난 수의 신경세포를 발생시키고 분화시켜야 하는 고등 생물의 경우, 경험과 학습에 의해 습득된 외부 환경의 정보들을 적절히 유전체에 각인시켜야만 하는 선택압이 존재한다고 가정해볼 수 있다. 면역계와 신경계는 외부 환경을 인지하고, 그 변화를 유전체에 잘 갈무리해야만 하는 공통의 선택압에 노출되어 있다는 뜻이다.

면역계는 이러한 대응을 위해 자신의 유전체 정보를 과감하게 수정한다. 이러한 기제는 너무나 잘 알려져 있다. 그리고 우리는 RNA 편집효소들이 신경계에서 고도로 활성화되어 있다는 사실을 살펴보았다. 따라서 다음과 같은 가설을 세워볼 수 있을 것이다. 신경세포 내부에는 RNA 편집에 의해 수집된 외부 환경의 정보들이 DNA로 재부호화되는 기제가 존재할 것이고, 아마도 그러한 분자적 기제는 RNA 편집 과정에서 수정된 정보가 RNA를 매개로 하는 DNA

수리효소들에 의해 DNA로 기록되는 식으로 일어날지도 모른다는 것이다.

만약 이런 일이 가능하다면, 신경세포에서 특히 고도로 발달한 RNA 편집 과정의 기능이 잘 설명될 수 있다. 즉 학습이나 경험에 의해 수정된 RNA 수준의 변화가 지속적으로 유지될 경우, 이러한 RNA 수준의 변화를 DNA에 기록하는 것이다. 후성유전학적 변화가 유전학적 변화로 전이되는 셈이다. 그러한 전이는 RNA 편집 과정과 DNA 수리라는 두 과정이 연계됨으로써 충분히 가능할 수 있다.

사실 면역계에서는 RNA에 의해 매개되는 DNA 재부호화 과정이 빈번하게 일어난다. 면역계의 DNA 재부호화 과정이 신경계에서도 가능하다는 가정은 지난 몇 년간 다양한 증거들에 의해 간접적으로 지지되어왔다. 우선 면역세포의 VDJ 염색체 재조합을 담당하는 두 가지 효소들이 중추신경계에서도 발현된다는 것이 잘 알려져 있다. 특히 경험에 의한 가소성이 매우 중요하다고 알려져 있는 후각신경 세포들의 세포분열 과정에서 이 효소들이 대량으로 발현된다. 후각신경세포들은 다양한 후각수용체들을 발현하는데, 특히 생쥐에서는 후각신경세포들의 수용체에서 면역세포와 비슷한 염색체 재조합이 빈번하게 일어난다는 사실이 확인되었다.

또 한 가지 증거는 DNA 중합효소의 한 종류인 DNA 중합 효소 Y의 경우에서 나타난다. 이 효소는 면역계에서 면역 글로불린globulin 단백질들의 유전자를 수정하는 데 관여하는데, 바로 이 효소가 역전사효소의 기능을 가지고 있다. RNA의 정보를 DNA로 기록하는데 가장 필수적인 것이 바로 역전사효소다. 많은 레트로바이러스들이 자신들의 RNA 유전체를 숙주의 유전체에 끼워 넣을 때 사용하는 것이 역전사효소이기도 하다. 놀라운 사실은 DNA 중합효소 Y 가 학습과 기억을 담당하는 두뇌 부위에서 발현되며, 면역 글로불 린의 염색체 재배열에 관여하는 DNA 중합효소 M도 이 부위에서 발현된다는 것이다. 또한 신경세포의 정체성을 유지하는 것으로 잘 알려진 여러 수용체들이 면역세포들의 정체성을 나타내는 면역 글 로불린과 매우 유사하다는 것도 주지의 사실이다.

또한 기억을 담당하는 해마 부위에서 RNA 편집 과정이 활발히 일어나며, 역전사효소들도 활발하게 작용한다는 것이 잘 알려져 있다. 또한 인간의 유전체에서 매우 활성화되어 있는 트랜스포존, LINE과 SINE에는 역전사효소가 코딩되어 있다. 후성유전학적 변 화가 기억 형성에 중요하다는 것은 최근 들어 확실해지고 있다.[23] 또한 이러한 DNA 수준의 후성유전학적 변화에 RNA가 기여하고 있다는 사실도 잘 알려져 있다.[24]

RNA 편집에서 DNA 재부호화로

상황을 정리하자면, 학습과 기억을 관장하는 두뇌 영역의 신경세포 들이 외부의 환경 변화들을 RNA에 기록하는 기제가 존재한다. 이 과정은 주로 RNA 편집에 의해 수행된다. 외부 환경의 변화된 정보 가 RNA에 기록되는 방식은 RNA 편집효소들이 신경세포 간의 연 결을 담당하는 단백질들의 염기서열을 조금 수정하는 식으로 이루 어진다. 이렇게 잠정적으로 외부의 변화가 RNA를 매개로 신경가 소성을 유지시킨다. 하지만 이러한 수정은 잠정적이다. 기록이 유 전 정보의 보관소인 DNA가 아니라 RNA 수준에 머물러 있기 때문이다. 반복적으로 지속되는 환경의 변화가 있다면 그러한 변화를 DNA에 기록하는 것이 세포에 이익이 된다. 바로 이 지점에서 RNA 편집 과정이 DNA 수리 과정 및 역전사 과정과 맞물리게 되는 것이다. 즉 환경 정보가 RNA로, RNA의 정보가 DNA로 기록되는 DNA 재부호화 과정이 완성되는 셈이다.

RNA에 기록된 정보들이 DNA로 거꾸로 기록되려면 세포질에 존재하는 편집된 RNA들이 핵 안으로 들어와야만 한다. 신경세포에는 RNA 소포체granule라는 복합체가 상당수 존재하는데, 여기에는 다양한 종류의 RNA들과 RNA 결합단백질들이 결합되어 있다. 최근의 연구들은 바로 이 RNA 복합체가 핵에서 신경세포의 말단으로만 수송되는 것이 아니라, 반대 방향으로도 수송된다는 사실을 밝혀내고 있다. 즉 세포질에서 RNA 편집에 의해 수정된 정보들이 DNA가 존재하는 핵 안으로 밀려 들어오고 있다는 뜻이다.

어쩌면 지금도 여러분의 두뇌에서는, 오늘 점심으로 먹은 맛있는 음식에 대한 정보가 RNA에 기록되고, 그 정보가 다시금 DNA에 재부호화되는 과정이 계속되고 있을지도 모를 일이다.[*]

***

[*] RNA 편집은 흥미로운 질문을 던진다. 과연 유기체는 RNA를 매개로 환경을 DNA에 기록할 수 있을까?

55

기억의 비밀

RNA 편집 과정이 단순히 환경의 정보를 RNA 수준에서 기록하는 데 그치지 않고, 그 정보를 DNA에 재기록하는 과정을 'DNA 재부호화'라고 부른다. 면역세포들이 항체의 다양성을 만들기 위해 DNA의 유전 정보를 재조합/재배열하고 돌연변이까지 일으키는 것처럼, 신경세포들도 RNA 편집 과정을 통해 수정된 정보를 DNA에 재기록하는 방식으로 면역계를 모방한다. 만약 이러한 기제에 대한 연구가 더욱 진행된다면 두뇌의 가소성에 매우 중요하다고 알려진 후성유전학적 변화와 RNA의 역할이, 유전체의 질적 정보까지 변화시킬 수 있다는 결론으로 이어질 수 있다.

아직 확실한 결론을 내릴 수는 없지만 많은 연구 결과들이 이러한 가능성을 뒷받침한다. RNA 편집이라는 과정이 가장 활발하게 일어나는 곳은 신경계, 그중에서도 기억과 학습을 관장하는 두뇌의 영역이다. 두뇌는 환경으로부터 습득한 정보에 맞춰 신경들 간의 연결을 강화하거나 약화시키는 방식으로 가소성을 유지한다. 가소성이야말로 우리의 두뇌가 가진 위대한 능력인 것이다. RNA 편집 과정은 두뇌의 가소성을 유지하는 중요한 분자적 기제일 가능성이 농후하다. RNA 편집효소들은 외부 환경의 변화에 매우 민감하게 반응한다. 또한 RNA 편집효소의 표적은 대부분 신경전달에 영향을 미치는 단백질들인 것으로 알려져 있다. 즉 신경가소성을 세포 수준이 아니라 분자 수준으로 끌어내리면 RNA라는 물질의 중요성이 부각된다는 뜻이다. RNA는 외부의 환경 변화를 인지하는 조율사로 기능한다.

더욱 놀라운 사실은 RNA에 일어난 변화가 DNA의 정보를 바꿀 수 있다는 점이다. 신경세포 내부에는 면역세포에 존재하는 것과 비슷한 종류의 DNA 수리효소들이 상당히 많이 존재한다. 이들 중 몇몇은 RNA를 주형으로 사용해서 DNA의 정보를 수정하는 것으로 알려져 있다. 만약 이러한 DNA 수리효소들이 RNA 편집 과정에 의해 수정된 RNA를 주형으로 사용할 수 있다면, DNA에서 RNA로 흐르는 정보의 순차적인 흐름이 뒤집히게 되는 셈이다. 외부 환경에 민감하게 반응해야만 하는 두뇌의 특성상, 이러한 정보의 역순환은 가소성을 유지하는 데 큰 도움이 될 수 있다. 외부의 환경 변화가 RNA로, 그 RNA의 정보가 유전체 속으로 각인되는 것이다.*

---

* RNA 편집에 대한 많은 내용은 다음의 논문을 참고했다. Mattick J. S., Mehler M. F. (2008), RNA editing, DNA recoding and the evolution of human cognition. *Trends in Neurosciences*, 31 (5), 227-233.

기억물질의 역사

이 가설은 아직 완전히 검증된 것이 아니다. 검증되기 위해서는 많은 실험적 증거와 시간이 필요하다. 게다가 DNA 재부호화라는 가설은 아주 오래된 '기억물질'과 관련된 논쟁을 떠올리게 한다. 분자생물학이 막 발전하던 1950년대에서 1970년대에 RNA가 기억의 물질이라는 결정적 증거들이 쏟아져나온 적이 있었기 때문이다.

생쥐가 새로운 행동을 학습했을 때, 두뇌에서 새로운 RNA가 생합성된다는 것이 알려져 있었다. 이 결과는 1962년 홀게르 휘덴과 엔드레 에위하시에 의해 〈미국국립과학원회보〉에 출판됐다. 휘덴은 이 결과를 조금 더 밀어붙였는데, 각각의 새로운 행동을 학습할 때마다 그에 걸맞은 종류의 RNA가 두뇌에서 생합성될 것이라는 가설이었다. 휘덴의 실험 결과는 루이스 플렉스너에 의해 지지되기에 이른다. 플렉스너는 기억을 고정하는 화학물질을 투여하면 RNA와 단백질 합성이 일어나지 않는다는 사실을 발견했기 때문이었다. 게다가 플라나리아에서 추출한 RNA가 특수한 행동을 유도한다는 결과들이 속속 등장했다. 기억의 물질로 RNA가 거론되기 시작한 것이다.

기억이 형성될 때 두뇌에서 무엇인지 확실하지는 않지만 새로운 물질이 합성될 것이라는 사실은 당시 분자생물학자들과 생화학자들에게는 자연스럽게 받아들여졌다. 당시 분자생물학자들을 사로잡고 있던 지침서는 생명체의 기능을 분자 수준으로 환원시키는 방식이었기 때문이다. 이러한 급진적 환원주의는 기억이라는 복잡한 현상을 거대분자들로 환원시킬 수 있다는 공감대를 형성하게 했다. 하지만 유명한 학술지에 발표된 이런 논문의 결과들은 대부분 재현되지 않았다. RNA가 특이한 행동을 야기하는 기억의 물질이라는 연구 결과는 논란에 휩싸였다.

하지만 더 놀라운 결과가 베일러대학교의 조지스 엉거라는 약학자에게서 나왔다.[*] 그는 어두운 장소를 두려워하는 암소공포증scotophobia을 연구했는데, 가벼운 전기 충격을 줘 쥐가 어두운 곳을 기피하게 만드는 훈련으로 이러한 증상을 만들어낼 수 있었다. 엉거는 쥐의 뇌에 어두운 곳을 기피하는 기억이 형성되었다고 가정하고, 쥐의 뇌에서 '기억물질'을 추출하기 위해 노력했다. 여기서 그쳤다면 위에서 언급한 실험들과 크게 다르지 않을 것이다. 엉거는 기존의 연구자들이 발표한 결과가 재현 불가능했던 이유는 그들이 RNA를 기억의 물질로 생각했기 때문이라고 주장했다. 엉거는 RNA를 추출하고 주입하는 과정에서 펩타이드가 오염되었을 것이라고 추측했다. 기억의 물질은 RNA가 아니라 펩타이드라는 것이다. 펩타이드를 정제하는 과정을 거쳐, 엉거는 암소공포증을 유도하는 스코토포빈scotophobin이라는 물질을 발견했다는 결과를 〈네이처〉에 출판한다. 암소공포증이 유도된 쥐의 뇌에서 추출한 스코토포빈을 학습되지 않은 쥐에게 주사하면, 곧 그 쥐에서도 암소공포증이 나타났다. 결과는 놀라웠고, 많은 연구자들은 엉거의 결과에 관심을 보였다.

사실 기억이 펩타이드와 같은 고분자 물질에 의해 전이된다는 엉거의 실험 결과도 놀라웠지만, 이러한 실험을 수행하기 위해 약학

---

[*]   이 에피소드는 후쿠오카 신이치의 《동적평형》(김소연 옮김, 은행나무, 2010) 24쪽에 등장한다.

자였던 엉거가 수행한 정제 과정이 더 놀라웠다. 엉거는 RNA의 오염을 방지하고 순수한 펩타이드를 정제하기 위해 생쥐 4000마리의 두뇌를 사용했다. 게다가 그는 정제된 펩타이드의 아미노산 서열을 결정하고 보존된 부위와 가변 부위의 기능을 추측하기도 했다. 특히 엉거는 명망 있는 과학자였기 때문에 그의 결과를 단순히 무시하기는 어려웠다.

하지만 곧 반박이 잇따랐다. 엉거의 결과가 재현되지 않았기 때문이다. 〈네이처〉는 엉거의 논문을 실으면서 다른 연구진들의 반박 논문과 엉거의 재반박을 함께 실었다.[25] 엉거는 점차 공인된 학술지가 아니라 대중 출판 등을 통해 자신의 가설을 주장하기에 이른다.[26] 1978년 엉거가 죽으면서 논란은 점차 사그라들지만, 1970년대 중반 중추신경계에서 중요한 역할을 담당하는 엔돌핀 등의 펩타이드가 정제되면서 펩타이드가 기억의 물질이라는 가설은 여전히 과학자들의 뇌리에서 떠나지 않았다.

급진적 환원주의, 정보이론, 그리고 생명이라는 복잡한 현상

방사선 결정학과 생화학에 의해 주도된 분자생물학의 여명기에 생명 현상을 분자에 귀속시키려는 급진적 환원주의가 과학자들의 마음을 사로잡은 것은 이상한 일이 아니다. 엉거의 연구도 마찬가지였다. 분자생물학의 탄생을 다룰 때 많은 철학자들은 '정보이론'이 분자생물학에 미친 영향을 거론하곤 한다. DNA 이중나선과 트리플렛 코드의 발견이 당시 유행하던 사이버네틱스나 정보이론과 매우 유사한 측면을 보이기 때문이다. 하지만 신경생물학에서 엉거의 기억물질이 받아들여지고 기각되는 과정 이전에 비슷한 연구 결과들이 발생학과 면역학에서도 존재했다. 또한 발생학과 면역학에서 RNA를 일종의 기억물질 혹은 유도물질로 가정했던 연구들 역시 과학자들에게 잘 받아들여지지 않았고, 많은 반발을 불러일으켰다.

기억이라는 일종의 정보 개념을 다루는 신경생물학에서만 상황이 조금 달랐다. 신경생물학자들은 발생학자나 면역학자들과는 달리 정보 개념을 누구보다 더 진지하게 받아들이고 있었다. 기억을 연구하는 신경생물학자들은 의미론적인semantic 정보 개념에 사로잡혀 있었고, 당시 진행되던 생명의 분자화는 엉거의 결과가 받아들여지는 데 큰 도움을 주었을 것이다. 발생학자들과 면역학자들에게는 DNA의 정보 개념과 더불어 단순히 은유적으로만 받아들여졌던 정보이론이 의미론적 정보 개념으로 해석될 수 있는 기억을 다루던 신경생물학자들에게는 실재적으로 받아들여진 것이다.

하지만 생명이라는 현상을 직접 분자로 환원시키려던 급진적 환원주의와 분자화의 유행, 여기에 정보이론이 융합되던 1970년대에 많은 분자생물학자들이 정보 개념을 포기하게 된 계기는 세포학의 발전이었다. DNA나 RNA, 단백질과 같은 분자들에 대한 관심에서 세포라는 복잡한 구조로 관심이 옮겨가기 시작하면서, 급진적 환원주의는 점차 설 땅을 잃었다. 이와 함께, 기억이라는 현상을 물질로 환원시키려는 시도들도 신경세포 간의 연결을 다루는 상위 수준의 연구들로 옮겨가기 시작했다. 기억은 물질로 존재하는 것이 아니라, 신경세포들의 연결망 속에 존재한다는 관점이 점차 과학자들 사이에 자리잡기 시작했다.

엉거의 연구는 1970년대 분자생물학자들이 의미론적인 정보 개념을 포기하는 계기가 되었다. 정보라는 개념은 분자생물학에서 계속 사용되었지만, 은유적인 의미로 한정되었다. 유전자 코드를 설명할 때는 의미론적 정보 개념이 유용했지만 그 이외의 분야에서 의미론적 정보 개념은 별로 사용되지 않게 되었다. 물리학과 화학자들이 주도하던 분자생물학 혁명은, 생명이라는 복잡한 현상을 맞닥뜨리기 시작하면서 점차 환원주의적인 동시에 비환원주의적인 패러다임을 형성한다. 더 이상 분자생물학은 물리학자들이나 화학자들이 주도하는 하위 분과가 아니라, 그동안 따로 발달해온 생물학의 분야들이 잘 어우러진 독립된 분과로 정착하기 시작한다.*

새로운 RNA

RNA라는 분자가 기억과 학습에서 중요한 역할을 수행한다는 1960년대 초반의 연구 결과들은 곧 기각되었다. 새로운 기억이 형성되기 위해서는 새로운 RNA나 단백질이 형성되어야 한다는 가설은 폭넓은 지지를 받았지만, 정확히 어떤 분자가 어떤 기억을 담당하는지에 관해서는 알기 힘들었다. 단백질 생합성이 기억의 형성에 필수적이라는 사실은 지금까지도 많은 생물학자들이 폭넓게 받아들이는 가설이다. 단지 관점이 변했을 뿐이다. 급진적 환원주의가

---

*   정보 개념과 분자생물학의 관계에 대해서는 미셸 모랑주의 책《분자생물학》15장을 참고하라. 또한 그의 다음 논문에서는 엉거의 실험 결과들이 〈네이처〉라는 유명한 학술지에 등재되고 검증되는 과정에서 보이는 과학의 발전을 다루고 있다. Morange M. (2006). What history tells us VI. The transfer of behaviours by macromolecules. *J Biosci.*, Sep 31(3), 323-7.

분자생물학자들을 사로잡고 있던 1960~1970년대에는 그렇게 생성된 물질 안에 정보가 축적되어 있다고 생각했다. 하지만 이제 그렇게 생각하는 과학자는 거의 없다. 오히려 정보는 세포와 세포 사이, 그 네트워크 속에 존재한다는 관점이 지지를 받고 있다. 기억을 형성하기 위해 새롭게 합성되는 단백질과 RNA들은 이러한 세포 간의 연결을 조절하는 도구로 여겨진다.

　RNA 편집과 DNA 재부호화가 기억과 학습이라는 현상과 어떻게 연결되어 있는지는 분자생물학의 발전의 맥락에서 이해되어야 한다. 외부 환경의 변화가 RNA에 기록된다는 것이, RNA라는 물질이 외부 환경의 정보를 담는다는 식의 의미론으로 이해되어서는 안 된다. RNA는 외부 환경의 정보를 세포 내부로 전달할 뿐이다. 그 전달되는 방식은 의미론적인 것이 아니다. 따라서 어떤 환경적 변화가 어떤 단백질의 mRNA를 편집하는지를 알게 된다 해도, 그것만으로는 외부 환경의 전체적인 정보를 연역해낼 수 없다. RNA 편집 과정이 외부 환경의 조율사라는 말의 의미는, 신경세포 간의 연결을 통해 기억과 학습을 연구하는 수준의 하층부에, RNA에 의해 조율되는 분자적 기제가 존재하고 있음을 의미할 뿐이다. 엉거가 시도했던 과거의 잘못을 되풀이하는 것은 과학의 수레바퀴를 거꾸로 돌리는 일이 될 것이다. 물론, 엉거의 실험이 잊히는 과정에서처럼 과학이라는 학문 체계는 재현 가능성의 여부로 잘못된 실험 결과들을 곧 골라내겠지만 말이다. 하지만 잊혀졌던 RNA라는 물질이 다시금 기억과 학습에 연결된다는 것만은 참 흥분되는 일이다. 과학의 역사는 망각과 재발견의 연속인지도 모른다.

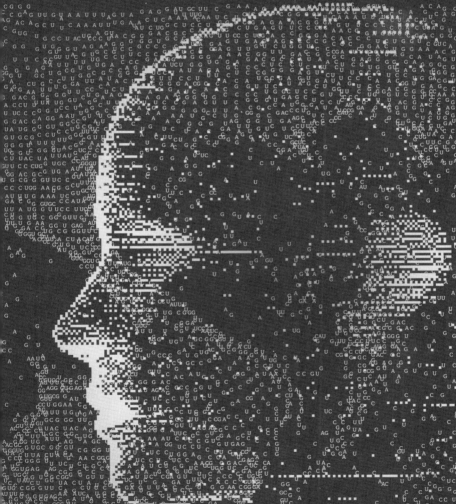

7부

꿈의 분자

현재진행형의 역사

1993년 암브로스 그룹은 예쁜꼬마선충이라는 조그만 벌레의 돌연
변이가 작은 RNA 조각의 결핍으로 인해 유도된다는 사실을 밝혀
냈다. 이 책은 그 후 생물학자들이 밝혀낸 미르, 즉 마이크로 RNA
라는 분자에 대한 이야기다. RNA는 생물학의 지도를 완전히 변화
시켰다. 두 가지 측면에서 그렇다.

RNA라는 분자의 재발견

첫째, 미르의 발견과 더불어 이루어진 siRNA라는 물질의 강력한 도
구적 활용성 때문이다. 분자생물학자들은 유전자의 기능을 조사하
기 위해 여러 가지 우회적인 방법을 사용한다. 유전자의 기능을 직
접적으로 조사하는 것은 불가능하다. 실험과학은 대상을 조작함으
로써 기능한다. 즉 유전자를 없애고 쪼개고 과발현시키고, 유전자
의 산물인 단백질과 결합하는 단백질이 무엇인지 알아보는 방법을
쓴다. 닦고 조이고 기름을 치듯이, 분자생물학자들은 부수고 쪼개

고 추적한다. 이 때문에 유전자의 기능을 완벽하게 밝혀내기가 어려운 것이다.

유전자의 기능을 알아내는 가장 원시적이고 효율적인 방법은 해당 유전자만을 없앤 후에 무슨 일이 일어나는지를 관찰하는 것이다. 유전학의 시대를 이끈 초파리는 이 점에서 우위에 있었기 때문에 선택된 것이라고 해도 과언이 아니다. 방사선이나 화학물질 또는 전이인자를 이용해 하나의 유전자만을 방해하는 기술이 초파리 유전학자들에게는 가능했다. 우리가 현재 알고 있는 유전자의 기능 대부분이 초파리 유전학자들로부터 나온 것은 우연이 아니다. 생쥐를 연구하는 학자들은 넉아웃Knock-out이라는 방법으로 생쥐의 유전체 중 해당 유전자 부위만을 도려내는 기법을 개발했다. 매우 효율적인 방법이지만 넉아웃 생쥐 한 마리를 만드는 데만 수년이 걸릴 정도로 고된 작업이기도 하다.

그런 분자생물학자들에게 짧은 RNA 조각을 세포에 주입하는 것만으로 매우 정확하게 한 유전자의 발현을 억제할 수 있다는 것은 반가운 소식이었다. siRNA를 잘만 디자인하면 원하는 어떤 유전자라도 침묵시킬 수 있다. 그동안 돌연변이를 사용해오던 초파리 유전학자들도 이젠 siRNA가 주입된 초파리들을 연구에 적극적으로 활용한다.* 유전자 기능 연구에 신기원이 열린 것이다. 이제 분자생물학 연구는 siRNA라는 도구 없이는 상상할 수조차 없게 되었다.

---

* 초파리의 모든 유전자들을 대상으로 한 siRNA 라인이 존재한다. 이 거대한 작업은 오스트리아 빈대학교의 배리 딕슨이라는 과학자에 의해 이루어졌다. http://stockcenter.vdrc.at.

이것은 과학의 발전이 도구의 발전과 맞물려 있음을 지지하는 강력한 증거이기도 하다.

둘째, 유전 정보를 저장하고 대물림의 중심이 되는 DNA와, 생물의 신진대사 대부분을 관장하는 단백질을 축으로 연구되어온 생물학의 지침서에 변화가 생겼다. DNA와 단백질의 사이에서 정보를 전달하는 수동적 분자로만 여겨졌던 RNA가 실은 적극적으로 유전자 정보의 흐름을 조절한다는 것이 밝혀졌기 때문이다. 미르를 비롯한 다양한 마이크로 RNA들은 유전자 발현의 네트워크를 조율한다. 단백질처럼 강력한 기능을 담당하기도 하지만, 대부분의 마이크로 RNA들은 세포의 상태를 전체적으로 관리하는 것으로 보인다. 그런 의미에서 마이크로 RNA들은 유전자 발현의 미세 조절자라고 볼 수 있다.

RNA는 구조적으로는 DNA와 가깝지만 기능적으로는 DNA와 단백질의 중간 즈음에 놓여 있다. 4개의 염기로 유전자 정보를 저장하는 DNA처럼 RNA에도 디지털화된 정보가 수록될 수 있다. 하지만 모든 RNA에 정보가 담겨 있는 것은 아니다. 리보솜을 구성하는 RNA들의 대부분에는 정보가 담겨 있지 않다. rRNA의 대부분은 단백질들의 복합체를 구성하기 위한 일종의 뼈대가 된다. tRNA에서 아미노산을 지정하는 트리플렛 코돈을 제외한 부위도 일종의 구조체처럼 작동한다. 리보자임이라는 RNA 분자는 단백질처럼 효소의 기능을 담당하기도 한다. RNA는 DNA처럼 디지털 정보를 기능적으로 사용하기도 하지만, 단백질처럼 아날로그 정보를 사용하기도 하는 셈이다.

마이크로 RNA들은 RNA 분자의 이런 두 가지 특성을 이용해서 유전자 발현을 조절하게 된다. 먼저 마이크로 RNA들은 디지털 정보를 기반으로 표적 RNA 혹은 DNA와 염기결합을 이룬다. 핵산은 4개의 염기로 구성되고 A-T, G-C 의 결합이 가능하기 때문에 20개 정도의 짧은 길이를 가진 RNA라 할지라도 표적과의 일치도는 매우 정밀할 수 있다. 이런 디지털 정보를 기반으로 한 마이크로 RNA들의 특징 때문에 미세 조절자로서 그들이 기능할 수 있는 것이다. 표적을 찾은 마이크로 RNA들을 인식하고 표적의 기능을 조절하는 것은 단백질 복합체에 의해 이루어진다. 아고너트, 드로샤, 파샤 등의 단백질들을 비롯해 아직 밝혀지지 않은 수없이 많은 단백질들이 이러한 경로에 관여하고 있다.

유전자 발현의 조절이라는 연구 주제 자체는 새로운 것이 아니다. 자크 모노와 프랑수아 자코브가 대장균에서 오페론을 발견한 이래로, 많은 분자생물학자들은 유전자 발현을 조절하는 DNA와 단백질 사이의 관계를 밝히기 위해 노력해왔다. 이러한 패러다임 안으로 RNA라는 분자가 뛰어들었다는 표현이 적절할 것이다. 최초의 미르인 lin-4도 단백질의 돌연변이를 연구하던 고전 유전학과 발생학의 전통 속에서 우연히 발견된 것이다.

마이크로 RNA들의 존재가 과학자 사회에서 받아들여지고, 그 새로운 기능이 알려지자마자 마치 기다렸다는 듯이 엄청난 과학자들이 이 새로운 분야에 뛰어들었다. 분자생물학자, 생화학자, 진화학자, 생물정보학자들이 미지의 영역을 개척하기 위해 RNA의 세계에 입성했다. 이제 마이크로 RNA들에 대한 연구는 한 개인이 더 이상 따라잡기 어려울 정도의 독립된 분과로 정착해버렸다. 하루에도 수십 편의 논문들이 발표된다. 내가 이 글을 쓰고 있는 순간에도 새로운 종류의 마이크로 RNA의 존재가 밝혀지고 있다.[1] 마이크로 RNA를 둘러싸고 벌어지고 있는 사건은 오래된 역사가 아니라 현재진행형의 역사다.

57

도그마의 해체

이중나선 구조가 발견된 이후 RNA는 수동적인 정보 전달자로 과학자들에게 인식되었다. RNA가 유전자 발현의 능동적 조절자로 기능할 수 있다는 사실이 받아들여지기 위해서는 다양한 발견들이 이루어져 과학자 사회에서 인정을 받아야만 했다. 왓슨과 크릭이 연구하던 20세기 중반에는 능동적 조절자로서의 RNA에 관한 그 어떤 증거도 존재하지 않았다. 과학자들은 도구의 제한 속에서 연구할 수 있는 것만을 연구하고, 관찰된 증거들로 현상을 설명할 수 있는 최선의 이론을 세운다. 따라서 이론은 운명적으로 설명이 제한될 수밖에 없다. 특히 생물학에서 이론이란 국소적인 설명력만을 지닌 경우가 많다.

그럼에도 불구하고 이중나선의 발견과 이후 이어진 분자생물학의 급속한 발전은, 과학자들로 하여금 복잡한 생명 현상을 DNA라는 유전물질로 모두 설명할 수 있다는 성급한 판단을 하게 했다. 대부분의 분자생물학자들이 마치 뉴턴의 고전역학이 성공했던 시대로 회귀한 것처럼 보였다. 분자생물학의 환원주의는 많은 철학자들의 공격 목표가 되었고, 생물학 결정론은 유전자 결정론이라는 이름으로 포장지만 바꾼 채 재등장했다. 많은 철학자들과 윤리학자들은 분자생물학이라는 과학 분과 내의 노력만으로는 이러한 철학적 오류가 절대로 수정될 수 없을 것이라고 생각했다. 하지만 그렇지 않았다. 유전자 결정론의 도그마는 다시금 과학자들의 발견으로 수정되었다. 마이크로 RNA의 발견은 이 역사적 과정, 즉 과학자들이 쉽게 빠지곤 하는 도그마가 스스로 해체 및 수정되는 과정을 보여준다.*

RNA와 도그마의 해체

분자생물학이 탄생한 이래로, 유전 정보는 단백질의 형태로 기능하며 이 과정에서 RNA는 정보 전달자의 기능을 수행한다고 생각되어왔다. 1950년대에서 1970년대까지 분자생물학자들을 사로잡은 이러한 관점은 크릭의 '중심 도그마'로 표현되었다.[2] 중심 도그마는 'DNA가 RNA를, RNA가 단백질을 만든다'라고 요약될 수 있다. 이후 DNA와 RNA 사이의 정보 흐름이 양방향이라는 점이 발견되었

---

* 대부분의 사회구성주의 경향을 띤 논문이나 책들은 현대의 거대과학을 모델로 삼고 있다. 국가의 역할이 증대되고, 과학자들 간의 정치와 암투가 경쟁 구도 속에서 펼쳐지는 현대 사회의 거대과학은, 분명 사회구성주의자들의 좋은 먹잇감이다. 하지만 과학에 내재한 전통, 예를 들어 로버트 머튼과 같은 과학사회학자가 주장한 "조직화된 회의주의"가 완전히 사라진 적은 없었다. 마이크로 RNA의 발견과 수용 과정은 바로 그러한 측면을 보여주는 사례. 김동원. (1992). 사회구성주의의 도전. 〈한국과학사학회지〉 14, no. 2를 참고하라.

지만, 단백질에서 RNA로의 정보 흐름은 발견되지 않았고, 도그마는 여전히 유지될 수 있었다. 단백질로 번역하는 과정에 mRNA 이외에도 tRNA와 rRNA들이 관여한다는 사실이 밝혀졌지만, 여전히 그러한 과정은 수동적인 정보 전달의 관점에서 이해되었다.

부분적으로 이러한 이해는 자연스러운 것이었다. 분자생물학의 전성기를 열었던 모델 생물인 대장균과 같은 단세포 원핵생물의 유전체 정보는 대부분 단백질로 발현되었기 때문이다. 대장균에서 얻은 제한적인 정보들에 의존해야 했던 분자생물학자들은 그러한 정보들을 근거로 일반화를 시도할 수밖에 없었다. 이러한 관점은 꽤 효율적이었다. 모노와 자코브에 의해 '오페론'이라는 유전자 발현의 조절 체계가 발견되었고, 막스 델브뤽의 파지그룹은 이 관점 속에서 박테리오파지의 유전체를 샅샅이 파악할 수 있었다.

특히 대장균에서 발견된 오페론은 유전자 발현의 모델로 일반화되기 시작했다. 진핵생물과 다세포생물에서도 오페론 모델은 유전자 발현의 조절을 연구하기 위한 지침서가 되었다. 이러한 현상은 과학사에서 자주 등장하는 관행이기도 하다. 한 영역에서 성공적이었던 모델과 방법론은 다른 영역으로 쉽게 전파되며, 이러한 전파 과정이 효율적인 것으로 드러나면 합당한 질문과 반박은 쉽게 묻힌다. 분자생물학의 초창기에도 이런 일이 반복되었다. 유전자는 단백질과 동일하게 인식되었고, 그러한 일반화에 대한 실험적 반박은 종종 무시되었던 것이다. 이러한 무시의 대표적인 예가 1977년 인트론의 발견이다. 진핵생물의 유전자 염기서열의 대부분이 단백질로 번역되지 않는다는 놀라운 사실은 다양한 해석의 여지를 남길 수 있었지만, 대부분의 분자생물학자들은 인트론에는 별다른 기능

이 없다는 식으로 문제를 쉽게 넘겨버리곤 했다.* 이러한 견해는 유지될 수 있는 한 계속 유지되었다.[3]

인트론은 DNA로부터 전사되지만 단백질로는 번역되지 않는다. 즉 인트론은 유전자 발현의 과정 중 RNA 단계에서 종결된다. 인트론이 기능을 갖지 않는다는 주장은 그것이 단백질로 번역되지 않는다는 결과에 의해 지지되었다.[4] 이는 단백질만이 유전자의 기능을 나타내는 단위라는 강한 인식이 존재했음을 의미한다. 게다가 인트론은 스플라이싱 과정을 통해 잘게 분해되어 사라지는 것으로 보였다. 하지만 인트론이 기능을 가지지 않는다면, 단백질을 코딩하는 유전자 서열의 내부에 위치하는 그 존재의 의미를 설명하기 어려웠다. 인트론의 기능은 무엇이며, 혹은 인트론이 왜 존재하는 것인지 반드시 설명되어야 했다. 진화 과정 중 단백질을 코딩하는 엑손의 조각들이 합쳐지는 과정에서 나타난 잔존 효과라는 설명에서부터, 이기적인 트랜스포존에 의한 현상이라는 설명까지 다양한 합리화가 시도되었다.[5]

고등 생물종은 박테리아처럼 빠른 세포분열이 필요하지 않기 때문에, 인트론은 전사 과정을 늦춰서 일종의 유전체 가소성을 부여할 수 있다는 설명도 있었다. 특히 선택적 스플라이싱 과정이 발견

---

* Mattick, J. S. (1994). Introns: evolution and function. *Current Opinion in Genetics & Development*, 4, no. 6 (December 1994), 823-31; Mattick, John S., (2003). Challenging the dogma: the hidden layer of non-protein-coding RNAs in complex organisms. *BioEssays: News and Reviews in Molecular, Cellular and Developmental Biology*, 25, no. 10 (October 2003), 930-9. 이 책 33장에서도 이 문제를 다루었다.

되면서 이러한 설명은 가장 타당한 설명 방식으로 선호되었다. 인트론은 하나의 유전자로부터 다양한 종류의 단백질을 만들 수 있게 해주기 때문이다. 하지만 진화 과정에서 인트론이 폭발적으로 확장했다는 명확한 증거가 존재했다. 인트론이 오래된 RNA들의 흔적이라는 설명은 거기서 발견된 촉매로서의 기능 때문에 별다른 설명을 필요로 하지 않는 것으로 보였다. 'RNA 세계 가설'은 태초에 유전 정보와 단백질의 기능을 모두 갖춘 RNA들로 세상이 이루어져 있었다고 가정하기 때문이다. 인트론은 단백질이 수행하는 촉매로서의 기능을 지니고 있었으니 이러한 가설은 아주 합당한 것처럼 보였다. RNA 세계 가설에서는 진화 과정 속에서 RNA의 유전 정보의 역할은 DNA로, 생리현상에서 다양한 기능을 나타내는 촉매의 역할은 단백질로 옮겨가고, RNA는 정보 전달의 중간자 역할을 수행한다고 가정되었다.

게다가 인트론이 잘게 분해된 후의 흔적을 추적할 만한 실험 도구가 전혀 없었다. RNA 조각을 검출할 수 있는 노던블랏Northern blot은 1977년 이후에나 개발되었고 광범위한 사용은 한참이 더 지난 후에야 가능했다. 당연히 인트론은 선택적 스플라이싱 과정 이후에 잘게 분해되어 사라지고, 핵산의 형태로 돌아가 재활용된다고 여겨졌다. 인트론의 반감기가 몇 초에 불과하다는 주장이 별다른 참고문헌도 없이 제기되었다. 하지만 베타글로빈beta-globin의 mRNA 조각들 중 인트론에 해당하는 영역이 스플라이싱 과정 이후에도 존재한다는 연구 결과가 있었다.[6] 그러나 대부분의 연구자들은 이런 현상을 예외적인 것으로 취급했고, 깊이 연구하려 하지 않았다. 물론 현재 우리는 마이크로 RNA들의 상당수가 인트론 영역으로부터 만들어진다는 사실을 알고 있다.

인트론의 존재가 무시할 수 없을 정도로 다양하고 유전체에서도 상당한 부분을 점유하고 있음이 속속 드러났지만, 다양한 논쟁에도 불구하고 여전히 대다수 과학자들은 인트론의 기능은 별게 없다는 태도를 견지했다. 이기적 유전자, 선택적 스플라이싱을 통한 다양한 단백질의 확보 등으로 인트론의 기능은 모두 설명된 것으로 간주됐다. 이러한 상황은 1990년대 중반까지도 지속되었고, '쓰레기 DNA'라는 관점이 생물학자들을 사로잡으면서 더 강화되었다. 쓰레기 DNA들의 염기서열 다양성은 '중립 가설'로 설명되었고, 이러한 다양성이 적응적 진화로 설명될 가능성은 무시되었다.

인트론의 기능을 축소시키려는 경향은 몇 가지 발견에 의해 점차 변화의 조짐을 맞았다. 첫 번째 공격은 포유동물과 척추동물 이상에서 발견되는 인트론 부위의 염기서열이 놀라울 정도로 진화적으로 보존되어 있다는 사실로부터 시작되었다. 염기서열의 진화적 보존은 일반적으로 그 서열의 기능적 중요성을 의미하기 때문이다. 두 번째 공격은 단백질을 코딩하는 유전자의 숫자와 생명체의 복잡성에는 별다른 상관관계가 없다는 발견들에 의해 시작되었다. 진화의 역사 속에서 복잡성이 증가하는 경향이 존재했음에도 불구하고, 단백질을 코딩하는 유전자의 개수는 이에 따른 선형적인 증가세를 보이지 않는다. 세 번째 공격은 생명체의 복잡성이 유전자 조절 회로와 깊이 연관되어 있다는 발견으로부터 비롯되었다. 박테리아와 진핵생물의 차이가 바로 이 조절 회로에 있음이 알려진 것이다. 네 번째 공격은 미르와 같은 마이크로 RNA들의 존재가 확인되면서 시작되었다. 처음엔 예쁜꼬마선충의 발생 과정에 예외적으로 기여하는 것으로 보였던 마이크로 RNA들은, 그 존재를 탐구하면 할수록 종류와 양에서 결코 무시할 수 없을 정도의 방대함을 보여주었다.* 이러한 연쇄적인 공격들은 대부분 2000년 이후에 등장했다.

이 시기에 분자생물학에서 어떤 일들이 있었는지를 이해하는 것이 중요하다. 1990년에 시작한 인간유전체계획이 마무리되던 시점이 2000년이었다. 이 10년의 시간 동안 염기서열 분석 기법은 획기적으로 발전했다. 이전에는 상상도 할 수 없었던 속도로 유전체의 염기서열을 분석할 수 있었고, 이 시기 등장한 생물정보학자들은 그렇게 쌓인 정보들을 해석해나가기 시작했던 것이다. 마이크로 RNA의 등장도 이렇게 쌓인 정보들을 재해석할 수 있는 틀을 제공해주었다. 도구의 발전, 도구가 과학의 발전을 제한하는 양상이 가장 잘 드러나는 곳이 바로 이 RNA의 역할을 두고 벌어진 일련의 과학사적 사건들이다.

도그마 형성과 해체의 세 단계

1953년 발견된 DNA 이중나선, 1970년대를 거쳐 1980년대까지 생물학자들을 사로잡았던 중심 도그마, 그리고 새로운 도구의 등장과 함께 도그마가 깨지기 시작하는 2000년대까지를 두루 살펴보면 과학의 여러 가지 모습이 생생하게 드러난다. 그 다양한 측면을 모두 분석하는 일이 필요하겠지만, 여기서는 도그마가 형성되고 깨

---

*   이 책의 초반부는 바로 이러한 마이크로 RNA가 생물학계에 등장한 역사를 기술하고 있다.

지는 과정에서 나타나는 '도구의 역할'과 '논리적 정합성', 그리고 '조직화된 회의주의'에만 초점을 맞추고자 한다.

'도구의 역할'이란 앞에서 기술했듯이, 이러한 도그마의 형성 및 붕괴 과정에서 도구가 수행했던 역할이다. 도그마가 성립된 이유 중 하나는, 유전자와 단백질을 동일하게 여겨도 될 만한 정보가 존재했기 때문이다. 대안 가설을 주장할 수는 있었지만, 그 대안을 증명할 만한 실험도구는 존재하지 않았다. 이런 상황에서 과학자들은 상당히 실용적으로 움직인다. 도구가 허용하는 한도 내에서 합당한 가설을 적극적으로 수용하고, 그 가설에 맞추어 실험을 진행하는 것이다. 노던블랏으로 작은 RNA들의 존재를 확인할 수 있게 되는 1990년대 이후, 그리고 인간유전체계획의 완성으로 다양한 비기능성 RNA의 존재를 알게 되는 2000년대 이후, 도그마가 깨지게 되는 것은 '도구의 역할'이라는 개념을 통해 설명이 가능하다.

이처럼 기존 가설로는 설명되지 않는 데이터들이 쏟아져나올 경우, 기존 가설과 동등한 지위를 지녔던 대안 가설이 힘을 받을 수 있다. 즉 기존 증거들을 좀 더 넓게 잘 설명할 수 있었던 기존 가설이 새로운 데이터들에 의해 대안 가설로 대체되어가는 것이다. 그 이유는 예전에는 얼마 되지 않는 증거들과 논리적 추론만으로 지지되던 대안 가설이 이제 새롭게 등장한 결정적인 증거들에 의해 폭넓은 지지를 받을 여지가 생겼기 때문이다. 이제 대안 가설이 기존의 증거들을 더 폭넓게 설명할 수 있게 된다. RNA를 둘러싸고 도그마가 깨져가는 과정은 바로 이러한 '논리적 정합성'에 의해 대부분 설명될 수 있다.

마지막으로 '조직화된 회의주의'가 언제나 존재하고 있었음을 지적해야 한다. 비록 도그마를 신봉하는 주류 과학자들에 의해 의도적으로 무시되었지만, 도그마화된 기존 가설에 반하는 논문들이 끝없이 출판되었음을 주목할 필요가 있다. 쿤이 말했듯이 이론에서 이론으로의 이동이 종교적 개종의 과정처럼 이루어지는 것이라면, RNA를 둘러싼 도그마의 해체 과정은 그 설명을 거부하는 한 예가 된다. 이 과정에서 과학자들은 기존 증거들을 더욱 폭넓게 수용할 수 있는 이론을 고수했을 뿐, 절대로 종교적인 태도를 취한 것이 아니다. 반박은 언제나 합당하게 제기될 수 있었다. 이러한 '조직화된 회의주의'로부터 비롯된 대안 가설이 미리 존재하지 않았다면, 새로운 결정적 증거들이 등장하고 나서도 한참 동안 과학자들은 헤매고 있었을 것이다. 하지만 그렇지 않았다. 기존의 가설이 설명할 수 없는, 즉 합당한 의문이 제기되는 증거들이 등장하자마자, 과학자들은 기다렸다는 듯이 일제히 기존 가설을 의심하기 시작했다.

과학자들의 이러한 태도는 사실 과학의 현장을 경험해본 사람이라면 누구나 쉽게 알 수 있는 것이다. 도그마는 존재할 수도 있다. 과학자들도 혁명적 발견에 쉽게 동화되는 인간이기 때문이다. 하지만 진정한 의미에서 과학자들에게 도그마는 없다. 첫째, 도그마라고 생각되는 가설은 잠정적으로 선택된 것에 불과하고 둘째, 새로운 증거에 의해 언제든지 기각될 성질의 것으로 여겨지기 때문이다. 사실 과학자들처럼 선배들의 권위를 깨고 싶어하는 사람들은 없다. 과학에서 새로움이란 기존에 알려진 사실들을 통째로 재고하게 만드는 방식일 경우가 많기 때문이다.

DNA를 중심으로 사고하던 분자생물학자들의 도그마는 RNA라는 물질의 역할이 새롭게 밝혀지면서 서서히 해체되기 시작했다.

하지만 여전히 중심 도그마라는 지침서만을 가지고도 잘 작동하는 분야가 존재한다. RNA에 의한 유전자 조절은 고등 생물종에서 기존의 도그마로는 설명되지 않던 부분을 보충하기 위해 덧씌워진 셈이다. 두 가지 가설은 서로 상충하는 것이 아니라, 설명의 영역을 잘 분할하고, 필요할 때 필요한 만큼 사용될 뿐이다. 과학에서 도그마란 그런 것이다. 이런 의미에서 쿤이 제시한 패러다임과 통약 불가능성은 과학 전체에 일반적인 현상이라고 볼 수 없다.* 이러한 생각은 이미 19세기의 물리학자 루트비히 볼츠만에게는 상식이었다.

---

* 존 매틱의 다음 논문들에서 이 역사적 과정의 더욱 구체적인 면모를 확인할 수 있다. 물론 그의 논문에는 위와 같은 구조적 분석은 들어 있지 않다. Mattick, John S. (1994). Introns: evolution and function. *Current Opinion in Genetics & Development*, 4, no. 6 (December 1994), 823-31; Mattick, John S. (2003). Challenging the dogma: the hidden layer of non-protein-coding RNAs in complex organisms. *BioEssays: News and Reviews in Molecular, Cellular and Developmental Biology*, 25, no. 10 (October 2003), 930-9; Mattick, John S. (2009). Deconstructing the dogma: a new view of the evolution and genetic programming of complex organisms. *Annals of the New York Academy of Sciences*, 1178 (October 2009): 29-46.

58

저항의 과학을 위해

패러다임의 전환을 과학자 사회의 종교적 개종으로 묘사한 쿤의 시도는 과학사의 다양한 사례들로 반박될 수 있다. RNA를 둘러싼 분자생물학의 지난 60년 역사가 이를 잘 보여준다. 또한 과학이 쿤의 저술 이후 급격히 변한 것도 아니다. 과학에는 언제나 그런 전통이 있었다.

볼츠만의 도그마 없는 과학

루트비히 볼츠만은 통계적 사고를 물리학에 도입한 인물 중 한 명으로 알려져 있다. 그의 통계적 사고와 이에 기반한 열역학 제2법칙의 재해석은 당대의 철학자들의 인식론적 사고에 큰 영향을 끼쳤다. 하지만 이 위대한 과학자가 과학 활동이라는 자신의 작업을 철학적으로 성찰하고, 이에 대한 상당한 분량의 저술을 남겼다는 것은 잘 알려져 있지 않다. 볼츠만은 과학자로서도 위대한 인물이지만 과학철학자로서도 반드시 재평가되어야 하는 인물이다. 볼츠만은 통계역학에 대한 자신의 과학적 작업들로 철학자들에게 영향을 끼친 것과는 별개로, 그 자신의 철학적 작업을 통해서도 당대의 철학자들과 교류했다.[7]

볼츠만의 철학적 작업들 중 상당수는 자연에 관한 존재론에 할애되어 있다. 자연철학자로서 볼츠만은 이미 당대에 영향력이 있었다. 그는 또한 철학의 방법론에도 상당한 관심을 기울였는데, 이를 통해 볼츠만의 독특한 과학철학philosophy of science 혹은 과학적 철학scientific philosophy이 완성됐다.

볼츠만은 철학을 상당히 싫어했다고 알려져 있다.* 이러한 그의 성향은 당시의 철학자들이 볼츠만의 철학을 기피하는 원인이 되기도 했다. 하지만 과학자였다가 철학에 관심을 갖게 된 철학자들은 볼츠만의 작업을 과소평가하지 않았다. 철학계의 이러한 상반된 견해는 볼츠만의 주장이 제대로 이해되지 못했기 때문이다. 예를 들어, 볼츠만은 철학 자체를 반대한 것이 아니라 무의미한 형이상학을 반대했다. 볼츠만은 철학이 형이상학에만 기댄다면 현실 세계에 대한 적용에서 철학은 언제나 실패할 것이라고 주장했다. 볼츠만은 철학자들이 형이상학에만 경도되지 말고, 자연과학의 역사에 관심을 기울여야 한다는 소박한 주장을 했을 뿐이다. "과학자들은 무엇이 가장 중요한 질문인가라고 묻는 것이 아니라, 무엇이 현재 해결

---

* 예를 들어 철학자 쇼펜하우어에 대한 그의 유명한 에세이가 있다. Boltzmann, L. (1905). *On a thesis of Schopenhauer's*. Populäre Schriften, Essay 22. 이러한 성향은 역사학과 철학을 과학으로부터 배제하려 했던 클로드 베르나르에게서도 나타난다. 그의 책 《실험의학방법론》(유석진 옮김, 대광문화사, 1985)을 참고하라.

가능한가라고 묻는다"는 볼츠만의 말은 그가 과학 활동의 본성을 잘 꿰뚫고 있었음을 보여주며,** 나아가 이를 통해 철학자들의 현학적 태도를 비판하려 한 것으로 볼 수 있다. 과학의 이러한 질문 방식이 처음엔 보잘것없어 보이지만, 자연과학이 이런 방식으로 거대한 성공을 거두었다는 역사적 사실은 철학자들에게 반성의 과제를 남긴다.

그렇다고 해서 볼츠만이 철학의 역할 자체를 부정하는 것은 아니다. 물질, 힘, 인과관계 등의 본질에 관한 물음은 철학의 영역이기 때문이다. 과학과 철학은 다루는 대상에 차이가 있을 뿐이다. 따라서 볼츠만은 진정한 진보는 이 두 학문의 협력으로부터만 가능하다고 주장한다.

나에게는 과학과 철학의 잘 조화된 협력이야말로 서로에게 새로운 양식을 제공할 것이라는 확신이 있다. 이러한 경로를 따라야만 지속적인 관점의 교환을 이룰 수 있다. 그것이 내가 여기서 철학적 질문들을 회피하지 않는 이유이기도 하다. 독일의 유명한 시인이자 철학자인 프리드리히 폰 실러가 철학자들과 당대의 자연과학자들에게 "당신들 사이에 증오가 있으라. (그대들 간의) 연합은 지나치게 빨리 왔다"라고 말했던 것에 나는 반대하지 않는다. 다만 나는 이제 그 연합의 시기가 당도했다고 믿을 뿐이다.

볼츠만의 철학은 자신이 생각한 자연과학의 방법론을 통해 더욱 빛을 발한다. 일반적으로 과학자들은 철학의 잘못으로 두 가지를

** 57장에서 다룬 RNA가 새롭게 재해석되는 과정은 볼츠만이 말한 방식으로 과학자들이 움직였음을 정확히 보여준다.

든다. 이론에만 기반한다는 것과 수학적 정식화 없이 서술적 논증에만 기반한다는 것이다. 하지만 볼츠만은 철학이 이론에만 기반하는 것은 문제가 될 것이 없다고 말한다. 오히려 진정한 문제는 철학이 형이상학적 근거들에만 기반해서 이론을 세우기 때문에 발생한다. 중요한 것은 철학이 현실과 부대끼는 지점이 존재해야만 하는 것이고, 이런 의미에서 순수한 형이상학 같은 것은 존재할 수조차 없게 되는 것이다. 또한 볼츠만은 자연과학과 철학이 수학적 정식화를 필수조건으로 갖는 것은 아니라고 주장한다. 서술적 과학(예를 들어 당대의 생물학)도 충분히 합리적일 수 있다. 이는 볼츠만이 다윈의 이론에 지나칠 정도의 관심을 보였다는 것만으로도 충분히 짐작할 수 있다. 볼츠만은 순전히 형이상학에만 기반한 철학을 비판한 맥락에서 순전히 수학적 도식에만 기반한 과학의 이론을 비판한다. 과학의 이론 또한 현실에 대한 접점을 가져야만 한다. 그렇지 않다면 그것은 사변에 불과한 형이상학과 마찬가지로 쓸모없는 것이다.

이러한 볼츠만의 사상은 과학에서 이론이 점유하는 위치에 대한 주장으로 이어진다. 볼츠만은 과학의 이론을 자연에 대한 표상에 불과하다고 생각한다. 볼츠만이 했던 말로 가장 자주 언급되는 "궁극의 이론 같은 것은 없다"는 말의 의미는 바로 이런 맥락에서 이해해야 한다. '우리는 왜 여기에 있는가'와 같은 질문에 대해 과학이 해줄 수 있는 답은 없다. 철학도 마찬가지다. 이러한 질문은 영원히 완결될 수 없는 종류의 것이다. 이러한 볼츠만의 사상을 '이론 상대주의'라고 부른다.

'이론 상대주의'에서는 물리학의 법칙도 절대적인 것이 아니다. 볼츠만은 이러한 자신의 생각을 간단하게 다음과 같이 설명한다.

"자연에 법칙들이 있다면 그것은 진정한 법칙들이어서 자연 현상들이 모두 그 법칙들을 따를 것이다. 하지만 인간은 그런 법칙을 발견할 수 없다. 물리학의 법칙들은 자연 현상을 설명하기 위해 인간이 발명한 것이다. 따라서 이론은 발견 가능한 것이 아니라, 인간의 정신에 의해 발명되어야만 하는 것이다." 이러한 주장을 따라서 볼츠만은 "이론은 완결되거나 절대적 참이 될 수 없다"라고 말한다. 다른 말로 표현하자면, 매우 성공적이었던 이론도 다른 이론으로 대체될 수 있다는 것이다. 또한 서로 배치되는 것처럼 보이는 이론들도 각각 설명할 수 있는 자연 현상을 가질 수 있다. 과학의 이론들이란 한 명의 창작자(과학자)가 순전히 주관적인 관점과 형이상학적 가정, 다른 이론들에 대한 고려, 특정한 종류의 수학적 공식에 대한 선호, 심지어 몇몇 관찰 결과들에 대한 배제 등의 과정을 겪은 후 창조하는 것이기 때문이다. 이런 의미에서 순수하게 창조적인 이론은 존재할 수 없으며, 반대로 단순한 관찰 결과들의 합으로 이론이 도출될 수도 없다.

과학의 이론이 이런 성격을 지니기 때문에 절대적으로 참인 이론을 찾는 것은 과학의 임무가 아니다. 오히려 과학자들이 해야 하는 작업은 가장 간단하면서도 현상을 정확히 기술하는 이론을 찾는 것이다. 따라서 궁극의 이론 따위는 존재할 수 없다. 과학자들의 작업은 좋은 이론을 끊임없이 찾아가는 것뿐이다. 좋은 이론의 목표는 단순하다. 자연 현상을 설명하는 것이다. 결과적으로 과학자의 임무는 그 적용 가능성에 있어 더 나은 이론을 찾는 것이지 진정한 이론을 찾는 것이 아니다. 이러한 관점은 볼츠만과 동시대의 과학자이자 철학자였던 에른스트 마흐에게서도 볼 수 있다. 마흐에게 있어 "이론과 사태가 서로 부합되지 않는 경우, 허리를 굽혀야 하는 것은 이론"이 된다.[8] 마흐의 이 언급이야말로 이론이 측정량에 의해 제한받는 과학의 세속화 여정을 가장 잘 표현하고 있다.

볼츠만의 이러한 사상이 도그마 혹은 독단에 대한 반대로 이어지는 것은 당연한 수순이다. 볼츠만은 독단이 과학과 철학 모두에게 독약이 된다고 생각했다. 당시 물리학의 현상들을 잘 설명해주었던 원자론에 대한 철학자들과 과학자들의 거센 반대가 볼츠만이 독단을 거부하게 된 기반이 되었다. 마흐와 같은 물리학자조차 자신의 철학적 관념에 경도되어 볼츠만의 원자론을 합당한 근거 없이 반대했기 때문이다. 볼츠만이 원자론을 주장하게 된 배경에 과학 이론에 대한 위와 같은 사고가 배어 있었던 것을 이해한다면, 원자론은 반대할 만한 것이 아니었다. 왜냐하면 당시 원자론은 다른 경쟁하는 이론들보다 더 나은 이론이라는 것이 충분히 증명될 수 있었기 때문이다. 게다가 볼츠만은 원자론을 주장하면서도 원자론의 독단주의를 경계했다. 자신을 이해하지 못하는 과학자들과 철학자들에 대항한 볼츠만이 겪어야만 했던 수모와 배신감이 결국 그를 자살에 이르도록 만들었다고 해도 과언은 아니다.

철학에서 독단주의의 역사는 오래되었고 여전히 자주 등장한다. 볼츠만은 철학의 이러한 독단주의를 '이론 상대주의'라는 논증으로 비판했다. 과학에서 등장하는 독단주의 또한 볼츠만에게는 경계의 대상이었다. 볼츠만의 시대에도 열역학 제2법칙은 신에 의해 부여된 유일한 법칙이라는 독단주의가 성행했다. 그리고 여전히 많은 물리학자들은 우주론을 구성함에 있어 이러한 독단주의에 빠지곤 한다. 국내에서 논란이 되었던 스티븐 호킹의 저서들도 볼츠만의 관점에서 본다면 또 다른 독단주의에 불과하다. 리처드 도킨스와 에드워드 윌슨도 마찬가지다. 그들은 과학이 무엇인지 볼츠만만큼도 이해하지 못한다.

과학은 독단을 거부한다

볼츠만은 과학에 대한 진지한 성찰을 통해 과학으로부터 독단을 추방하려 했다. 그의 사상은 다음과 같이 요약할 수 있다.

1. 철학적, 과학적 이론은 자연에 대한 표상에 불과하다. 그것은 신에 의해 창조된 궁극의 법칙도 아니고, 변할 수 없는 것은 더더욱 아니다.
2. 이론은 인간에 의해서 발명된 단순한 표상이기 때문에, 자연은 다른 이론에 의해서도 설명될 수 있다. 그 이론들이 서로 반대되는 것처럼 보여도 마찬가지다.
3. 궁극의 법칙 혹은 이론은 과학과 철학 양자 모두에 존재할 수 없다. 따라서 우리가 자연을 이해하면서 진리에 이르고자 한다면, 이러한 독단주의로부터 우리 자신을 구제해야만 한다.
4. 이론은 무엇보다 실용적이어야 한다. 따라서 순수한 이론 과학인 양 행세하는 철학은 가증스럽다. 이론을 제시하는 데 있어서 현실적 관점을 견지하는 것은 반드시 필요하다.
5. 순전히 형이상학적 논증에 기반한 존재론과 자연에 대한 탐구는 우리를 황폐하게 한다. 대부분의 철학자들이 저지르는 이러한 오류는 반드시 수정되어야만 한다.

6. 이론을 표현하기 위해 반드시 수학적 공식을 사용할 필요는 없다. 좋은 이론은 그것을 표현한 언어로 결정되는 것이 아니다. 좋은 이론가는 자신의 이론을 일상적인 언어를 쓴 서술적 표현으로도 잘 설명할 수 있어야 한다.
7. 수학적 확실성에 대한 지나친 믿음은 우리를 독단주의에 빠지게 한다. 수학 또한 인간이 만든 언어로, 우리를 그 안에서 사고하게 만들 뿐이다. 과학에 결핍된 부분들은 철학에 의해 보충되어야만 한다.[9]

볼츠만의 이러한 독단주의에 대한 거부를 조금 더 현대적으로 과학에 한정해 독단 없는 과학을 재구성해보면 아래와 같이 표현할 수 있다.*

볼츠만의 독단 없는 과학

1. 과학의 영역은 경험적 '현상phenomena'들이다. 이 현상은 그 어떠한 별도의 철학적 해석을 요구하지 않는다.
2. 과학의 법칙은 그런 현상들로부터 일반화되고 추상화된 것이다. 법칙에 근거한 과학적 설명은 경험 이전의 사실 묘사가 아니라 특정 조건 속에서 구체적으로 구현된 현상들의 과정

---

*   아래의 도식은 이상하 박사의 것이다.

process에 관한 것이다.

3. 과학 체계는 그러한 구현 과정 속에서 재생산 가능한 측정량을 다루는 지식과 행위의 총체이다.

4. 측정량에 대응하는 실재, 실례로 원자에 대해서는 잠정적 입장presumptive position을 취할 수밖에 없다. 하지만 그렇다고 원자가 없다고 말해서는 안 된다. 단지 원자론 자체가 세상의 건축물이라는 주장이 잠정적이라는 것이다.

5. 동일한 측정량에 대해서 원자론이 아닌 에너지 일원론에 근거한 잠정적 입장도 가능하다. 이러한 입장으로부터 원자가 부정되는 것은 아니다.

6. 과학의 진리는 항상 상대적이다. 하지만 이 상대성이 객관성의 반대말인 주관적인 것으로서 이해되어서는 안 된다. 원자론에 근거한 운동학적 물질 이론kinetic theory of matter이 이러이러한 현상에 대해서 대단히 유용한 이론이고 유용한 만큼 참이라면, 에너지 일원론에 근거한 열역학thermodynamics 역시 어떤 현상에 대해서는 유용한 만큼 참이다.

7. 이론의 설명적 유용성과 연관된 상대적 참relative truth은 이론이 적용되는 영역 특수성을 보여주는 것이지, 과학자의 객관성 및 진리 추구가 유용성으로 대체된다는 말은 아니다. 이론의 유용성은 어디까지나 측정량을 다루는 과학 체계 속에서만 의미가 있기 때문이다.

8. 과학은 도그마가 될 수 없다. 과학은 하나의 이론과 분과로 귀속될 수 없다. 특정 현상 영역에 써먹을 수 있다고 판단된 이론, 실례로 뉴턴 역학은 과학이 존재하는 한 계속 사용될 것이다.

이 책 여기저기에 흩어져 있던 이론과 실험 사이의 관계, 과학의 세속화 여정에 대한 설명들이 구체화되었으리라 생각한다. 특히 RNA를 둘러싼 분자생물학의 전개 과정은 볼츠만이 기술했던 과학에 대한 사고와 정확히 일치한다. 그것이 긴 지면을 할애하며 볼츠만의 사상을 소개하는 이유다.

새로운 독단을 경계하며

"쓸 만한 가치가 있는 유일한 책은, 그 분야가 급속도로 발전하기 때문에 그 책을 출판하기도 전에 구시대적이 되어버리는 그런 책이다."[10]

－토머스 헌트 모건

마이크로 RNA들이 세상에 그 존재를 드러낸 지도 벌써 30년이 되었다. 조그만 벌레에서 시작된 이 연구는 이제 생물학자들이 생명을 바라보는 관점을 통째로 바꾸고 있다. 미르에 관한 연구들은 하루에도 수십 편씩 쏟아져나오는 중이다. 하지만 이러한 연구들이 모두 사실이라고 말할 수는 없다. 게다가 모든 현상을 미르라는 물질을 중심으로 서술하려는 태도가 과학자들을 사로잡고 있는 것 같다. 아마 10여 년이 더 지난 후에 이 책을 다시 펼쳐보게 된다면, 여기서 논의의 기초로 삼았던 연구 논문들의 상당수가 사실이 아니었음이 드러나게 될지도 모른다.

이 글을 쓰는 시점에도 이미 ncRNA의 기능에 대한 새로운 사고의 상당한 기반이 된 것으로 평가된 ENCODE 프로젝트의 결과들에 노이즈가 상당히 심하다는 것이 드러났고, 이런 결과들을 바탕으로 한 과잉 해석을 경계하는 논문들도 등장하고 있다. 나는 마이크로 RNA들의 존재에 대한 과잉 해석과 호도는 결코 과학에 도움이 되지 않을 것이라고 확신한다. 마이크로 RNA는 생물학의 많은 지형을 흔들었다. 그 의미만큼은 오랜 시간이 지난 후에도 변하지 않을 것이다. 하지만 그것이 유행한다고 해서 연구비를 타기 위해 미르의 기능을 과대 포장하는, 예를 들어 미르에 대한 연구가 마치 암 치료를 보장해줄 것처럼 포장하는 일은 과학자 본연의 자세가 아니다. 볼츠만이 말했던 것처럼, 진정한 과학자는 자신이 세운 이론이 독단이 되지 않도록 경계하는 사람이며, 나아가 자신의 이론조차 회의적으로 바라볼 수 있는 사람이기 때문이다.

내가 이해하는 한, 독단과 권위에 대한 도전이야말로 과학의 진정한 본성이며 과학의 역사에서 볼 수 있는 가장 멋진 모습이다. 진정으로 과학을 사랑하는 이는 그 어떤 종류의 독단에도 굴복하지 않으며, 그럴 수도 없다. 만약 과학 정신이라는 것이 있다면, 그것은 아마도 이러한 반권위주의 혹은 아나키즘에 가까울 것이라고 추측해본다. 과학은 권위를 거부하며, 과학자는 권위에 저항한다.

후기

2010년 당시 연재를 마무리하면서 나는 독자들에게 이렇게 썼다.

지난 2년 5개월 동안 지루하고 무미건조하고 산만하고 장황하며, 게다가 유머 감각이라고는 도통 찾아볼 수조차 없는 한 무명 과학자의 글을 게재해주신 〈사이언스 타임스〉의 여러 기자님들과 관계자분들께 감사의 말씀을 전합니다. 이런 재미없는 글들을 읽느라 수고하셨을 독자들에게는 사과의 말씀을 전하고 싶습니다. 이제는 더 이상 이런 글을 읽느라 수고하실 필요가 없습니다. "미르 이야기"로 시작해서 "꿈의 분자"로 확장해나갔던 연재는 이 글로 막을 내립니다. 대단원이라는 수식어는 구차할 것 같습니다. 그런 수사를 써야 할 만큼 대단한 글들이 아니었기 때문입니다. 아무것도 모른 채 시작했던 연재는 시간이 지나면서 조금 성숙해지기는 했지만, 여전히 산만하고 뒤죽박죽일 뿐입니다. 만약 이 연재를 통해 어떤 메시지를 전할 수 있다면 그것은 '혼란'이라는 말로 잘 표현될 수 있을 듯합니다. 그저 고개를 숙이고 엎드려 삼보일배라도 해야 한다고 자책하고 있습니다.

구차한 변명도 생각해보았습니다. 대학에 자리를 잡고 안정적인 직장을 얻은 것도 아닌 무명의 과학자이기 때문에, 연구를 병행하며 정말 말 그대로 주경야독을 해야만 했기에, 글이 산만했을 수 있다고. 하지만 그것은 비겁한 변명일 뿐입니다. 여러분은 설경구가, 저는 안성기가 되어 마주선다 해도 할 말이 없을 듯합니다. 마땅히 원고료를 받고 글을 썼을진대, 감당하지도 못할 글을 썼다고 스스로를 꾸짖지는 못할망정 그런 비겁한 변명을 시도할 수는 없는 일입니다. 하지만 한 가지 말은 해야겠습니다.

"꿈의 분자"는 RNA에 대한 단편적인 서술이 아닙니다. 암 정복이라는 인류 최대의 과제를 걸고 후성유전학에 대한 논의가 유행하고 있고, 마이크로 RNA가 신약 개발의 중요한 물질로 다루어지고 있지만, "꿈의 분자"는 그런 유행하는 과학에 대한 서술이 결코 아닙니다. 마이크로 RNA는 과학이라는 지식체계에 대한 한 무명 과학자의 사유를 표현하기 위한 소재로 차용되었습니다. 다행스럽게도, 이 무명의 과학자는 긴긴 박사과정 내내 이 RNA들을 가지고 실험도 하고 논문도 쓰는 운 좋은 경험을 했습니다. 작은 바람은 한국 사회에서 과학을 진지하게 고민하는 사람들에게 이 보잘 것 없는 글이 도움이 되었으면 하는 것입니다. 또한 과학자가 진부한 에세이를 쓰는 수준을 넘어, 대중에게 과학을 소개하는 한 방식으로서 이 작업이 작은 의미를 갖게 되기를 바랄 따름입니다. 이제 게으른 과학자의 마음을 무겁게 짓누르던 펜을 내려놓습니다. 참 오래도록 부끄러울 것 같습니다. 하지만 이 무명의 과학자는 참으로 재미있는 사람이어서, 역사 속에 나타난 과학자들의 모습을 통해 한국 과학의 갈 길을 모색하는 또 다른 연재를 시작한다고 합니다. 다시 찾아오겠습니다. 또다시 괴로우실지도 모르겠습니다. 하지만 그때는 이 경험을 토대로, 조금 더 재미있는 글들이 등장할 수 있기를 바라마지 않습니다. 아무리 미워도 사랑은 돌아오는 것이니까요.

연재가 끝나고 13년 만에 책이 나오게 됐다. 그동안 mRNA는 코로나19라는 참혹한 팬데믹으로부터 인류를 구했다. 노벨위원회가 공정하다면, mRNA 백신의 개발에 참여했던 과학자 누군가에겐 노벨상이 주어질지도 모른다. 그중 한 명이 커털린 커리코 박사였으면 좋겠다는 생각을 한다.

박사학위 시절 연구하던 RNA라는 꿈의 분자를 떠나 초파리 행동유전학의 세계로 입문한 이후, RNA에 대해 깊이 생각하지 않고 지냈다. 그 배고프고 힘들었던 연구 과정들이 RNA라는 이름과 중첩되어 있었고, 그 기억을 다시 꺼내는 것은 유쾌한 일은 아니었기 때문이다. 가끔 컨퍼런스나 세미나에서 초파리로 RNA를 연구하는 사람들을 만나면, 농담처럼 나도 박사학위 시절에는 RNA를 지겹게 만져봤다고 이야기하곤 했다.

13년 만에 나에게 되돌아온 RNA에 대한 이야기를 짧게 하고 긴 여정을 마무리하는 것이 좋을 듯하다. 그렇게 잊고 지내던 RNA 분자는 우연히 시작된 루게릭병 모델 초파리 연구를 통해 내 연구 주제로 다시 돌아왔다. 박사학위 연구 주제였던 RNA 분자와 단백질 복합체인 '스트레스 그래뉼Stress granules'이 루게릭병을 비롯한 여러 신경퇴행성질환과 밀접하게 연관되어 있다는 사실이 알려지면서, 오래된 내 박사학위 시절 논문이 자주 인용되고 있기 때문이다.

하얼빈 연구실에서 새로 시작한 꿀벌 유전학 연구에도 RNA라는 분자가 등장했다. 꿀벌은 진사회성 곤충인데, 장내미생물은 물론이고 내장 공유를 통해 집단 전체가 RNA를 공유한다는 사실이 최근 밝혀졌기 때문이다. 신기한 일이다. 이 책을 끝으로 지긋지긋한 RNA를 내 인생에서 지우려고 했는데, 이 책이 출판되는 지금 RNA는 마치 꿈처럼 다시 내 연구의 중심으로 들어오려 하고 있기 때문이다. 벗어나려 해도 벗어날 수 없다면, 그 현실을 직시하는 편이 좋다. 꿈의 분자 RNA는 이 책을 통해서가 아니라, 내가 사랑하는 연구 속에서 진정한 꿈의 분자가 될 것이다.

1부 RNA, 인류의 구원자

1) https://twitter.com/UN_Women/status/1383957276759781380.
2) Karikó, K., Buckstein, M., Ni, H., & Weissman, D. (2005). Suppression of RNA recognition by Toll-like receptors: the impact of nucleoside modification and the evolutionary origin of RNA. *Immunity*, 23(2), 165-175.
3) Karikó, K., Buckstein, M., Ni, H., & Weissman, D. (2005). Suppression of RNA recognition by Toll-like receptors: the impact of nucleoside modification and the evolutionary origin of RNA. *Immunity*, 23(2), 165-175.
4) Farkas, T., Kariko, K., & Csengeri, I. (1981). Incorporation of [1-14C] acetate into fatty acids of the crustaceans Daphnia magna and Cyclops strenus in relation to temperature. *Lipids*, 16(6), 418-422.
5) https://scholar.google.com/citations?user=PS_CX0AAAAAJ&hl=ko&oi=sra.
6) Farkas, T., Kariko, K., & Csengeri, I. (1981). Incorporation of [1-14C] acetate into fatty acids of the crustaceans Daphnia magna and Cyclops strenus in relation to temperature. *Lipids*, 16(6), 418-422.
7) https://aocs.onlinelibrary.wiley.com/journal/15589307.
8) https://www.wbur.org/news/2021/02/12/brutal-science-system-mrna-pioneer.
9) https://www.medigatenews.com/news/2287547342.
10) https://www.theguardian.com/science/2020/nov/21/covid-vaccine-

technology-pioneer-i-never-doubted-it-would-work.; Keener, A. B. (2018). Just the messenger. *Nature Medicine*, 24(9), 1297-1297.

11) https://www.statnews.com/2021/07/19/katalin-kariko-messenger-rna-vaccine-pioneer.

12) https://www.theguardian.com/science/2020/nov/21/covid-vaccine-technology-pioneer-i-never-doubted-it-would-work.

13) https://www.wbur.org/news/2021/02/12/brutal-science-system-mrna-pioneer.

14) Dolgin, E. (2021). The tangled history of mRNA vaccines. *Nature*, 597(7876), 318-324.

15) Malone, R. W., Felgner, P. L., & Verma, I. M. (1989). Cationic liposome-mediated RNA transfection. *Proceedings of the National Academy of Sciences*, 86(16), 6077-6081.

16) Dolgin, E. (2021). The tangled history of mRNA vaccines. *Nature*, 597(7876), 318-324.

17) Melton, D. A., Krieg, P. A., Rebagliati, M. R., Maniatis, T., Zinn, K., & Green, M. R. (1984). Efficient in vitro synthesis of biologically active RNA and RNA hybridization probes from plasmids containing a bacteriophage SP6 promoter. *Nucleic Acids Research*, 12(18), 7035-7056.

18) https://www.theatlantic.com/science/archive/2021/08/robert-malone-vaccine-inventor-vaccine-skeptic/619734.

19) http://www.nocutnews.co.kr/news/4685615.

20) https://www.donga.com/news/Inter/article/all/20201106/103838089/1.

21) Wolff, J. A., Malone, R. W., Williams, P., Chong, W., Acsadi, G., Jani, A., & Felgner, P. L. (1990). Direct gene transfer into mouse muscle in vivo. *Science*, 247(4949), 1465-1468.

22) https://www.nature.com/articles/d41586-018-05421-5.

23) Dolgin, E. (2021). The tangled history of mRNA vaccines. *Nature*, 597(7876), 318-324.

24) Dolgin, E. (2021). The tangled history of mRNA vaccines. *Nature*, 597(7876), 318-324.

25) https://ko.wikipedia.org/wiki/%EB%A8%B8%ED%81%AC_%EA%B7%B8EB%A3%B9.

26) https://www.joongang.co.kr/article/23724894#home.

27) http://weekly.khan.co.kr/khnm.html?mode=view&code=117&art_id=202108091409281#csidx85b487d40df4d449128f0f6c1c5d60d.

28) https://www.bbc.com/korean/international-55298977.

29) https://www.joongang.co.kr/article/23724894#home.

30) https://www.hani.co.kr/arti/international/international_general/1003286.
html.

31) https://www.hankookilbo.com/News/Read/A2021101012440001697.

32) http://weekly.khan.co.kr/khnm.html?mode=view&code=117&art_
id=202108091409281.

33) https://www.opengirok.or.kr/4902.

34) https://www.opengirok.or.kr/4902.

35) http://weekly.khan.co.kr/khnm.html?mode=view&code=117&art_
id=202108091409281.

36) http://weekly.khan.co.kr/khnm.html?mode=view&code=117&art_id=2021
08091409281#csidx78ff004a4441078ac93707db0c2db49.

37) https://www.kiip.re.kr/webzine/2105/KIIP2105_coverstory.jsp.

38) https://secure.avaaz.org/campaign/kr/peoples_vaccine_2021_loc.

39) https://www.kiip.re.kr/webzine/2105/KIIP2105_coverstory.jsp.

40) https://www.kiip.re.kr/webzine/2105/KIIP2105_coverstory.jsp.

41) https://www.bbc.com/korean/international-57019471.

42) https://horizon.kias.re.kr/18383.

43) https://m.khan.co.kr/world/america/article/202111102154015.

44) http://www.hitnews.co.kr/news/articleView.html?idxno=36705.

45) http://m.medigatenews.com/news/815212361.

46) https://www.fnnews.com/news/201412071717118410.

47) https://funfamily.tistory.com/54.

48) https://news.einfomax.co.kr/news/articleView.html?idxno=176082.

49) 문홍안. (2016). 반공유제의 비극 -그 서론적 고찰-. 〈일감법학〉, 35(0), 157-186.

50) https://www.joongang.co.kr/article/25027563#home.

51) http://news.kmib.co.kr/article/view.asp?arcid=0924220289&code=111712
11&cp=nv.

52) https://www.joongang.co.kr/article/25016851#home.

53) https://www.hani.co.kr/arti/international/international_general/1017163.
html.

54) https://www.joongang.co.kr/article/25027563#home.

55) https://news.v.daum.net/v/20211129100615944.

56) https://www.asiatoday.co.kr/view.php?key=20211128010016579.

57) https://www.bbc.com/korean/international-59429043.

58) http://www.mediatoday.co.kr/news/articleView.html?idxno=300871;
https://www.joongang.co.kr/article/25027523#home; https://www.
hankookilbo.com/News/Read/A2021112814170001571.

59) https://edition.cnn.com/2021/11/28/world/omicron-coronavirus-variant-
vaccine-inequity-intl-cmd/index.html.

60) http://203.253.67.30/wp/?p=9906.

61) https://www.ibric.org/myboard/read.php?Board=news&id=237565.

62) https://www.npr.org/2021/11/28/1059649438/as-new-covid-19-variant-
spreads-human-rights-lawyer-points-to-vaccine-apartheid.

63) https://www.reuters.com/article/health-coronavirus-safrica-vaccine-
idUSL8N2IR2VW.

64) https://www.facebook.com/hyunsung.j.kim.5/posts/4582839641814022.

65) https://www.schroders.com/ko/kr/asset-management/insights/
economic-viewpoint/how_vaccine-inequality-driving-up-global-
inflation.

66) https://www.docdocdoc.co.kr/news/articleView.html?idxno=2012122.

67) https://news.einfomax.co.kr/news/articleView.html?idxno=4185923;
https://www.donga.com/news/Inter/article/all/20211128/110496432/1.

68) http://news.kmib.co.kr/article/view.asp?arcid=0924220289&code=111712
11&cp=nv.

69) https://www.korea.kr/news/contributePolicyView.do?newsId=148888361.

70) http://www.dailypharm.com/Users/News/NewsView.html?ID=281921.

71) https://biz.chosun.com/international/international_economy/2021/08/12/
52EBYX5ELVFH7CHWC63GHGFZCE.

72) https://www.mk.co.kr/news/economy/view/2021/10/959335.

73) https://www.gallup.co.kr/gallupdb/reportContent.asp?seqNo=1203.

74) https://www.kukinews.com/newsView/kuk202111180208.

75) http://www.bosa.co.kr/news/articleView.html?idxno=2150698.

76) https://m.etnews.com/20200326000114.

77) https://m.etnews.com/20200326000114.

78) https://biowatch.co.kr/4349/%EC%84%B8%EA%B3%84-
%EC%B5%9C%EC%B4%88-rnai-%EC%8B%A0%EC%95%BD-
%ED%83%84%EC%83%9D-%EC%98%A8%ED%8C%8C%ED%8A%B8%EB
%A1%9C-fda-%ED%97%88%EA%B0%80.

79) http://m.bokuennews.com/m/m_article.html?no=204005.

80) http://www.medipana.com/news/news_viewer.asp?NewsNum=236915&
MainKind=A&NewsKind=5&vCount=12&vKind=1.

81) https://www.joongang.co.kr/article/25005803.

82) Reebye, V. et al. (2018) Gene activation of CEBPA using saRNA: preclinical studies of the first in human saRNA drug candidate for liver cancer. *Oncogene* 37, 3216 – 3228.1

83) https://news.v.daum.net/v/kBDro1Qqsj?fbclid=IwAR0YcgYEQuRhiHIAzX zzMwCMsYIzrwcW0byxRp6FCIMQpDbJc_MHH-ygq6s.

84) Sajid, A., Matias, J., Arora, G., Kurokawa, C., DePonte, K., Tang, X., ⋯ & Fikrig, E. (2021). mRNA vaccination induces tick resistance and prevents transmission of the Lyme disease agent. *Science Translational Medicine*, 13(620), eabj9827.

2부 핵산의 시대

1) Burian, R. (1985). On conceptual change in biology: The case of the gene. *Evolution at a Crossroads: The New Biology and the New Philosophy of Science*, 21 –42.

2) Avery, O. T., MacLeod, C. M., & McCarty, M. (1944). Studies on the chemical nature of the substance inducing transformation of pneumococcal types: induction of transformation by a desoxyribonucleic acid fraction isolated from pneumococcus type III. *Journal of Experimental Medicine*, 79(2), 137-158.

3) Hershey, A. D., & Chase, M. (1952). Independent functions of viral protein and nucleic acid in growth of bacteriophage. *The Journal of General Physiology*, 36(1), 39-56.

4) Chargaff, E., Zamenhof, S., & Green, C. (1950). Human desoxypentose nucleic acid: composition of human desoxypentose nucleic acid. *Nature*, 165(4202), 756.

5) Olby, R. (2003). Quiet debut for the double helix. *Nature*, 421(6921), 402 – 405. http://doi.org/10.1038/nature01397.

6) Dahm, R. (2005). Friedrich Miescher and the discovery of DNA. *Developmental Biology*, 278(2), 274 –88. http://doi.org/10.1016/ j.ydbio.2004.11.028.

7) Crick, F. (1970). Central dogma of molecular biology. *Nature*, 227(5258), 561 –563.

8) Crick, F. H. C. & Watson, J. D. (1954). The complementary structure of

deoxyribonucleic acid. *Proc. R. Soc. Lond.* A 223, 80 – 96.

9) Olby, R. (2003b). Why celebrate the golden jubilee of the double helix?. *Endeavour*, 27(2), 80 – 84. doi:10.1016/S0160-9327(03)00062-0.

10) Crick, F. H. (1958, January). On protein synthesis. In *Symp Soc Exp Biol*, Vol. 12, No. 138-63, 8.

11) Burian, R. M. (1997). Exploratory experimentation and the role of histochemical techniques in the work of Jean Brachet, 1938-1952. *History and Philosophy of the Life Sciences*, 19(1), 27-45; Alexandre, H. (1992). Jean Brachet and his school. *The International Journal of Developmental Biology*, 36(1), 29 – 41. Retrieved from http://www.ncbi. nlm.nih.gov/pubmed/1627472; Mulnard, J. G. (1992). The Brussels school of embryology. *The International Journal of Developmental Biology*, 36(1), 17 – 24. Retrieved from http://www.ncbi.nlm.nih.gov/pubmed/1627468.

12) Ernster, L., & Schatz, G. (1981). Mitochondria: a historical review. *J Cell Biol*, 91(3), 227s-255s.

13) Volkin, E., & Astrachan, L. (1956). Intracellular distribution of labeled ribonucleic acid after phage infection of Escherichia coli. *Virology*, 2(4), 433-437.

14) Pardee, A. B., Jacob, F., & Monod, J. (1959). The genetic control and cytoplasmic expression of "inducibility" in the synthesis of β-galactosidase by E. coli. *Journal of Molecular Biology*, 1(2), 165-178.

15) Mulnard, J. G. (1992). The Brussels school of embryology. *The International Journal of Developmental Biology*, 36(1), 17 – 24.

16) Bartel, D. P., & Unrau, P. J. (1999). Constructing an RNA world. *Trends in Cell Biology*, 9(12), M9 – M13. Retrieved from http://www.ncbi.nlm.nih. gov/pubmed/10611672; Michalak, P. (2006). RNA world – the dark matter of evolutionary genomics. *Journal of Evolutionary Biology*, 19(6), 1768 – 74. http://doi.org/10.1111/j.1420-9101.2006.01141.x.

17) 정혜경(2000). 20세기 생물과학의 성장과 발달: 연구영역으로서의 생물학사의 조명. BioWave, 2(10): 6

18) Weiss, R. A. (2006). The discovery of endogenous retroviruses. *Retrovirology*, 3(1), 67.

19) Kossel, A. (1910). Über das agmatin. *Hoppe-Seyler s Zeitschrift für Physiologische Chemie*, 66(3), 257-261.

20) Dahm, R. (2008). Discovering DNA: Friedrich Miescher and the early years of nucleic acid research. *Human Genetics*, 122(6), 565-581.

21) Collins, F. S., Morgan, M., & Patrinos, A. (2003). The Human Genome Project: lessons from large-scale biology. *Science*, 300(5617), 286–290.

22) Creager, A., & Morgan, G. (2008). After the double helix. *Isis*, 99(2), 239 – 272. Retrieved from http://www.jstor.org/stable/10.1086/588626.

23) Brenner, S. (2007). Interview of Sydney Brenner. [video].

24) Brenner, S. (1974). The genetics of Caenorhabditis elegans. *Genetics*, 77(1), 71–94.

25) Arciszewski, M. (2013). *The Model Worm: A Controlled Reduction*. The University of Guelph.

26) Brenner, S. (2007). Interview of Sydney Brenner. [video].

27) Hoffenberg, R. (2003). Brenner, the worm and the prize. *Clinical Medicine* (London, England), 3(3), 285 – 6. Retrieved from http://www.ncbi.nlm.nih. gov/pubmed/12848268.

28) Wilson, R. K. (1999). How the worm was won: The C. elegans genome sequencing project. *Trends in Genetics*. http://doi.org/10.1016/S0168-9525(98)01666-7.

29) Dougherty, E. C., & Calhoun, H. G. (1948). Possible significance of free-living nematodes in genetic research. *Nature*, 161(4079), 29.

30) de Chadarevian, S. (1998). Of worms and programmes: Caenorhabditis elegans and the study of development. *Studies in History and Philosophy of Science Part C: Studies in History and Philosophy of Biological and Biomedical Sciences*, 29(1), 81 – 105. http://doi.org/10.1016/S1369-8486(98)00004-1; Jiang, L. (2013). *History of Cell Death and Aging Research in the Twentieth Century*. Arizona University, Ph.D Thesis, (December); Gaudillière, J.-P., & Rheinberger, H.-J. (2004). *From molecular genetics to genomics: the mapping cultures of twentieth-century genetics*. Routledge.

31) de Chadarevian, S. (1998). Of worms and programmes: Caenorhabditis elegans and the study of development. *Studies in History and Philosophy of Science Part C: Studies in History and Philosophy of Biological and Biomedical Sciences*. http://doi.org/10.1016/S1369-8486(98)00004-1.

32) Bargmann, C. I. (2012). Beyond the connectome: how neuromodulators shape neural circuits. *Bioessays*, 34(6), 458 – 465. http://doi.org/10.1002/ bies.201100185; Alivisatos, A. P., Chun, M., Church, G. M., Greenspan, R. J., Roukes, M. L., & Yuste, R. (2012). The Brain activity map project and the challenge of functional connectomics. *Neuron*, 74, 970 – 974. http://doi.

org/10.1016/j.neuron.2012.06.006.

33) Jolla, L. (2003). *Worms and Science*, 4(2), 2002 – 2004.

34) Morange, M. (1996). The transformation of molecular biology on contact with higher organisms, 1960–1980: from a molecular description to a molecular explanation. *History and Philosophy of the Life Sciences*, 19(3), 369 – 393. Retrieved from http://europepmc.org/abstract/MED/9745374; Morange, M. (2009). Synthetic biology: A bridge between functional and evolutionary biology. *Biological Theory*, 4(4), 368 – 377. http://doi.org/10.1162/BIOT_a_00003.

35) Théry, F. (2011). Characterizing animal development with genetic regulatory mechanisms. *Biological Theory*, 6(1), 16 – 24. http://doi.org/10.1007/s13752-011-0004-4.

36) Ratcliff, F., Harrison, B. D., & Baulcombe, D. C. (1997). A similarity between viral defense and gene silencing in plants. *Science*, 276(5318), 1558–1560.

37) Fire, A., Xu, S., Montgomery, M. K., Kostas, S. A., Driver, S. E., & Mello, C. C. (1998). Potent and specific genetic interference by double-stranded RNA in Caenorhabditis elegans. *Nature*, 391(6669), 806.

38) Zamore, P. D., Tuschl, T., Sharp, P. A., & Bartel, D. P. (2000). RNAi: double-stranded RNA directs the ATP-dependent cleavage of mRNA at 21 to 23 nucleotide intervals. *Cell*, 101(1), 25–33.

39) Fire, A. Z., & Mello, C. C. (2006). The nobel prize in physiology or medicine 2006. URL: http://www.nobelprize.org/nobel_prizes/medicine/laureates.

40) Ogburn, W. F., & Thomas, D. (1922). Are inventions inevitable? A note on social evolution. *Political Science Quarterly*, 37(1), 83–98.

41) Falk, R. (2010). Mutagenesis as a genetic research strategy. *Genetics*, 185(4), 1135–1139.

42) Beadle, G. W., & Tatum, E. L. (1941). Genetic control of biochemical reactions in neurospora. *Proceedings of the National Academy of Sciences*, 27(11), 499–506.

43) Gerstein, M. B., Bruce, C., Rozowsky, J. S., Zheng, D., Du, J., Korbel, J. O., ... & Snyder, M. (2007). What is a gene, post-ENCODE? history and updated definition. *Genome Research*, 17(6), 669–681.

44) Barry, P. (2007). Genome 2.0: Mountains of new data are challenging old views. *Science News*, 172(10), 154–156.

45) Carninci, P., Kasukawa, T., Katayama, S., Gough, J., Frith, M. C., Maeda, N.,

... & Kodzius, R. (2005). The transcriptional landscape of the mammalian genome. *Science*, 309(5740), 1559-1563.

46) Lockhart, D. J., & Winzeler, E. A. (2000). Genomics, gene expression and DNA arrays. *Nature*, 405(6788), 827.

47) Kedersha, N. L., & Rome, L. H. (1986). Isolation and characterization of a novel ribonucleoprotein particle: Large structures contain a single species of small RNA. *The Journal of Cell Biology*, 103(3), 699-709.

3부 숨겨진 분자

1) Reinhart, B. J., Slack, F. J., Basson, M., Pasquinelli, A. E., Bettinger, J. C., Rougvie, A. E., ... & Ruvkun, G. (2000). The 21-nucleotide let-7 RNA regulates developmental timing in Caenorhabditis elegans. *Nature*, 403(6772), 901.

2) Hildebrandt, M., & Nellen, W. (1992). Differential antisense transcription from the Dictyostelium EB4 gene locus: implications on antisense-mediated regulation of mRNA stability. *Cell*, 69(1), 197-204.

3) Lee, R. C., Feinbaum, R. L., & Ambros, V. (1993). The C. elegans heterochronic gene lin-4 encodes small RNAs with antisense complementarity to lin-14. *Cell*, 75(5), 843-854.

4) Wightman, B., Ha, I., & Ruvkun, G. (1993). Posttranscriptional regulation of the heterochronic gene lin-14 by lin-4 mediates temporal pattern formation in C. elegans. *Cell*, 75(5), 855-862.

5) Filippov, V., Solovyev, V., Filippova, M., & Gill, S. S. (2000). A novel type of RNase III family proteins in eukaryotes. *Gene*, 245(1), 213-221.

6) Lau, N. C., Lim, L. P., Weinstein, E. G., & Bartel, D. P. (2001). An abundant class of tiny RNAs with probable regulatory roles in Caenorhabditis elegans. *Science*, 294(5543), 858-862.

7) Bartel, D. P., & Chen, C. Z. (2004). Micromanagers of gene expression: the potentially widespread influence of metazoan microRNAs. *Nature Reviews Genetics*, 5(5), 396.

8) Lau, N. C., Lim, L. P., Weinstein, E. G., & Bartel, D. P. (2001). An abundant class of tiny RNAs with probable regulatory roles in Caenorhabditis elegans. *Science*, 294(5543), 858-862.

9) Bartel, D. P. (2004). MicroRNAs: genomics, biogenesis, mechanism, and

function. *Cell*, 116(2), 281-297.

10) Bartel, D. P., & Chen, C. Z. (2004). Micromanagers of gene expression: the potentially widespread influence of metazoan microRNAs. *Nature Reviews Genetics*, 5(5), 396.

11) Niwa, R., & Slack, F. J. (2007). The evolution of animal microRNA function. *Current Opinion in Genetics & Development*, 17(2), 145-150.

12) Eddy, S. R. (2012). The C-value paradox, junk DNA and ENCODE. *Current Biology*, 22(21), R898-R899.

13) Shapiro, A. K., Shapiro, E. S., Young, J. G., & Feinberg, T. E. (1988). *Gilles de la Tourette Syndrome*. Raven Press, Publishers.

14) Zhang, B., Pan, X., Cobb, G. P., & Anderson, T. A. (2006). Plant microRNA: a small regulatory molecule with big impact. *Developmental Biology*, 289(1), 3-16.

4부 다시 만난 세계

1) Gilbert, W. (1978). Why genes in pieces?. *Nature*, 271(5645), 501.

2) Blake, C. C. F.(1978). Do gene-in-pieces imply proteins-in-pieces. *Nature*, 273, 267.

3) Dill, K. A., & MacCallum, J. L. (2012). The protein-folding problem, 50 years on. *Science*, 338(6110), 1042-1046.

4) Koonin, E. V. (2006). The origin of introns and their role in eukaryogenesis: a compromise solution to the introns-early versus introns-late debate?. *Biology Direct*, 1(1), 22.

5) Mattick, J. S. (1994). Introns: evolution and function. *Current Opinion in Genetics & Development*, 4(6), 823-831.

6) Mattick, J. S. (2003). Challenging the dogma: the hidden layer of non-protein-coding RNAs in complex organisms. *Bioessays*, 25(10), 930-939.

7) Mattick, J. S. (2004). RNA regulation: a new genetics?. *Nature Reviews Genetics*, 5(4), 316.

8) Széll, M., Bata-Csörgő, Z., & Kemény, L. (2008, April). The enigmatic world of mRNA-like ncRNAs: their role in human evolution and in human diseases. *In Seminars in Cancer Biology* (Vol. 18, No. 2, pp. 141-148). Academic Press.

9) Amadio, J. P., & Walsh, C. A. (2006). Brain evolution and uniqueness in the

human genome. *Cell*, 126(6), 1033-1035.

10) 이기홍. (2008). 사회연구에서 비유와 유추의 사용. 〈정신문화연구〉, 31(1), 131-159.

11) Dawkins, R. (1976). *The Selfish Gene*. Oxford University Press, Oxford; Doolittle, W.F & Sapienza, C. (1980). Selfish genes, the phenotype paradigm and genome evolution. *Nature*, 284, 601-603; Orgel, L.E. & Crick, F.H.C. (1980). Selfish DNA: the ultimate parasite. *Nature*, 284, 604-607.

12) Eddy, S. R. (2012). The C-value paradox, junk DNA and ENCODE. *Current Biology*, 22(21), R898-R899; Gregory, T. R. (2001). Coincidence, coevolution, or causation? DNA content, cell size, and the C-value enigma. *Biological Reviews*, 76(1), 65-101.

13) Gould, Stephen Jay, and Elizabeth S. Vrba. (1982). Exaptation - a missing term in the science of form. *Paleobiology*, 8 (1): 4-15.

14) The spandrels of San Marco and the Panglossian paradigm: a critique of the adaptationist programme. (1979). *Proc R Soc Lond B Biol Sci*, Sep 21;205(1161): 581-98.

15) Brosius J., Gould S. J. (1992). On "genomenclature": a comprehensive (and respectful) taxonomy for pseudogenes and other "junk DNA". *Proc Natl Acad Sci USA*, Nov 15;89(22):10706-10.

16) Gould, S. J., & Lewontin, R. C. (1979). The spandrels of San Marco and the Panglossian paradigm: a critique of the adaptationist programme. *Proc. R. Soc. Lond. B*, 205(1161), 581-598.

17) Gould, S. J., & Vrba, E. S. (1982). Exaptation—a missing term in the science of form. *Paleobiology*, 8(1), 4-15.

18) Brosius, J. (2003). How significant is 98.5% 'junk' in mammalian genomes?. *Bioinformatics*, 19(suppl_2), ii35-ii35.

19) Wilkins, J. S. (2007). Remembering Gould. *Metascience*, 16(1), 169-173.

20) Crick, F. H. (1966, January). The genetic code—yesterday, today, and tomorrow. *Cold Spring Harbor Symposia on Quantitative Biology* (Vol. 31, pp. 3-9). Cold Spring Harbor Laboratory Press.

5부 혁명의 분자

1)   Barbara, M. (1987). *The Discovery of Characterization of Transposable*

Elements: the collected papers of Barbara McClintock.

2) Aravin, A. A., Hannon, G. J., & Brennecke, J. (2007). The Piwi-piRNA pathway provides an adaptive defense in the transposon arms race. *Science*, 318(5851), 761-764.

3) Aravin, A. A., Lagos-Quintana, M., Yalcin, A., Zavolan, M., Marks, D., Snyder, B., ... & Tuschl, T. (2003). The small RNA profile during Drosophila melanogaster development. *Developmental Cell*, 5(2), 337-350.

4) Brennecke, J., Aravin, A. A., Stark, A., Dus, M., Kellis, M., Sachidanandam, R., & Hannon, G. J. (2007). Discrete small RNA-generating loci as master regulators of transposon activity in Drosophila. *Cell*, 128(6), 1089-1103.

5) Kazazian, H. H. (2004). Mobile elements: drivers of genome evolution. *Science*, 303(5664), 1626-1632.

6) Beyret, E., Liu, N., & Lin, H. (2012). piRNA biogenesis during adult spermatogenesis in mice is independent of the ping-pong mechanism. *Cell Research*, 22(10), 1429.

7) Kazazian, H. H. (2004). Mobile elements: drivers of genome evolution. *Science*, 303(5664), 1626-1632.

8) Malone, C. D., & Hannon, G. J. (2009). Small RNAs as guardians of the genome. *Cell*, 136(4), 656-668; Hartig, J. V., Tomari, Y., & Förstemann, K. (2007). piRNAs—the ancient hunters of genome invaders. *Genes & Development*, 21(14), 1707-1713.

9) Kota, J., Chivukula, R. R., O'Donnell, K. A., Wentzel, E. A., Montgomery, C. L., Hwang, H. W., ⋯ & Mendell, J. R. (2009). Therapeutic microRNA delivery suppresses tumorigenesis in a murine liver cancer model. *Cell*, 137(6), 1005-1017.

10) Calin G. A., Liu C. G., Sevignani C., Ferracin M., Felli N., Dumitru C. D., Shimizu M., Cimmino A., Zupo S., Dono M., Dell'Aquila M. L., Alder H., Rassenti L., Kipps T. J., Bullrich F., Negrini M., Croce C. M.. (2004). MicroRNA profiling reveals distinct signatures in B cell chronic lymphocytic leukemias. *Proc Natl Acad Sci USA*, Aug 10;101(32):11755-60. Epub 2004 Jul 29.

11) Lu J., Getz G., Miska E. A., Alvarez-Saavedra E., Lamb J., Peck D., Sweet-Cordero A., Ebert B. L., Mak R. H., Ferrando A. A., Downing J. R., Jacks T., Horvitz H. R., Golub T. R. (2005) MicroRNA expression profiles classify human cancers. *Nature*. Jun 9;435(7043):834-8.

12) Lu J., Getz G., Miska E. A., Alvarez-Saavedra E., Lamb J., Peck D., Sweet-

Cordero A., Ebert B. L., Mak R. H., Ferrando A. A., Downing J. R., Jacks T., Horvitz H. R., Golub T. R. (2005) MicroRNA expression profiles classify human cancers. *Nature.* Jun 9;435(7043):834-8.

13) Garzon R, Calin GA, Croce CM. (2009). MicroRNAs in Cancer. *Annu Rev Med,* 60:167-79. Review.

14) 김일훈. (2003). 비타민 C의 흥망성쇠. 〈의학신문〉, 2003년 3월 10일.

15) 오유경, 정형민. (2002). 줄기 세포 분야의 유전자 치료 연구 동향. Journal of Pharmaceutical Investigation, 32(2), 1-80.

16) Albert M Maguire 1, Katherine A High, Alberto Auricchio, J Fraser Wright, Eric A Pierce, Francesco Testa, Federico Mingozzi, Jeannette L Bennicelli, Gui-shuang Ying, Settimio Rossi, Ann Fulton, Kathleen A Marshall, Sandro Banfi, Daniel C Chung, Jessica I W Morgan, Bernd Hauck, Olga Zelenaia, Xiaosong Zhu, Leslie Raffini, Frauke Coppieters, Elfride De Baere, Kenneth S Shindler, Nicholas J Volpe, Enrico M Surace, Carmela Acerra, Arkady Lyubarsky, T Michael Redmond, Edwin Stone, Junwei Sun, Jennifer Wellman McDonnell, Bart P Leroy, Francesca Simonelli, Jean Bennett. (2009). Age-dependent effects of RPE65 gene therapy for Leber's congenital amaurosis: a phase 1 dose-escalation trial. *Lancet,* Nov 7;374(9701): 1597-605. Epub 2009 Oct 23.

17) Vidal L, Blagden S, Attard G, de Bono J. (2005). Making sense of antisense. *Eur J Cancer,* 41: 2812-2818.

18) Brown, B. D., Venneri, M. A., Zingale, A., Sergi Sergi, L. & Naldini, L. (2006). Endogenous microRNA regulation suppresses transgene expression in hematopoietic lineages and enables stable gene transfer. *Nature Med,* 12, 585-591.

19) Lee, Y. B. (1998). 20세기 최대의 발견은 퀘이사와 중성자성. 〈과학과 기술〉, 31, 12월.

6부 환경의 인지 조율사

1) Varki, A. & Altheide, T. K. (2005). Comparing the human and chimpanzee genomes: searching for needles in a haystack. *Genome Res,* 15, 1746-1758.

2) King M. C., Wilson A. C. (1975). Evolution at two levels in humans and chimpanzees. *Science,* Apr 11;188(4184):107-16.

3) Clark, A. G. et al. (2003). Inferring nonneutral evolution from human - chimp - mouse orthologous gene trios. *Science,* 302, 1960 - 1963; Dorus, S. et al. (2004). Accelerated evolution of nervous system genes in the origin of Homo sapiens. *Cell,* 119, 1027 - 1040; Shi, P., Bakewell, M. A. & Zhang, J. (2006). Did brain-specific genes evolve faster in humans than in chimpanzees?. *Trends Genet,* 22, 608 - 613; Nielsen, R. et al. (2005). A scan for positively selected genes in the genomes of humans and chimpanzees. *PLoS Biol.,* 3, e170; Bakewell, M. A., Shi, P. & Zhang, J. (2007). More genes underwent positive selection in chimpanzee evolution than in human evolution. *Proc. Natl Acad. Sci. USA,* 104, 7489 - 7494.

4) Keightley, P. D., Lercher, M. J. & Eyre-Walker, A. (2005). Evidence for widespread degradation of gene control regions in hominid genomes. *PLoS Biol,* 3, e42.

5) Pollard, K. S. et al. (2006). An RNA gene expressed during cortical development evolved rapidly in humans. *Nature,* 443, 167 - 172.

6) Kenneth S. Kosik. (2006). The neuronal microRNA system. *Nature Rev. Neurosci,* 7, 911 - 992.

7) Kenneth S. Kosik. (2009). MicroRNAs tell an evo - devo story. *Nature Reviews Neuroscience.* 10(10), 745-759.

8) Mehler M. F. and Mattlick J. S., (2007). Noncoding RNAs and RNA editing in brain development, functional diversification, and neurological disease. *Physiol. Rev.,* 87: 799 - 823.

9) Bartel D. P., (2004). MicroRNAs: genomics, biogenesis, mechanism, and function. *Cell,* 116: 281 - 297.

10) Kenneth S. Kosik. (2006). The neuronal microRNA system. *Nature Rev. Neurosci,* 7, 911 - 992.

11) 정규열, 신기원. (2008). 차세대 염기서열 분석기술. 〈한국생물공학회소식지〉, 15(4), 6-12.

12) Enard W., Khaitovish P., Klose J. et al., (2002). Intra-and interspecific variation in primate gene expression patterns. *Science,* 296: 340 - 343.

13) Berezikov E, Thuemmler F, van Laake LW, Kondova I, Bontrop R, Cuppen E, Plasterk RH., (2006). Diversity of microRNAs in human and chimpanzee brain. *Nat Genet,* 38(12):1375-7.

14) Taft, R. J., Pheasant, M. & Mattick, J. S. (2007). The relationship between non-protein-coding DNA and eukaryotic complexity. *Bioessays,* 29, 288 - 299.

15) Heimberg, A. M., Sempere, L. F., Moy, V. N., Donoghue, P. C. & Peterson, K. J. (2008). MicroRNAs and the advent of vertebrate morphological complexity. *Proc. Natl Acad. Sci USA*, 105, 2946 – 2950.

16) 이정모. (2000). 인지과학의 제문제: 특성과 전망. 경희대학교 대학원 신문 〈대학원보〉, 2000년 10월 24일, 제105호, 4면.

17) Delbrück M., (1970). A physicist's renewed look at biology: twenty years later. *Science*, Jun 12;168(937):1312-5.

18) Kable, M.L., Heidmann, S. and Stuart, K.D. (1997). RNA editing: getting U into RNA. *Trends Biochem. Sci*, 22, 162-166.

19) Farajollahi S, Maas S. (2010). Molecular diversity through RNA editing: a balancing act. *Trends Genet*, May;26(5):221-30.

20) B.L. Bass, (2002). RNA editing by adenosine deaminases that act on RNA, *Annu. Rev. Biochem.*, 71; S. Maas et al., (2003). A-to-I RNA editing: recent news and residual mysteries, *J. Biol. Chem.*, 278, 1391 – 1394; L. Valente and K. Nishikura. (2005). ADAR gene family and A-to-I RNA editing: diverse roles in posttranscriptional gene regulation. *Prog. Nucleic Acid Res. Mol. Biol.*, 79, 299 – 338.

21) Kosik, K. S., & Nowakowski, T. (2018). Evolution of new miRNAs and Cerebro-cortical development. *Annual review of neuroscience*, (0).

22) C.T. McMurray. (2005). To die or not to die: DNA repair in neurons, *Mutat. Res.*, 577, 260 – 274.

23) J. M. Levenson and J. D. (2005). Sweatt, Epigenetic mechanisms in memory formation, *Nat. Rev. Neurosci.*, 6, 108 – 118; M. A. Wood et al., (2006). Combinatorial chromatin modifications and memory storage: a code for memory?, *Learn. Mem.*, 13, 241 – 244.

24) J. S. Mattick. (2007). A new paradigm for developmental biology, *J. Exp. Biol.*, 210, 1526 – 1547.

25) Ungar G. and Oceguera-Navarro C. (1965). Transfer of habituation by material extracted from brain. *Nature*, 207. 301 – 302; Ungar G., Desiderio D. M. and Parr W. (1972a) Isolation, identification and synthesis of a specific-behaviour-inducing brain peptide. *Nature*, 238 198 – 202; Ungar G., Desiderio D. M. and Parr W. (1972b). *Nature*, 238. 209 – 210.

26) Louis Neal Irwin. (2006). Scotophobin: Darkness at the Dawn of the Search for Memory Molecules; Setlow B 1997 Georges Ungar and memory transfer. *J. Hist. Neurosci.*, 6 181 – 192.

7부 꿈의 분자

1) Philipp Kapranov, Fatih Ozsolak, Sang Woo Kim, Sylvain Foissac, Doron Lipson, Chris Hart, Steve Roels, Christelle Borel, Stylianos E. Antonarakis, a. Paula Monaghan, Bino John, and Patrice M. Milos. (2010). New class of gene-termini-associated human RNAs suggests a novel RNA copying mechanism. *Nature*, 466, 642-646.

2) Crick, Francis. (1970). Central dogma of molecular biology. *Nature*, 227, no. 5258, 561-563.

3) Gilbert, Walter. Why genes in pieces?. *Nature*, 271(5645), 501-501.

4) Crick, F. (1979). Split genes and RNA splicing. *Science*, 204, no. 4390 (April 1979), 264-71; Gilbert, Walter. Why genes in pieces?. *Nature*, 271(5645), 501-501.

5) Doolittle, W. F. (1978). Genes in pieces: Were they ever together? *Nature*, 272: 581 - 582; Gilbert, W., M. Marchionni & G. McKnight. (1986). On the antiquity of introns. *Cell*, 46: 151 - 154; Orgel, L.E. & F.H. Crick. (1980). Selfish DNA: The ultimate parasite. *Nature*, 284: 604 - 607.

6) Zeitlin, S. & A. Efstratiadis. (1984). In vivo splicing products of the rabbit beta-globin pre-mRNA. *Cell*. 39: 589 - 602.

7) L. Boltzmann. (1905). *Populare Schriften*, edited by J. A. Barth, Leipzig; L. Boltzmann. (1974). *Theoretical Physics and Philosophical Problems: Selected Writings*, edited by B. McGuinness, Reidel, Dordretcht.

8) 고인석. (2010). 에른스트 마하의 과학사상. 〈철학사상〉, 36, 291.

9) Eftekhari, Ali. (2002). Boltzmann's Method of Philosophy. philsci-archive. pitt.edu, 1-17.

10) Sturtevant, A. H. (2001). Reminiscences of T. H. Morgan (published in the year cited, but based on notes taken of a lecture delivered by Sturtevant at Woods Hole, MA, 1967). *Genetics*, 159, 1 - 5.

찾아보기